21世纪高等教育计算机
规划教材

HTML+CSS +DIV

网页设计与布局 第2版 微课版

聂斌 张明遥 主编
王峰 张菁 副主编

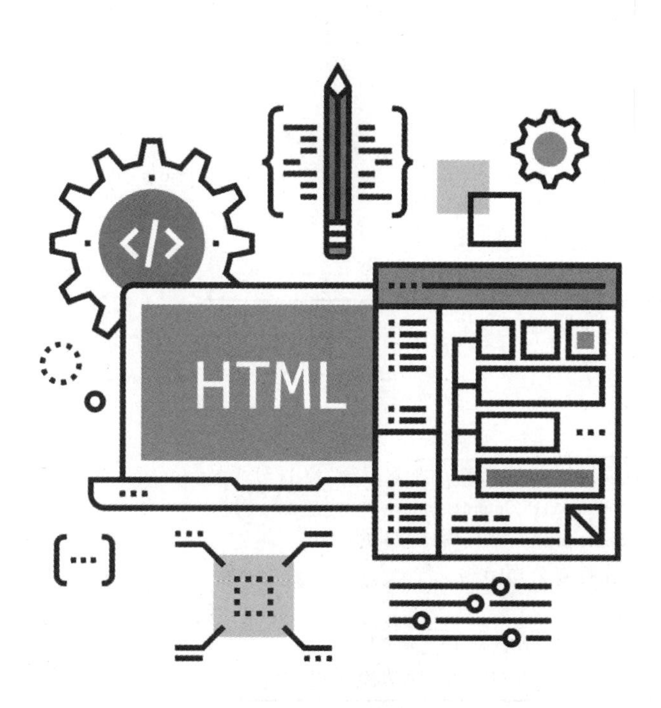

人民邮电出版社
北京

图书在版编目（CIP）数据

HTML+CSS+DIV网页设计与布局 : 微课版 / 聂斌, 张明遥主编. -- 2版. -- 北京 : 人民邮电出版社, 2018.10（2023.6重印）
21世纪高等教育计算机规划教材
ISBN 978-7-115-47503-9

Ⅰ. ①H… Ⅱ. ①聂… ②张… Ⅲ. ①超文本标记语言－程序设计－高等学校－教材②网页制作工具－高等学校－教材 Ⅳ. ①TP312②TP393.092.2

中国版本图书馆CIP数据核字(2017)第313978号

内 容 提 要

本书围绕 HTML 基础和 CSS 技术展开讲解，主要内容包括认识网站开发，网页文字和图片，超链接，表格，多媒体、滚动字幕和列表，表单，框架，认识 CSS，设置文字和文本样式，设置背景、边框、边距和补白，设置表格、列表和滚动条样式，CSS 滤镜，控制元素布局，网页布局与设计技巧，网页布局综合案例等。

本书结构合理、条理清晰、实用性强。从第 2 章开始，知识点的讲解一般都附有具体的实例，可供读者实际操作使用。此外，每章都附有习题和上机指导，供读者课后练习和上机实验。

本书可作为高等院校计算机科学与技术、网络工程等相关专业“网页设计”课程的教材，也可供网页设计与制作人员自学参考。

◆ 主　　编　聂　斌　张明遥
副 主 编　王　峰　张　菁
责任编辑　张　斌
责任印制　彭志环

◆ 人民邮电出版社出版发行　　北京市丰台区成寿寺路 11 号
邮编　100164　　电子邮件　315@ptpress.com.cn
网址　http://www.ptpress.com.cn
三河市祥达印刷包装有限公司印刷

◆ 开本：787×1092　1/16
印张：21　　2018 年 10 月第 2 版
字数：559 千字　　2023 年 6 月河北第11次印刷

定价：59.80 元

读者服务热线：(010)81055256　印装质量热线：(010)81055316
反盗版热线：(010)81055315

前言 PREFACE

随着计算机网络的飞速发展和日益普及，越来越多的人已经不满足于仅仅在 Internet 上浏览和查找信息，而是希望更深入地参与到其中。现在，无论是企业还是个人，都非常重视网站建设，因此网页设计与网站建设作为一项知识技能越来越受到重视。HTML（超文本标记语言）是构成网页最基本的元素。虽然目前不断产生了许多新技术（如移动网页、APP 等），但是它们无一例外都是建立在 HTML 基础上的，因此深入学习网页设计应从 HTML 入手。随着 Web 2.0 的发展，使用 HTML 和 CSS（层叠样式表）进行网页设计和布局越来越重要，而且这也会是未来发展的趋势。

本书以 HTML 为基础，紧紧围绕最新的 CSS 技术精髓深入展开讲解，以清晰的思路、精练的实例带领读者快速入门，并逐步掌握网页设计的知识。本书注重将基础理论与实际应用开发相结合，突出应用网页开发方法的介绍，所选实例都具有较强的概括性和实际应用价值。

本书是作者根据多年从事网络程序设计工作和讲授计算机专业相关课程的教学实践，在已编写的多部讲义和教材的基础上编写而成的；内容充实，循序渐进，选材上注重系统性、先进性和实用性；注重实践性，精选大量例题，所有例题均已在 Dreamweaver CS6 上调试通过，可直接引用，读者也可按照书中提示步骤自己动手完成。

Web 的发展日新月异，我们的第 1 版也慢慢变老了，第 2 版基于第 1 版的技术细节，在内容和形式上进行了更新，突出了几个当下流行的学习模式：

（1）配套视频讲解，让读者可以直观地看到网页的实际效果；

（2）代码添加行号，标注关键语句，老师讲解时可以更详细地指出网页的关键点所在；

（3）内容上去掉过时的素材，替换为当下流行的内容。

本书分为 4 篇。第一篇（第 1 章）为网站和网页基础知识，让读者认识什么是网站开发；第二篇（第 2~7 章）为 HTML 学习篇，内容包括网页文字和图片，超链接，表格，多媒体、滚动字幕和列表，表单，框架；第三篇（第 8~12 章）为 CSS 学习篇，内容包括认识 CSS，设置文字和文本样式，设置背景、边框、边距和补白，设置表格、列表和滚动条样式以及 CSS 滤镜；第四篇（第 13~15 章）为布局学习篇，内容包括控制元素布局、网页布局与设计技巧、网页布局综合案例。

由于编者水平有限，加之时间仓促，书中难免存在欠妥和疏漏之处，希望广大读者批评指正。

编　者

2018 年 7 月

目 录 CONTENTS

第一篇 网站和网页

第二篇 HTML 学习篇

第三篇　CSS 学习篇

第四篇 布局学习篇

第 15 章 网页布局综合案例——宝贝屋网上商店 308

第一篇

网站和网页

01

第1章　认识网站开发

上过网、浏览过网页的人很多，但并不是所有人都知道什么是网络、网页、网站。从现在开始，让我们步入这个网络世界，了解什么是Internet、Web、URL、HTML，以及如何开发网站。本章先了解什么是网站开发。

1.1　网站开发概述

网站是按照一定的规则，使用HTML等工具制作的用于展示特定内容的相关网页的集合。而网页是指在浏览器上登录一个网站后，看到的浏览器上的页面。网页是由文字、图片、声音等多媒体通过超链接的方式有机地组合起来的。因此，学习网站开发的基础就是学习网页制作。

1.1.1　网页概述

网页是用HTML编写的一种文件，将这种文件放在Web服务器上可以让在互联网上的其他用户浏览。比如访问百度网站，看到的就是百度网站的网页。网页也是通过HTTP来传递给浏览者的。网站是网页的集合，多个网页可以共同组成一个网站。网站显示的第一个网页称为首页。

1.1.2　网页构成元素

网页的构成元素很丰富，可以是文字，也可以是图片，甚至可以将一些多媒体文件（如音频、视频等）插入网页里。网页构成元素如下。

1. 文本

网页信息主要以文本为主，这里指的文本是文本字，而非图片中的文字。在网页中可以通过字体、大小、颜色、底纹、边框等选项来设置文本的属性。中文文字常用宋体、9磅或12像素大小、黑色即可，颜色不要太杂乱。大段文本文字的排列，建议参考一些优秀杂志或报纸的样式。

2. 图像

图像可以使网页丰富多彩。网页支持的图像格式包括JPG、GIF和PNG等。常用图形如下。

- Logo标志，是代表网站形象或栏目内容的标志性图片，一般在网页左上角。
- Banner广告，用于宣传站内某个栏目或者活动的广告，一般以GIF动画形式为主。

- 图标，主要用于导航，在网页中具有重要的作用，相当于路标。
- 背景图，用来装饰和美化网页。

3. 超链接

超链接是网站的“灵魂”，它是从一个网页指向另一个目的端的链接，如指向另一个网页或者相同网页上的不同位置。超链接可以指向一幅图片、一个电子邮件地址、一个文件、一个程序或者本页中的其他位置。超链接的载体可以是文本、图片或者 Flash 动画等。超链接广泛存在于网页的图片和文字中，提供与图片和文字相关内容的链接，在超链接上单击，即可链接到相应地址（URL）的网页。鼠标指针指向有链接的地方，默认会变成小手形状。可以说，超链接是网页的最大特色。

4. 表格

表格在网页中的作用非常大，它可以用来布局网页，设计各种精美的网页效果，也可以用来组织和显示数据。

5. 表单

表单主要用来收集用户信息，实现浏览者与服务器之间的信息交互。

6. 导航条

导航条是一组超链接，方便用户访问网站内部各个栏目。导航条可以是文字，也可以是图片，还可以使用 Flash 来制作。导航条可以显示多级菜单和下拉菜单效果。

7. 其他元素

除了上面几种网页基本元素外，在页面中可能还包括 GIF 动画、Flash 动画、音频、视频、框架等。

1.1.3 网站建设流程

在创建网站之前首先要了解网站建设的基本流程，这样可以明确网站的目标和方向，从而提高效率。

1. 网站需求分析

在建立网站时，首先要考虑客户的各种需求，并以此为基础建设网站项目。网站的需求分析一般包括以下几点。

- 了解相关行业的市场情况，如在网上了解公司开展业务的市场情况。
- 了解主要竞争对手的情况。
- 了解网站建设的目的，是宣传商品、进行电子商务，还是建立一个行业性网站。
- 了解用户的实际情况，明确用户需求。
- 进行市场调研，分析同类网站的优劣，并在此基础上形成自己网站的大体架构。

2. 网站整体规划

良好的规划是创建成功网站的开始。在制作网页前，要规划好整个站点的风格、布局、服务对象等，并选择适合的服务器、语言脚本和数据库平台。

- 规划站点结构时，一般用文件夹保存文档。要明确站点的每个文件、文件夹及其存在的逻辑关系。

- 文件夹命名要合理，要做到“见其名知其意”。
- 如果是多人合作开发，还要规划好各自的内容，并注意统一风格，协调代码。

3. **收集资料与素材**

网站整体规划好后，就要根据规划的情况收集网页制作中可能用到的资料和素材，通常包括文字资料、图片素材、动画素材、视频素材等，并要将其分类保存。在收集资料时，要根据用户的需求搜集建站的资料。整理好资料后，要根据这些资料搜集必要的设计素材。

4. **制作网页**

一个网站往往包含很多网页，具体制作过程如下。

- 创建网页框架：在整体上布局页面，根据导航栏、主题按钮等将页面划分为几个区域。
- 制作导航栏：借助导航栏可以更加方便地浏览网站。
- 添加页面对象：分别编辑各个页面，将页面对象添加到网页的各个区域，并设置好格式。
- 设置链接：为页面的相应部分设置链接，这样，整个页面就整合起来了。

5. **域名和服务器空间的申请**

网站制作完成后，首先要注册一个属于自己的域名。有了域名之后，在世界的任何地方只要在浏览器上输入地址，就能看到网站上的内容。一个好的域名拥有巨大的商业价值。

有了域名之后，还要有空间来存放网站的内容，因此，还要租用服务器空间。

6. **测试与发布网站**

网站发布前要进行细致周密的测试，以保证正常浏览和使用。主要测试内容如下。

- 服务器的稳定性、安全性。
- 程序及数据库测试、网页兼容性测试，如浏览器、显示器。
- 检查文字、图片、链接是否有错误。

7. **后期维护与网站推广**

上传站点后，要定期对站点的内容进行更新与维护，更新与维护的内容如下。

- 服务器及相关软硬件的维护，评估可能出现的问题，制订响应时间。
- 数据库维护，有效利用数据是网站维护的重要内容，因此要重视数据库的维护。
- 内容的更新、调整等。
- 制订网站维护的相关规定，将网站维护制度化、规范化。

1.1.4 网站开发软件

用于网页设计的工具软件很多，本书将以 Adobe 公司的 Dreamweaver CS6 为开发工具进行讲解，它也是最便于新手学习的软件之一。下面讲述 Dreamweaver 的使用方法。

打开 Dreamweaver 软件，会出现一个程序启动界面，如图 1.1 所示。页面分为 3 栏，第一栏为“打开最近的项目”，这里将呈现出之前打开过的历史页面。最下面的“打开…”用于打开文件夹，选择要打开的页面。第二栏为创建新项目，用于选择新建页面的语言环境。因为本书讲述的是 HTML 方面的内容，所以应该选择第一个 HTML。第三栏为“主要功能”，用于介绍 Dreamweaver 软件自带的功能。

在“新建”选项栏中选择 HTML 并单击打开，进入程序工作页面，如图 1.2 所示。在这个页面中可以采用 4 种视图方式：代码视图、拆分视图、设计视图、实时视图。设计师通常会选择代码视图来编写代码，然后用设计视图来查看代码效果，而不是直接选择设计视图，用自带的插件来完成页面的制作。因为使用设计视图设计的页面，往往会产生很多的废代码和不符合 Web 标准的代码。

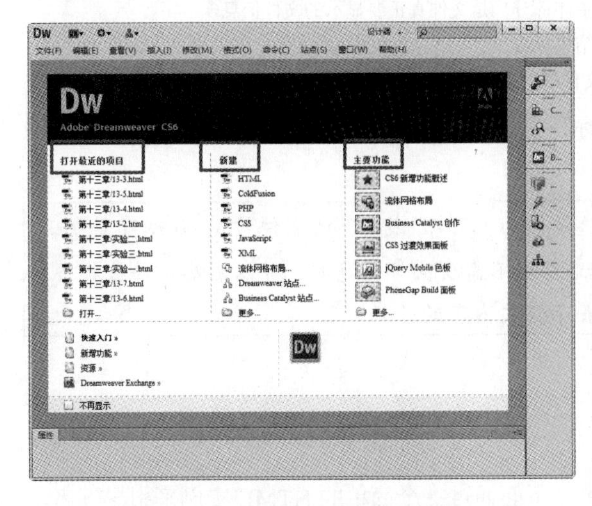

图 1.1 Dreamweaver 程序启动界面

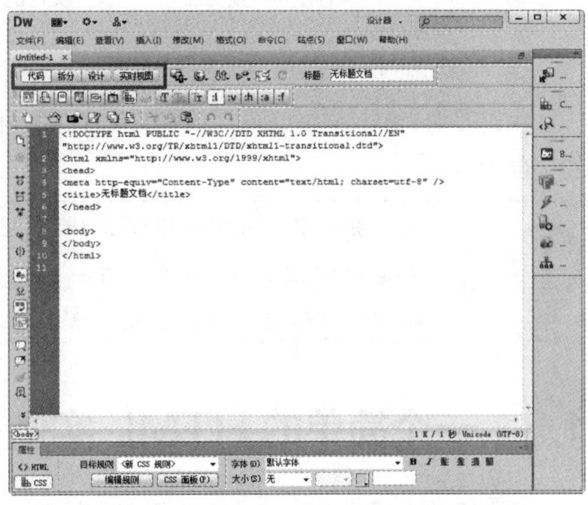

图 1.2 程序工作页面

打开程序工作页面后，就可以在页面中编写 HTML 代码了。

1.2 HTML 基本概念

通过浏览器访问的网站，通常是基于 HTML 形成的。因此要想学习网站开发，首先需要了解什么是 HTML 以及 HTML 的基本结构。

1.2.1 HTML 简介

超文本标记语言（Hypertext Marked Language，HTML）是一种用来制作超文本文件的简单标记语言。用 HTML 编写的超文本文件称为 HTML 文件，它能独立于各种操作系统平台。自 1990 年以来，HTML 就被全球广域网用作其信息表示语言。

超文本文件中可以包含图片、声音、动画、影视等内容，而不仅仅是文本信息。另外，超文本文件还可以通过超链接从一个页面跳转到另外一个页面，从而实现与世界各地的主机相连接。

1.2.2 HTML 基本结构

HTML 文件包括文件头和文件体两部分。文件头中主要是对这个 HTML 文件进行一些必要的定义，文件体中的内容才是真正要显示的各种文件信息。一个 HTML 文件包含各种 HTML 元素，如图片、段落、表格等。这些 HTML 元素在页面中需要使用标签来分隔，因此也可以说 HTML 文件就是由各种 HTML 元素和标签组成的。

一般情况下，HTML 文件的结构如下。

```
01    <HTML>                                    HTML 文件的开始标签，表示这是一个 HTML 文件
```

```
02      <HEAD>                     文件头的开始标签，这对标签之间的是头部信息
03          头部信息               文件头的内容，也叫作文件的头部信息
04      </HEAD>                    文件头的结束标签
05      <BODY>                     文件体开始标签
06          文件主体，正文部分     文件的主体部分，是文件真正要显示的文件信息
07      </BODY>                    文件体结束标签
08  </HTML>                        HTML 文件的结束标签
```

由这段 HTML 结构代码可以看出，<HTML>标签在最外层，在这对标签之内的就是 HTML 文件的全部内容。

注意 有些页面中会省略<HTML>标签，这是因为 HTML 或 HTM 文件被 Web 浏览器默认为是 HTML 文件。另外，当 HTML 文件中不需要头部信息时，可以省略文件头标签。而<BODY>标签一般不能省略，它表示正文内容的开始。

1.3 一个简单的 HTML 实例

前面简单介绍了 HTML 文件的概念和基本结构，下面通过一个简单的 HTML 实例来引导读者学习 HTML 标签，了解 HTML 文件的创建和运行方式。

1.3.1 编写 HTML 代码

HTML 文件对编写工具的要求并不高，可以在 Dreamweaver 中实现，也可以在最简单的文本编辑工具中实现。下面使用记事本编写第一个 HTML 文件，具体的步骤如下。

（1）单击“开始”|“程序”|“附件”|“记事本”菜单命令，打开记事本，如图 1.3 所示。

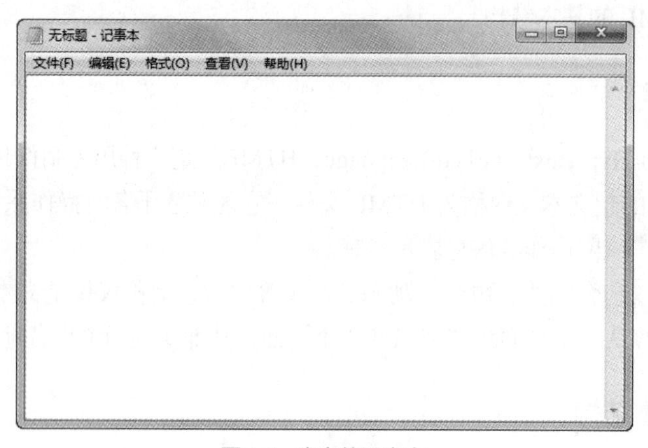

图 1.3 空白的记事本

（2）在记事本中直接输入如下内容。

```
01  <HTML>
02      <HEAD>
03      <TITLE>一个简单的 HTML 实例</TITLE>
04      </HEAD>
05      <BODY>
06          <H2 ALIGN="center">第一个 HTML 文件</H2>
```

```
07              <HR WIDTH="70%">
08              <P>下面跟我进入 HTML 的领域</P>
09              <P>来领略这个奇妙而多彩的世界！！</P>
10          </BODY>
11      </HTML>
```

第 6 行用<H2>标签设置字号显示文字“第一个 HTML 文件”并居中；第 7 行显示一条水平线，宽度为页面宽度的 70%；第 8 行与第 9 行显示相应的文字。

（3）输入代码以后，单击“文件”|“保存”菜单命令，打开“另存为”对话框，如图 1.4 所示。

（4）在“另存为”对话框右侧设置文件保存的位置，这里设置为 F:/HTML+CSS/源文件/01 目录（读者也可以设置在其他路径）。

（5）在“保存类型”下拉列表中设置文件的类型为“所有文件”，在“文件名”文本框中设置文件的名称为 1.1.html，然后单击“保存”按钮保存文件。

（6）关闭记事本程序，回到文件保存的目录下，可以看到保存的文件图标，如图 1.5 所示。

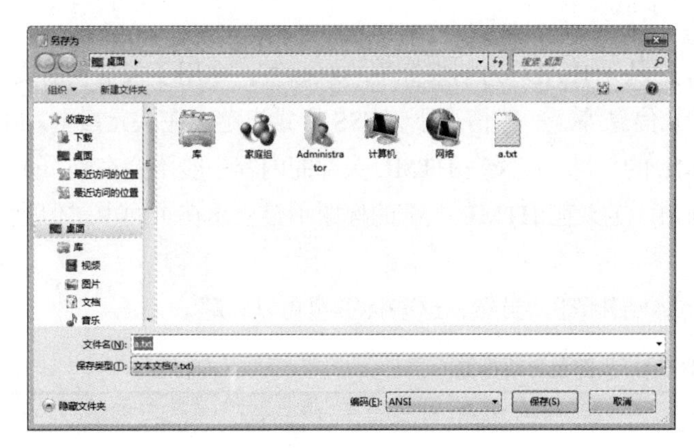

图 1.4　保存代码

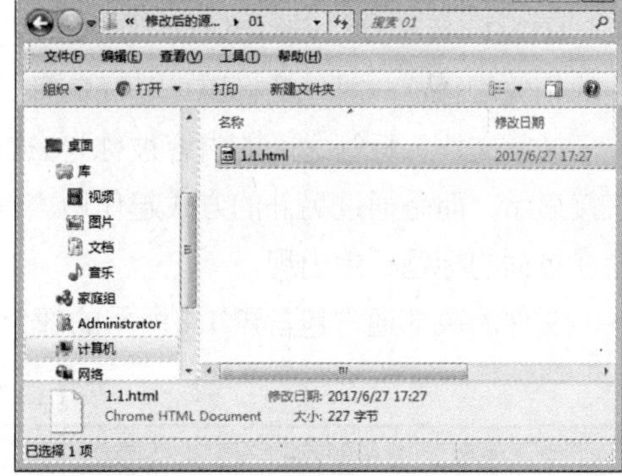

图 1.5　保存的 HTML 文件

1.3.2　运行 HTML 文件查看效果

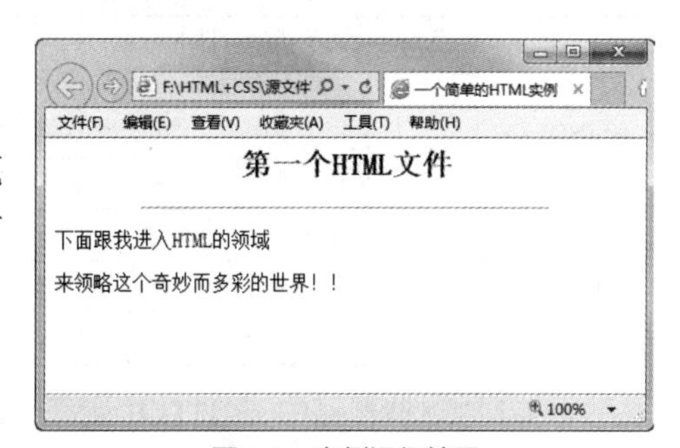

图 1.6　实例运行结果

编写好文件的源代码并保存后，就可以通过 IE 浏览器来查看 HTML 文件的页面效果了。双击文件的图标打开该文件，其效果如图 1.6 所示。

在这段代码中包括如下几个元素。

- HTML 的基本标签：包括文件类型标签<HTML>、文件头标签<HEAD>和文件主体标签<BODY>。
- HTML 的标题：一般通过页面标题来区分不同的页面，这里设置为“一个简单的 HTML 实例”，需要使用<TITLE>标签。
- HTML 的页面内容：在页面中插入了 3 种 HTML 元素，分别是一个二级标题、一条水平线以及两段文字。这 3 种元素使用的标签不同，显示的效果也不同，这在后面的章节中还将详细介绍，这里不再赘述。

1.4 HTML 基本标签

学习 HTML 的标签要从最基本的标签开始。HTML 文件包含的基本标签主要包括文件类型标签（也称为 HTML 标签）、HTML 头标签、页面标题以及 HTML 主体标签。

1.4.1 文件类型标签

文件类型标签<HTML>是双标签，用来标识该文件是 HTML 类型的文件，位于 HTML 文件代码的最外层，也就是说，这一对标签必须放置在代码的开头和结尾，其语法如下。

```
01    <HTML>
02    </HTML>
```

HTML 标签是最基本的标签，它表示这段代码是用 HTML 描述的。

1.4.2 HTML 头标签

HTML 头标签是以<HEAD>为开始标签，以</HEAD>为结束标签的双标签。它用于包含当前文件的相关信息，一般包括标题、基底信息、元信息等。一般情况下，CSS 样式也定义在头元素中。

通常文件头标签之间的内容被称为 HTML 的头部。定义在 HTML 头部的内容一般不会在网页上直接显示，而是通过另外的方式起作用。例如，定义在 HTML 头部的标题不会显示在页面中，但是会在页面的标题栏中出现。

文件的头部通常包含表 1.1 所示的部分或全部标签。当然，这些标签也可以省略。

表 1.1 HTML 头部包含的标签

标签或属性	功 能
<BASE>	用于设置当前文件的 URL 全称，被称为基底网址
<BASEFONT>	设定基准文字的样式，包括文字的字体、字号、颜色等
<TITLE>	用于设置页面的标题，显示在浏览器的标题栏中。该标签属于 HTML 的基本标签，一般情况下都会设定该标签的内容，它可以帮助浏览者了解页面的主题
<ISINDEX>	用于说明该文件可用于检索的网关脚本，由服务器自动建立
<META>	是文件的元信息标签，用于设置文件本身的一些信息，如设置关键字、页面的作者等
<STYLE>	用于设定 CSS 样式表的内容
<LINK>	用于设置该文件相关的外部文件的链接
<SCRIPT>	用于设置页面的脚本程序的内容、语言等

表 1-1 的这些标签中，<TITLE>标签是最常用的，一般的页面都会设置。这些标签在后面的章节都将逐一讲解，这里不再赘述。

1.4.3 HTML 主体标签

HTML 主体标签是以<BODY>为开始标签、以</BODY>为结束标签的双标签。它用于包含当前文件的页面内容。也就是说，在该标签之间的内容是页面中真正要显示的内容，包括文字、图片、表格等。

在<BODY>标签中可以包含多种属性，用于设置页面的背景、字体等属性。这些属性在后面的章节会详细介绍，这里不多说明。

1.4.4　页面标题

页面标题标签是一个特殊的标签，它设置的内容并不显示在页面中，而是显示在浏览器的标题栏中，用来说明文件的用途。因此，在设置该标签时，要使其能够体现整个页面的主题。一般情况下，每个 HTML 页面都应该有标题。

在 HTML 文件中，标题信息设置在页面的头部，也就是位于<HEAD>与</HEAD>标签之间。标题标签以<TITLE>开始，以</TITLE>结束，是一个双标签，成对出现，其语法如下。

```
<TITLE>标题内容</TITLE>
```

在 HTML 文件中，页面的标题只能有一个，用于帮助浏览者更好地识别页面。下面通过代码 1.2.html 显示页面标题的效果。

```
01    <HTML>
02        <HEAD>
03            <TITLE>HTML 基本标签</TITLE>
04        </HEAD>
05        <BODY>
06        </BODY>
07    </HTML>
```

其中，第 3 行位于<TITLE></TITLE>标签之间的内容就是页面的标题，即本页面的标题就是“HTML 基本标签”。将这段代码保存后，在 IE 浏览器中打开，其运行效果如图 1.7 所示。

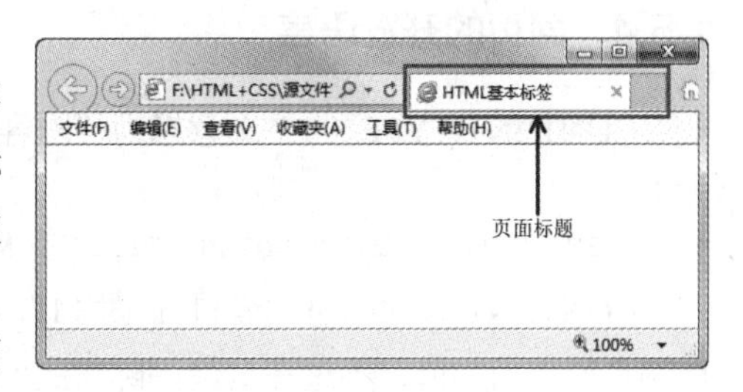

图 1.7　设置页面标题

可以看出，设置在文件头部的标题没有出现在页面中，而是出现在了浏览器的标题栏中。

1.5　HTML 页面的元信息 META

通过上一节的学习，读者已经知道了 HTML 的基本标签。除此之外，HTML 页面的元信息也十分有用。META 元素提供的信息对于浏览用户是不可见的，一般用于定义页面信息的名称、关键字、作者等。在 HTML 页面中，一个 META 的标签内就是一个 META 元素的内容，而在一个 HTML 头页面中可以有多个 META 元素。

1.5.1　页面的关键字

KEYWORDS 的中文意思是“关键字”，用于说明网页包含的关键字等信息，提高被搜索引擎搜索到的概率。其语法格式如下。

```
<META NAME ="KEYWORDS" CONTENT ="关键字" />
```

CONTENT 属性的值为用户设置的具体关键字。

注意　一般可设置多个关键字，它们之间用英文半角逗号分开。由于很多搜索引擎限制关键字的数量，所以关键字要简洁精炼。

1.5.2 页面的对外说明

DESCRIPTION 的中文意思是“描述”，用于描述网页的主要内容、主题等，合理设置也可以提高被搜索引擎搜索到的概率。其语法格式如下。

```
<META NAME ="DESCRIPTION" CONTENT ="对页面的描述" />
```

CONTENT 属性的值为用户设置的页面具体描述的内容。CONTENT 属性的值最多可以包括 1 024 个字符，但因为搜索引擎一般只显示大约前 175 个字符，所以描述内容还是短小、简洁为好。

1.5.3 网页的作者信息

AUTHOR 的中文意思是“作者”，用于设置网站作者的名称，在比较专业的网站页面上经常用到。其语法格式如下。

```
<META NAME="AUTHOR" CONTENT="作者名称" />
```

CONTENT 属性的值为用户设置的作者名称。

1.5.4 网页的开发语言

CONTENT-TYPE 的中文意思为“内容类别”，用于设置页面的类别和语言字符集。其语法格式如下。

```
<META HTTP-EQUIV="CONTENT-TYPE" CONTENT="TEXT/HTML; CHARSET=GB2312" />
```

CONTENT 属性的值代表页面采用 HTML 代码输出，字符集为 GB2312（简体中文）。这也是制作网页最常用的值，不过在日趋国际化的网站开发领域，为了字符集统一，建议 CHARSET 值采用 UTF-8。

说明

字符集是比较复杂的知识领域，读者初学时，CHARSET 设置为 GB2312 即可。

1.5.5 网页的定时跳转

REFRESH 的中文意思为“刷新”，用于设置多长时间网页自己刷新一次，或者过一段时间自动跳转到其他页面，其语法格式如下。

```
<META HTTP-EQUIV="REFRESH" CONTENT= “5" />
```

以上代码中，CONTENT 属性的值代表页面自动刷新的时间间隔为 5s。

另一种编写格式如下。

```
<META HTTP-EQUIV="REFRESH" CONTENT="30;URL=www.google.com" />
```

CONTENT 属性的值代表 30s 后，页面跳转到 www.google.com 网站。

1.6 小结

本章主要介绍了网站开发以及 HTML 的基本概念，让读者对网站开发有总体的了解；然后通过一个实例展现了 HTML 文件包含的基本内容，以及不同标签显示效果，让读者对 HTML 有直观的认识。本章还介绍了 HTML 文件的基本标签，包括文件类型标签、HTML 头标签、HTML 主体标签和页面标题。可以说，这些标签是 HTML 文件不可缺少的。

本章习题

1. 网站构成的基本要素有________、________、________、________、________、________ 6 种。
2. 网站建设流程有________、________、________、________、________、________、________ 7 步。
3. 文件类型标签正确的是________。

   A. <HEAD>　　B. <HTML>　　C. <TITLE>　　D. <LINK>
4. 下面不属于文件头标签的是________。

   A. <TITLE>　　B. <META>　　C. <BODY>　　D. <BASE>
5. HTML 的基本结构是什么？

上机指导

本章带领读者了解了网站开发、HTML 基本概念、HTML 基本标签以及元信息 META 等。这些内容是下一步学习复杂的 HTML 的基础。本节将通过上机操作，巩固本章所学的知识点。

实验一

实验内容

在浏览器中查看一个网页的源代码。

实验目的

巩固知识点——查看 HTML 的基本结构，了解其中的 HTML 标签内容。

实现思路

打开浏览器，在地址栏中输入百度首页的地址 http://www.baidu.com，进入页面后，在页面中单击鼠标右键，选择“查看源文件”命令，即可查看百度首页的源代码。

实验二

实验内容

使用记事本或者其他文本编辑工具，手动输入一个简单的网页，编写一个包含头、标题、主体三部分的网页的 HTML 代码。

实验目的

巩固知识点——了解一个普通 HTML 文件包含的头、标题、主体三部分内容。

实现思路

打开记事本，在其中输入以下代码。

```
01  <HTML>
02      <HEAD>
03          <TITLE>这里是标题</TITLE>
04      </HEAD>
05      <BODY>
06          文件主体，正文部分
07      </BODY>
08  </HTML>
```

单击“文件” | “另存为”命令，在保存时，文件类型选择“所有类型”，然后输入文件名，注意扩展名为 htm 或者 html。

实验三

实验内容

熟练使用<META>元信息，根据不同要求为页面设置相应的元信息，设置实验二的网页语言为中文。

实验目的

巩固知识点——充分发挥<META>标签的功能，为页面设置语言。

实现思路

打开实验二的源代码，在其中的头部，即<HEAD>与</HEAD>之间加入以下内容。

```
<META HTTP-EQUIV="CONTENT-TYPE" CONTENT="TEXT/HTML; CHARSET=GB2312" />
```

然后保存源代码，即可将该网页的语言设置为中文。

第二篇

HTML 学习篇

02 第2章　网页文字和图片

文字是设计网页的基础，而图片则使网页的内容更加丰富。使用 HTML 代码编辑网页文字和图片可以达到 Word 软件中的设计文档几乎一样的效果。当然，与 Word 软件比较起来，使用标签设计网页文字和图片不如使用菜单设计 Word 文档方便，但正是网页的这种标签属性，使网页具有跨平台的特性，可以在任何一种平台上显示。

2.1　文字格式

文字格式主要是用一些 HTML 元素来标记文本的方式，更改文字的大小、字体、颜色等属性，还能为文本增加如粗体、斜体、上标、下标等修饰效果。

2.1.1　设置文字大小

在 HTML 中，FONT 元素可以用来显示文字的属性，包括文字的大小、颜色、字体等。其中设置文字大小的属性为 SIZE，其语法格式如下。

```
<FONT SIZE="n">文字</FONT>
```

其中 n 的有效范围是数字 1~7。

【示例 2-1】请看下面的例子，注意加粗的代码。

```
01    <HTML>
02        <HEAD>
03            <TITLE>文字大小</TITLE>
04        </HEAD>
05        <BODY>
06            这是默认的文字大小<BR>
07            <FONT SIZE="1">1 号字体大小</FONT><BR>
08            <FONT SIZE="2">2 号字体大小</FONT><BR>
09            <FONT SIZE="3">3 号字体大小</FONT><BR>
10            <FONT SIZE="4">4 号字体大小</FONT><BR>
11            <FONT SIZE="5">5 号字体大小</FONT><BR>
12            <FONT SIZE="6">6 号字体大小</FONT><BR>
13            <FONT SIZE="7">7 号字体大小</FONT><BR>
14        </BODY>
15    </HTML>
```

第 7 ~ 13 行分别为文字内容设置字号为 1 ~ 7 号。

示例 2-1 运行效果如图 2.1 所示。从图 2.1 中可以看出，SIZE 属性的值越大，在浏览器中显示出来的文字就越大。当然，SIZE 属性的值不可能无限大，其有限范围为 1~7。如果大于 7，则显示的文字大小与 SIZE 等于 7 的文字大小相同；如果小于 1，则显示的文字大小与 SIZE 等于 1 的文字大小相同。

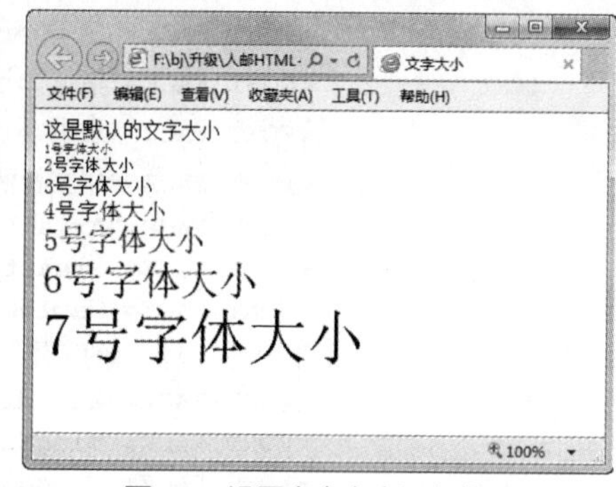

图 2.1　设置文字大小运行效果

2.1.2　设置字体

文字可以设置多种字体，中文的有宋体、仿宋、黑体等，英文字体有 Arial、Times New Roman 等，为了保证网页的通用性，HTML 的早期版本是不允许为文字指定字体的，从 HTML 3.2 版本开始，可以为网页中的文字指定不同的字体，使网页的表现形式更为丰富。

1. **设置网页字体**

设置文字字体使用 FONT 元素的 FACE 属性，其语法格式如下。

```
<FONT FACE="字体名称">文字</FONT>
```

其中 FACE 属性值为字体的名称。要想知道自己计算机中安装了什么字体，可以在操作系统所在盘的 Windows\Fonts 目录下看到，如图 2.2 所示，在“预览、删除或者显示和隐藏计算机上安装的字体”栏下的都是可用的字体。

图 2.2　计算机上安装的字体

【示例 2-2】设置字体，注意加粗的代码。

```
01  <HTML>
02      <HEAD>
03          <TITLE>设置字体</TITLE>
04      </HEAD>
05      <BODY>
06          这是默认的字体<BR>
07          <FONT FACE="宋体">这是字体名为“宋体”的文字</FONT><BR>
08          <FONT FACE="黑体">这是字体名为“黑体”的文字</FONT><BR>
```

```
09            <FONT FACE="仿宋">这是字体名为“仿宋”的文字</FONT><BR>
10            <FONT FACE="楷体">这是字体名为“楷体”的文字</FONT><BR>
11            <FONT FACE="隶书">这是字体名为“隶书”的文字</FONT><BR>
12            <FONT FACE="华文行楷">这是字体名为“华文行楷”的文字</FONT><BR>
13            <FONT FACE="Arial">Arial</FONT><BR>
14            <FONT FACE="Freestyle Script">Freestyle Script</FONT><BR>
15            <FONT FACE="Harlow Solid Italic">Harlow Solid Italic</FONT><BR>
16            下面是一些好玩的字体：<BR>
17            <FONT FACE="Wingdings 1">Wingdings 1</FONT><BR>
18            <FONT FACE="Wingdings 2">Wingdings 2</FONT><BR>
19            <FONT FACE="Wingdings 2">Wingdings 3</FONT><BR>
20        </BODY>
21    </HTML>
```

第 6 ~ 19 行，使用 FONT 元素的 FACE 属性来为文字设置不同的字体，其中第 6 行为默认字体，其他各行分别采用不同的字体来显示文字内容。

示例 2-2 运行效果如图 2.3 所示。从图 2.3 中可以看出，为 FONT 元素指定不同的 FACE 属性值之后，在浏览器中可以显示不同的字体。

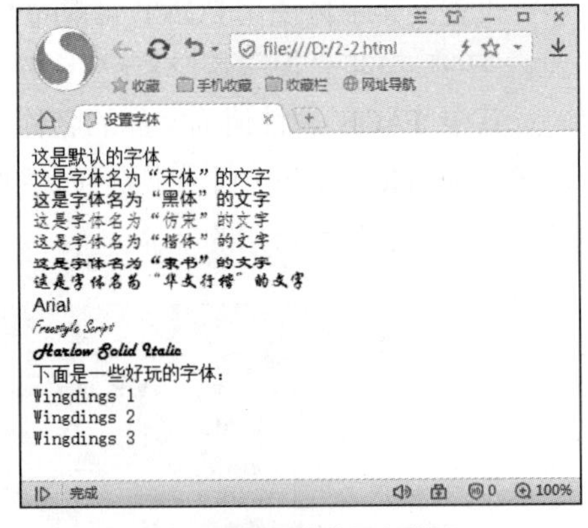

图 2.3　设置字体运行效果

2. 设置浏览器默认字体

需要注意的是，在示例 2-2 中显示的字体在设计者的计算机上可以正常浏览，但是换成在其他计算机上就不一定可以正常浏览了。例如，在该文件中指定了“华文行楷”字体，如果读者的计算机中没有安装这种字体，浏览器就会用默认的字体来显示这种字体。

在 Internet Explorer 浏览器中设置默认字体的方法如下。

（1）启动 Internet Explorer 浏览器，单击菜单栏中的“工具”|“Internet 选项”命令，弹出图 2.4 所示的“Internet 选项”对话框。

（2）选择“常规”选项卡，然后单击“字体”按钮。

（3）弹出图 2.5 所示的“字体”对话框，在该对话框中可以设置浏览器的默认字体。

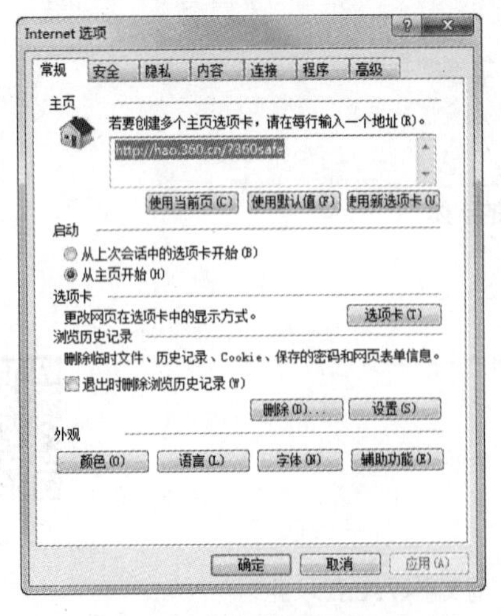

图 2.4　“Internet 选项”对话框

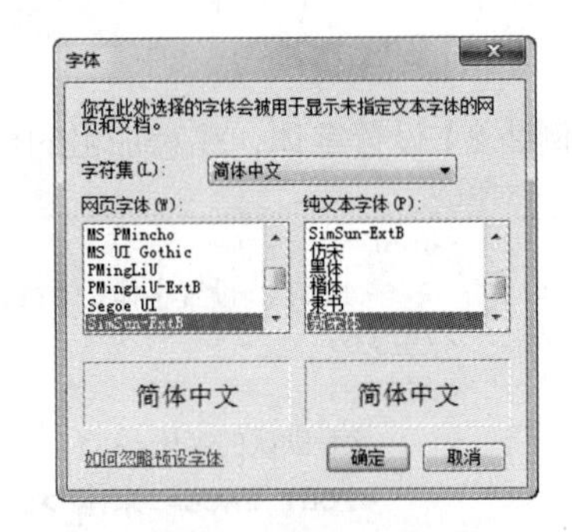

图 2.5　“字体”对话框

注意　因为无法确认访问网页的浏览者的计算机里都会安装什么字体，所以在设计网页时，最好不要使用不常用的字体，尽量指定宋体、楷体等一般计算机都会默认安装的字体。

2.1.3　设置字体颜色

如果没有设置网页文字字体的颜色，那么这个网页就是黑白的，失去了其缤纷的色彩。使用 FONT 元素的 COLOR 属性可以为文字设置不同的颜色，其语法格式如下。

```
<FONT COLOR="颜色">文字</FONT>
```

颜色可以有两种表示方法：颜色名称与 RGB 颜色数值。颜色名称就是类似 RED、BLUE 等颜色的英文名。RGB 颜色是由红色、绿色、蓝色的组合来指定的一种颜色，任何一种颜色都可以用 0~255 的一个数值表示，但必须使用十六进制的数字来表示这些组合。例如，一种颜色的 RGB 代码为“#FFC0CB”，就代表是用强度为 FF（也就是 255）的红色、强度为 C0 的绿色与强度为 CB 的蓝色混合成的颜色，也就是粉红色。

注意　使用 RGB 颜色，必须在十六进制组合前加上“#”字符。

几乎所有浏览器都能识别以下 16 种预定义的颜色：Red（红色）、Yellow（黄色）、Blue（蓝色）、Navy（深蓝色）、Green（绿色）、Lime（浅绿色）、Aqua（碧绿色）、Olive（橄榄绿）、Black（黑色）、Gray（灰色）、Silver（银色）、Maroon（栗色）、Purple（紫色）、Fuchsia（紫红色）、Teal（深青色）和 White（白色）。而 Internet Explorer 浏览器可以识别更多的颜色单词，表 2.1 列出了 Internet Explorer 浏览器能识别的颜色单词。

表 2.1　Internet Explorer 浏览器能识别的颜色单词

aliceblue（#F0F8FF）	antiquewhite（#FAEBD7）	aqua（#00FFFF）	aquamarine（#7FFFD4）
azure（#F0FFFF）	beige（#F5F5DC）	bisque（#FFE4C4）	black（#000000）
blanchedalmond（#FFEBCD）	blue（#0000FF）	blueviolet（#8A2BE2）	brown（#A52A2A）
burlywood（#DEB887）	cadetblue（#5F9EA0）	chartreuse（#7FFF00）	chocolate（#D2691E）
coral（#FF7F50）	cornflowerblue（#6495ED）	cornsilk（#FFF8DC）	crimson（#DC143C）
cyan（#00FFFF）	darkblue（#00008B）	darkcyan（#008B8B）	darkgoldenrod（#B8860B）
darkgray（#A9A9A9）	darkgreen（#006400）	darkkhaki（#BDB76B）	darkmagenta（#8B008B）
darkolivegreen（#556B2F）	darkorange（#FF8C00）	darkorchid（#9932CC）	darkred（#8B0000）
darksalmon（#E9967A）	darkseagreen（#8FBC8B）	darkslateblue（#483D8B）	darkslategray（#2F4F4F）
darkturquoise（#00CED1）	darkviolet（#9400D3）	deeppink（#FF1493）	deepskyblue（#00BFFF）
dimgray（#696969）	dodgerblue（#1E90FF）	firebrick（#B22222）	floralwhite（#FFFAF0）
forestgreen（#228B22）	fuchsia（#FF00FF）	gainsboro（#DCDCDC）	ghostwhite（#F8F8FF）
gold（#FFD700）	goldenrod（#DAA520）	gray（#808080）	green（#008000）
greenyellow（#ADFF2F）	honeydew（#F0FFF0）	hotpink（#FF69B4）	indianred（#CD5C5C）

续表

indigo(#4B0082)	ivory(#FFFFF0)	khaki(#F0E68C)	lavender(#E6E6FA)
lavenderblush（#FFF0F5）	lawngreen（#7CFC00）	lemonchiffon（#FFFACD）	lightblue（#ADD8E6）
lightcoral（#F08080）	lightcyan（#E0FFFF）	lightgoldenrodyellow（#FAFAD2）	lightgreen（#90EE90）
lightgrey（#D3D3D3）	lightpink（#FFB6C1）	lightsalmon（#FFA07A）	lightseagreen（#20B2AA）
lightskyblue（#87CEFA）	lightslategray（#778899）	lightsteelblue（#B0C4DE）	lightyellow（#FFFFE0）
lime（#00FF00）	limegreen（#32CD32）	linen（#FAF0E6）	magenta（#FF00FF）
maroon（#800000）	mediumaquamarine（#66CDAA）	mediumblue（#0000CD）	mediumorchid（#BA55D3）
mediumpurple（#9370DB）	mediumseagreen（#3CB371）	mediumslateblue（#7B68EE）	mediumspringgreen（#00FA9A）
mediumturquoise（#48D1CC）	mediumvioletred（#C71585）	midnightblue（#191970）	mintcream（#F5FFFA）
mistyrose（#FFE4E1）	moccasin（#FFE4B5）	navajowhite（#FFDEAD）	navy（#000080）
oldlace（#FDF5E6）	olive（#808000）	olivedrab（#6B8E23）	orange（#FFA500）
orangered（#FF4500）	orchid（#DA70D6）	palegoldenrod（#EEE8AA）	palegreen（#98FB98）
paleturquoise（#AFEEEE）	palevioletred（#DB7093）	papayawhip（#FFEFD5）	peachpuff（#FFDAB9）
peru（#CD853F）	pink（#FFC0CB）	plum（#DDA0DD）	powderblue（#B0E0E6）
purple（#800080）	red（#FF0000）	rosybrown（#BC8F8F）	royalblue（#4169E1）
saddlebrown（#8B4513）	salmon（#FA8072）	sandybrown（#F4A460）	seagreen（#2E8B57）
seashell（#FFF5EE）	sienna（#A0522D）	silver（#C0C0C0）	skyblue（#87CEEB）
slateblue（#6A5ACD）	slategray（#708090）	snow（#FFFAFA）	springgreen（#00FF7F）
steelblue（#4682B4）	tan（#D2B48C）	teal（#008080）	thistle（#D8BFD8）
tomato（#FF6347）	turquoise（#40E0D0）	violet（#EE82EE）	wheat（#F5DEB3）
white（#FFFFFF）	whitesmoke（#F5F5F5）	yellow（#FFFF00）	yellowgreen（#9ACD32）

【示例 2-3】设置文字字体颜色。

```
01   <HTML>
02       <HEAD>
03           <TITLE>设置文字颜色</TITLE>
04       </HEAD>
05       <BODY>
06           以下是预定义的十六种颜色：<BR>
07           <TABLE WIDTH="100%">
08             <TR>
09               <TD ALIGN="CENTER"><FONT COLOR="Red">Red：红色</FONT></TD>
10               <TD ALIGN="CENTER"><FONT COLOR="Yellow">Yellow：黄色</FONT></TD>
11               <TD ALIGN="CENTER"><FONT COLOR="Blue">Blue：蓝色</FONT></TD>
12               <TD ALIGN="CENTER"><FONT COLOR="Navy">Navy：深蓝色</FONT></TD>
13             </TR>
14             <TR>
15               <TD ALIGN="CENTER"><FONT COLOR="Green">Green：绿色</FONT></TD>
16               <TD ALIGN="CENTER"><FONT COLOR="Lime">Lime：浅绿色</FONT></TD>
17               <TD ALIGN="CENTER"><FONT COLOR="Aqua">Aqua：碧绿色</FONT></TD>
```

```
18                  <TD ALIGN="CENTER"><FONT COLOR="Olive">Olive：橄榄绿</FONT></TD>
19              </TR>
20              <TR>
21                  <TD ALIGN="CENTER"><FONT COLOR="Black">Black：黑色</FONT></TD>
22                  <TD ALIGN="CENTER"><FONT COLOR="Gray">Gray：灰色</FONT></TD>
23                  <TD ALIGN="CENTER"><FONT COLOR="Silver">Silver：银色</FONT></TD>
24                  <TD ALIGN="CENTER"><FONT COLOR="Maroon">Maroon：栗色</FONT></TD>
25              </TR>
26              <TR>
27                  <TD ALIGN="CENTER"><FONT COLOR="Purple">Purple：紫色</FONT></TD>
28                  <TD ALIGN="CENTER"><FONT COLOR="Fuchsia">Fuchsia：紫红色</FONT></TD>
29                  <TD ALIGN="CENTER"><FONT COLOR="Teal">Teal：深青色</FONT></TD>
30                  <TD ALIGN="CENTER" BGCOLOR="Black"><FONT COLOR="White">White：白色
</FONT></TD>
31              </TR>
32            </TABLE>
33            以下使用的是 RGB 颜色：
34            <TABLE WIDTH="100%">
35              <TR>
36                  <TD ALIGN="CENTER"><FONT COLOR="#8A2BE2">8A2BE2</FONT></TD>
37                  <TD ALIGN="CENTER"><FONT COLOR="#7FFF00">7FFF00</FONT></TD>
38                  <TD ALIGN="CENTER"><FONT COLOR="#008B8B">008B8B</FONT></TD>
39                  <TD ALIGN="CENTER"><FONT COLOR="#BDB76B">BDB76B</FONT></TD>
40              </TR>
41            </TABLE>
42        </BODY>
43    </HTML>
```

第 7～39 行在表格中显示不同颜色的文字内容，其中使用了 FONT 元素的 COLOR 属性。示例 2-3 运行结果如图 2.6 所示。

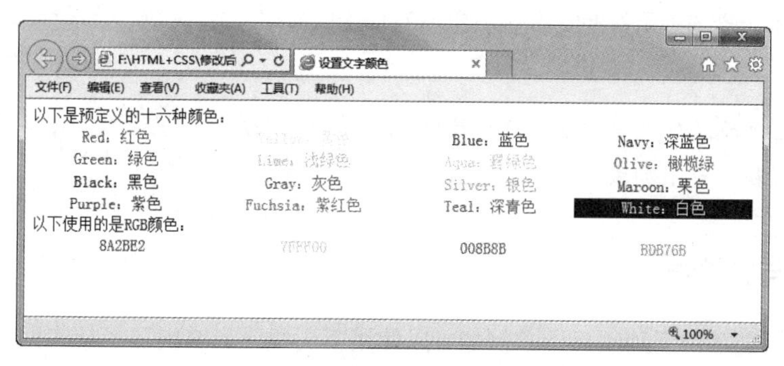

图 2.6　设置字体颜色运行结果

注意　虽然可以用颜色名称来代替 RGB 颜色，但是并不是所有的浏览器都可以识别这些英文名称，因此还是建议使用 RGB 颜色值。

2.1.4　加粗与斜体

通常在处理文字时，都会对比较重要的内容使用加粗、斜体来引起读者的注意。在网页上同样可以使用加粗与斜体来达到相同的效果。

在 HTML 元素中，可以用 B 元素来加粗文字，用 I 元素来使文字倾斜。除了 B 元素与 I 元素之外，还可以使用 STRONG 元素来加粗文字，使用 EM 元素来使文字倾斜。设置加粗与斜体的语法格式如下。

```
<B>加粗的文字</B>
<I>倾斜的文字</I>
<STRONG>加粗的文字</STRONG>
<EM>倾斜的文字</EM>
```

【示例 2-4】设置文字为加粗和斜体。

```
01  <HTML>
02      <HEAD>
03          <TITLE>粗体与斜体</TITLE>
04      </HEAD>
05      <BODY>
06          <FONT SIZE=4>
07              这是四号文字大小<BR>
08              <B>这是使用 B 元素加粗的四号文字</B><BR>
09              <I>这是使用 I 元素倾斜的四号文字</I><BR>
10              <STRONG>这是使用 STRONG 元素加粗的四号文字</STRONG><BR>
11              <EM>这是使用 EM 元素倾斜的四号文字</EM><BR>
12              <BIG>这是加大的四号文字</BIG><BR>
13          </FONT>
14      </BODY>
15  </HTML>
```

第 8 ~ 12 行分别采用特殊标签来使字体显示相应的特殊效果，如加粗、斜体等。示例 2-4 的运行效果如图 2.7 所示。从图 2.7 中可以看出，使用 STRONG 元素与 B 元素加粗文字没有什么区别，使用 EM 元素与 I 元素使文字倾斜也没有什么区别。

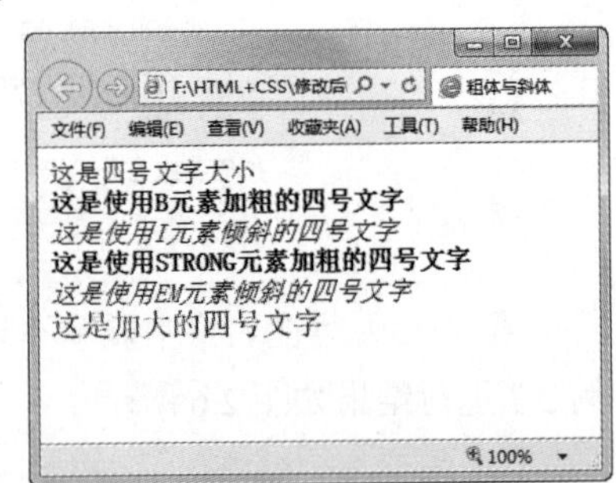

图 2.7　加粗与斜体运行结果

注意　B 元素与 BIG 元素的区别是：BIG 元素是将文字加大，并不变粗；而 B 元素只是让文字变粗，并不加大。

2.1.5　下画线与删除线

有些时候希望文字带下画线显示，例如可以使用下画线元素突出显示某些说明文字。删除线一般在修改文章时常常用到，表示原来的这部分文字被删除了。

1. 被反对使用的元素

在 HTML 的早期版本中，使用 STRIKE 元素来标注带有删除线的文字，使用 U 元素来标注带有下画线的文字。不过 STRIKE 元素与 U 元素都是在 HTML 4.0 以上版本中被反对的元素。所谓“被反对”，是指不希望再使用的元素，被反对的原因在后继章节里还会介绍。

虽然 STRIKE 元素与 U 元素是被反对的元素，但是大多浏览器还是支持该元素，而且笔者相信在将来很长一段时间里，浏览器也不会取消对这些反对元素的支持，因此读者可以放心地使用这些元素。

2. 被赞成使用的元素

从 HTML 4.0 版本开始，正式使用了两个新元素：DEL 元素（删除线）和 INS 元素（插入线），用来替代 STRIKE 元素与 U 元素，不过它们在浏览器中的显示效果都是一样的。

删除线与下画线元素的语法格式如下。

```
<STRIKE>删除线</STRIKE>
<U>下画线</U>
<DEL>删除线</DEL>
<INS>插入线</INS>
```

【示例 2-5】设置删除线和下画线，注意加粗的代码。

```
01  <HTML>
02      <HEAD>
03          <TITLE>删除线与下画线</TITLE>
04      </HEAD>
05      <BODY>
06          <STRIKE>删除线</STRIKE><BR>
07          <U>下画线</U><BR>
08          <DEL>删除线</DEL><BR>
09          <INS>插入线</INS><BR>
10      </BODY>
11  </HTML>
```

第 6 ~ 9 行分别演示了两种不同的下画线与删除线标签的使用。示例 2-5 的运行效果如图 2.8 所示。

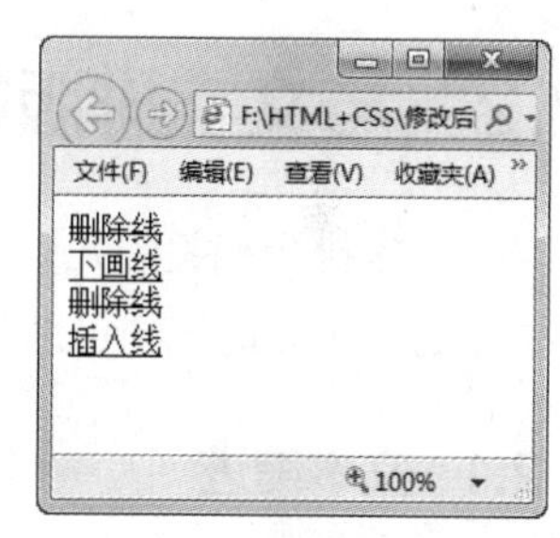

图 2.8　使用删除线和下画线运行效果

注意　<STRIKE></STRIKE>标签可以简写为<S></S>。

2.1.6　上标与下标

在描述一些复杂的表达式，特别是一些数学公式时，经常会用到上标和下标，如 3 的平方（3^2）。在 HTML 页面中，上标采用 SUP 元素，下标采用 SUB 元素。其语法格式如下。

```
<SUP>作为上标的文字</SUP>
<SUB>作为下标的文字</SUB>
```

【示例 2-6】设置上标和下标，注意加粗代码。

```
01  <HTML>
02      <HEAD>
03          <TITLE>上标与下标</TITLE>
04      </HEAD>
05      <BODY>
06          <FONT SIZE=4>
07              水的分子式是：H<SUB>2</SUB>O<BR>
08              3<SUP>2</SUP>等于 9
09          </FONT>
10      </BODY>
11  </HTML>
```

第 7 行使用<SUB>标签显示下标效果，第 8 行使用<SUP>标签显示上标效果。示例 2-6 的运行效果如图 2.9 所示。

图 2.9 使用上标和下标的运行效果

2.1.7 等宽字

等宽字体一般针对的是英文字体，所谓等宽，就是像打字机文本一样的字体，在默认情况下，这种字体是 Courier 字体。通常只有在显示计算机代码等情况下，才会使用等宽字体。HTML 中的 TT 元素可以用来设置等宽字体。使用<TT></TT>标签表明标注的文字为类似打印机文本（typewriter text）使用的等宽字体。TT 元素的语法格式如下。

```
<TT>英文文字</TT>
```

由于该内容比较简单，使用也很少，在此就不举例了。

2.2 与文字排版相关的元素

与文字排版相关的元素包括文本缩进、段落、换行、段落居中等。一个好的网页，文字段落的设置是必不可少的，它可以使网页更加简洁和美观。

2.2.1 文本缩进

文本缩进元素 BLOCKQUOTE 主要用于设置文本的缩进效果，从而使页面的文字布局更加错落有致。文本缩进元素的语法格式如下。

```
<BLOCKQUOTE>需要进行缩排的文字</BLOCKQUOTE>
```

需要注意的是，文本缩进元素 BLOCKQUOTE 可以嵌套使用，每使用一次，文本就缩进一次。

【示例 2-7】不同次数的缩进。

```
01  <HTML>
02      <HEAD>
03          <TITLE>设置文本缩进</TITLE>
04      </HEAD>
05      <BODY>
06          在一个山区里，有一座大山，叫顶天山。山脚下有个小村子，村里的人家都是靠打猎过生活的。有一天，不知道是谁，在一块光滑的岩石上画了一只狐狸。
07          <BLOCKQUOTE>第一个人看到了，就说：“哈！这上面画的根本不像狐狸，倒像一只狼。”</BLOCKQUOTE>
08          <BLOCKQUOTE><BLOCKQUOTE>这句话一传两传，传到另外一个人的嘴里，就变成这样说了：“有人说，顶天山上有一只狐狸，一下子变狼了。” </BLOCKQUOTE></BLOCKQUOTE>
09          <BLOCKQUOTE><BLOCKQUOTE>别人听了都问：“是真的吗？”</BLOCKQUOTE> </BLOCKQUOTE>
10          <BLOCKQUOTE> “是真的，好多人都在这样说。”</BLOCKQUOTE>
11      </BODY>
12  </HTML>
```

第 6 ~ 10 行演示了使用<BLOCKQUOTE>来实现文本的缩行。示例 2-7 运行效果如图 2.10 所示，可以看出，使用文本缩进时，段落左右两侧都被缩进了。文本缩进元素可以嵌套使用，使用的元素越多，缩进的程度也越大。

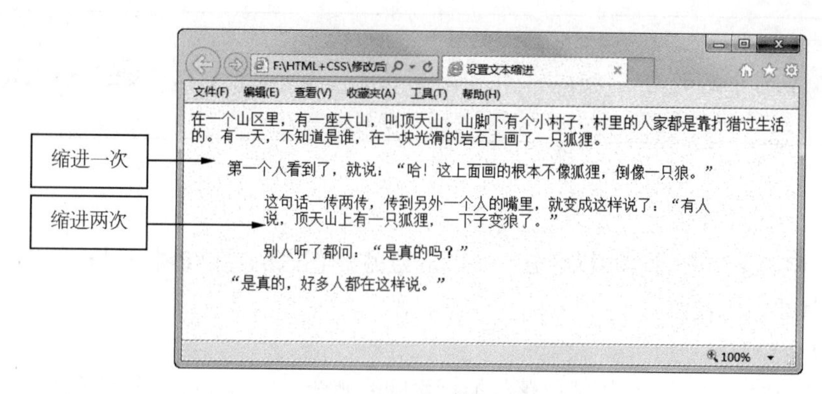

图 2.10　文本缩进运行结果

2.2.2　换行

HTML 中的换行元素在前面的章节已经多次提到并使用过了。BR 元素就是用来对文字进行换行的。BR 元素没有结束标签，也就是说，一个 BR 元素就是换一次行。

【示例 2-8】使用换行元素来对文字进行换行。

```
01   <HTML>
02         <HEAD>
03               <TITLE>换行</TITLE>
04         </HEAD>
05         <BODY>
06               这是一行文字，虽然在源代码里并没有换行，<BR>但是因为使用了一个“&lt;BR&gt;”标签，所以它换行了。<BR><BR>
07               这是
08   两行文字<BR>
09               上面一行文字，在源代码里是分两行写的，因为没有使用“&lt;BR&gt;”标签，所以它没有换行。
10         </BODY>
11   </HTML>
```

第 6～9 行使用
标签来演示 HTML 换行。示例 2-8 运行效果如图 2.11 所示，可以看出，虽然源代码中的文字没有换行，但是只要加上了
标签，就会在添加
标签之处换行；另外源代码中的文字即使换了行，只要没有加上
标签，在用浏览器浏览时，文字也不会换行。

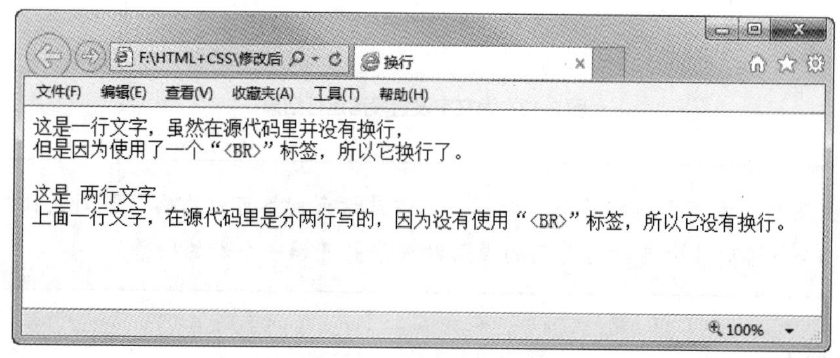

图 2.11　文字换行运行结果

注意 浏览器中显示“<”和“>”字符时，在源代码中要分别以“<”和“>”替代。

2.2.3 段落

在 HTML 中，使用 P 元素可以区分一个段落与另一个段落，在<P>标签与</P>标签之间的文字是一个段落，其语法格式如下。

```
<P>一段文字</P>
```

【示例 2-9】有时候读者会分不清段落与换行之间的概念，下面通过一个例子来区分这两个概念。

```
01  <HTML>
02      <HEAD>
03          <TITLE>段落与换行</TITLE>
04      </HEAD>
05      <BODY>
06          <P>
07              从这里开始，是一个新的段落，一个段落里表达的是一种意思。<BR>
08              这是一行文字，<BR>因为使用了“&lt;BR&gt;”标签，所以被分为了两行。
09          </P>
10          <P>
11              从这里开始，又是一个新的段落，这个段落里表达的可能会是另一种意思。
12          </P>
13      </BODY>
14  </HTML>
```

第 6～12 行演示了如何在 HTML 中使用<P>标签来实现分段。示例 2-9 运行效果如图 2.12 所示，可以看出，前 4 行文字是第一个段落，后两行文字是第 2 个段落。从直观上看来，在一个段落与另一个段落之间，空了一行文字的距离。而 BR 元素只是使文字换了一行，并没有在文字与文字之间增加一个空白行。

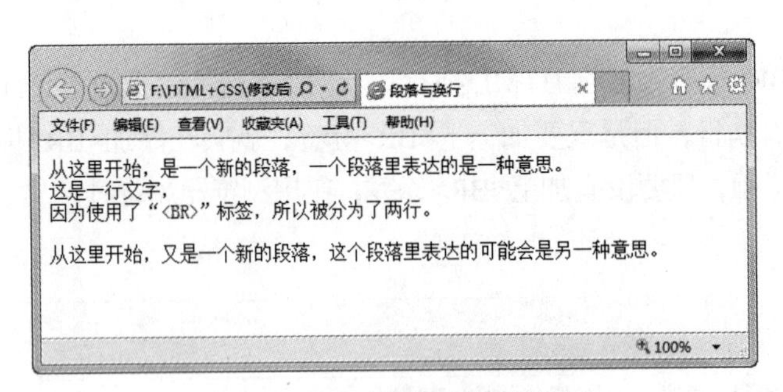

图 2.12 为文字设置段落运行结果

注意 虽然 P 元素有开始标签与结束标签，但是结束标签可以省略。当浏览器遇到一个新的<P>标签时，会自动将前面的段落结束，并开始一个新的段落。

2.2.4 段落居中

如果想要居中显示网页中的段落，可以使用居中对齐元素 CENTER。居中对齐元素是双元素，成对出现，以<CENTER>开始，以</CENTER>结束。在元素之间的所有内容都居中对齐，包括文字、图像、表格等，其具体的语法格式如下。

```
<CENTER>需要居中对齐的内容</CENTER>
```

【示例 2-10】使用居中对齐元素使段落居中显示。

```
01   <HTML>
02        <HEAD>
03             <TITLE>设置元素的居中对齐</TITLE>
04        </HEAD>
05        <BODY>
06             这是默认的文字对齐方式。这是默认的文字对齐方式。这是默认的文字对齐方式。这是默认的文字
对齐方式。这是默认的文字对齐方式。
07             <CENTER>
08             <H3>HTML 中的字体元素</H3>
09             <P>在 HTML 中有很多元素，学习好这些元素可以更好地掌握创建网页的方法。</P>
10             </CENTER>
11        </BODY>
12   </HTML>
```

第 6 行使用默认对齐方式，第 7 ~ 10 行使用<CENTER>标签实现居中对齐方式。示例 2-10 运行效果如图 2.13 所示，可以看出第一段文字没有使用居中对齐元素，段落就以默认方式居左对齐；第二段的三级标题和第三段的段落文字使用了居中对齐元素，它们就居中显示了。

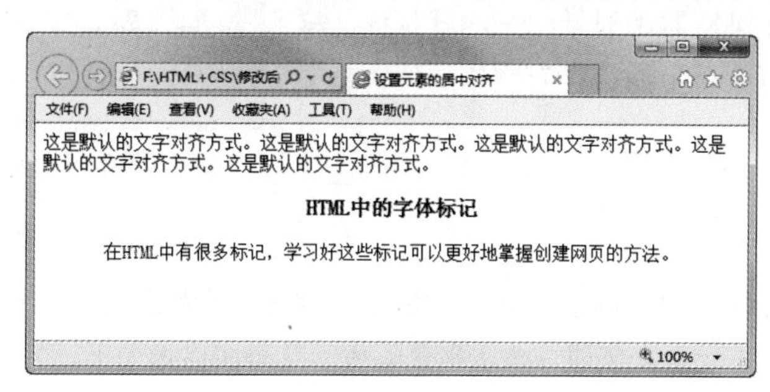

图 2.13　段落居中运行效果

2.2.5　预定义格式

通过前面章节的学习可以知道，在 HTML 源代码中，即使文字已经换行，但是只要没有使用
标签，在浏览器里显示出来的文字也不会换行。如果想在浏览器中显示源代码中设置的所有格式，包括文字之间的空白，如空格、制表符等，可以使用 PRE 元素。使用 PRE 元素相当于设置了一个“块”，这个块可以将源代码中的所有文本（除 HTML 标签外）在浏览器中按原样显示出来。其语法格式如下。

```
<PRE>设定了格式的文字</PRE>
```

例如，源代码中有 10 个空格，在浏览器也会显示 10 个空格，不再合并多个空格为一个空格；源代码中有一个换行，在浏览器中也会显示一个换行，不再需要使用
标签来强制换行。

【示例 2-11】使用预定义格式来设置文本按原样显示。

```
01   <HTML>
02        <HEAD>
03             <TITLE>预格式化</TITLE>
```

```
04        </HEAD>
05        <BODY>
06          春      晓
07    春眠不觉晓，处处闻啼鸟。
08    夜来风雨声，花落知多少。
09            <PRE>
10          春      晓
11    春眠不觉晓，处处闻啼鸟。
12    夜来风雨声，花落知多少。
13            </PRE>
14            <PRE>
15          春      晓
16    春眠不觉晓，处处闻啼鸟。
17    夜来风雨声，花落知多少。
18            </PRE>
19        </BODY>
20    </HTML>
```

示例 2-11 运行效果如图 2.14 所示，可以看出，没有使用<PRE></PRE>标签时，无论在源代码中怎么换行，在浏览器中显示出来的都是一行，并且多个空格都被处理成一个空格。而在使用<PRE></PRE>标签后，源代码中是什么样的格式，在浏览器中显示出来的就是什么样的格式，有换行的位置就显示换行，有空格的位置就显示空格。

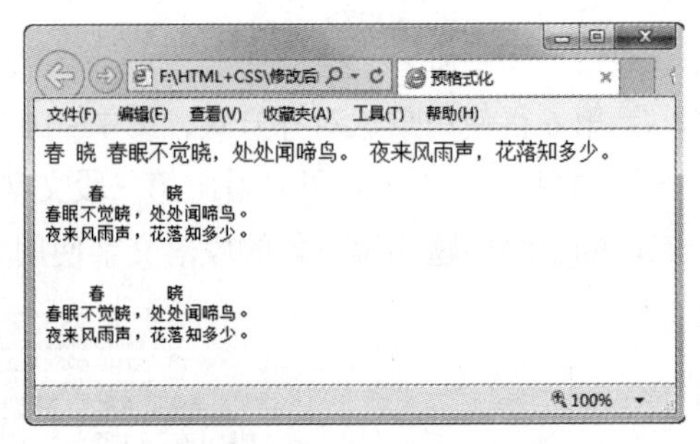

图 2.14 预定义格式运行效果

2.2.6 水平分隔线

当页面内容比较烦琐时，可以在段与段之间插入一条水平分隔线来使页面层次分明，便于阅读。在 HTML 中可以使用 HR 元素来创建一条水平分隔线，其语法格式如下。

```
<HR ALIGN="对齐方式" WIDTH="宽度" SIZE="高度" COLOR="颜色" NOSHADE>
```

其中，HR 元素中的属性说明如下。

- ALIGN 属性的值可以为 LEFT（左对齐）、CENTER（居中）和 RIGHT（右对齐）3 种。
- WIDTH 属性代表宽度，可以有两种表示法：一种是百分数，代表水平分隔线占浏览器窗口宽度的百分比；另一种是像素，代表水平分隔线宽度占多少像素。
- SIZE 属性代表水平分隔线的高度，其值为数字。
- COLOR 属性代表水平分隔线的颜色，默认为黑色。
- NOSHADE 代表水平分隔线不显示阴影，默认情况下水平分隔线是显示阴影的。

【示例 2-12】创建不同类型的水平分隔线。

```
01    <HTML>
02        <HEAD>
03            <TITLE>水平分隔线</TITLE>
04        </HEAD>
05        <BODY>
06            这是一个默认的水平分隔线：
07            <HR>
08            该水平分隔线占浏览器窗口的 50%，并向左对齐
```

```
09              <HR WIDTH="50%" ALIGN="LEFT">
10              该水平分隔线宽度为 500 像素
11              <HR WIDTH="500">
12              该水平分隔线的高度为 3，并不显示阴影
13              <HR WIDTH="200" SIZE="3" NOSHADE>
14              该水平分隔线为红色
15              <HR WIDTH="50%" COLOR="red">
16          </BODY>
17      </HTML>
```

第 6～15 行分别使用<HR>标签，显示不同水平分隔线的内容。示例 2-12 运行效果如图 2.15 所示。

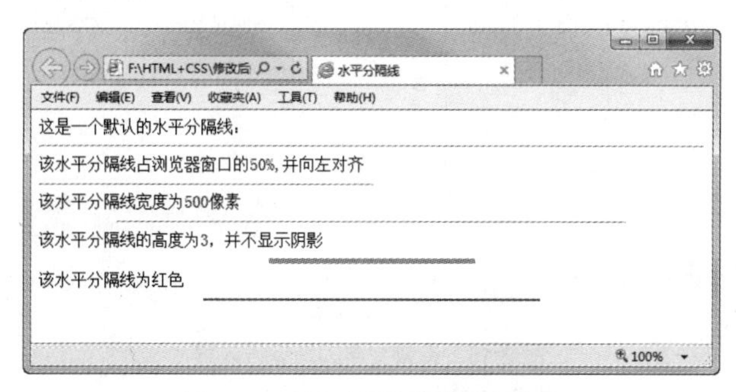

图 2.15 创建水平分隔线运行结果

在例 2-12 中创建了以下几种水平分隔线。

① 第 1 条水平分隔线为默认的水平分隔线，该水平分隔线的宽度为 100%，居中，高度为 1，颜色为黑色。

② 第 2 条水平分隔线的宽度为 50%。当调整浏览器窗口大小时，该水平分隔线也会自动调整长度，以保证永远只占浏览器窗口 50%的长度。

③ 第 3 条水平分隔线的宽度为 500 像素。无论浏览器窗口的大小是多少，该水平分隔线的长度都是 500 像素，不会随着窗口大小改变而改变，一旦浏览器窗口的宽度小于 500 像素，就会在窗口上出现横向滚动条。

④ 为第 4 条水平分隔线指定了 NOSHADE 属性。该属性没有属性值，此时的水平分隔线没有立体感。

⑤ 第 5 条水平分隔线的颜色为红色，如果不设置颜色，水平分隔线默认为黑色。水平线使用 COLOR 属性后，将不能显示阴影效果。

2.3 文字闪烁

使用 BLINK 元素可以使网页中的文字闪烁。这是除了粗体与斜体之外的另一种使文字突出显示的方式，通常用来设置比较重要的超链接或文本，其语法格式如下。

```
<BLINK>闪烁的文字</BLINK>
```

【示例 2-13】为网页文字设置闪烁效果。

```
01    <HTML>
02        <HEAD>
```

```
03            <TITLE>闪烁的文字</TITLE>
04        </HEAD>
05        <BODY>
06            通常只有<BLINK>重要文字</BLINK>才会让其闪烁。
07        </BODY>
08    </HTML>
```

第 6 行使用<BLINK>标签来使文字闪烁，以达到突出显示的目的。示例 2-13 运行效果如图 2.16 所示。

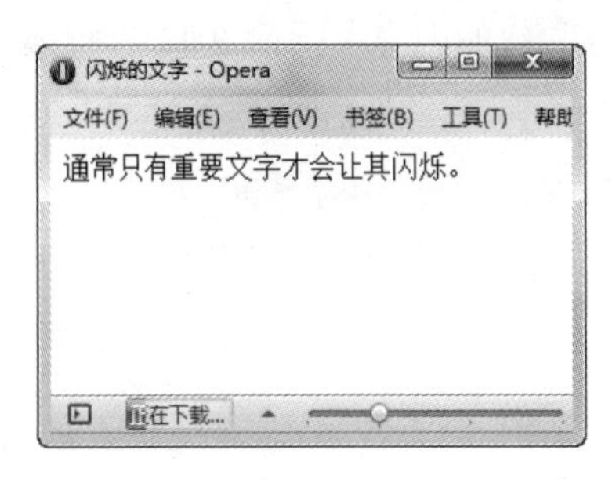

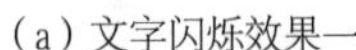
(a) 文字闪烁效果一

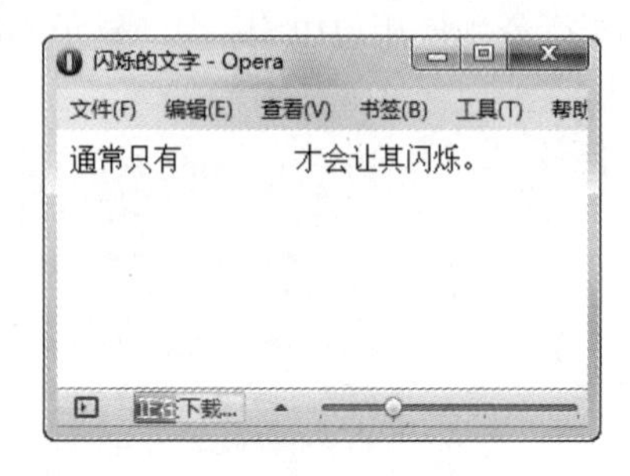

(b) 文字闪烁效果二

图 2.16　设置文字闪烁运行效果

需要注意的是，Internet Explorer 浏览器不支持该元素，因此在 Internet Explorer 浏览器中浏览该网页不会显示出闪烁的效果。除了 Internet Explorer 浏览器，其他主流浏览器（Netscape、Opera、Firefox 等）都支持该元素。

2.4　设置网页背景颜色

在前面多次使用过 BODY 元素，不过在使用 BODY 元素时，都没有设置其属性值。BODY 元素的 BGCOLOR 属性可以用来设置网页的背景颜色，其语法格式如下。

```
<BODY BGCOLOR="背景颜色">网页内容</BODY>
```

其中，背景颜色的表示方法与文字颜色的表示方法一样，可以是颜色的英文单词，也可以是 RGB 颜色代码。

【示例 2-14】设置网页的背景颜色为红色。

```
01    <HTML>
02        <HEAD>
03            <TITLE>背景颜色</TITLE>
04        </HEAD>
05        <BODY BGCOLOR="#FCC">
06            <PRE>
07              春  夜  喜  雨
08          好雨知时节，当春乃发生。
09          随风潜入夜，润物细无声。
10          野径云俱黑，江船火独明。
11          晓看红湿处，花重锦官城。
12            </PRE>
```

```
13            </PRE>
14        </BODY>
15    </HTML>
```

第 5 行在传统的<BODY>标签中使用了 BGCOLOR 属性，通过该属性将页面背景设置为指定颜色。示例 2-14 运行效果如图 2.17 所示，可以看出，网页的背景颜色已经变为红色了。

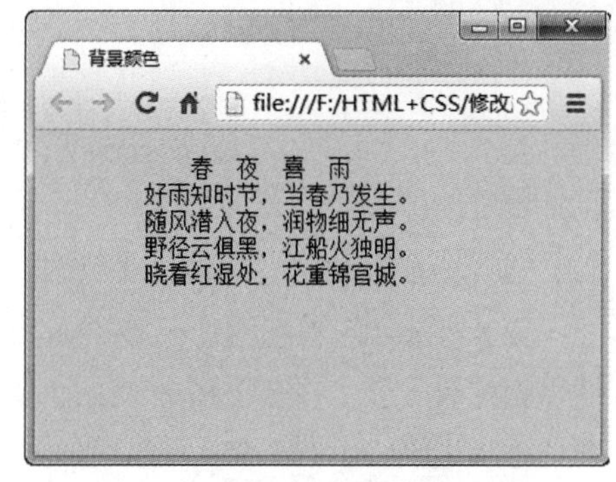

图 2.17 设置网页背景颜色运行效果

2.5 在网页中插入图像

在网页中可以插入 Logo（网站标志）、Banner（横幅广告）、照片等各种图片，浏览者浏览网页时，这些图片将会自动显示出来。合理应用图片，可以让网页看起来更美观、重点更突出、形式更活泼、浏览更方便。在 HTML 中可以通过 IMG 元素插入图片，其语法格式如下。

```
<IMG SRC="URL" ALT="替代文本" NAME="名字" WIDTH="宽度" HEIGHT="高度" BORDER="边框" ALIGN="对齐方式" ID="编号">
```

IMG 元素的属性很多，上面代码只包含了常用的 8 种，其说明如下。

- SRC：用于指定图片所在位置，可以是相对路径或绝对路径。
- ALT：指定用于替代图片的文本，当图片不能正常显示时，可以使用该文本替代图片。
- WIDTH：指定图片的宽度。
- HEIGHT：指定图片的高度。
- BORDER：指定图片的边框大小。该属性的值越大，边框越粗。
- ALIGN：用于设置图片的对齐方式。该属性有 5 个值：LEFT、RIGHT、TOP、MIDDLE 和 BOTTOM，分别表示左对齐、右对齐、顶部、中间和底部对齐方式。
- NAME：图片的名称，很多时候可以省略。
- ID：图片的编号，也可以省略。在同一个 HTML 文档中不允许出现相同的 ID，但可以出现相同的 NAME。

【示例 2-15】设置不同属性的图片。

```
01    <HTML>
02        <HEAD>
03            <TITLE>缩放图</TITLE>
04        </HEAD>
05        <BODY>
06            <P>
07                原图大小：<BR>
08                <IMG SRC="2.1.jpg" NAME="page1" ID="page1">
09            </P>
10            <P>
11                缩小的图片：<BR>
12                <IMG SRC="2.1.jpg" WIDTH="100" HEIGHT="75">
13            </P>
14            <P>
15                替代图片的文本：<BR>
16                <IMG SRC="2.2.jpg" ALT="这是图片 2.2.jpg">
```

```
17          </P>
18          <P>
19              设置图片边框为 5 像素：<BR>
20              <IMG SRC="2.1.jpg" BORDER="5px" >
21          </P>
22      </BODY>
23  </HTML>
```

第 8 行演示了普通图片标签<IMG>的使用，在第 12 行为<IMG>标签添加 WIDTH 与 HEIGHT 属性以指定尺寸显示；在第 16 行使用 ALT 属性为图片指定替代文本；在第 20 行使用 BORDER 属性为图片添加边框。示例 2-15 运行效果如图 2.18 所示。

图 2.18　在网页中插入图片运行效果

2.6　设置背景图像

使用 BODY 元素的 BACKGROUND 属性可以为网页指定背景图片，背景图片作为背景出现在网页文字的下方，其语法格式如下。

```
<BODY BACKGROUND="背景图片地址">网页内容</BODY>
```

其中背景图片可以是本地文件夹中的图片，也可以是网络中的图片。如果是网络中的图片，可以用 URL 地址指定图片位置。

【示例 2-16】为网页设置背景图片。

```
01  <HTML>
02      <HEAD>
03          <TITLE>背景图片</TITLE>
04      </HEAD>
05      <BODY BACKGROUND="2.3.jpg">
```

```
06            <font size="+3">
07            <PRE>
08            春 夜 喜 雨
09        好雨知时节，当春乃发生。
10        随风潜入夜，润物细无声。
11        野径云俱黑，江船火独明。
12        晓看红湿处，花重锦官城。
13            </PRE>
14            </font>
15        </BODY>
16    </HTML>
```

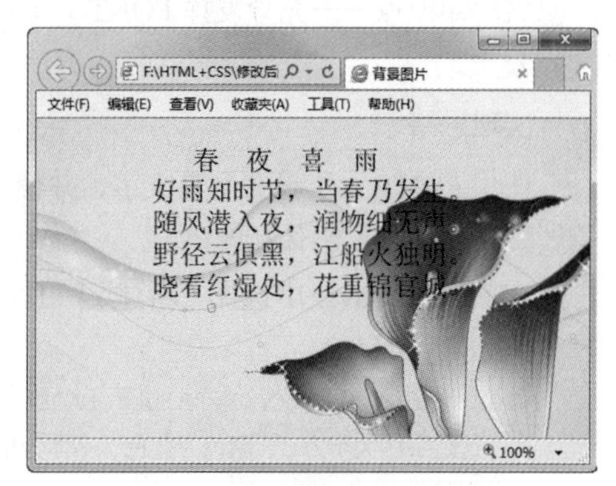

图 2.19　设置背景图片运行效果

在第 5 行为<BODY>标签添加 BACKGROUND 属性，用指定图片来展示页面背景。示例 2-16 运行效果如图 2.19 所示，可以看出，网页的背景已经以图片的形式显示了。

2.7　小结

本章主要介绍了网页中文字和图片的设置。其中，网页文字的设置讲解了文字格式、与文字排版相关的元素以及文字闪烁。图片的设置讲解了设置网页背景颜色、在网页中插入图片以及设置网页背景颜色。下一章将讲解网页中的超链接。

本章习题

1. FONT 元素中 SIZE 属性的取值范围是________。
2. 对文字进行加粗和斜体，需要使用________、________这两种元素。
3. 设置文本上标的元素是________。

   A. P　　B. SUB

   C. BLOCKQUOTE　　D. CENTER
4. 设置预定义格式的元素是________。

   A. SUB　　B. PRE　　C. BR　　D. HR
5. 预定义格式元素的作用是什么?

上机指导

网页的文字和图片是设计网页的基础。本章介绍了网页文字和图片的常用语法，并结合实例介绍网页文字和图片的使用方法。本节将通过上机操作，巩固本章所学的知识点。

实验一

实验内容

练习使用 FONT 元素来设置文字的大小、颜色和字体。

实验目的

巩固知识点——充分发挥 FONT 元素的功能，设置段落文字的大小为 3、颜色为蓝色、字体为华文彩云。

实现思路

使用 FONT 元素设置网页文字，并使用 FONT 元素的 SIZE 属性、FACE 属性、COLOR 属性来设置文字的大小、字体和颜色。

在 Dreamweaver 中选择“新建”|“HTML”命令，新建 HTML 文档。在 HTML 文档中输入的关键代码如下。

```
<FONT SIZE="3" COLOR="Blue" FACE="华文彩云">
    这是字体大小为 3、颜色为蓝色、字体为华文彩云的文字
</FONT>
```

在菜单栏中选择“文件”|“保存”命令，输入保存路径，单击“保存”按钮，即可完成网页文字的设置。运行页面查看效果如图 2.20 所示。

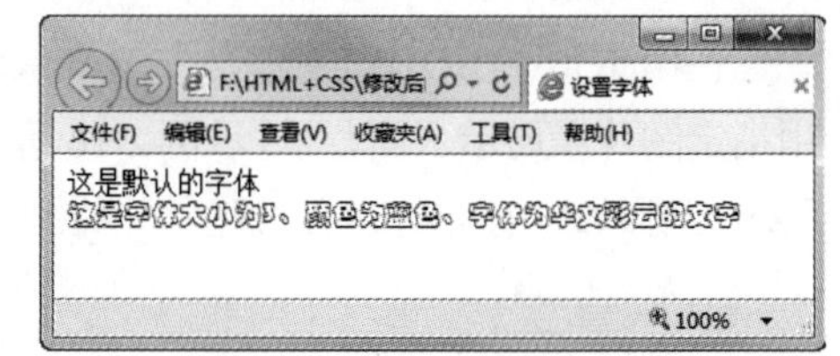

图 2.20 设置文字样式效果

实验二

实验内容

练习使用与文字排版相关的元素来设置段落文字的样式。

实验目的

巩固知识点——充分发挥与文字排版相关元素的功能，设置文字居中显示、预定义格式和添加水平分隔线。

实现思路

使用与文字排版相关的元素来设置网页文字的段落，并使用 CENTER 元素、PRE 元素和 HR 元素来设置两段文字居中显示、预定义格式和添加水平分隔线。

在 Dreamweaver 中选择“新建”|“HTML”命令，新建 HTML 文档。在 HTML 文档中输入的关键代码如下。

```
<CENTER>
    <PRE>
                春      晓
            春眠不觉晓，处处闻啼鸟。
            夜来风雨声，花落知多少。
    </PRE>
    <HR>
    <PRE>
                春      晓
            春眠不觉晓，处处闻啼鸟。
            夜来风雨声，花落知多少。
    </PRE>
</CENTER>
```

在菜单栏中选择“文件”|“保存”命令，输入保存路径，单击“保存”按钮，即可完成网页段

落文字的设置。运行页面查看效果如图 2.21 所示。

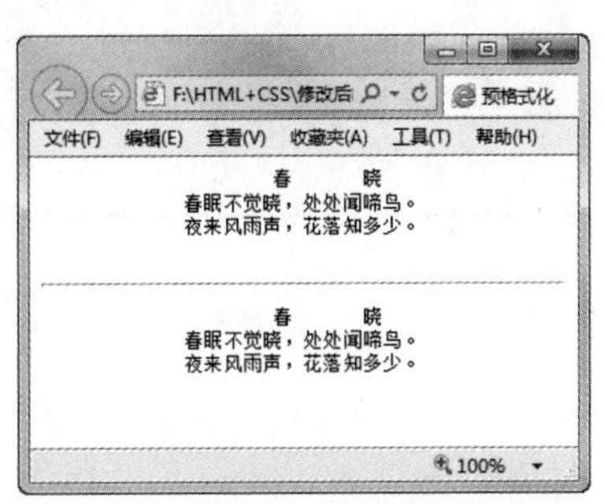

图 2.21　设置文字段落样式效果

实验三

实验内容

练习使用 BODY 元素中的 BACKGROUND 属性来设置网页的背景图像。

实验目的

巩固知识点——在网页中设置背景图片，并在背景图片上再插入一张图片。

实现思路

使用 BODY 元素中的 BACKGROUND 属性来设置网页的背景图片，并使用 IMG 元素在网页中插入一张宽为 200 像素、高为 200 像素的图片。

在 Dreamweaver 中选择“新建”|“HTML”命令，新建 HTML 文档。在 HTML 文档中输入的关键代码如下。

```
<BODY BACKGROUND="2.4.jpg">
    <P>
    插入的图片：<BR>
    <IMG SRC="2.1.jpg" WIDTH="200" HEIGHT="200">
    </P>
</BODY>
```

在菜单栏中选择“文件”|“保存”命令，输入保存路径，单击“保存”按钮，即可完成背景图片的设置。运行页面查看效果如图 2.22 所示。

图 2.22　设置背景图片的效果

03 第3章　超链接

超链接是网站中最重要的组成部分，HTML 有了超链接才显得与众不同。超链接允许浏览者从一个网页跳转到另一个网页，多个网页正是因为有了超链接才会形成一个网站。超链接不仅可以链接网页，还可以链接图片、视频、音频，甚至是任何一种文件。

3.1　创建超链接

在实际应用中很少有网页是单独的，通常都会使用超链接来创建一个页面与其他页面之间的联系。同样也可以使用超链接创建与其他 Web 服务器上的网页联系。

3.1.1　超链接标签

在 HTML 中，创建超链接的标签是<A>。<A>标签是双标签，以<A>开始，以</A>结束。<A>标签创建的链接能指向一个 HTML 页面、一幅图像、一个视频文件等任何资源，其语法格式如下。

```
<A NAME="锚名称" HREF="URL" TITLE="标题" TARGET="目标">超链接文字</A>
```

超链接标签的属性很多，上面的语法格式中只包含了常用的 4 个属性。

- NAME：用于设置超链接当前位置的锚名称。
- HREF：用于设置超链接的链接地址。
- TITLE：用于设置超链接的标题。
- TARGET：用于设置打开超链接的目标地址。

从上面的超链接语法格式可以看出，超链接主要包括目标地址、链接文字、标题说明、目标窗口及锚。

【示例 3-1】创建一个简单的超链接，此链接指向一个网站。

```
01    <HTML>
02        <HEAD>
03            <TITLE>超链接</TITLE>
04        </HEAD>
05        <BODY>
06            <A HREF="http://www.ibucm.com" TITLE="单击此处进入北京中医药大学远程教育学院的网站首页" TARGET="_blank" NAME="ibucm">北京中医药大学远程教育学院</A>
07        </BODY>
08    </HTML>
```

示例 3-1 运行效果如图 3.1 所示。第 6 行使用了<A>标签，然后设置 4 个属性，注意每个属性都用引号括起来。

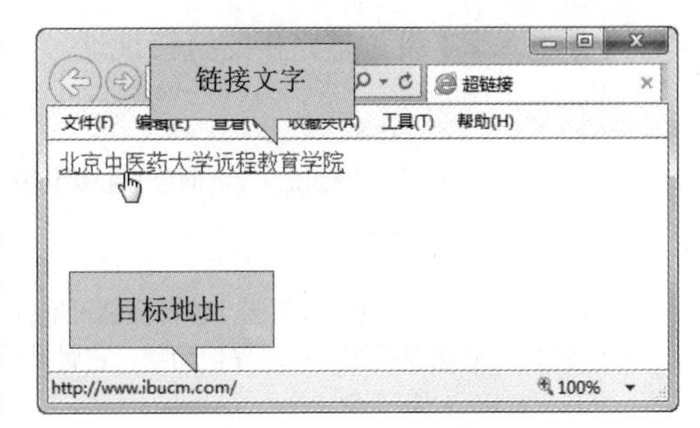

图 3.1 创建超链接运行结果

超链接由以下 5 个部分组成。

- 目标地址。当浏览者单击某个超链接时，会出现什么内容，是由目标地址决定的。如果目标地址是一个网址，单击超链接时会打开一个网页；如果目标地址是一个视频文件或音频文件，单击超链接时会打开一个播放软件来播放视频或音频；如果目标地址是一张图片，单击超链接时会显示这张图片；如果目标地址是一个 E-mail 地址，单击超链接时会打开一个客户端电子邮件程序，并显示发送新邮件窗口；如果目标地址是一个压缩文件，单击超链接时会下载该文件……通常目标地址都是以 URL 地址表示，把鼠标指针放在超链接上时，在浏览器窗口的状态栏上会显示该超链接的 URL。
- 链接文字。链接文字的作用是让浏览者看到并单击。例如，图 3.1 中的“北京中医药大学远程教育学院”就是链接文字。链接文字在浏览器中默认为蓝色并加有下画线。链接文字越吸引人，浏览者单击的可能性就越大。在超链接中不仅可以使用文字，还可以使用图片，使用图片时，浏览者只要单击该图片，就可以到达超链接的目标地址上。
- 标题。标题也就是超链接的说明文字，把鼠标指针放在超链接上面时，会在鼠标指针附近显示一个注释框，注释框里的文字就是标题的内容，用于说明单击超链接后可以看到什么内容或发生什么情况。
- 目标窗口。目标窗口在浏览器窗口中不会显示，而是决定单击超链接后在哪个浏览器窗口中显示网页，如在自身窗口中显示或在新开窗口显示等。
- 锚。这也是在浏览器窗口中没有任何显示的属性，用于决定其他超链接链接到的位置。

3.1.2 链接地址

链接地址用于设置超链接的路径，可以使用<A>标签中的 HEAR 属性来设置。设置超级链接地址的语法格式如下。

```
<A HREF="链接地址">用来设置超链接的元素</A>
```

其中，链接地址可以是相对地址，也可以是绝对地址。

绝对路径实际就是完整路径。绝对路径可以是按照硬盘文件的真正路径，也可以是按照域名的完整网页路径。使用绝对路径定位链接目标文件比较清晰，但是如果该文件被移动了，就需要重新设置所有的相关链接。例如，设置路径为“C:\Program files\1.htm”，在本地确实可以找到，但是因为到了网站上，该文件不一定在这个路径下，所以就会出问题。

相对路径，顾名思义就是自己相对目标位置的路径。使用相对路径时，不论将这些文件放到哪里，只要它们的相对关系没有变，就不会出错。一般有如下 3 种相对路径的写法。

- 同一目录下的文件：只需要输入链接文件的名称即可，如 01.html。
- 上一级目录中的文件：在目录名和文件名之前加入“../”，如../04/02.html；如果是上两级，则需要加两个“../”，如../../file/01.html。
- 下一级目录：目录名和文件名之间以“/”隔开，如 Html/05/01.html。

【示例 3-2】设置超链接的链接地址。

```
01    <HTML>
02        <HEAD>
03            <TITLE>为页面添加超级链接</TITLE>
04        </HEAD>
05        <BODY>
06            现在有很多动物都濒临灭绝，因此我们应该保护动物，特别是稀有动物。<A HREF="3-2-1.html">
金丝猴</A>就是我国的一级保护动物。它属灵长目、猴科，背部有金黄色的长毛，故名“金丝猴”。
07        </BODY>
08    </HTML>
```

第 6 行文字“金丝猴”就是带有超级链接的元素，它链接的页面是在同一目录下的代码文件 3-2-1.html。这里要注意的是，此处链接只使用了一个属性，链接的地址也是相对地址，该文件必须与本例的文件在同一目录下。

3-2-1.html 代码如下。

```
01    <HTML>
02        <HEAD>
03            <TITLE>超级链接</TITLE>
04        </HEAD>
05        <BODY>
06            <P>金丝猴是我国的一级保护动物。</P>
07            <P><IMG SRC="pic01.jpg" height="200px"></P>
08        </BODY>
09    </HTML>
```

示例 3-2 运行效果如图 3.2 所示。单击图 3.2 中的“金丝猴”链接文字，可以进入图 3.3 所示的目标页面。

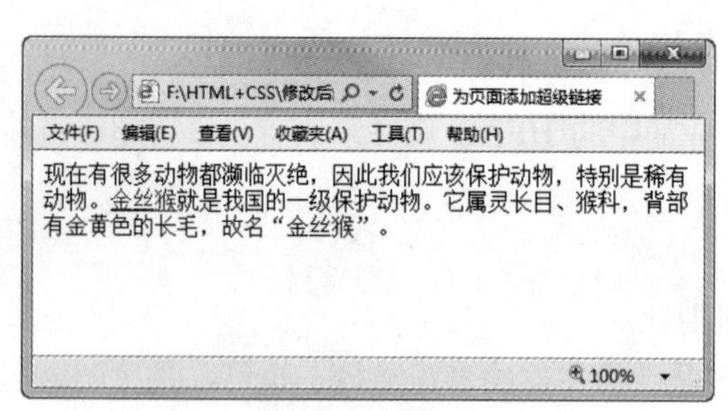

图 3.2 设置超链接地址运行效果

图 3.3 链接的目标页面

3.1.3 打开链接的方式

单击网页中的超链接时，通常都会在当前窗口打开超链接目标页面。如果想保留当前网页的内容，让链接的页面从一个新建窗口中打开，应该怎么办？使用 A 元素的 TARGET 属性可以实现这个功能。TARGET 属性用来设置打开链接的方式，其语法格式如下。

```
<A HREF="链接地址" TARGET="目标页面的打开方式">用来链接的元素</A>
```

在 HTML 中，超链接的 TARGET 属性可以取 4 个值，这些值的具体含义如表 3.1 所示。

表 3.1　TARGET 属性值

属 性 值	含　义	属 性 值	含　义
_parent	在上一级窗口打开（常在框架页面中使用）	_self	在同一窗口打开，是默认值
_blank	新建一个窗口打开	_top	忽略所有的框架结构，在浏览器的整个窗口打开

【示例 3-3】TARGET 属性的使用。

```
01   <HTML>
02        <HEAD>
03             <TITLE>设置目标页面的打开方式</TITLE>
04        </HEAD>
05        <BODY>
06             现在有很多动物都濒临灭绝，因此我们应该保护动物，特别是稀有动物。<A HREF="3-2-1.html" TARGET="_blank">金丝猴</A>就是我国的一级保护动物。它属灵长目、猴科，背部有金黄色的长毛，故名“金丝猴”。
07        </BODY>
08   </HTML>
```

示例 3-3 运行效果如图 3.4 所示。第 6 行使用_blank 打开窗口，需要注意的是，本例打开了两个浏览器，而如果此时改为_self，或不设置 TARGET 属性，则是在同一个窗口中打开新的页面，此时原页面只能通过回退按钮返回。

图 3.4　设置目标页面的打开方式

3.2　锚点

有一种特殊的超链接形式，称为锚点链接。如果一个网页包含的内容很多，要想快速查找网页中自己感兴趣的内容，就不是那么方便了。这时可以通过锚点方便地到达当前页面的其他位置。

3.2.1　创建锚点

要使用锚点引导浏览者，首先要创建页面中的锚点。创建的锚点将确定链接的目标位置。其语法格式如下。

```
<A NAME="锚点名称">锚点的链接文字</A>
```

通过锚点名称可以标注相应的锚点，该属性是设置锚点必需的。锚点的链接文字则有助于帮助用户区分不同的锚点，在实际应用中可以不设置链接文字。这是因为设置的锚点仅仅是为链接提供一个位置，浏览页面时并不会在页面中出现锚点的标签。

3.2.2 链接到本页锚点

如果要链接到本页的命名锚上，只要在 A 元素的 HREF 属性中指定锚点名称，并在该名字前加上“#”字符。锚点的名称就是 3.2.1 节中 NAME 属性的属性值。链接到本页锚点的语法格式如下。

```
<A HREF="#锚点名称">锚点的链接文字</A>
```

【示例 3-4】设置链接到本页的锚点。

```
01  <HTML>
02      <HEAD>
03          <TITLE>命名锚</TITLE>
04      </HEAD>
05      <BODY>
06          <P ALIGN="CENTER">MICROSOFT 软件最终用户许可协议</P>
07          <A NAME="top">目录</A>: <BR>
08          <A HREF="#target01">1. 通则</A><BR>
09          <A HREF="#target02">2. 许可证的授予</A><BR>
10          <A HREF="#target03">3. 客户端访问许可证</A><BR>
11          <A HREF="#target14">4. 完整协议</A><BR>
12          <BR>
13          MICROSOFT WINDOWS SERVER 2003, STANDARD EDITION<BR>
14          MICROSOFT WINDOWS SERVER 2003, ENTERPRISE EDITION<BR>
15          <BR>
16          <A NAME="target01">1. 通则。</A>本《协议》是您（个人或单个实体）与 Microsoft
Corporation（“Microsoft”）之间达成的法律协议。…… ……<BR>
17          <A HREF="#top">返回顶端</A><BR><BR>
18          <A NAME="target02">2. 许可证的授予。</A>如果您遵守本《协议》的所有条款和条件，则
Microsoft 授予您以下权利：<BR>
19          <A HREF="#top">返回顶端</A><BR><BR>
20          <A NAME="target03">3. 客户端访问许可证（“CAL”）。</A>“软件”授权模型包含操作系
统许可证和增量 CAL，因此“软件”总成本随使用量而增长。根据您的个人需要，您可以使用几种 CAL 类型和授权
模式。<BR>
21          <A NAME="target4">4. 完整协议；可分割性。</A>…… ……<BR>
22      </BODY>
23  </HTML>
```

以上代码一共设置了 5 个命名锚，分别为第 16~21 行的 top、target01、target02、target03 和 target4，单击第 16 行的超链接时，就会跳转到第 8 行这个锚上，如图 3.5 所示。

为了让读者更好地了解命名锚，图 3.5 中的两个浏览器窗口事实上是同一个窗口。单击左边窗口中的“1.通则”超链接时，该窗口会自动滚动到“1.通则”命名锚所在区域，如图 3.5 中的右边浏览窗口所示。从图 3.5 中可以看出，如果只设置了锚元素的 NAME 属性，而没有设置 HREF 属性时，浏览网页是看不出任何效果的。

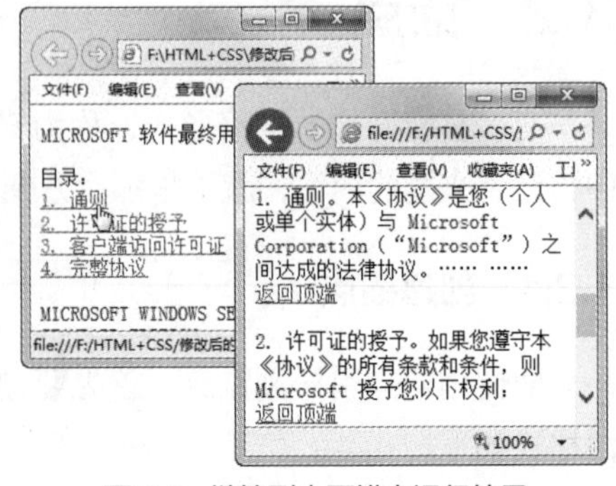

图 3.5 链接到本页锚点运行结果

3.2.3　链接到其他网页的锚点

通常单击一个超链接时，都会打开一个网页，并且默认显示该网页的顶端，而不会是网页的底部，或网页的其他位置。例如，网页中有一个超链接要链接示例 3-4 中的软件最终用户许可协议的客户端访问许可证方面的内容，如果直接将 HREF 属性值设为 3-4.html，那么在浏览者单击超链接时，看到的只是该网页的顶部，浏览者还要自己寻找客户端许可证在哪个位置，十分不方便。

要想打开一个网页，并且显示网页的某个区域，就必须创建命名锚。使用 A 元素的 NAME 属性可以在网页上设置链接到其他网页的锚点，其语法格式如下。

```
<A HREF="页面地址#锚点名称">用于链接锚点的文字</A>
```

【示例 3-5】设置链接到其他网页的锚点。这里链接到的网页是 3-4.html。

```
01  <HTML>
02       <HEAD>
03            <TITLE>链接到其他网页上的命名锚</TITLE>
04       </HEAD>
05       <BODY>
06       《MICROSOFT 软件最终用户许可协议》中有关客户端访问许可证的相关内容请<A HREF="3-4.html" TARGET="_blank">单击这里</A>查看，也可以<A HREF="3-4.html#target03" TARGET="_blank">单击这里</A>查看。
07       </BODY>
08  </HTML>
```

示例 3-5 运行效果如图 3.6 所示。可以看出，单击第 1 个“单击这里”超链接时，打开一个新浏览器窗口显示网页内容，但是默认情况下定位到网页的顶部，浏览者还需要自己寻找有关客户端访问许可证的内容在哪里；而单击第 2 个“单击这里”超链接时，也会打开一个新浏览器窗口显示网页内容，但直接将网页定位到了客户端访问许可证区域。

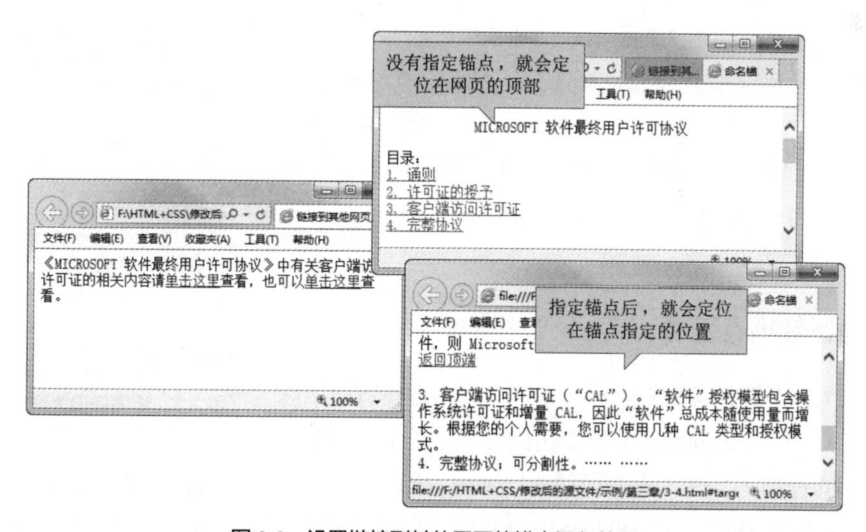

图 3.6　设置链接到其他网页的锚点运行效果

3.3　图像的超链接

<A>标签不仅可以为文字设置超链接，还可以为图片设置超链接。为图片设置超链接有两种方式：

一种是为整个图片设置链接，只要单击该图片，就可以跳转到链接的 URL 上；另一种是为图片设置热点区域，将图片划分多个区域，单击图片不同的位置将会跳转到不同的链接对象。

3.3.1 将整个图像设为链接

将整个图像设为链接的方法很简单，只需要将<A>标签中的文字换成 IMG 元素，在 IMG 元素中添加需要设置为超链接的图片即可，其语法格式如下。

```
<A HREF="链接地址"><IMG SRC="源文件地址"></A>
```

【示例 3-6】将图像设置为链接。

```
01   <HTML>
02        <HEAD>
03             <TITLE>图片链接</TITLE>
04        </HEAD>
05        <BODY>
06             <A HREF="http://www.google.com" TITLE="谷歌">
07                  <IMG SRC="google.gif">
08             </A><BR>
09             <A HREF="http://www.baidu.com" TITLE="百度" TARGET="_blank">
10                  <IMG SRC="baidu.gif" BORDER="0">
11             </A><BR>
12             <A HREF="http://www.ibucm.com" TITLE="北京中医药大学远程教育学院" TARGET=
"_blank">
13                  <IMG SRC="ibucm.gif" BORDER="0"><BR>
14                  北京中医药大学远程教育学院
15             </A><BR>
16        </BODY>
17   </HTML>
```

示例 3-6 运行效果如图 3.7 所示。由图 3.7 可以看出，第 7 行为图片增加超链接之后，会自动在图片上增加一个边框；如果要去掉该图片上的边框，可以在 IMG 元素上设置 BORDER 的属性值为 0（第 10 行），如第二个超链接的百度图片；也可以将图片与文字一起设为超链接（第 13 行），如图 3.7 中的最后一个超链接。

图 3.7　将图像设为超链接运行效果

3.3.2 设置图像热点区域

除了可以为整个图像设置链接外，还可以为图像设置热点区域，也就是将一个图片划分成多个可单击的区域，单击不同的区域将跳到不同的链接上。在定义图像热点区域时，除了要定义图像热点区域名称之外，还要设置其热区范围。可以使用 IMG 元素中的 USEMAP 属性和<MAP>标签来创建，其语法格式如下。

```
<IMG SRC="URL" USEMAP="#MAP名">
<MAP NAME="MAP名">
  <AREA SHAP=""图像热区形状" COORDS="热区坐标" HREF="链接地址">
</MAP>
```

其中 USEMAP 属性值的“MAP 名”必须是<MAP>标签中的 NAME 属性值，因为可以为不同的图片创建点击区域，每个图片都会对应一个<MAP>标签，不同的图片以 USEMAP 的属性值来区别不同的<MAP>标签。需要注意的是，USEMAP 属性值中的“MAP 名”前面必须加上#。

<MAP>标签中至少包含一个 AREA 元素，如果一个图片上有多个可点击区域，将会有多个 AREA 元素。在 AREA 元素中，必须指定 COORDS 属性，该属性值是一组用逗号隔开的数字，通过这些数字可以决定可点击区域的位置，但是 COORDS 属性值的具体含义取决于 SHAPE 的属性值，SHAPE 属性用于指定可点击区域的形状，其值可以为以下几种。

- CIRCLE：指定可点击区域为圆形，此时 COORDS 的值应该是类似 *x,y,z* 的表示方法。其中 *x* 和 *y* 代表圆心的坐标，该坐标是相对图片的左上角而言的，也就是说，图片左上角的坐标是 0,0，而 *z* 代表圆的半径，单位为像素。CIRCLE 也可以简写为 CIRC。
- POLYGON：指定可点击区域为多边形，此时 COORDS 的值应该是类似 *x*1,*y*1,*x*2,*y*2,*x*3,*y*3…的表示方法。其中 *x*1 和 *y*1 是多边形的一个顶点的坐标，*x*2 和 *y*2 是多边形的另一个顶点的坐标，至少 3 个顶点才能形成一个区域（三角形区域）。同样这些坐标也是相对图片左上角而言的。因为在 HTML 中，多边形会自动闭合，所以在 COORDS 中，不用重复第一个坐标来闭合整个区域。POLYGON 也可以简写成 POLY。
- RECTANGLE：指定可点击区域为矩形，此时 COORDS 的值应该是类似 *x*1,*y*1,*x*2,*y*2 的表示方法。其中 *x*1 和 *y*2 是矩形的一个角的顶点坐标，*x*2 和 *y*2 是该角的对角的顶点坐标。同样这些坐标也是相对图片左上角而言的。RECTANGLE 也可以简写成 RECT。

3.4　小结

本章主要介绍了 HTML 中超链接的使用，包括创建超链接、创建锚点和创建图像超链接的方法。其中，创建超链接包括超链接标签、链接地址和打开链接的方式；创建锚点包括创建链接到本页的锚点和链接到其他网页的锚点；创建图像超链接包括将整个图像设为超链接和设置图像热点区域。下一章将讲解 HTML 中的表格。

本章习题

1. 超链接标签<A>常用的属性包括________、________、________、________4 种。
2. 打开链接的方式有________、________、________、________4 种。
3. 创建链接到本页的锚点的方法正确的是________。

A.

```
<A NAME="锚点名称">锚点的链接文字</A>
<A HREF="#锚点名称">锚点的链接文字</A>
```

B.

```
<A NAME="#锚点名称">锚点的链接文字</A>
<A HREF="锚点名称">锚点的链接文字</A>
```

C.

```
<A NAME="锚点名称">锚点的链接文字</A>
```

```
<A HREF="锚点名称">锚点的链接文字</A>
```

D.

```
<A NAME="#锚点名称">锚点的链接文字</A>
<A HREF="#锚点名称">锚点的链接文字</A>
```

4. 设置图像热点区域方法正确的是________。

A.

```
<IMG SRC="map.jpg" USEMAP="MAP ">
<MAP NAME="MAP ">
  <AREA SHAP=""circle" COORDS="30,46,20" HREF="XX.html">
</MAP>
```

B.

```
<IMG SRC="map.jpg" USEMAP="#MAP ">
<MAP NAME="MAP ">
  <AREA SHAP=""circle" COORDS="30,46,20" HREF="XX.html">
</MAP>
```

C.

```
<IMG SRC="map.jpg" USEMAP="#MAP ">
<MAP NAME="MAP ">
  <AREA SHAP="rect" COORDS="30,46" HREF="XX.html">
</MAP>
```

D.

```
<IMG SRC="map.jpg" USEMAP="MAP ">
<MAP NAME="MAP ">
  <AREA SHAP=""rect" COORDS="10,40,72,38,51,20,52,45" HREF="XX.html">
</MAP>
```

5. 比较相对路径和绝对路径的不同。

上机指导

超链接是网站中最重要的组成部分，它可以使浏览者从一个网页跳转到另一个网页，多个网页正是因为有了超链接才会形成一个网站。本章介绍了超链接的常用语法，并结合实例介绍了超链接的使用方法。下面通过上机操作，巩固本章所学的知识点。

实验一

实验内容

练习使用<A>标签来创建一个以新窗口打开的超链接。

实验目的

巩固知识点。

实现思路

使用<A>标签来创建一个超链接，并使用<A>标签中的 TARGET 属性来设置打开链接的方式。在 Dreamweaver 中选择“新建” | “HTML” 命令，新建 HTML 文档。在 HTML 文档中输入代码，

实现单击链接，在新窗口中弹出百度首页的功能。完成超链接的创建后，运行页面查看效果如图 3.8 所示。

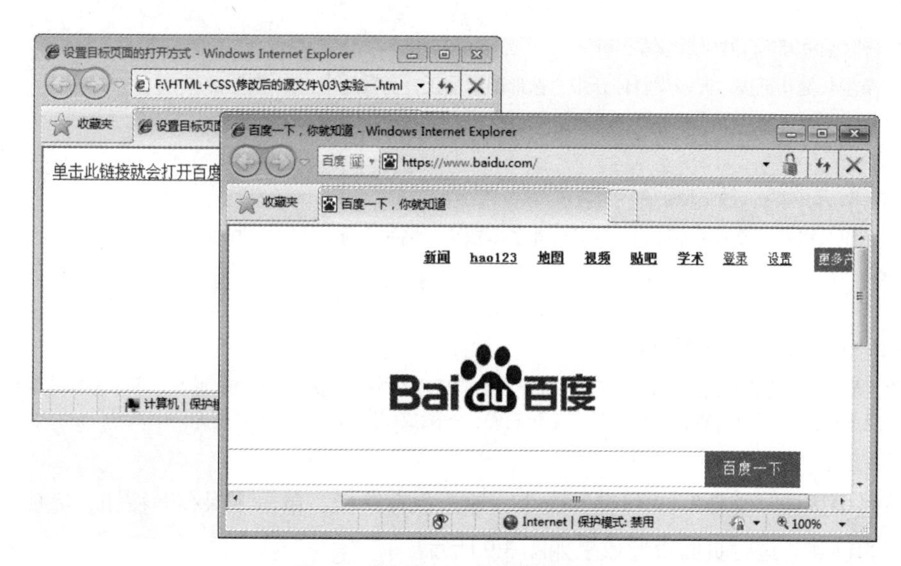

图 3.8 以新窗口打开超链接的效果

实验二

实验内容

练习使用<A>标签创建一个链接到其他网页的锚点链接。

实验目的

巩固知识点。

实现思路

使用<A>标签创建一个超链接，并使用<A>标签的 NAME 属性和 HREF 属性设置一个链接到其他网页的锚点链接。

在 Dreamweaver 中选择“新建”|“HTML”命令，新建一个设置锚点链接文字的 HTML 文档。在 HTML 文档中输入的关键代码如下。

```
    牡丹以它的雍容华贵而闻名，为芍药科、芍药属。因品种不同，牡丹有高有矮、有丛有独、有直有斜、有聚有散，各有所异。一般来说按其形状或分为 5 个类型，分别是<A HREF="3-5-1.html#type1" TARGET="_blank">直立型</A>、<A HREF="3-5-1.html #type2" TARGET="_blank">疏散型</A>、<A HREF="3-5-1.html #type3" TARGET="_blank">开张型</A>、<A HREF="3-5-1.html #type4" TARGET="_blank">矮生型</A>、<A HREF="3-5-1.html #type5" TARGET="_blank">独干型</A>。
```

选择“文件”|“保存”命令，输入保存路径，单击“保存”按钮保存。

设置完锚点链接文字的 HTML 文档，在 Dreamweaver 中再选择“新建”|“HTML”命令，新建一个设置锚点的 HTML 文档，命名为 3-5-1.html。在 3-5-1.html 文档中输入的关键代码如下。

```
<A NAME="type1">1.直立型</A><BR>
    枝条直立挺拔而较高，分布紧凑，展开角度小，枝条与垂直线的夹角很小，例如“首案红”等。<BR>
  <P>
<A NAME="type2">2.疏散型</A><BR>
```

```
        枝条多疏散弯曲向四周伸展，株幅大于株高，形成低矮展开的株形，如“青龙卧墨池”等。<BR>
      </P>
      <P>
  <A NAME="type3">3.开张型</A><BR>
        枝条生长健壮挺拔，向四周斜伸开张，株形圆满端正，高矮适中，如“状元红”等。<BR>
      </P>
      <P>
  <A NAME="type4">4.矮生型</A><BR>
        枝条生长缓慢，节间短而叶密，枝条分布紧凑短小，例如“海云紫”。<BR>
      </P>
      <P>
  <A NAME="type5">5.独干型</A><BR>
       多为人工培植的艺术造型，具有明显的主干，主干高矮不等，一般在 20～80 厘米。主干上部分生数枝，构成树
  冠（有的无树冠），形态古雅，酷似盆景，生长较慢，一般成型期需 8 年以上，例如“十八号”。<BR>
      </P>
```

在菜单栏中选择“文件”|“保存”命令，输入保存路径，单击“保存”按钮，完成链接到其他网页的锚点的创建。运行页面查看效果如图 3.9 所示。

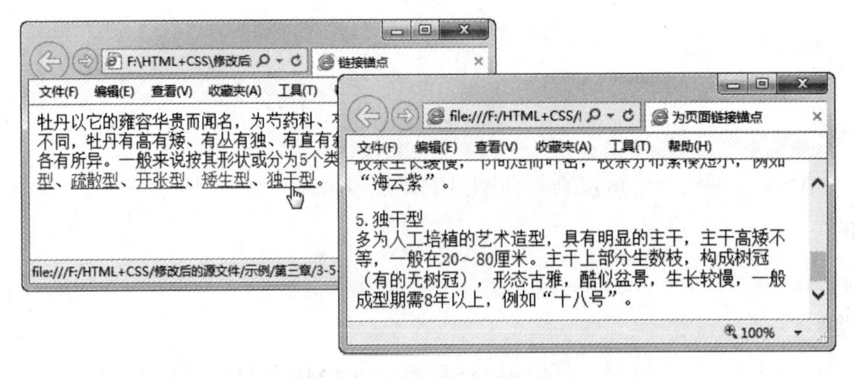

图 3.9　创建一个链接到其他网页的锚点链接效果

实验三

实验内容

使用 IMG 元素的 USEMAP 属性和<MAP>标签设置一个矩形的图像热点区域。

实验目的

巩固知识点。

实现思路

使用 IMG 元素中的 USEMAP 属性和<MAP>标签设置一个矩形的图像热点区域，并使用 AREA 元素设置图像热点区域的形状和范围。

在 Dreamweaver 中选择“新建”|“HTML”命令，新建 HTML 文档。在 HTML 文档中输入的关键代码如下。

```
<IMG SRC="map.gif" BORDER="0" USEMAP="#Map">
   <MAP NAME="Map">
      <AREA  SHAPE="rect"  coords="370,387,419,424"  HREF="sample13_1.htm#chongqing"
TARGET="_blank">
</MAP>
```

在菜单栏中选择“文件”|“保存”命令，输入保存路径，单击“保存”按钮，完成矩形图像热点区域的设置。

04 第4章　表　　格

在文档处理中，表格是一种很常用的表现手法。HTML 中的表格除了用来对齐数据之外，更多地用来进行页面排版。无论是普通的 HTML 页面，还是动态网站，都需要使用表格来布局页面。本章讲解表格的使用。

4.1　创建表格

表格的开始标签是<TABLE>，结束标签是</TABLE>。所有的表格内容都位于这两个标签之间。一个完整的表格，除了包含表格元素外，还要有行元素 TR 和单元格元素 TD。可以说，在页面中要创建一个完整的表格，至少要包含这 3 个元素。创建表格的语法格式如下。

```
<TABLE>
    <TR>
     <TD>表格的内容</TD>
    </TR>
</TABLE>
```

【示例 4-1】创建一个两行三列的表格。

```
01    <HTML>
02        <HEAD>
03            <TITLE>在页面中添加表格</TITLE>
04        </HEAD>
05        <BODY>
06            表格主要是为了进行页面布局，有时候也可以让页面中的内容更加整齐。
07        <P>
08        <TABLE>
09            <TR>
10             <TD>首行第一列</TD>
11             <TD>首行第二列</TD>
12             <TD>首行第三列</TD>
13            </TR>
14            <TR>
15             <TD>第二行的第一列</TD>
16             <TD>第二行的第二列</TD>
17             <TD>第二行的第三列</TD>
18            </TR>
19        </TABLE>
20        </BODY>
21    </HTML>
```

第 8 ~ 19 行创建了一个两行三列的表格。示例 4-1 运行效果如图 4.1 所示。

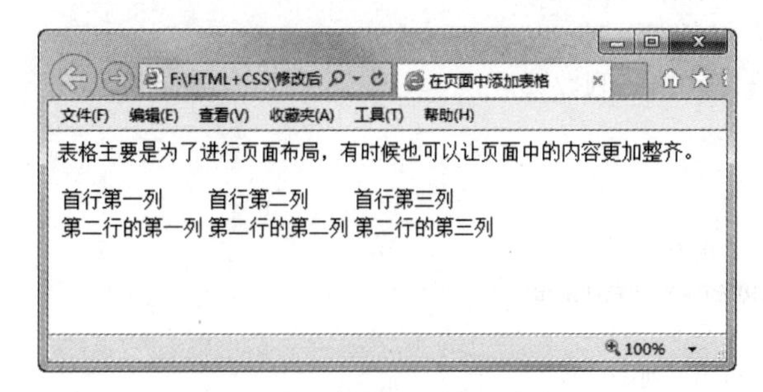

图 4.1　创建表格运行结果

示例 4-1 创建了一个两行三列的表格，但只是文字按照表格的布局来显示，并没有显示出表格。如果要显示表格，还需要设置表格的相关属性。

4.2　表格属性

在默认情况下，表格只是作为布局的手段，不会在页面中显示出来。但有时候，将表格显示出来并设置一定的效果，能使页面内容更加整齐。

4.2.1　表格宽度

在默认情况下，表格的宽度是以内容为标准的。如果要设置表格的宽度为某一特定值，而与其中的内容无关，则可以使用 WIDTH 属性，其语法格式如下。

```
<TABLE WIDTH="表格宽度">
    <TR>
     <TD>表格的内容</TD>
    </TR>
</TABLE>
```

其中，表格宽度可以是表格的绝对宽度，单位是像素；也可以设置为相对宽度，即相对窗口的百分比。

【示例 4-2】设置两个不同宽度的表格。

```
01    <HTML>
02        <HEAD>
03            <TITLE>设置表格的宽度</TITLE>
04        </HEAD>
05        <BODY>
06            表格主要是为了进行页面布局，有时候也可以让页面中的内容更加整齐。
07        <P>
08        表格宽度为 400px:
09        <TABLE BORDER=2 BORDERCOLOR="blue" WIDTH="400px">
10            <TR>
11             <TD>首行第一列</TD>
12             <TD>首行第二列</TD>
13             <TD>首行第三列</TD>
14            </TR>
```

```
15          <TR>
16           <TD>第二行的第一列</TD>
17           <TD>第二行的第二列</TD>
18           <TD>第二行的第三列</TD>
19          </TR>
20      </TABLE>
21      <P>
22      表格宽度占窗口的 80%：
23      <TABLE BORDER=3 WIDTH=80%>
24          <TR>
25           <TD>首行第一列</TD>
26           <TD>首行第二列</TD>
27           <TD>首行第三列</TD>
28          </TR>
29          <TR>
30           <TD>第二行的第一列</TD>
31           <TD>第二行的第二列</TD>
32           <TD>第二行的第三列</TD>
33          </TR>
34      </TABLE>
35      </BODY>
36  </HTML>
```

在第 9 行定义表格时，使用了 BORDER、BORDERCOLOR、WIDTH 这 3 个属性，分别为表格设置边框宽度、表格边框颜色和表格的宽度。示例 4-2 运行效果如图 4.2 所示。

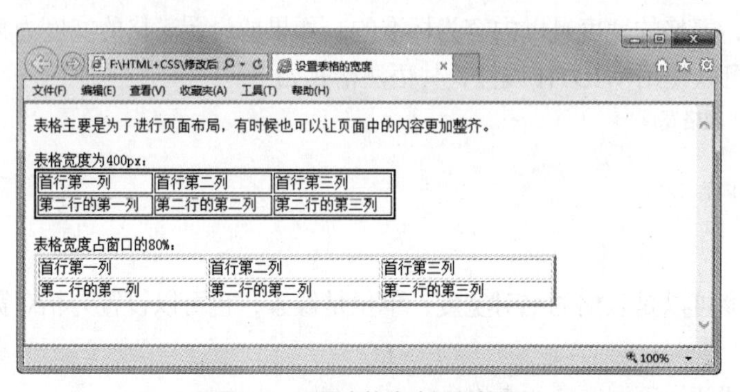

图 4.2　设置表格宽度运行效果

4.2.2　表格高度

除了可以为表格指定宽度之外，还可以为表格指定高度。通常表格的高度都是由表格的行数及单元格中的内容决定的，为表格设置高度之后，如果表格的行数与单元格中的内容使表格的高度高于指定的高度，则浏览器将以实际的高度显示表格，如果实际高度低于指定高度，则浏览器以指定高度显示表格。TABLE 元素的 HEIGHT 属性可以用来指定表格的高度，其语法格式如下。

```
<TABLE HEIGHT="表格高度">
    <TR>
     <TD>表格的内容</TD>
    </TR>
</TABLE>
```

【示例 4-3】设置两个不同高度的表格。

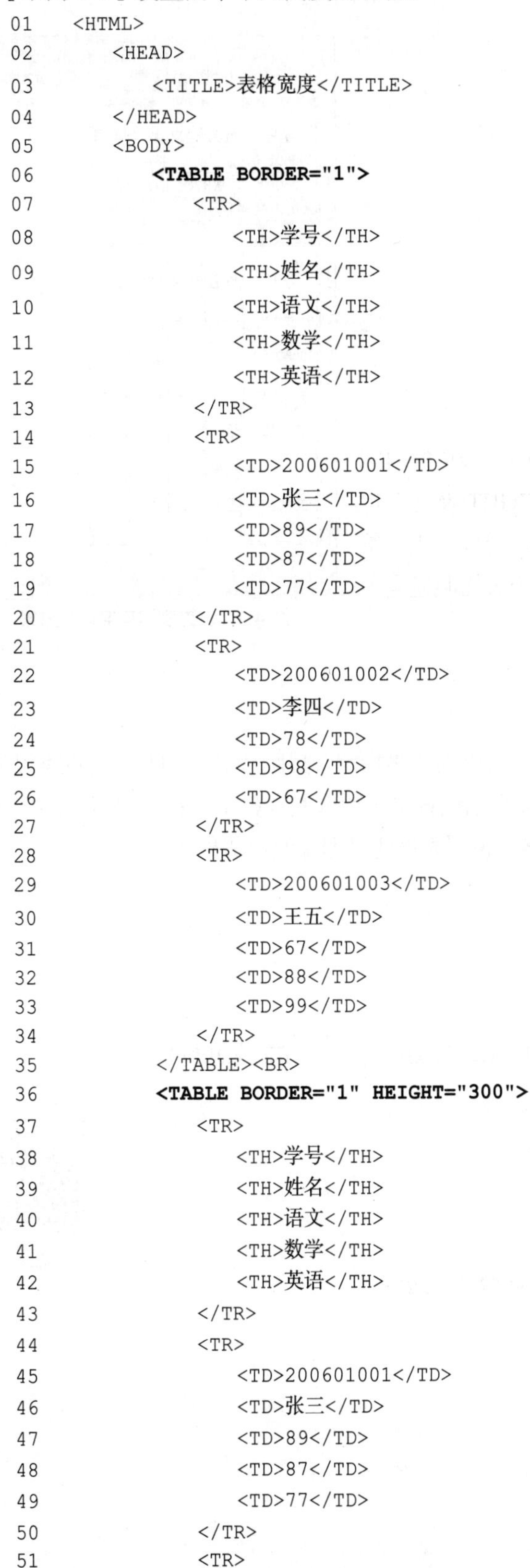

```
01  <HTML>
02      <HEAD>
03          <TITLE>表格宽度</TITLE>
04      </HEAD>
05      <BODY>
06          <TABLE BORDER="1">
07              <TR>
08                  <TH>学号</TH>
09                  <TH>姓名</TH>
10                  <TH>语文</TH>
11                  <TH>数学</TH>
12                  <TH>英语</TH>
13              </TR>
14              <TR>
15                  <TD>200601001</TD>
16                  <TD>张三</TD>
17                  <TD>89</TD>
18                  <TD>87</TD>
19                  <TD>77</TD>
20              </TR>
21              <TR>
22                  <TD>200601002</TD>
23                  <TD>李四</TD>
24                  <TD>78</TD>
25                  <TD>98</TD>
26                  <TD>67</TD>
27              </TR>
28              <TR>
29                  <TD>200601003</TD>
30                  <TD>王五</TD>
31                  <TD>67</TD>
32                  <TD>88</TD>
33                  <TD>99</TD>
34              </TR>
35          </TABLE><BR>
36          <TABLE BORDER="1" HEIGHT="300">
37              <TR>
38                  <TH>学号</TH>
39                  <TH>姓名</TH>
40                  <TH>语文</TH>
41                  <TH>数学</TH>
42                  <TH>英语</TH>
43              </TR>
44              <TR>
45                  <TD>200601001</TD>
46                  <TD>张三</TD>
47                  <TD>89</TD>
48                  <TD>87</TD>
49                  <TD>77</TD>
50              </TR>
51              <TR>
```

```
52                  <TD>200601002</TD>
53                  <TD>李四</TD>
54                  <TD>78</TD>
55                  <TD>98</TD>
56                  <TD>67</TD>
57              </TR>
58              <TR>
59                  <TD>200601003</TD>
60                  <TD>王五</TD>
61                  <TD>67</TD>
62                  <TD>88</TD>
63                  <TD>99</TD>
64              </TR>
65          </TABLE>
66      </BODY>
67  </HTML>
```

分别在第 6 行与第 36 行定义了两个表格，两个表格的内容完全相同，不同之处在于第二个表格使用了 HEIGHT 属性来定义表格的高度。示例 4-3 运行效果如图 4.3 所示。可以看出，第 2 个表格指定了表格高度，因此在显示时，第 2 个表格明显高于第 1 个表格。

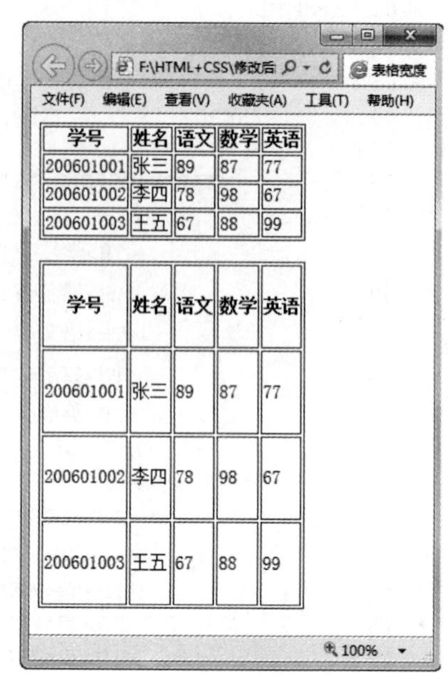

图 4.3　设置表格高度运行效果

4.2.3　表格背景图片

通过 TABLE 元素的 BACKGROUND 属性，可以为表格指定背景图片。这种方法有点类似为网页指定背景图片。如果背景图片比表格小，则会平铺该背景图片以充满整个表；如果背景图片比表格大，则会对背景图片进行裁剪，以适应该表格。设置表格背景图片的语法格式如下。

```
<TABLE BACKRROUND="图像源文件地址">
    <TR>
     <TD>表格的内容</TD>
    </TR>
</TABLE>
```

BACKGROUND 的属性值也是一个标准的 URL，其图片可以为 GIF 或 JPEG 格式。

【示例 4-4】表格设置背景图片。

```
01  <HTML>
02      <HEAD>
03          <TITLE>表格背景图片</TITLE>
04      </HEAD>
05      <BODY>
06          <TABLE BORDER="1" BACKGROUND="4.2.jpg">
07            <TR>
08                  <TH>学号</TH>
09                  <TH>姓名</TH>
10                  <TH>语文</TH>
11                  <TH>数学</TH>
12                  <TH>英语</TH>
13              </TR>
14              <TR>
```

```
15                <TD>200601001</TD>
16                <TD>张三</TD>
17                <TD>89</TD>
18                <TD>87</TD>
19                <TD>77</TD>
20            </TR>
21            <TR>
22                <TD>200601002</TD>
23                <TD>李四</TD>
24                <TD>78</TD>
25                <TD>98</TD>
26                <TD>67</TD>
27            </TR>
28        </TABLE>
29    </BODY>
30 </HTML>
```

在第6行定义表格时，使用BACKGROUND属性为表格指定背景图片。示例4-4运行效果如图4.4所示。

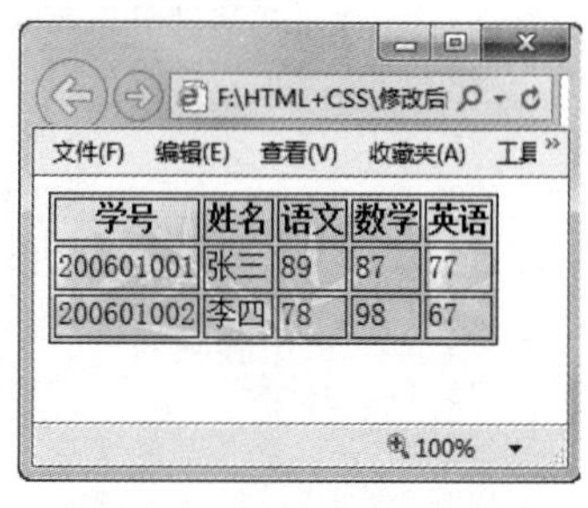

图4.4 设置背景图片运行效果

4.2.4 单元格间距

单元格间距是指表格中两个相邻单元格之间的距离和单元格与表格边框的距离。在默认情况下，单元格的间距是2像素。设置TABLE元素的CELLSPACING属性值，可以增大或缩小单元格的间距，其语法如下。

```
<TABLE CELLSPACING="间距大小">
    <TR>
     <TD>表格的内容</TD>
    </TR>
</TABLE>
```

【示例4-5】设置单元格间距不同的两个表格。

```
01 <HTML>
02     <HEAD>
03         <TITLE>表格间距</TITLE>
04     </HEAD>
05     <BODY>
06         <TABLE BORDER="1" CELLSPACING="7">
07           <TR>
08                <TH>学号</TH>
09                <TH>姓名</TH>
10                <TH>语文</TH>
11                <TH>数学</TH>
12                <TH>英语</TH>
13            </TR>
14            <TR>
15                <TD>200601001</TD>
16                <TD>张三</TD>
17                <TD>89</TD>
18                <TD>66</TD>
19                <TD>76</TD>
20            </TR>
```

```
21              <TR>
22                  <TD>200601002</TD>
23                  <TD>李四</TD>
24                  <TD>78</TD>
25                  <TD>98</TD>
26                  <TD>67</TD>
27              </TR>
28          </TABLE><BR>
29          <TABLE BORDER="1">
30            <TR>
31                  <TH>学号</TH>
32                  <TH>姓名</TH>
33                  <TH>语文</TH>
34                  <TH>数学</TH>
35                  <TH>英语</TH>
36              </TR>
37              <TR>
38                  <TD>200601001</TD>
39                  <TD>张三</TD>
40                  <TD>89</TD>
41                  <TD>66</TD>
42                  <TD>76</TD>
43              </TR>
44              <TR>
45                  <TD>200601002</TD>
46                  <TD>李四</TD>
47                  <TD>78</TD>
48                  <TD>98</TD>
49                  <TD>67</TD>
50              </TR>
51          </TABLE>
52      </BODY>
53  </HTML>
```

以上代码共创建了两个表格，第 6 行定义在第 1 个表格中，使用 CELLSPACING 属性指定单元格的间距为 7 像素。在第 2 个表格中，单元格的间距为默认的 2 像素。比较这两个表，可以发现，在第一个表格中，每个单元格的间距要比第二个表格的单元格间距大。示例 4-5 运行效果如图 4.5 所示。

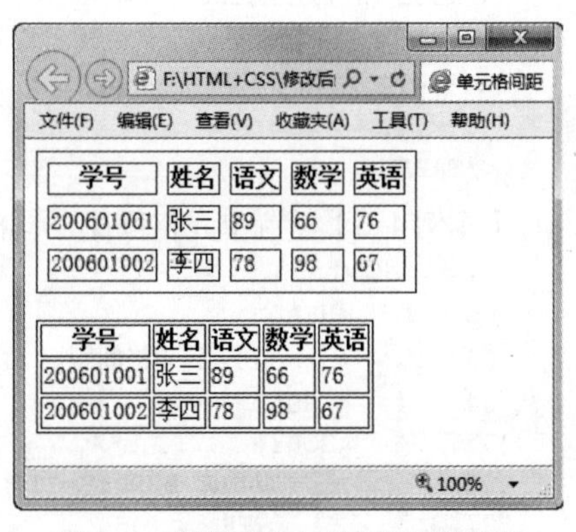

图 4.5 设置表格单元格间距运行效果

4.2.5 表格内单元格与文字的距离

表格内单元格与文字的距离是指在单元格内，文字与单元格边框的距离。在默认情况下，文字是紧贴着单元格的边框出现的，这样会显得页面的内容有些拥挤，可以通过 TABLE 元素的 CELLPADDING 属性来调整这一距离，其语法格式如下。

```
<TABLE CELLPADDING="单元格与文字距离的值">
    <TR>
     <TD>表格的内容</TD>
    </TR>
</TABLE>
```

其中，文字与单元格的距离以像素为单位，默认设置为 0 像素。

【示例 4-6】设置单元格与文字距离不同的 2 个表格。

```
01    <HTML>
02        <HEAD>
03            <TITLE>设置表格文字与边框的距离</TITLE>
04        </HEAD>
05        <BODY>
06            表格主要是为了进行页面布局，有时候也可以让页面中的内容更加整齐。
07        <P>
08        <TABLE BORDER=2 BORDERCOLOR="red">
09            <TR>
10             <TD>首行第一列</TD>
11             <TD>首行第二列</TD>
12             <TD>首行第三列</TD>
13            </TR>
14            <TR>
15             <TD>第二行的第一列</TD>
16             <TD>第二行的第二列</TD>
17             <TD>第二行的第三列</TD>
18            </TR>
19        </TABLE>
20        <P><HR COLOR="blue">
21        <TABLE BORDER=2 BORDERCOLOR="red" CELLPADDING=10px>
22            <TR>
23             <TD>首行第一列</TD>
24             <TD>首行第二列</TD>
25             <TD>首行第三列</TD>
26            </TR>
27            <TR>
28             <TD>第二行的第一列</TD>
29             <TD>第二行的第二列</TD>
30             <TD>第二行的第三列</TD>
31            </TR>
32        </TABLE>
33        </BODY>
34    </HTML>
```

以上代码创建了两个表格，第一个表格使用默认的间距，第二个表格在第 21 行定义时使用 CELLPADDING 属性指定单元格与文字的间距为 10 像素。示例 4-6 运行效果如图 4.6 所示。可以看出，在表格内设置的文字与单元格边框距离，不仅在文字左侧起作用，而且在它的上下左右同时有效。

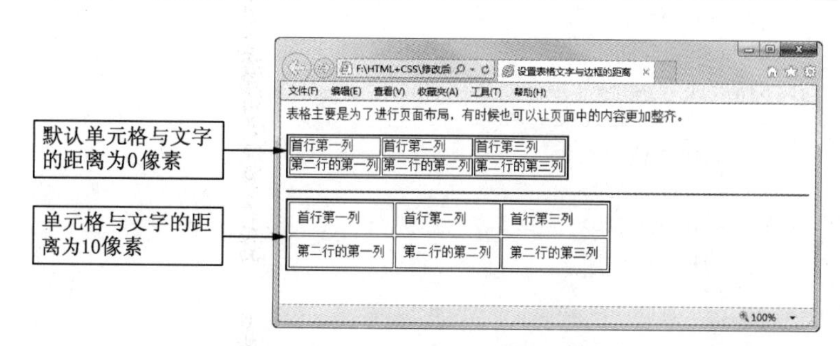

图 4.6　设置单元格与文字距离运行效果

4.3 表格边框

表格的用处很多，不过只要不涉及网页排版，通常都会显示表格边框，而且要设置表格的属性，就要先将表格的边框显示出来，这样才能更好地查看表格的效果。HTML 为 TABLE 元素提供了多个属性用于设置表格边框的样式。

4.3.1 边框宽度

在 HTML 中，默认表格的边框宽度为 0，即不显示表格的边框。如果要显示表格的边框，就必须指定表格边框宽度。在 HTML 中，可以使用 TABLE 元素的 BORDER 属性来设置表格边框的宽度，其语法格式如下。

```
<TABLE BORDER=表格的边框宽度>
    <TR>
     <TD>表格的内容</TD>
    </TR>
</TABLE>
```

【示例 4-7】设置边框宽度不同的 2 个表格。其中，第一个表格的宽度为 1 像素，第二个表格的宽度为 10 像素。

```
01    <HTML>
02        <HEAD>
03            <TITLE>表格边框</TITLE>
04        </HEAD>
05        <BODY>
06            <TABLE BORDER="1">
07               <TR>
08                    <TH>学号</TH>
09                    <TH>姓名</TH>
10                    <TH>语文</TH>
11                    <TH>数学</TH>
12                    <TH>英语</TH>
13                </TR>
14                <TR>
15                    <TD>200601001</TD>
16                    <TD>张三</TD>
17                    <TD>89</TD>
18                    <TD>87</TD>
19                    <TD>77</TD>
20                </TR>
21                <TR>
22                    <TD>200601002</TD>
23                    <TD>李四</TD>
24                    <TD>78</TD>
25                    <TD>98</TD>
26                    <TD>67</TD>
27                </TR>
28                <TR>
29                    <TD>200601003</TD>
30                     <TD>王五</TD>
```

```
31                  <TD>67</TD>
32                  <TD>88</TD>
33                  <TD>99</TD>
34              </TR>
35          </TABLE><BR>
36          <TABLE BORDER="10">
37            <TR>
38                  <TH>学号</TH>
39                  <TH>姓名</TH>
40                  <TH>语文</TH>
41                  <TH>数学</TH>
42                  <TH>英语</TH>
43              </TR>
44              <TR>
45                  <TD>200601001</TD>
46                  <TD>张三</TD>
47                  <TD>89</TD>
48                  <TD>87</TD>
49                  <TD>77</TD>
50              </TR>
51              <TR>
52                  <TD>200601002</TD>
53                  <TD>李四</TD>
54                  <TD>78</TD>
55                  <TD>98</TD>
56                  <TD>67</TD>
57              </TR>
58              <TR>
59                  <TD>200601003</TD>
60                  <TD>王五</TD>
61                  <TD>67</TD>
62                  <TD>88</TD>
63                  <TD>99</TD>
64              </TR>
65          </TABLE>
66      </BODY>
67  </HTML>
```

第 6 行与第 36 行分别创建了两个表格，其中第一个表格的边框宽度为 1，第二个表格的边框宽度为 10。示例 4-7 运行效果如图 4.7 所示。

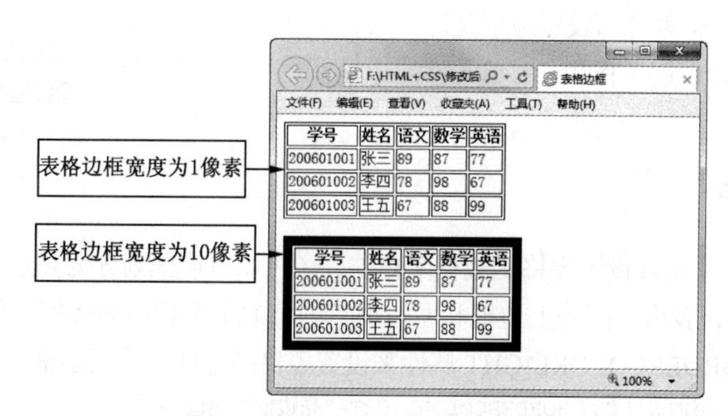

图 4.7 设置表格边框运行效果

4.3.2 边框颜色

在默认情况下，边框是灰色的。如果整个页面设置了特定的颜色，为了使表格和整个页面协调一致，就应该为表格的边框设置搭配的颜色。可以使用 TABLE 元素的 BORDERCOLOR 属性来设置表格边框的颜色，其语法格式如下。

```
<TABLE BORDER=表格的边框宽度 BORDERCOLOR="边框颜色">
    <TR>
     <TD>表格的内容</TD>
    </TR>
</TABLE>
```

与其他页面元素一样，这里的边框颜色可以是颜色的英文名称，也可以是十六进制的颜色码。需要注意的是，要想为边框设置颜色，必须先为边框设置宽度，否则看不到效果。

【示例 4-8】设置表格边框颜色为蓝色。

```
01    <HTML>
02        <HEAD>
03            <TITLE>设置表格的边框颜色</TITLE>
04        </HEAD>
05        <BODY>
06            表格主要是为了进行页面布局，有时候也可以让页面中的内容更加整齐。
07            <TABLE BORDER=5 BORDERCOLOR="blue">
08                <TR>
09                    <TD>首行第一列</TD>
10                    <TD>首行第二列</TD>
11                    <TD>首行第三列</TD>
12                </TR>
13                <TR>
14                    <TD>第二行的第一列</TD>
15                    <TD>第二行的第二列</TD>
16                    <TD>第二行的第三列</TD>
17                </TR>
18            </TABLE>
19        </BODY>
20    </HTML>
```

第 7 行代码在创建表格时，使用 BORDERCOLOR 属性为表格边框指定颜色。示例 4-8 运行后效果如图 4.8 所示。

可以看出，设置边框颜色与设置边框宽度不同，这里的边框颜色不仅对外边框起了作用，对单元格的边框（即内边框）也同样有效。

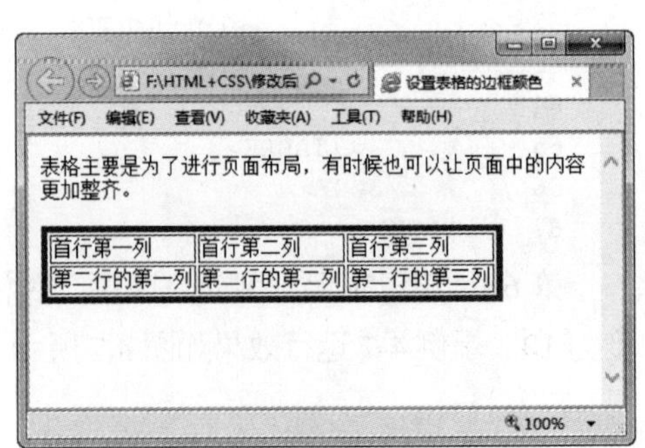

图 4.8 设置边框颜色运行效果

4.3.3 亮边框颜色

在 HTML 中，除了可以设置表格的边框颜色外，还可以将边框划分为亮边框和暗边框。亮边框就是光线照到的边框，表格外部的上边框和左边框、内部的下侧和右侧边框一般为亮边框。可以通过 TABLE 元素的 BORDERCOLORLIGHT 属性来设置表格亮边框，其语法格式如下。

```
<TABLE BORDER=表格的边框宽度 BORDERCOLORLIGHT="亮边框的颜色">
    <TR>
```

```
  <TD>表格的内容</TD>
 </TR>
</TABLE>
```

同样，在定义亮边框颜色时，可以使用英文颜色名称，也可以使用十六进制颜色值。

【示例 4-9】设置表格亮边框为红色。

```
01   <HTML>
02       <HEAD>
03           <TITLE>设置表格的亮边框颜色</TITLE>
04       </HEAD>
05       <BODY>
06       <TABLE BORDER=6 BORDERCOLORLIGHT="#00F">
07           <TR>
08                   <TD>首行第一列</TD>
09                   <TD>首行第二列</TD>
10                   <TD>首行第三列</TD>
11           </TR>
12           <TR>
13                   <TD>第二行的第一列</TD>
14                   <TD>第二行的第二列</TD>
15                   <TD>第二行的第三列</TD>
16           </TR>
17       </TABLE>
18       </BODY>
19   </HTML>
```

第 6 行代码在创建表格时，使用 BORDERCOLORLIGHT 属性为表格亮边框指定颜色。示例 4-9 运行效果如图 4.9 所示。

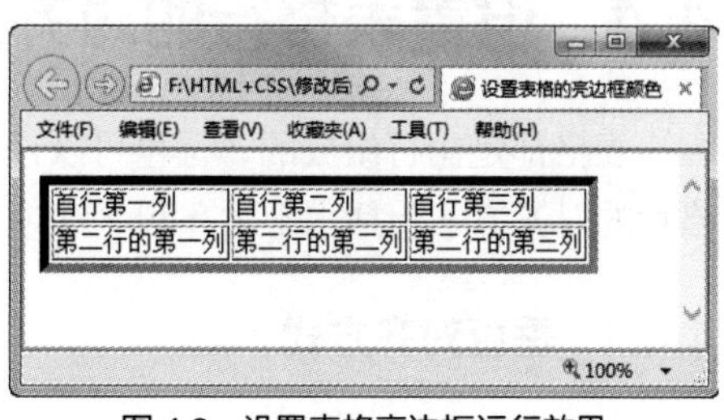

图 4.9　设置表格亮边框运行效果

4.3.4　暗边框颜色

与表格的亮边框对应的就是暗边框，暗边框一般是表格外部的下边框和右边框。可以通过 TABLE 元素的 BORDERCOLORDARK 属性来设置表格暗边框，其语法格式如下。

```
<TABLE BORDER=表格的边框宽度 BORDERCOLORDARK="暗边框的颜色">
 <TR>
  <TD>表格的内容</TD>
 </TR>
</TABLE>
```

同样，在定义暗边框颜色时，可以使用英文颜色名称，也可以使用十六进制颜色值。

【示例 4-10】设置表格亮边框为蓝色，暗边框为红色。

```
01   <HTML>
02       <HEAD>
03           <TITLE>设置表格的暗边框颜色</TITLE>
04       </HEAD>
05       <BODY>
06           表格主要是为了进行页面布局，有时候也可以让页面中的内容更加整齐。
07           <P>
08           <TABLE BORDER=7 BORDERCOLORLIGHT="blue" BORDERCOLORDARK="red">
09               <TR>
10                   <TD>首行第一列</TD>
```

```
11                <TD>首行第二列</TD>
12                <TD>首行第三列</TD>
13            </TR>
14            <TR>
15                <TD>第二行的第一列</TD>
16                <TD>第二行的第二列</TD>
17                <TD>第二行的第三列</TD>
18            </TR>
19        </TABLE>
20    </BODY>
21 </HTML>
```

第 8 行代码在创建表格时，分别使用 BORDERCOLORLIGHT 属性和 BORDERCOLORDARK 属性为表格亮边框与暗边框指定不同的颜色。示例 4-10 运行效果如图 4.10 所示。

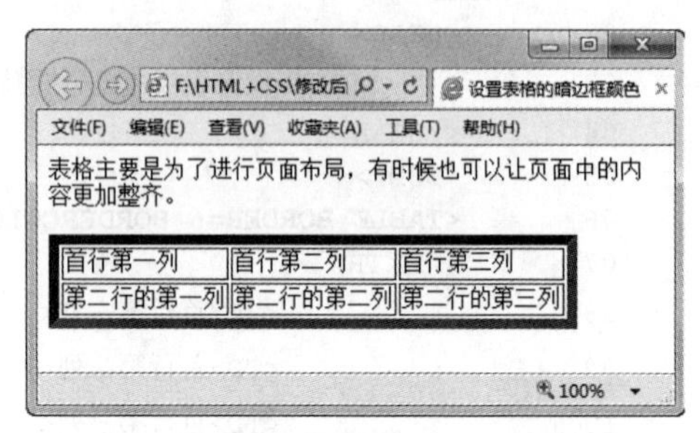

图 4.10　设置亮边框和暗边框运行效果

4.4　设置表格行的对齐方式

表格都是由行组成的，行也可以设置对齐方式。设置行的对齐方式，可以使表格更加整齐。表格行的对齐方式包括水平对齐和垂直对齐。

4.4.1　垂直对齐方式

VALIGN 属性可以设置行的垂直对齐方式，使行中的内容都垂直对齐，其中默认为垂直居中对齐。垂直对齐方式的语法格式如下。

```
<TABLE>
    <TR VALIGN="">
        <TD>表格内容</TD>
    </ TR>
</ TABLE>
```

VALIGN 属性有 3 个值：middle、top、bottom，分别表示居中对齐、居上对齐、居下对齐。这 3 个属性值除了可以写在<tr>标签中，还可以写在<td>标签中。写在<td>标签中，用来控制每个列中的内容垂直对齐，用法和写在<tr>标签中一样。

【示例 4-11】通过例子来说明这 3 个属性值的用法，为了效果更明显，设置表格整体高度为 230 像素。创建一个三行三列的表格，其中，第一行居上对齐，第二行垂直居中对齐，第三行居下对齐。

```
01 <HTML>
02     <HEAD>
03         <TITLE>设置行的垂直对齐方式</TITLE>
04     </HEAD>
05     <BODY>
06     <TABLE BORDER=2 WIDTH=420px HEIGHT=230px>
07         <TR VALIGN="top">
08             <TD>首行第一列</TD>
09             <TD>首行第二列</TD>
```

```
10              <TD>首行第三列</TD>
11          </TR>
12          <TR VALIGN="middle">
13              <TD>第二行的第一列</TD>
14              <TD>第二行的第二列</TD>
15              <TD>第二行的第三列</TD>
16          </TR>
17          <TR VALIGN="bottom">
18              <TD>第三行的第一列</TD>
19              <TD>第三行的第二列</TD>
20              <TD>第三行的第三列</TD>
21          </TR>
22      </TABLE>
23      </BODY>
24  </HTML>
```

分别在第 7 行、第 12 行及第 17 行的 TR 元素中为各自所在的行指定垂直对齐方式为：顶部对齐、居中对齐和底部对齐。示例 4-11 运行效果如图 4.11 所示。

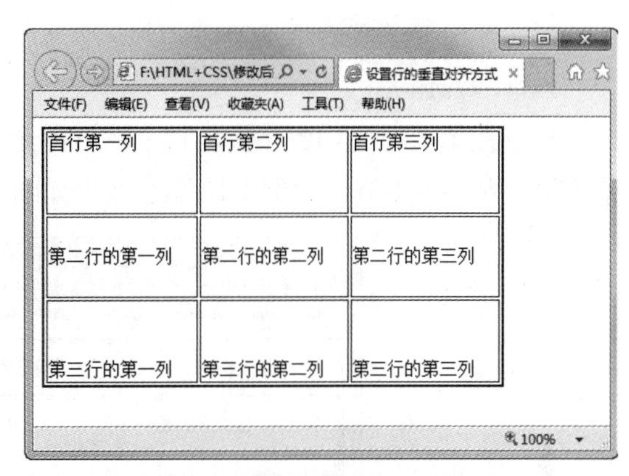

图 4.11　设置垂直对齐方式运行结果

4.4.2　水平对齐方式

ALIGN 属性可以设置行的水平对齐，使行中的内容都水平对齐，其中默认为水平居左对齐。水平对齐方式的语法格式如下。

```
<TABLE>
        <TR ALIGN="">
                <TD>表格内容</TD>
        </TR>
</TABLE>
```

VLIGN 属性有 3 个值：center、right、left，分别表示居中对齐、居右对齐和居左对齐。

【示例 4-12】通过例子来说明这 3 个属性值的用法，为了效果更明显，设置表格整体宽度为 600 像素。创建三行三列的表格，其中，第一行居中对齐，第二行居右对齐，第三行居左对齐。

```
01  <HTML>
02      <HEAD>
03          <TITLE>设置行的水平对齐方式</TITLE>
04      </HEAD>
05      <BODY>
06      <TABLE BORDER=2 WIDTH=600px HEIGHT=150px>
07          <TR ALIGN="center">
08              <TD>首行第一列</TD>
09              <TD>首行第二列</TD>
10              <TD>首行第三列</TD>
11          </TR>
12          <TR ALIGN="right">
13              <TD>第二行的第一列</TD>
14              <TD>第二行的第二列</TD>
```

```
15                <TD>第二行的第三列</TD>
16            </TR>
17            <TR ALIGN="left">
18                <TD>第三行的第一列</TD>
19                <TD>第三行的第二列</TD>
20                <TD>第三行的第三列</TD>
21            </TR>
22        </TABLE>
23        </BODY>
24    </HTML>
```

分别在第 7 行、第 12 行及第 17 行的 TR 元素中为各自所在的行指定水平对齐方式为：居中对齐、居右对齐和居左对齐。示例 4-12 运行效果如图 4.12 所示。

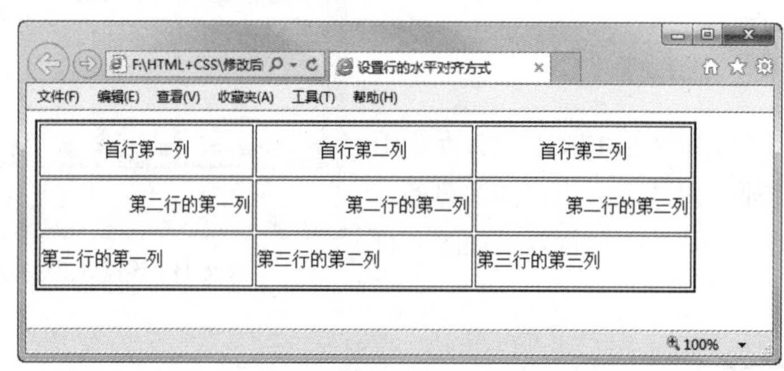

图 4.12　设置表格行水平对齐方式运行效果

4.5　行和列的合并

在实际使用表格时，可能会出现不同的行有不同个数的列，或者不同的列有不同个数的行的情况，在这种情况下就需要进行列和行的合并。

4.5.1　列的合并

COLSPAN 属性可以合并列，就是把一行中的某个单元格与其后的一个或多个单元格合并。其语法格式如下。

```
<TABLE>
    <TR>
     <TD COLSPAN=所跨的列数>表格的内容</TD>
    </TR>
</TABLE>
```

这里设置的是单元格所跨的列数，而不是像素数。需要注意的是，设置水平跨度时，某一行单元格的跨度总和不能超过表格内的总列数，否则表格将会出现无法编辑的空白区域。

【示例 4-13】合并表格的列。

```
01    <HTML>
02        <HEAD>
03            <TITLE>设置单元格的水平跨度</TITLE>
04        </HEAD>
05        <BODY>
06        <TABLE BORDER=2 WIDTH=400px HEIGHT=120px>
```

```
07          <TR>
08              <TD COLSPAN=3>首行 1 列</TD>
09          </TR>
10          <TR>
11              <TD COLSPAN=2>2 行 1 列</TD>
12              <TD>2 行 2 列</TD>
13          </TR>
14          <TR>
15              <TD>3 行 1 列</TD>
16              <TD>3 行 2 列</TD>
17              <TD>3 行 3 列</TD>
18          </TR>
19      </TABLE>
20      </BODY>
21  </HTML>
```

在 8 行设置 COLSPAN=3，将首行单元格的水平跨度设置为 3，也就是合并首行的 3 列，由于表格共包括 3 列，因此首行只有一个单元格；在第 11 行设置 COLSPAN=2，将第二行第一个单元格的水平跨度设置为 2，也就是合并第二行的 2 列，由于表格共包括 3 列，因此第二行有两个单元格。示例 4-13 运行效果如图 4.13 所示。

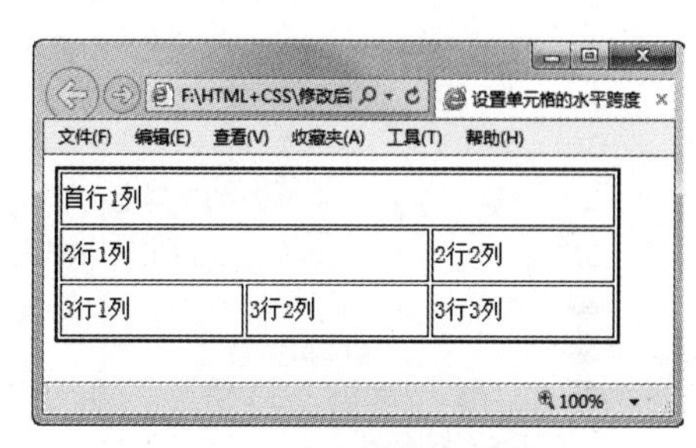

图 4.13　合并列的运行效果

4.5.2　行的合并

ROWSPAN 属性可以合并行，就是合并单元格与其下的一个或几个单元格，其语法格式如下。

```
<TABLE>
    <TR>
     <TD ROWSPAN=所跨的行数>表格的内容</TD>
    </TR>
</TABLE>
```

这里设置的是单元格所跨的行数。同样，设置垂直跨度时，某一列单元格的跨度总和不能超过表格的总行数，否则表格内同样会出现无法编辑的空白区域。

【示例 4-14】合并表格的行。

```
01  <HTML>
02      <HEAD>
03          <TITLE>单元格跨行</TITLE>
04      </HEAD>
05      <BODY>
06          <TABLE BORDER="1" WIDTH="350" HEIGHT="150">
07              <TR>
08                  <TH>部门</TH>
09                  <TH>姓名</TH>
10                  <TH>通信地址</TH>
11              </TR>
12              <TR>
13                  <TD ROWSPAN="3">技术部</TD>
14                  <TD>张三</TD>
```

```
15                  <TD>北京市北三环东路</TD>
16              </TR>
17              <TR>
18                  <TD>李四</TD>
19                  <TD>北京市朝阳区</TD>
20              </TR>
21              <TR>
22                  <TD>王五</TD>
23                  <TD>北京市和平街北口</TD>
24              </TR>
25              <TR>
26                  <TD ROWSPAN="2">教学部</TD>
27                  <TD>钱六</TD>
28                  <TD>北京市樱花东街</TD>
29              </TR>
30              <TR>
31                  <TD>赵七</TD>
32                  <TD>北京市樱花西街</TD>
33              </TR>
34          </TABLE>
35      </BODY>
36  </HTML>
```

在第 13 行通过<TD ROWSPAN="3">将表格第 2 行的第一个单元格与其下 2 行（即第 3 行和第 4 行）的第一个单元格合并成一个单元格。此时在源代码中，表格的第 2 行与第 3 行中只有两个 TD 元素，这是因为合并了一个单元格之后，在该行只剩下两个单元格需要输入代码。同样，在第 26 行通过<TD ROWSPAN="2">将表格第 5 行的第一个单元格与其下一行（即第 6 行）的第一个单元格合并，因此在源代码中，表格的第 6 行中只有两个 TD 元素。示例 4-14 运行效果如图 4.14 所示。

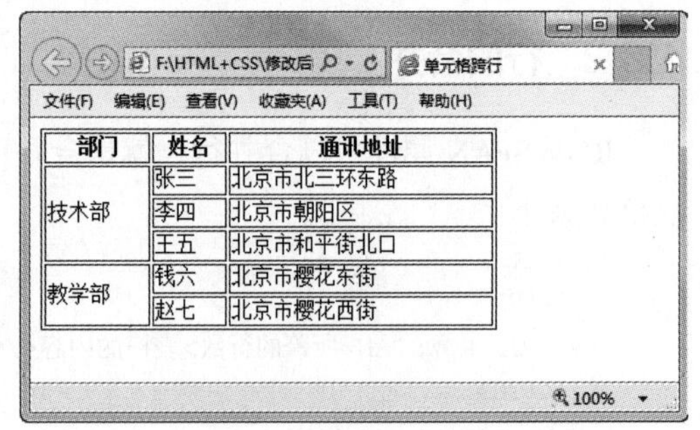

图 4.14 合并行运行效果

4.6 表格结构

表格结构标签可以明确表格的结构，分出表格的头（表首）、身体（表主体）和尾（表尾）。设置这些结构标签，还可以分别设置表首、表主体以及表尾的样式。

4.6.1 表头

通常表格的第 1 行都是用于说明本列数据含义的表头行，如图 4.14 所示的第一行。表头标签<THEAD>用于组合表格的表头内容。使用表头标签<THEAD>，可以让网页中过长的表格在打印时，每页的最前面都可以显示表头标签<THEAD>的内容。表头的语法格式如下。

```
<THEAD>
    <TR>
        <TD>单元格内的文字</TD>
```

```
    </TR>
</THEAD>
```

【示例 4-15】为表格设置表头。

```
01    <HTML>
02        <HEAD>
03            <TITLE>表头</TITLE>
04        </HEAD>
05        <BODY>
06            <TABLE BORDER="1" WIDTH="350" HEIGHT="100">
07                <THEAD>
08                    <TR>
09                        <TD>学号</TD>
10                        <TD>姓名</TD>
11                        <TD>语文</TD>
12                        <TD>数学</TD>
13                        <TD>英语</TD>
14                    </TR>
15                </THEAD>
16                <TR>
17                    <TD>200601001</TD>
18                    <TD>张三</TD>
19                    <TD>89</TD>
20                    <TD>66</TD>
21                    <TD>76</TD>
22                </TR>
23                <TR>
24                    <TD>200601002</TD>
25                    <TD>李四</TD>
26                    <TD>78</TD>
27                    <TD>98</TD>
28                    <TD>67</TD>
29                </TR>
30            </TABLE>
31        </BODY>
32    </HTML>
```

第 7～15 行的<THEAD>和</THEAD>标签之间的内容就是表格的表头，运行效果如图 4.15 所示。

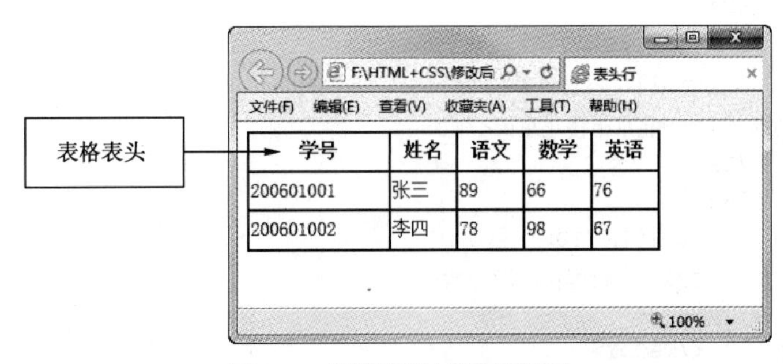

图 4.15　设置表格表头运行结果

4.6.2　主体

表格的主体就是表格真正要表达的内容和数据，一般占表格的大部分内容。通过表主体标签

<TBODY>，可以更好地划分表格的结构。设置表格主体部分的语法格式如下。

```
<TBODY>
    <TR>
        <TD>单元格内的文字</TD>
    </TR>
</TBODY>
```

【示例 4-16】为表格设置主体部分。

```
01    <HTML>
02        <HEAD>
03            <TITLE>单元格跨行</TITLE>
04        </HEAD>
05        <BODY>
06            <TABLE BORDER="1" WIDTH="350" HEIGHT="150">
07                <CAPTION>通信录</CAPTION>
08                <TR>
09                    <TH>部门</TH>
10                    <TH>姓名</TH>
11                    <TH>通信地址</TH>
12                </TR>
13                    <TBODY>
14                <TR>
15                    <TD ROWSPAN="3">技术部</TD>
16                    <TD>张三</TD>
17                    <TD>北京市北三环东路</TD>
18                </TR>
19                <TR>
20                    <TD>李四</TD>
21                    <TD>北京市朝阳区</TD>
22                </TR>
23                <TR>
24                    <TD>王五</TD>
25                    <TD>北京市和平街北口</TD>
26                </TR>
27                    </TBODY>
28                    <TBODY>
29                <TR>
30                    <TD ROWSPAN="2">教学部</TD>
31                    <TD>钱六</TD>
32                    <TD>北京市樱花东街</TD>
33                </TR>
34                <TR>
35                    <TD>赵七</TD>
36                    <TD>北京市樱花西街</TD>
37                </TR>
38                    </TBODY>
39            </TABLE>
40        </BODY>
41    </HTML>
```

分别在第 13 行与第 28 行使用 TBODY 元素把表格主体分成“技术部”和“教学部”两部分，这样可以更好地划分表格结构，也可以更方便地设置表格主体的样式。如果表格中的内容只分为一部分，则可以省略<TBODY>标签，因为在默认情况下会将表格中的所有正文当成一个整体。示例 4-16 运行效果和图 4.14 的效果一样。

4.6.3　表尾

表格的表尾主要用于标注表格的额外信息，如内容的设计者、创建日期、总和等。使用表格的表尾标签<TFOOT>，可以让网页中过长的表格在打印时，每页的最后面都显示表尾标签<TFOOT>的内容。表尾的语法格式如下。

```
<TFOOT>
    <TR>
        <TD>单元格内的文字</TD>
    </TR>
</TFOOT>
```

【示例 4-17】为表格添加表尾。

```
01    <HTML>
02        <HEAD>
03            <TITLE>表尾</TITLE>
04        </HEAD>
05        <BODY>
06            <TABLE BORDER="1" CELLSPACING="0" WIDTH="300">
07                <THEAD>
08                    <TR>
09                        <TH>学号</TH>
10                        <TH>姓名</TH>
11                        <TH>语文</TH>
12                        <TH>数学</TH>
13                        <TH>英语</TH>
14                    </TR>
15                </THEAD>
16                <TBODY>
17                    <TR>
18                        <TD ROWSPAN="3">技术部</TD>
19                        <TD>张三</TD>
20                        <TD>77</TD>
21                        <TD>77</TD>
22                        <TD>77</TD>
23                    </TR>
24                    <TR>
25                        <TD>李四</TD>
26                        <TD>68</TD>
27                        <TD>77</TD>
28                        <TD>77</TD>
29                    </TR>
30                </TBODY>
31                <TFOOT>
32                    <TR>
33                        <TD COLSPAN="5" ALIGN="right">制表人：刘智勇</TD>
34                    </TR>
35                </TFOOT>
36            </TABLE>
37        </BODY>
38    </HTML>
```

第 31～35 行使用<TFOOT>标签在表格最后一行添加表尾，用来显示制表人。示例 4-17 执行结果如图 4.16 所示。

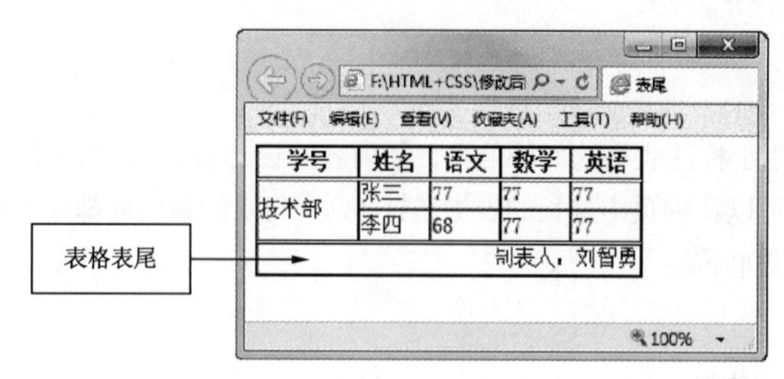

图 4.16 设置表格表尾运行结果

4.7 表格标题

表格经常包括标题。HTML 4.01 专门有一个 CAPTION 元素用来设置表格的标题，不过由于表格的标题看上去与表格似乎是分离的两个部分，所以很多网页开发者都没有使用该标签的习惯，而是直接使用文本元素来设置表格标题。在默认情况下，表格的标题都是在表格的上方居中显示。通常 CAPTION 元素都是紧跟在<TABLE>之后的，但是它可以出现在 TABLE 元素与 TR 元素之间的任何位置。其语法格式如下。

```
<CAPTION>表格的标题文字</CAPTION>
```

【示例 4-18】为表格设置标题。

```
01    <HTML>
02        <HEAD>
03            <TITLE>表格的标题</TITLE>
04        </HEAD>
05        <BODY>
06            <TABLE BORDER="1" WIDTH="350" HEIGHT="100">
07            <CAPTION>学员成绩表</CAPTION>
08                <TR>
09                    <TH>学号</TH>
10                    <TH>姓名</TH>
11                    <TH>语文</TH>
12                    <TH>数学</TH>
13                    <TH>英语</TH>
14                </TR>
15                <TR>
16                    <TD>200601001</TD>
17                    <TD>张三</TD>
18                    <TD>89</TD>
19                    <TD>87</TD>
20                    <TD>77</TD>
21                </TR>
22                <TR>
23                    <TD>200601002</TD>
24                    <TD>李四</TD>
25                    <TD>78</TD>
```

```
26                <TD>98</TD>
27                <TD>67</TD>
28             </TR>
29          </TABLE>
30       </BODY>
31    </HTML>
```

第 7 行使用<CAPTION>标签来为表格设置标题，示例 4-18 运行效果如图 4.17 所示。可以看出，虽然<CAPTION>标签位于<TABLE>标签之内，但是标题内容还是显示在表格之上。

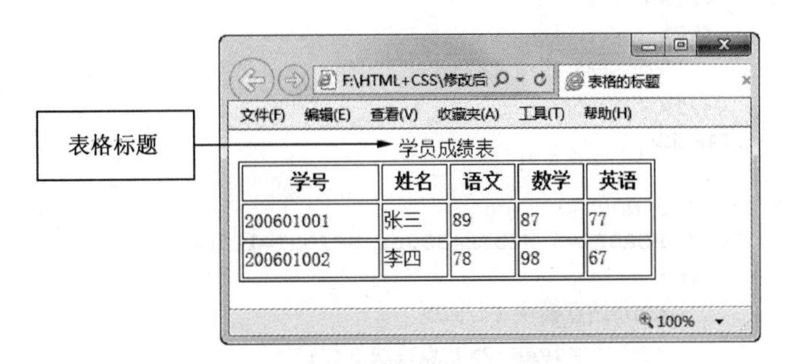

图 4.17 设置表格标题运行结果

使用 CAPTION 元素设置表格标题与直接使用文字设置表格标题从感观上看没有多大区别。不过笔者还是建议使用 CAPTION 元素，使用 CAPTION 元素设置表格标题可以为非可视化浏览器提供扩展属性，并且很容易从源代码中看出哪个标题是属于哪个表格的。另外，如果标题的文字很长，超过了表格的宽度，标题就会自动换行，以保证标题文字的显示宽度不会超过表格的宽度，这一点不使用 CAPTION 元素是很难实现的。

4.8 表格嵌套

在实际应用中，表格并不是单一出现的，往往需要在表格内嵌套其他的表格来实现页面的整体布局。一般情况下需要使用一些可视化软件来布局，这样看起来比较直观，容易达到预期的效果。但是也可以直接输入代码实现。下面举例说明表格的嵌套。

【示例 4-19】先创建一个三行两列的表格，然后在第二行的第一列和第二列都嵌套一个表格。

```
01    <HTML>
02       <HEAD>
03          <TITLE>表格的嵌套使用</TITLE>
04       </HEAD>
05       <BODY>
06       <TABLE BORDER=1 ALIGN="center" WIDTH=560px HEIGHT=300px CELLSPACING=0>
07          <TR HEIGHT=70px ALIGN="center" BGCOLOR="#FFDDDD">
08          <TD WIDTH=160px>网站的 logo</TD>
09          <TD WIDTH=400px>网站的广告 banner</TD>
10          </TR>
11          <TR HEIGHT=200px VALIGN="top">
12          <TD>
13             <TABLEBORDER=1 BGCOLOR="#FFAAAA" WIDTH=120px HEIGHT=160px>
14                <TR>
15                   <TD>导航按钮 1</TD>
16                </TR>
```

```
17                  <TR>
18                      <TD>导航按钮 2</TD>
19                  </TR>
20                  <TR>
21                      <TD>导航按钮 3</TD>
22                  </TR>
23                  <TR>
24                      <TD>导航按钮 4</TD>
25                  </TR>
26                  <TR>
27                      <TD>导航按钮 5</TD>
28                  </TR>
29              </TABLE>
30          </TD>
31          <TD BACKGROUND="4.1.jpg">
32              <TABLE BORDER=3 WIDTH=380px HEIGHT=180px>
33                  <TR>
34                      <TD>站点模块 1</TD>
35                      <TD ROWSPAN=2>站点模块 3</TD>
36                  </TR>
37                  <TR>
38                      <TD>站点模块 2</TD>
39                  </TR>
40              </TABLE>
41          </TD>
42          </TR>
43          <TR>
44          <TD COLSPAN=2 BGCOLOR="#FFCCDD" ALIGN="center">版权声明</TD>
45          </TR>
46      </TABLE>
47      </BODY>
48  </HTML>
```

示例 4-19 中包含了 3 个表格。其中，第 6 行代码定义最外侧的一层用于布局整个页面，嵌套的两个表格用于对其中一个模块进行区域划分。用于布局第 13 行与第 32 行分别在一个单元格中又创建了一个表格，实现表格嵌套。以上代码运行效果如图 4.18 所示。

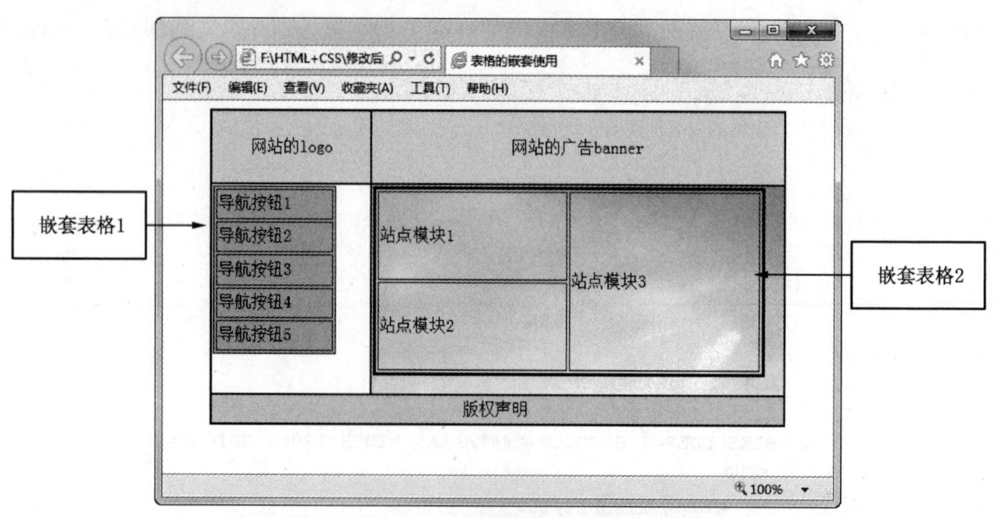

图 4.18　表格嵌套运行效果

4.9 小结

本章主要介绍 HTML 中表格的使用，包括创建表格，设置表格属性、表格边框、表格行的对齐方式，合并表格行和列，表格结构，设置表格标题和表格嵌套。其中，重点介绍了表格的属性，包括表格宽度、表格高度、表格背景图片、表格单元格间距以及表格内单元格与文字的距离。表格的运用范围很广，正确使用表格可以使网页内容更加整洁。下一章将介绍多媒体、滚动字幕和列表。

本章习题

1. 一个完整的表格包括________、________、________3 种元素。
2. ________元素可以合并表格的行，________元素可以合并表格的列。
3. 正确创建表格的方法是________。

A.
```
<TABLE>
    <TR>
        <TD>表格的内容</TD>
        <TD>年龄</TD>
    </TR>
</TABLE>
```
B.
```
<TABLE>
    <TD>
        <TR>姓名</TR>
        <TR>年龄</TR>
    </TD>
</TABLE>
```
C.
```
<TABLE>
    <TBODY>
        <TR>姓名</TR>
        <TR>年龄</TR>
    </TBODY>
</TABLE>
```
D.
```
<TABLE>
    <THEAD>
        <TR>姓名</TR>
        <TR>年龄</TR>
    </THEAD>
</TABLE>
```
4. 创建一个两行两列的表格，并将第一行中的两列合并成一列的方法正确的是________。

A.
```
<TABLE BORDER=2>
```

```
    <TR>
        <TD COLSPAN=2>首行 1 列</TD>
        <TD>首行 2 列</TD>
    </TR>
    <TR>
        <TD>2 行 1 列</TD>
        <TD>2 行 2 列</TD>
    </TR>
</TABLE>
```

B.

```
<TABLE BORDER=2>
    <TR>
        <TD COLSPAN=2>首行 1 列</TD>
        <TD>首行 2 列</TD>
    </TR>
    <TR>
        <TD>2 行 1 列</TD>
    </TR>
</TABLE>
```

C.

```
<TABLE BORDER=2>
    <TR>
        <TD COLSPAN=2>首行 1 列</TD>
    </TR>
    <TR>
        <TD>2 行 1 列</TD>
        <TD>2 行 2 列</TD>
    </TR>
</TABLE>
```

D.

```
<TABLE BORDER-2>
    <TR>
        <TD COLSPAN=2>首行 1 列</TD>
    </TR>
    <TR>
        <TD>2 行 1 列</TD>
        <TD>2 行 2 列</TD>
        <TD>2 行 3 列</TD>
    </TR>
</TABLE>
```

5. 比较表格亮边框和暗边框的不同。

上机指导

表格是网页结构设计很常用的方式，使用表格可以使网页结构更加清晰。本章介绍了表格的常用语法，并结合实例介绍表格的使用方法。本节将通过上机操作，巩固本章所学的知识点。

实验一

实验内容

练习使用 TABLE 元素创建表格。

实验目的

巩固知识点——使用 TABLE 元素，创建一个三行三列的表格，并为表格添加背景图片。

实现思路

使用 TABLE 元素创建一个表格，并使用 TABLE 元素的 BACKGROUND 属性为表格添加背景图片。

在 Dreamweaver 中选择“新建”|“HTML”命令，新建 HTML 文档。在 HTML 文档中输入的关键代码如下。

```
<TABLE BORDER="1" BACKGROUND="4.1.jpg" WIDTH="250" HEIGHT="100">
    <TR>
        <TH>姓名</TH>
        <TH>年龄</TH>
    </TR>
    <TR>
        <TD>张三</TD>
        <TD>24</TD>
    </TR>
    <TR>
        <TD>李四</TD>
        <TD>21</TD>
    </TR>
</TABLE>
```

在菜单栏中选择“文件”|“保存”命令，输入保存路径，单击“保存”按钮，即可完成表格的创建。运行页面查看效果如图 4.19 所示。

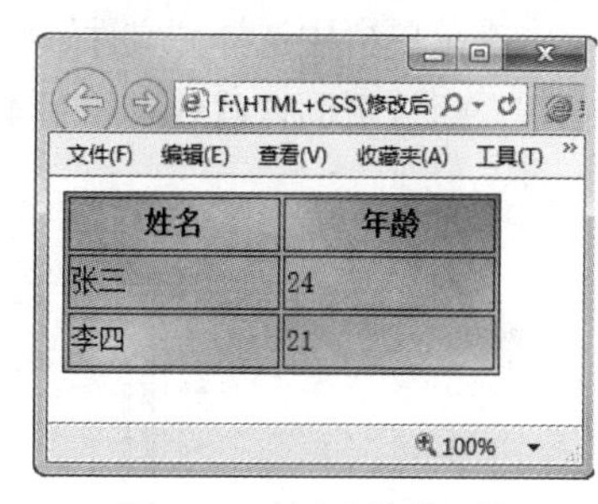

图 4.19　创建表格效果图

实验二

实验内容

练习 TABLE 元素中各种属性的使用创建一个课程表。

实验目的

巩固知识点——使用 TABLE 元素的各个属性创建一个三行六列的课程表，并为表格设置各种属性。

实现思路

使用 TABLE 元素创建一个三行六列的课程表，并使用 TABLE 元素的各种属性来为表格添加表头，设置行的水平对齐方式为居中对齐，设置表格边框颜色、表格的高度、表格的宽度等。

在 Dreamweaver 中选择“新建”|“HTML”命令，新建 HTML 文档。在 HTML 文档中输入的关键代码如下。

```
<TABLE BORDER=2 WIDTH=600px HEIGHT=150px BORDERCOLOR="blue">
    <CAPTION>课程表</CAPTION>
        <TR ALIGN="center">
              <TD> </TD>
              <TD>周一</TD>
              <TD>周二</TD>
        </TR>
        <TR ALIGN="center">
              <TD ROWSPAN="2">上午</TD>
              <TD>语文</TD>
              <TD>英语</TD>
        </TR>
        <TR ALIGN="center">
              <TD>体育</TD>
              <TD>数学</TD>
        </TR>
        <TR ALIGN="center">
              <TD>下午</TD>
              <TD>英语</TD>
              <TD>数学</TD>
        </TR>
</TABLE>
```

在菜单栏中选择“文件”|“保存”命令，输入保存路径，单击“保存”按钮，即可完成表格的创建。运行页面查看效果如图 4.20 所示。

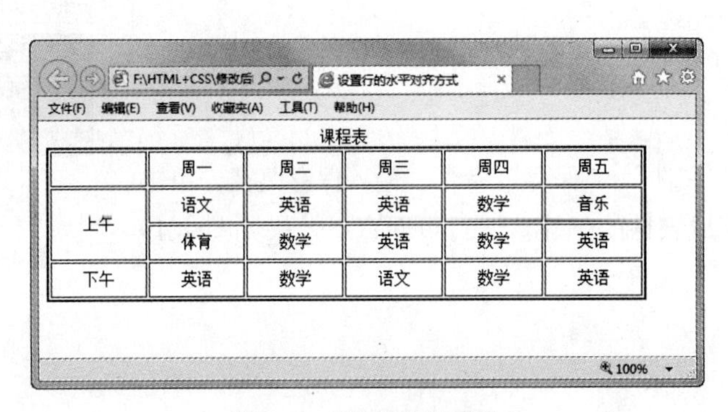

图 4.20　设置课程表效果

实验三

实验内容

练习使用 TABLE 元素创建嵌套表格。

实验目的

巩固知识点——使用 TABLE 元素，创建一个三行两列的表格，并在表格第二行的第二列嵌套一个表格。

实现思路

使用 TABLE 元素创建一个表格，并使用 TABLE 元素在创建的表格中再嵌套一个表格。

在 Dreamweaver 中选择“新建”|“HTML”命令，新建 HTML 文档。在 HTML 文档中输入的关键代码如下。

```
<TABLE BORDER=1 ALIGN="center" WIDTH=560px HEIGHT=220px>
    <TR HEIGHT=70px ALIGN="center" BGCOLOR="#FFDDDD">
         <TD WIDTH=160px>网站的 logo</TD>
        <TD WIDTH=400px>网站的广告 banner</TD>
    </TR>
    <TR HEIGHT=200px VALIGN="top">
        <TD>导航按钮</TD>
        <TD>
            <TABLE BORDER=3 WIDTH=380px HEIGHT=180px BGCOLOR="yellow">
                <TR>
                    <TD>模块 1</TD>
                    TD>模块 2</TD>
                </TR>
                <TR>
                    <TD>模块 3</TD>
                    <TD>模块 4</TD>
                </TR>
            </TABLE>
        </TD>
    </TR>
    <TR HEIGHT=70px ALIGN="center" BGCOLOR="#FFDDDD">
        <TD >网站链接</TD>
        <TD>网站编号</TD>
    </TR>
</TABLE>
```

在菜单栏中选择“文件”|“保存”命令，输入保存路径，单击“保存”按钮，即可完成表格的创建。运行页面查看效果如图 4.21 所示。

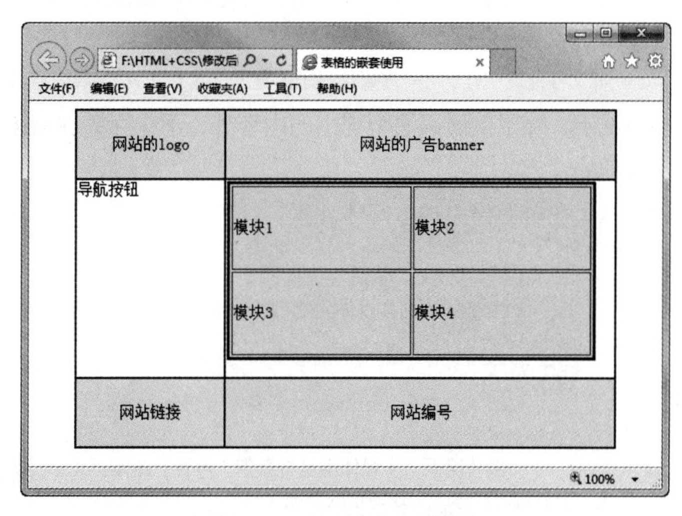

图 4.21　创建嵌套表格效果

05 第5章　多媒体、滚动字幕和列表

在现在的网页中，只有文字和图片是完全不够的，还要加入动画、声音、列表等，这样整个页面才能更加吸引人。HTML 提供了插入各种多媒体元素、滚动字幕和列表的功能。本章介绍多媒体、滚动字幕和列表的使用。

5.1　多媒体元素

Web 的最大魅力就是可以将图片、声音、动画和视频等文件插入网页中，这些图片、声音、动画和视频统称为多媒体。在网页中插入多媒体，可以让网页更生动、丰富。

5.1.1　插入多媒体元素

在 HTML 中添加多媒体元素的标签是<EMBED>，这里的多媒体元素包括声音和动画两种。也就是说，除了设置背景音乐之外，还可以为页面添加声音和动画文件，使页面动感十足。在页面中添加多媒体文件，同样要设置源文件，SRC 属性是必不可少的。另外，由于多媒体文件在播放时需要一定的空间，因此要为文件设置大小。可以说，要在页面添加多媒体元素，仅使用<EMBED>标签是不够的，插入多媒体元素的语法格式如下。

```
<EMBED SRC="源文件地址" WIDTH="多媒体显示的宽度" HEIGHT="多媒体显示的高度"></EMBED>
```

一般情况下，除了上面语法中列出的内容外，不在标签<EMBED>和</EMBED>之间添加其他的内容。

【示例 5-1】在页面中添加多媒体元素。

```
01    <HTML>
02         <HEAD>
03              <TITLE>添加多媒体元素</TITLE>
04         </HEAD>
05         <BODY>
06              <H2 ALIGN="center">多媒体</H2>
07              <P>
08              一般情况下，多媒体就是将影像、声音、图像、文字、动画等多种媒体结合在一起，形成一个有机的整体，实现一定的功能。
09              </P>
10              <EMBED  SRC="media01.avi"  WIDTH="300px"  HEIGHT="200px"></EMBED>
11         </BODY>
12    </HTML>
```

在第 10 行通过<EMBED>标签，向页面中添加一个多媒体元素。运行示例 5-1，将使用系统默认的播放软件播放设置的多媒体元素，如图 5.1 所示。

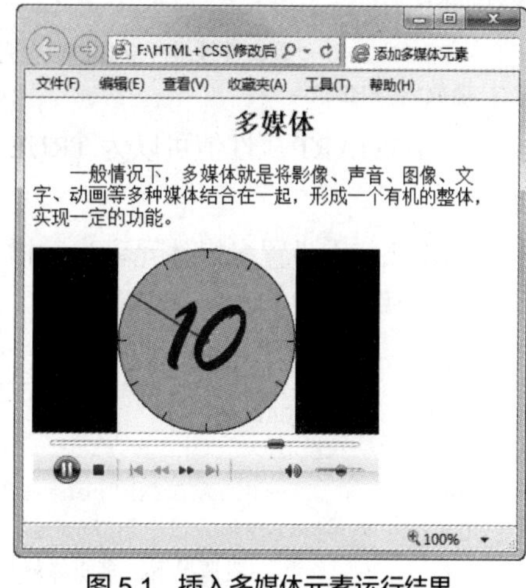

图 5.1　插入多媒体元素运行结果

5.1.2　循环播放

在默认情况下，多媒体文件播放一次以后就会自动停止。如果希望该文件循环播放，则需要设置 LOOP 属性，其语法格式如下。

```
<EMBED SRC="源文件地址" WIDTH="多媒体显示的宽度"
HEIGHT="多媒体显示的高度" LOOP=循环播放>
</EMBED>
```

在一般情况下，要使文件循环播放，就需要将 LOOP 设置为 TRUE。

下面通过一个例子来了解多媒体循环播放的方法。

【示例 5-2】插入两个多媒体文件，设置第一个多媒体文件循环播放，第二个多媒体文件不循环播放。

```
01   <HTML>
02        <HEAD>
03             <TITLE>设置媒体的循环</TITLE>
04        </HEAD>
05        <BODY>
06             <H2 ALIGN="center">多媒体</H2>
07             <P>
08             一般情况下，多媒体就是将影像、声音、图像、文字、动画等多种媒体结合在一起，形成一个有机
的整体，实现一定的功能。
09             </P>
10             <EMBED SRC="media01.avi" WIDTH="300px" HEIGHT="150px" LOOP=TRUE>
11             </EMBED>
12             <EMBED SRC="media01.avi" WIDTH="300px" HEIGHT="150px" LOOP=FALSE>
13             </EMBED>
14        </BODY>
15   </HTML>
```

在第 10 行与第 12 行向页面插入两个多媒体元素，这两个多媒体元素的不同之处在于，一个的 LOOP 属性为 TRUE，另一个为 FALSE，即前一个会循环播放，后一个不会。运行示例 5-2 会发现，第一个多媒体文件在不断循环播放，第二个多媒体文件在播放一次后会自动停止。结果如图 5.2 所示。

图 5.2　设置多媒体文件循环播放运行效果

5.1.3　自动播放

通过 EMBED 元素的 AUTOSTART 属性可以设置打开网页时，背景音乐是否自动播放，其语法

格式如下。

```
<EMBED SRC="源文件地址" WIDTH="多媒体显示的宽度" HEIGHT="多媒体显示的高度" AUTOSTART=是否自动播放></EMBED>
```

AUTOSTART 属性值可以为 TRUE 和 FALSE，其中 TRUE 表示自动播放，FALSE 表示需要手动播放。

【示例 5-3】设置多媒体元素自动播放。

```
01  <HTML>
02        <HEAD>
03              <TITLE>设置媒体的运行方式</TITLE>
04        </HEAD>
05        <BODY>
06              <H2 ALIGN="center">多媒体</H2>
07              <P>
08              一般情况下，多媒体就是将影像、声音、图像、文字、动画等多种媒体结合在一起，形成一个有机的整体，实现一定的功能。
09              </P>
10              <EMBED SRC="media02.mpg" WIDTH="400px" HEIGHT="250px" AUTOSTART=TRUE>
11              </EMBED>
12        </BODY>
13  </HTML>
```

在第 10 行插入一个多媒体元素，并设定其 AUTOSTART 属性为 TRUE，即元素在载入之后自动播放。运行示例 5-3，发现多媒体元素自动开始播放，如图 5.3 所示。

图 5.3 设置多媒体文件自动播放运行效果

5.1.4 隐藏多媒体元素

有时候希望在网页中只听到多媒体文件的播放声音，而看不见多媒体文件。这时可以使用 EMBED 元素的 HIDDEN 属性来隐藏多媒体的面板，这样在播放时只能听到声音，而看不到画面，其语法格式如下。

```
<EMBED SRC="源文件地址" WIDTH="多媒体显示的宽度" HEIGHT="多媒体显示的高度" AUTOSTART=TRUE HIDDEN=隐藏值>
</EMBED>
```

HIDDEN 可以为 TRUE 或 FALSE，取 TRUE 表示隐藏面板，反之则显示面板。如果设置 HIDDEN 为 TRUE，就要将 AUTOSTART 设置为 TRUE，否则用户无法播放多媒体，也就失去了添加该媒体文件的意义。

【示例 5-4】隐藏多媒体文件。

```
01  <HTML>
02        <HEAD>
03              <TITLE>隐藏多媒体文件的面板</TITLE>
04        </HEAD>
05        <BODY>
06              <H2 ALIGN="center">多媒体</H2>
07              <EMBED  SRC="media01.avi"  WIDTH="200px"  HEIGHT="150px"  AUTOSTART=TRUE LOOP=TRUE HIDDEN=TRUE>
```

```
08              </EMBED>
09              <P>
10              一般情况下，多媒体就是将影像、声音、图像、文字、动画等多种媒体结合在一起，形成一个有机
的整体，实现一定的功能。
11              </P>
12          </BODY>
13      </HTML>
```

在第 7 行向页面插入一个多媒体元素，并设置 HIDDEN 属性为 TRUE 将其隐藏。示例 5-4 运行效果如图 5.4 所示。可以看出，虽然隐藏了多媒体文件，但是由于此处存在一个页面元素，因此这里的空间明显比没有多媒体文件时大。

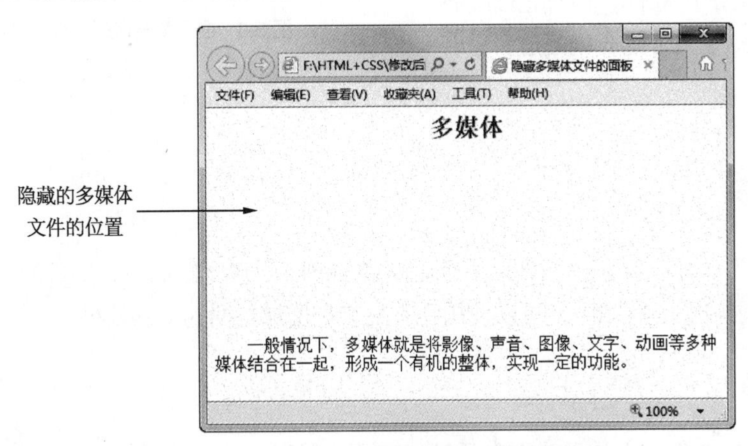

图 5.4　隐藏多媒体文件运行效果

5.2　插入背景音乐

除了添加视频外，还可以通过 BGSOUND 元素为网页添加背景音乐。和图像标签一样，BGSOUND 元素的源文件地址属性 SRC 是必需的。一般情况下，背景音乐要添加在页面主体的开始位置。添加背景音乐的语法格式如下。

```
<BGSOUND SRC="源文件地址">
```

背景音乐可以是 MP3 音乐文件，也可以是其他声音文件，在网络中应用最广泛的是 MIDI 声音文件。

【示例 5-5】为网页添加背景音乐。

```
01    <HTML>
02        <HEAD>
03            <TITLE>添加背景音乐</TITLE>
04        </HEAD>
05        <BODY>
06            <BGSOUND SRC="music01.mid">
07            <H2 ALIGN="center">银杏树</H2>
08            <P>
09            银杏树又名白果树，它是世界上十分珍贵的树种之一，是古代银杏类植物在地球上存活的唯一品种，
因此植物学家们把它看作是植物界的“活化石”，并与雪松、南洋杉、金钱松一起，被称为世界四大园林树木。我国
园艺学家们也常常把银杏与牡丹、兰花相提并论，誉为“园林三宝”。
10            </P>
```

```
11        </BODY>
12    </HTML>
```

在第 6 行使用 BGSOUND 元素为页面添加背景音乐，当页面载入时会播放同一目录下的 music01.mid 音乐文件。运行示例 5-5，可以听到添加的背景音乐，但是看不见音乐播放器，如图 5.5 所示。

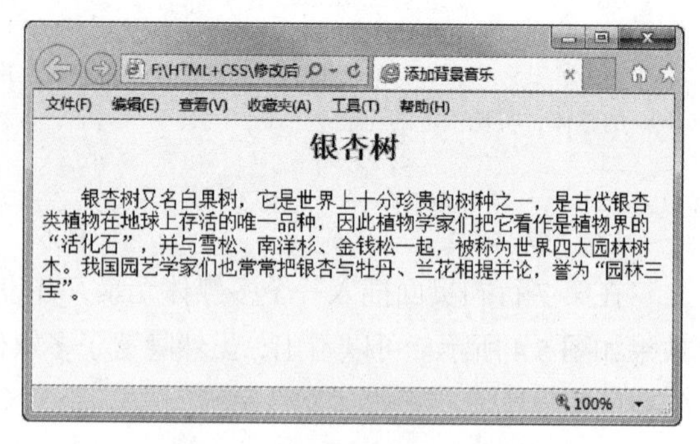

图 5.5　插入背景音乐运行结果

设置背景音乐循环播放和自动播放，也是使用 LOOP 属性和 AUTOSTART 属性，而且也需要将 AUTOSTART 设置为 TRUE，才能自动播放背景音乐。这里就不再阐述了。

5.3　滚动字幕

滚动字幕也可以称为一种多媒体元素，只不过这种类型的多媒体比较简单，实现的效果也比较单一。在一些时尚感要求较低的网站中，可以使用动态文字来增加页面的动感效果。

5.3.1　添加滚动字幕

滚动字幕是指在网页中会上下活动或左右活动的字幕，可以是文字也可以是图片，可以通过<MARQUEE>标签来设置。添加滚动字幕的语法格式如下。

```
<MARQUEE>
要进行滚动的文字
</MARQUEE>
```

<MARQUEE>和</MARQUEE>标签之间的文字，会在页面中滚动显示，默认情况下从右向左滚动。

【示例 5-6】滚动字幕的设置。

```
01    <HTML>
02        <HEAD>
03            <TITLE>滚动文字</TITLE>
04        </HEAD>
05        <BODY>
06            <H2 ALIGN="center">欢迎来到 HTML 的世界</H2>
07            <P>
08            顾名思义，滚动文字就是在页面中运动着
的文字，下面的就是滚动文字。
09            </P>
10            <MARQUEE>
11                滚动文字是页面中会动的文字
12            </MARQUEE>
13        </BODY>
14    </HTML>
```

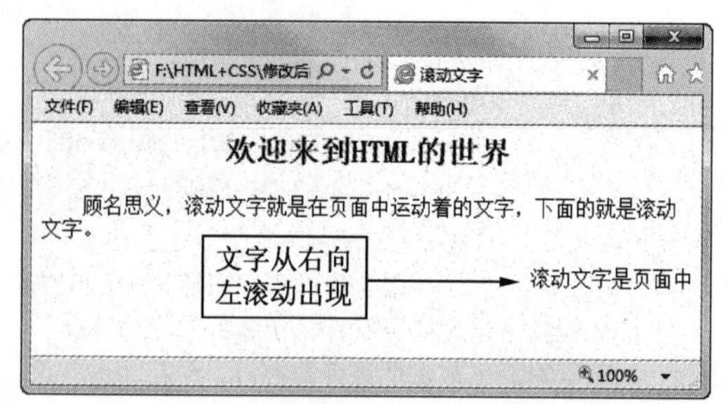
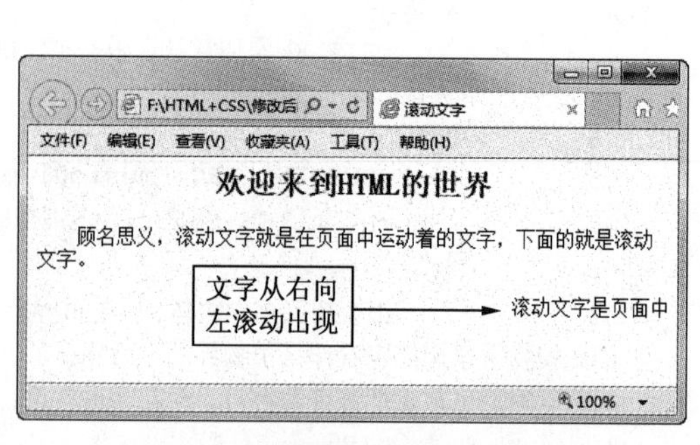

图 5.6　设置滚动字幕运行效果

在第 10～12 行使用<MARQUEE>标签定义了一段会滚动的文字。示例 5-6 运行效果如图 5.6 所示。可以

看出，第二段文字从右向左滚动出现。

技巧　滚动文字可以不止一行，可以包括换行符
以及段落标签<P>等，甚至可以包括标题文字<H>。

5.3.2　滚动方向

滚动方向是指文字从哪个方向开始滚动。文字默认从右向左滚动，使用 DIRECTION 属性可以调整文字的滚动方向。设置文字滚动方向的语法格式如下。

```
<MARQUEE DIRECTION="up/down/left/right">
    要进行滚动的文字
</MARQUEE>
```

DIRECTION 属性有 4 个值：left、right、up、down，分别用来设置字幕从右向左滚动、从左向右滚动、从下向上滚动、从上向下滚动，默认为 direction="left"，表示从右向左滚动。

【示例 5–7】设置滚动字幕从下往上滚动。

```
01  <HTML>
02      <HEAD>
03          <TITLE>滚动文字</TITLE>
04      </HEAD>
05      <BODY>
06          <H2 ALIGN="center">滚动字幕</H2>
07          <MARQUEE DIRECTION="up">
08              银杏树又名白果树，它是世界上十分珍贵的树种之一，<br/>是古代银杏类植物在地球上存活的唯一品种，<br/>因此植物学家们把它看作是植物界的“活化石”， <br/>并与雪松、南洋杉、金钱松一起，被称为世界四大园林树木。<br/>我国园艺学家们也常常把银杏与牡丹、兰花相提并论，<br/>誉为“园林三宝”。
09          </MARQUEE>
10      </BODY>
11  </HTML>
```

在第 7 行添加滚动字幕时，设置 DIRECTION 为 up，使此段文字自下而上滚动。示例 5-7 运行效果如图 5.7 所示，可以看出，滚动字幕从下往上开始滚动。

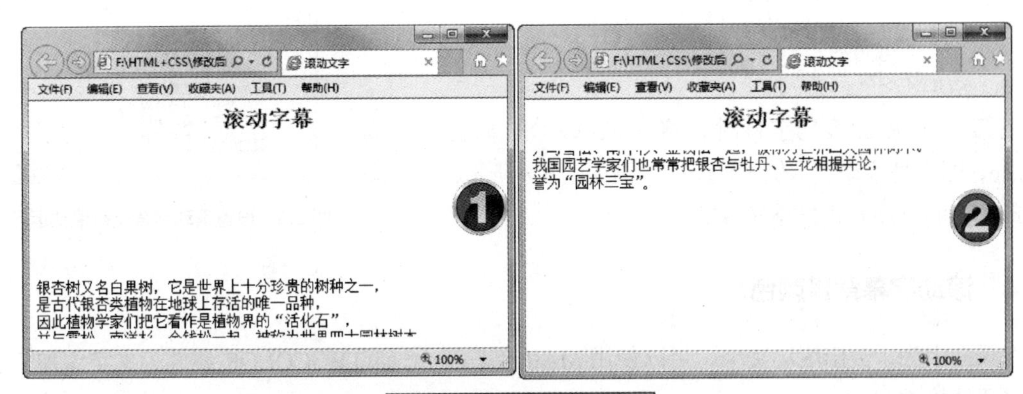

图 5.7　设置滚动字幕滚动方向运行效果

5.3.3 滚动方式

文字的滚动方式主要包括循环滚动、来回滚动和只滚动一次就停止。设置文字的滚动方式需要使用 BEHAVIOR 属性，其语法格式如下。

```
<MARQUEE BEHAVIOR="滚动方式">
    要进行滚动的文字
</MARQUEE>
```

滚动方式的取值如表 5.1 所示。

表 5.1 文字的滚动方式

滚动方式	含义
scroll	循环滚动，即不停地按照设置的方向滚动
slide	只滚动一次就停止
alternate	交替滚动，即按照设置的方向和反方向来回滚动。例如，设置为 left，先向左滚动到页面左端后再向右滚动

【示例 5-8】设置文字滚动方式为从下向上，再从上向下的交替滚动。

```
01  <HTML>
02      <HEAD>
03          <TITLE>滚动文字</TITLE>
04      </HEAD>
05      <BODY>
06          <H2>滚动字幕</H2>
07          <MARQUEE DIRECTION="up" BEHAVIOR="alternate">
08              <PRE>
09          东临碣石，以观沧海。
10          水何澹澹，山岛竦峙。
11          树木丛生，百草丰茂。
12          秋风萧瑟，洪波涌起。
13          日月之行，若出其中。
14          星汉灿烂，若出其里。
15          幸甚至哉，歌以咏志。
16              </PRE>
17          </MARQUEE>
18      </BODY>
19  </HTML>
```

在第 7 行添加滚动字幕时，将 BEHAVIOR 属性设置为 altemate，即交替滚动。示例 5-8 运行效果如图 5.8 所示，可以看出滚动字幕的滚动方式是交替滚动。

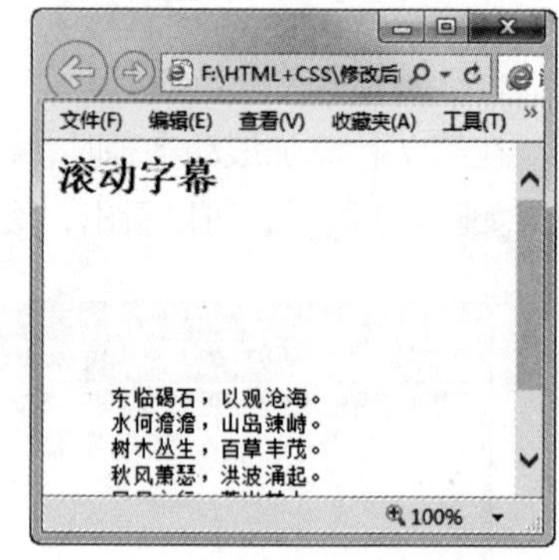

图 5.8 设置滚动字幕交替滚动运行效果

5.3.4 滚动字幕背景颜色

在页面中为了突出滚动文字，可以使用 MARRQUEE 元素的 BGCOLOR 属性为文字添加背景颜色，其语法格式如下。

```
<MARQUEE BGCOLOR="颜色值">
    要进行滚动的文字
</MARQUEE>
```

【示例 5-9】设置滚动字幕的背景颜色为蓝色。

```
01  <HTML>
02      <HEAD>
03          <TITLE>滚动文字</TITLE>
04      </HEAD>
05      <BODY>
06          <H2 ALIGN="center">欢迎来到 HTML 的世界</H2>
07          <MARQUEE BGCOLOR="#0FF" HEIGHT="40px">
08              银杏树又名白果树，它是世界上十分珍贵的树种之一，是古代银杏类植物在地球上存活的唯一品种，因此植物学家们把它看作是植物界的“活化石”，并与雪松、南洋杉、金钱松一起，被称为世界四大园林树木。
09          </MARQUEE>
10      </BODY>
11  </HTML>
```

在第 7 行添加滚动字幕时使用 BGCOLOR 属性为文字指定背景颜色。示例 5-9 运行效果如图 5.9 所示。

图 5.9　设置滚动字幕背景颜色运行效果

5.3.5　滚动速度

在 HTML 中，可以通过 MARRQUEE 元素的 SCROLLAMOUNT 属性调整文字的滚动速度，滚动速度也可以看成滚动距离，也就是每滚动一下文字向前移动的像素数。设置滚动速度的语法格式如下。

```
<MARQUEE SCROLLAMOUNT="滚动速度">
    要滚动的文字
</MARQUEE>
```

滚动速度的值越大，速度也就越快。

【示例 5-10】设置两端滚动字幕，设置第一段滚动字幕的滚动速度为 10，第二段滚动字幕的滚动速度为 20。

```
01  <HTML>
02      <HEAD>
03          <TITLE>滚动文字</TITLE>
04      </HEAD>
05      <BODY>
06          <H2 ALIGN="center">滚动字幕</H2>
07          <MARQUEE SCROLLAMOUNT="10">
08                  滚动文字是页面中会动的文字
09          </MARQUEE>
```

```
10            <MARQUEE SCROLLAMOUNT="20">
11                    滚动文字是页面中会动的文字
12            </MARQUEE>
13        </BODY>
14    </HTML>
```

分别在第 7 行与第 10 行向页面添加两个滚动字幕，这两个滚动字幕的不同之处在于滚动速度不同，一个为 10，另一个为 20。示例 5-10 运行效果如图 5.10 所示。两段文字设置了不同的滚动速度，可以看出，页面刚刚打开时是同时从页面右侧出现，运行一段时间后，两段文字前进的距离明显产生了差距。

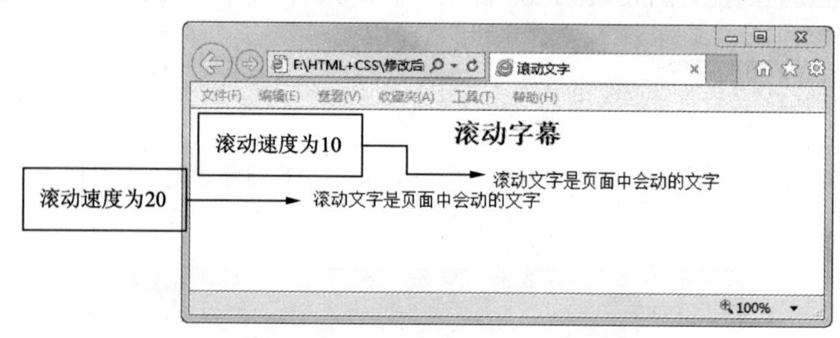

图 5.10　设置滚动字幕滚动速度运行效果

5.3.6　滚动延迟

滚动延迟是指在每一次滚动之间设置一定的时间间隔，即滚动一次后就停止一段时间再进行下一次滚动。设置滚动延迟的语法格式如下。

```
<MARQUEE SCROLLDELAY="延迟时间">
    要进行滚动的文字
</MARQUEE>
```

延迟时间的单位是 ms，即设置为 100，表示延迟 0.1s；设置为 1 000，表示延迟 1 s。

【示例 5-11】设置两段滚动字幕。第二段滚动字幕的滚动延迟设为 800 ms。

```
01    <HTML>
02        <HEAD>
03            <TITLE>滚动文字</TITLE>
04        </HEAD>
05        <BODY>
06                <H2 ALIGN="center">欢迎来到 HTML 的世界</H2>
07                <MARQUEE SCROLLAMOUNT="10">
08                        滚动文字是页面中会动的文字
09                </MARQUEE>
10                <MARQUEE SCROLLAMOUNT="10" SCROLLDELAY="800">
11                        滚动文字是页面中会动的文字
12                </MARQUEE>
13        </BODY>
14    </HTML>
```

在第 10 行定义滚动字幕时，设置 SCROLLDELAY 属性为 800，即每次滚动延迟时间为 0.8s。示例 5-11 运行效果如图 5.11 所示。可以看出，两段文字的滚动速度、滚动方向、滚动方式等都相同，唯一不同的就是为第二段文字设置了 0.8s 的滚动延迟。因此运行时可以看到第二段文字的运动是一顿一顿的，和第一段文字相比，它好像被绊住了一样。

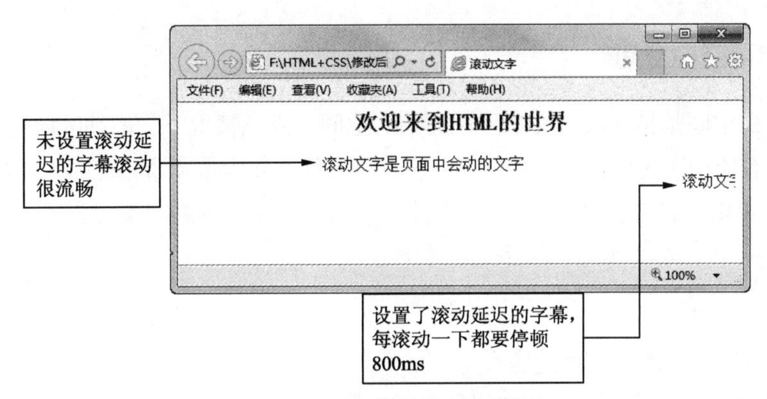

图 5.11　设置滚动延迟运行结果

5.3.7　滚动次数

除了可以通过 BEHAVIOR 设置文字的滚动方式外，还可以通过 LOOP 属性设置文字的滚动循环次数，其语法格式如下。

```
<MARQUEE LOOP=循环次数>
    要滚动的文字
</MARQUEE>
```

LOOP 表示循环次数，设置为 10，表示文字在屏幕中滚动 10 个循环后结束。

【示例 5-12】设置两段滚动字幕。其中，设置第二段滚动字幕的循环次数为 5。

```
01  <HTML>
02      <HEAD>
03          <TITLE>滚动文字</TITLE>
04      </HEAD>
05      <BODY>
06              <H2 ALIGN="center">欢迎来到 HTML 的世界</H2>
07              <MARQUEE SCROLLAMOUNT="10">
08                      滚动文字是页面中会动的文字
09              </MARQUEE>
10              <MARQUEE SCROLLAMOUNT="10" LOOP=5>
11                      滚动文字是页面中会动的文字
12              </MARQUEE>
13      </BODY>
14  </HTML>
```

在第 10 行定义一个滚动字幕时，将 LOOP 属性设置为 5，表示文字滚动 5 个循环后停止。页面开始运行时，两段文字齐头并进。运行 5 个循环后，第二段文字就不再滚动了，效果如图 5.12 所示。

（a）程序刚开始运行时的效果

（b）5 个循环以后的效果

图 5.12　设置滚动次数运行效果

5.3.8 滚动字幕空白空间

滚动字幕空白空间是指在滚动文字区域周围的空间，默认情况下，滚动区域是沿着页面的边缘滚动的。如果没有使用段落标记等将其分隔，它和页面其他元素是紧紧相连的。通过 HSPACE 属性和 VSPACE 属性可以设置文字区域的水平空间和垂直空间，其语法格式如下。

```
<MARQUEE HSPACE="水平空间" VSPACE="垂直空间">
    要进行滚动的文字
</MARQUEE>
```

水平空间和垂直空间的单位都是像素。

【示例 5-13】为滚动字幕设置垂直空间和水平空间。

```
01  <HTML>
02      <HEAD>
03          <TITLE>滚动文字</TITLE>
04      </HEAD>
05      <BODY>
06          <H2 ALIGN="center">欢迎来到 HTML 的世界</H2>
07          <MARQUEE  BGCOLOR="#FFAADD"  WIDTH="350px"  HEIGHT="120px"  HSPACE="100"
VSPACE="50">
08                  <PRE>
09                  东临碣石，以观沧海。
10                  水何澹澹，山岛竦峙。
11                  树木丛生，百草丰茂。
12                  秋风萧瑟，洪波涌起。
13                  日月之行，若出其中。
14                  星汉灿烂，若出其里。
15                  幸甚至哉，歌以咏志。
16                  </PRE>
17          </MARQUEE>
18      </BODY>
19  </HTML>
```

在第 7 行定义滚动字幕时，使用 HSPACE 属性与 VSPACE 属性为滚动区域设置 100 像素的水平空间和 50 像素的垂直空间，其效果如图 5.13 所示。

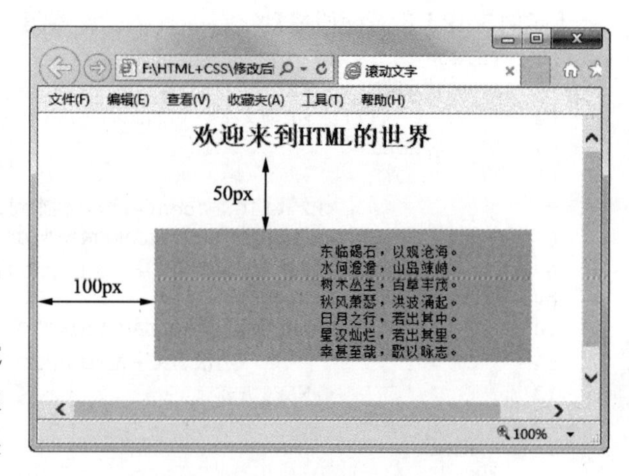

图 5.13　设置滚动字幕空白空间运行效果

5.3.9 设置鼠标经过效果

ONMOUSEOVER 属性用来控制鼠标指针滑过滚动字幕时停止滚动的效果，ONMOUSEOUT 属性用来控制鼠标指针移出滚动字幕区域时字幕开始滚动的效果。这两个属性必须同时定义。其语法格式如下。

```
<MARQUEE ONMOUSEOUT="this.start()" ONMOUSEOVER="this.stop() ">
    要滚动的文字
</MARQUEE>
```

ONMOUSEOUT="this.start()"用来设置鼠标指针移出该区域时继续滚动，ONMOUSEOVER=" this.stop() "用来设置鼠标指针移入该区域时停止滚动。只有同时使用这两个属性，才可以使鼠标指针滑过滚动字幕时停止滚动，而鼠标指针移开滚动字幕时又开始滚动。

【示例 5-14】使用 ONMOUSEOVER 属性和 ONMOUSEOUT 属性来控制鼠标指针经过滚动字幕时的效果。

```
01  <HTML>
02      <HEAD>
03          <TITLE>滚动文字</TITLE>
04      </HEAD>
05      <BODY>
06              <H2 ALIGN="center">欢迎来到 HTML 的世界</H2>
07              <MARQUEE BGCOLOR="#FFAADD" WIDTH="350px" HEIGHT="120px" ONMOUSEOUT=
"this.start()" ONMOUSEOVER="this.stop() ">
08                  <PRE>
09                  东临碣石，以观沧海。
10                  水何澹澹，山岛竦峙。
11                  树木丛生，百草丰茂。
12                  秋风萧瑟，洪波涌起。
13                  日月之行，若出其中。
14                  星汉灿烂，若出其里。
15                  幸甚至哉，歌以咏志。
16                  </PRE>
17              </MARQUEE>
18      </BODY>
19  </HTML>
```

在第 7 行定义滚动字幕时，使用 ONMOUSEOUT 属性与 ONMOUSEOVER 属性指定当鼠标指针移出滚动文字与鼠标指针经过滚动文字时的行为。示例 5-14 运行效果如图 5.14 所示。可以看出，当鼠标指针移动到字幕时，字幕停止滚动。

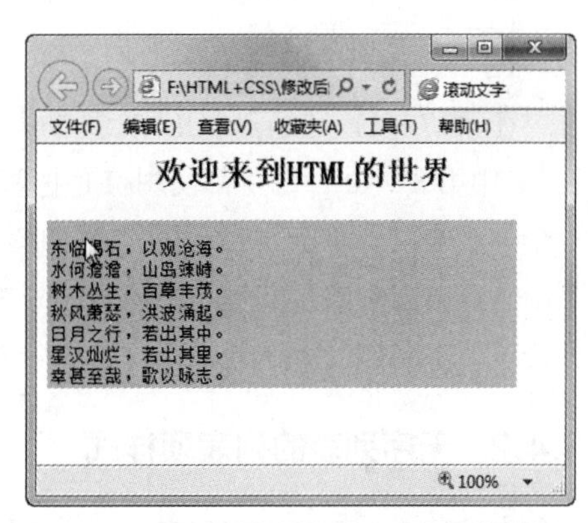

图 5.14　设置鼠标指针经过滚动字幕时的效果

5.4　无序列表

无序列表是不要求列表项目出现次序的列表，列表项目之间是并列关系，不存在先后次序。浏览器显示无序列表时，会在列表项目前加上一个列目符号，而不是显示数字，该符号也可以由网页开发人员指定。

5.4.1　无序列表结构

无序列表以<UL>标签开始，以</UL>标签结束。无序列表内的列表项用<LI>表示。创建无序列表的语法指针如下。

```
<UL>
<LI>无序列表项 1</LI>
<LI>无序列表项 2</LI>
<LI>无序列表项 3</LI>
……
</UL>
```

其中，每一个列表项前面都要有一个<LI>标签，它表示一个新列表项的开始。从上面代码可以看出，无序列表是从<UL>标签开始，以</UL>标签结束，也就是说，<UL>和</UL>标签之间的内容才是无序列表。每个列表可能有一个或多个列表项目，每个<LI>标签与</LI>标签之间的内容是一个列表项目。

【示例 5-15】创建无序列表。

```
01  <HTML>
02      <HEAD>
03          <TITLE>在页面中使用无序列表</TITLE>
04      </HEAD>
05      <BODY>
06          在网页设计中可以使用多种格式的图片，包括：
07          <UL>
08              <LI>JPG 格式，用来保存超过 256 色的图像格式。</LI>
09              <LI>GIF 格式，采用 LZW 压缩，适用于商标、新闻标题等。</LI>
10              <LI>PNG 格式，一种非破坏性的网页图像文件格式。</LI>
11          </UL>
12      </BODY>
13  </HTML>
```

在第 7～11 行通过<UL>标签插入一个无序列表，其中第 8～10 行每行都使用<LI>标签作为列表的一个列表项目。示例 5-15 运行效果如图 5.15 所示。图中圆点后面的内容就是无序列表的列表项内容，也就是说，本实例的无序列表包含了 3 个列表项。

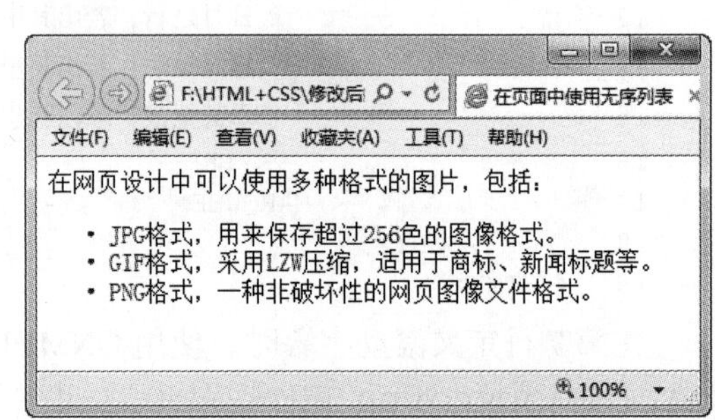

图 5.15 设置无序列表运行效果

5.4.2 无序列表的列表项样式

在默认情况下，无序列表的列表项符号是圆点，可以使用 TYPE 属性将列表项符号设置为空心圆点或者空心方块。修改无序列表项符号的语法格式如下。

```
<UL TYPE="符号取值">
    <LI>无序列表项</LI>
    <LI>无序列表项</LI>
    <LI>无序列表项</LI>
    ......
<UL>
```

TYPE 的取值有 3 种，其具体内容如表 5.2 所示。

表 5.2 无序列表的 TYPE 属性取值

TYPE 的取值	设置的符号样式	设 置 效 果
disc	圆点符号，为默认值	●
circle	空心圆点	○
square	方块	■

【示例 5-16】设置不同的无序列表项符号。

```
01  <HTML>
02      <HEAD>
03          <TITLE>在页面中设置无序列表的样式</TITLE>
```

```
04        </HEAD>
05        <BODY>
06              在网页设计中可以使用多种格式的图片，包括
07              <UL TYPE="disc">
08                          <LI>JPG 格式，用来保存超过 256 色的图像格式。</LI>
09                          <LI>GIF 格式，采用 LZW 压缩，适用于商标、新闻标题等。</LI>
10                          <LI>PNG 格式，一种非破坏性的网页图像文件格式。</LI>
11              </UL>
12              <HR>
13              在网页设计中可以使用多种格式的图片，包括
14              <UL TYPE="circle">
15                          <LI>JPG 格式，用来保存超过 256 色的图像格式。</LI>
16                          <LI>GIF 格式，采用 LZW 压缩，适用于商标、新闻标题等。</LI>
17                          <LI>PNG 格式，一种非破坏性的网页图像文件格式。</LI>
18              </UL>
19              <HR>
20              在网页设计中可以使用多种格式的图片，包括
21              <UL TYPE="square">
22                          <LI>JPG 格式，用来保存超过 256 色的图像格式。</LI>
23                          <LI>GIF 格式，采用 LZW 压缩，适用于商标、新闻标题等。</LI>
24                          <LI>PNG 格式，一种非破坏性的网页图像文件格式。</LI>
25               </UL>
26        </BODY>
27  </HTML>
```

以上代码创建了 3 个无序列表，但每个无序列表都使用了不同的样式符号，其中第 7 行定义的无序列表使用的符号为 disc，即圆点；第 14 行定义的无序列表使用的符号为 circle，即圆圈；第 21 行定义的无序列表使用的符号为 square，即方块。示例 5-16 运行效果如图 5.16 所示。

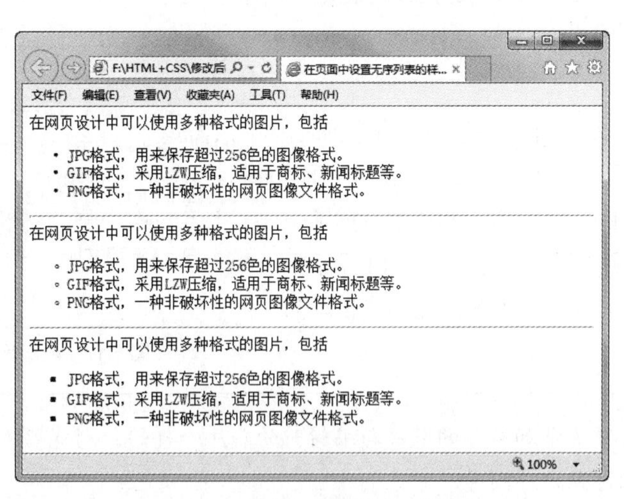

图 5.16　设置无序列表样式运行效果

5.5　有序列表

与无序列表相对应的是有序列表，有序列表中的列表项目通常是有先后次序的，并且不能随意

更换这些次序。浏览器显示有序列表时，会在列表项目前加上一个编号，用来标识项目出现的次序。当然项目编号也可以由网页开发人员指定。

5.5.1 有序列表结构

有序列表以<OL>标签开始，以</OL>标签结束。有序列表内的列表项也使用<LI>表示，其语法格式如下。

```
<OL>
<LI>有序列表项 1</LI>
<LI>有序列表项 2</LI>
<LI>有序列表项 3</LI>
……
</OL>
```

【示例 5-17】设置一个有序列表。

```
01  <HTML>
02      <HEAD>
03          <TITLE>简单的有序列表</TITLE>
04      </HEAD>
05      <BODY>
06          在 IE 浏览器中禁止显示图片的步骤如下所示：
07          <OL>
08              <LI>打开一个 IE 浏览器窗口</LI>
09              <LI>单击工具栏中的【工具】-->【Internet 选项】选项</LI>
10              <LI>在弹出的对话框中选择【高级】选项卡</LI>
11              <LI>在【高级】选项页里将【显示图片】复选框清除</LI>
12              <LI>单击【确定】按钮完成操作</LI>
13          </OL>
14      </BODY>
15  </HTML>
```

在第 7 ~ 13 行使用<OL>标签创建一个有序列表。示例 5-17 运行效果如图 5.17 所示。从图 5.17 中可以看出，在浏览器中显示的有序列表在网页中占据了一块位置，OL 元素在网页中没有显示。虽然 LI 元素中并没有指定每一个项目的编号，但是浏览器会自动为每一个项目加上编号。

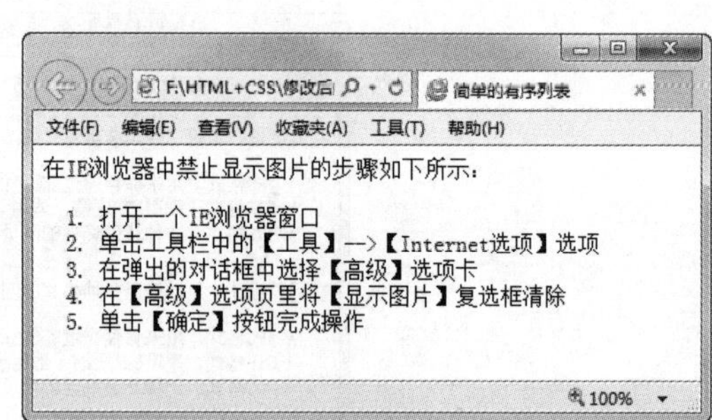

图 5.17 设置有序列表运行效果

注意 浏览器为项目添加编号的顺序与编辑时的顺序一样的，浏览器不会自动排序，只会按照编辑顺序显示序列号。

5.5.2 有序列表的列表项样式

在默认情况下，有序列表的列表项编号是阿拉伯数字，通过 TYPE 属性也可以修改有序列表的编号类型，其语法格式如下。

```
<OL TYPE="符号取值">
    <LI>有序列表项</LI>
    <LI>有序列表项</LI>
    <LI>有序列表项</LI>
    ......
<OL>
```

TYPE 属性值有 5 种，如表 5.3 所示。

表 5.3　有序列表的 TYPE 属性值

TYPE 的取值	设置的符号样式
1	默认效果，以数字 1、2、3…排列
a	以小写字母 a、b、c…排列
A	以大写字母 A、B、C…排列
i	以小写罗马数字 i、ii、iii、iv…排列
I	以大写罗马数字 I、II、III、IV…排列

【示例 5-18】设置不同类型的有序列表项样式。

```
01   <HTML>
02        <HEAD>
03             <TITLE>在页面中设置有序列表的序号类型</TITLE>
04        </HEAD>
05        <BODY>
06             在网页设计时，一般需要按照如下步骤进行：
07             <OL TYPE="a">
08                       <LI>需求分析，并根据用户的需求提出设计方案</LI>
09                       <LI>按照设计方案进行模块设计</LI>
10                       <LI>进行代码实现</LI>
11                       <LI>进行测试，并进行安装和试运行</LI>
12              </OL>
13             <HR>
14             在网页设计时，一般需要按照如下步骤进行：
15             <OL TYPE="I">
16                       <LI>需求分析，并根据用户的需求提出设计方案</LI>
17                       <LI>按照设计方案进行模块设计</LI>
18                       <LI>进行代码实现</LI>
19                       <LI>进行测试，并进行安装和试运行</LI>
20             </OL>
21        </BODY>
22   </HTML>
```

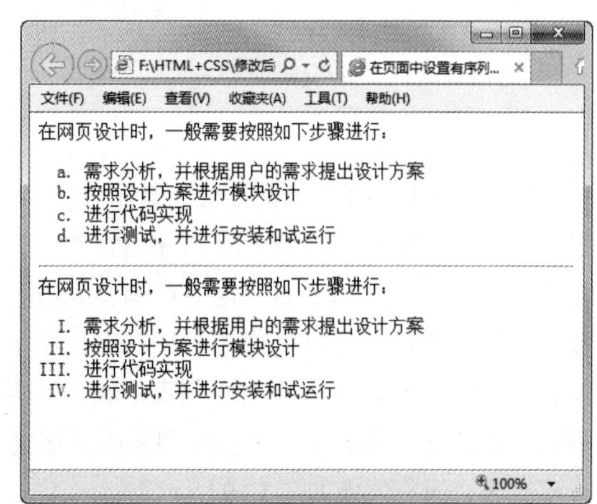

图 5.18　设置有序列表的列表项样式运行结果

在第 7 行与第 15 行创建了两个有序列表，二者的 TYPE 属性不同，一个为 a，另一个为 I。示例 5-18 运行效果如图 5.18 所示。可以看出，第一个列表使用小写字母作为列表项编号；第二个列表使用大写罗马数字。

5.6 嵌套列表

HTML 允许在一个列表中嵌套另一个列表，每个嵌套的列表都会再次以缩进方式显示，但不建议对列表进行多次嵌套，否则浏览器中的显示会有点乱。在 HTML 中，无序列表中除了可以嵌套无序列表外，还可以嵌套有序列表，反之亦然，这种嵌套称为混合嵌套。混合嵌套比单独的嵌套看上去更美观。

【示例 5-19】列表的混合嵌套。

```
01  <HTML>
02      <HEAD>
03          <TITLE>混合嵌套</TITLE>
04      </HEAD>
05      <BODY>
06          第四章目录
07          <OL>
08              <LI>……</LI>
09              <LI VALUE="2">图片的对齐方式</LI>
10              <OL TYPE="a">
11                  <LI>水平对齐方式</LI>
12                  <LI>垂直对齐方式</LI>
13                  <LI>非标准的对齐方式</LI>
14                  <UL>
15                      <LI>文本上方对齐方式</LI>
16                      <LI>绝对居中对齐方式</LI>
17                      <LI>底部对齐方式</LI>
18                  </UL>
19              </OL>
20              <LI>设置图片链接</LI>
21              <OL TYPE="a">
22                  <LI>将整个图片设为链接</LI>
23                  <LI>将图片分为多个点击区域</LI>
24              </OL>
25              <LI>IMG 元素的其他属性</LI>
26              <LI>……</LI>
27          </OL>
28      </BODY>
29  </HTML>
```

以上代码使用了列表的嵌套，其中在第 7 行创建最外层的有序列表；第 10 行在有序列表的第二项下又创建有序列表；第 14 行在二层有序列表的第三项下又创建了无序列表；第 21 行在最外层有序列表下创建有序列表。示例 5-19 在一个有序列表中嵌套了两个有序列表，然后在嵌套的第一个有序列表中又嵌套了一个无序列表，运行效果如图 5.19 所示。

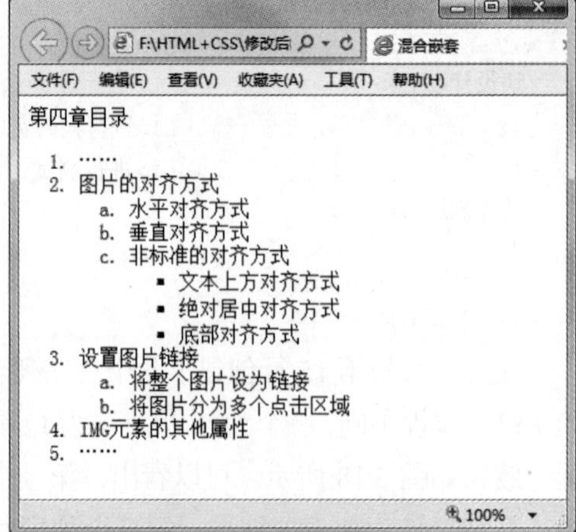

图 5.19 嵌套列表运行效果

5.7　定义列表

定义列表也称为字典列表，是一种包含两个层次的列表，主要用于名词解释或名词定义。名词是第一层次，其解释或定义是第二层次。另外，这种列表不包括项目符号，每个列表项带有一段缩进的定义文字。创建定义列表的语法格式如下。

```
<DL>
<DT>名词 1</DT>
    <DD>名词解释 1</DD>
<DT>名词 2</DT>
    <DD>名词解释 2</DD>
<DT>名词 3</DT>
    <DD>名词解释 3</DD>
……
</DL>
```

<DL>标签表示定义列表的开始，</DL>表示定义列表的结束，<DT>表示这是一个要解释的名词，<DD>表示这段文字是对前面名词的解释说明。

【示例 5-20】定义列表的使用。

```
01  <HTML>
02      <HEAD>
03          <TITLE>定义列表</TITLE>
04      </HEAD>
05      <BODY>
06          在 HTML 里可以有以下几种列表:
07          <DL>
08              <DT>无序列表</DT>
09                  <DD>用于对项目出现次序不作要求的列表</DD>
10              <DT>有序列表</DT>
11                  <DD>用于对项目出现次序有严格要求的列表</DD>
12              <DT>定义列表</DT>
13                  <DD>用于对项目进行解释的列表</DD>
14              <DT>目录列表</DT>
15                  <DD>用于显示文件名的列
表</DD>
16              <DT>菜单列表</DT>
17                  <DD>用于显示菜单的列表
</DD>
18          </DL>
19      </BODY>
20  </HTML>
```

在第 7～18 行使用<DL>标签创建一个定义列表。示例 5-20 运行效果如图 5.20 所示。可以看出，定义列表不会在项目前增加项目标识符，并且每一个名词都是顶格显示，而名词解释都是以缩进的方式显示。

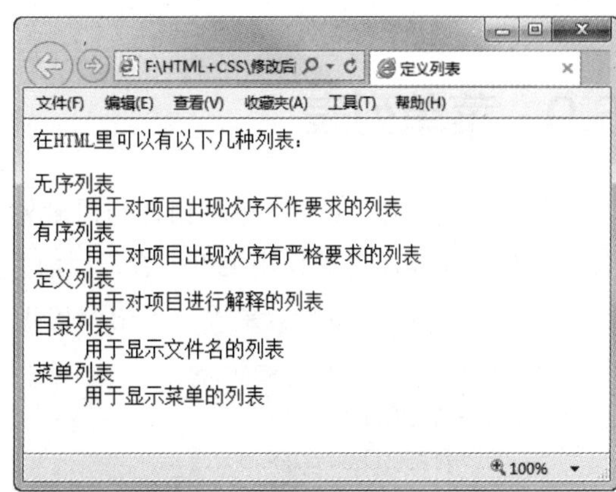

图 5.20　设置定义列表运行效果

5.8 目录列表

目录列表主要用于显示文件列表，因此与无序列表相比，目录列表项目中的文字数量应该比无序列表少。事实上目录列表属于无序列表的一种，大多浏览器都不再区分目录列表与无序列表，对这两种列表的显示形式都是一致的。只有少数浏览器还区分目录列表与无序列表。目录列表用 DIR 元素来设置，其语法格式如下。

```
<DIR TYPE="符号取值">
    <LI>列表项目 1</LI>
    <LI>列表项目 2</LI>
    <LI>列表项目 3</LI>
    ……
</ DIR >
```

【示例 5-21】目录列表的使用。

```
01  <HTML>
02       <HEAD>
03            <TITLE>目录列表</TITLE>
04       </HEAD>
05       <BODY>
06            本章中的示例文件有：
07            <DIR TYPE="circle">
08                 <LI>sample01.htm</LI>
09                 <LI>sample02.htm</LI>
10                 <LI>sample03.htm</LI>
11                 <LI>sample04.htm</LI>
12                 <LI>sample05.htm</LI>
13                 <LI>……</LI>
14            </DIR>
15       </BODY>
16  </HTML>
```

在第 7～14 行使用<DIR>标签创建了一个目录列表，模拟显示一个目录结构。示例 5-21 运行效果如图 5.21 所示。可以看出，目录列表与无序列表在显示上没有什么区别。

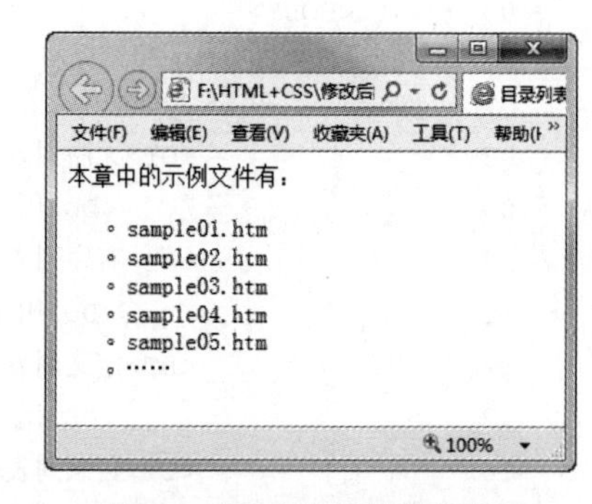

图 5.21 设置目录列表运行效果

5.9 菜单列表

菜单列表多用于罗列菜单项目，与目录列表相似，也可以看成无序列表中的一种特殊类型。在 HTML 4.01 中也不建议使用菜单列表，目前大多浏览器也不区分菜单列表与无序列表，对这两种列表的显示形式都是一致的。菜单列表用 MENU 元素来设置，其语法格式如下。

```
<MENU TYPE="类型" COMPACT>
    <LI>列表项目 1</LI>
    <LI>列表项目 2</LI>
    <LI>列表项目 3</LI>
    ……
</MENU>
```

【示例 5-22】菜单列表的使用。

```
01  <HTML>
02      <HEAD>
03          <TITLE>菜单列表</TITLE>
04      </HEAD>
05      <BODY>
06          HTML 中的列表有以下几种:
07          <MENU>
08              <LI><A HREF="#UL">无序列表</A></LI>
09              <LI><A HREF="#OL">有序列表</A></LI>
10              <LI><A HREF="#DL">定义列表</A></LI>
11              <LI><A HREF="#DIR">目录列表</A></LI>
12              <LI><A HREF="#MENU">菜单列表</A></LI>
13          </MENU>
14          <P>
15              <A NAME="UL"></A>无序列表是一个对列表项目出现次序不作要求的列表。
16          </P>
17          <P>
18              <A NAME="OL"></A>有序列表是一个对列表项目出现次序有要求的列表。
19          </P>
20          <P>
21              <A NAME="DL"></A>定义列表通常用于对多个词的解释。
22          </P>
23          <P>
24              <A NAME="DIR"></A>目录列表主要用于显示文件列表。
25          </P>
26          <P>
27              <A NAME="MENU"></A>菜单列表多用于罗列菜单项目。
28          </P>
29      </BODY>
30  </HTML>
```

在第 7～13 行使用<MENU>标签创建一个菜单列表，并在下方为每个菜单项目的超链接设定了链接目标。示例 5-22 运行效果如图 5.22 所示。可以看出，菜单列表与无序列表在显示上没有什么区别。通常会在菜单列表中为每一个项目加上超链接，单击其中一个项目都可以进入该菜单对应的网页中。当然，也可以在无序列表或有序列表中实现这种功能。

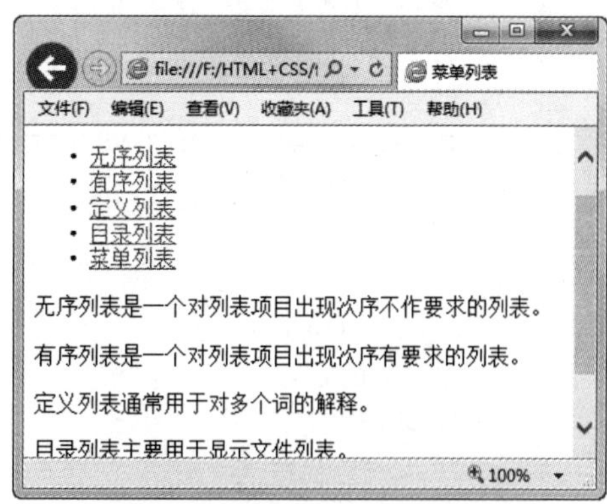

图 5.22　设置菜单列表运行效果

5.10　小结

本章主要讲解了多媒体、滚动字幕和列表。其中，多媒体讲解了如何插入多媒体元素，设置自动播放、循环播放和隐藏多媒体元素；滚动字幕讲解了如何添加滚动字幕，设置滚动方向、滚动方式、滚动速度等；列表主要讲解了无序列表和有序列表。本章的内容较多，但较简单，读者应该容易理解。下一章将讲解 HTML 中的表单。

本章习题

1. 插入多媒体元素的标记是______________。
2. 无序列表的列表项样式有______________、________________、________________3 种。
3. 设置滚动字幕从左向右滚动正确的是________________。

A.
```
<MARQUEE DIRECTION="up">
    银杏树又名白果树，它是世界上十分珍贵的树种之一
</MARQUEE>
```
B.
```
<MARQUEE DIRECTION="left">
    银杏树又名白果树，它是世界上十分珍贵的树种之一
</MARQUEE>
```
C.
```
<MARQUEE DIRECTION="right">
    银杏树又名白果树，它是世界上十分珍贵的树种之一
</MARQUEE>
```
D.
```
<MARQUEE DIRECTION="down">
    银杏树又名白果树，它是世界上十分珍贵的树种之一
</MARQUEE>
```
4. 设置滚动字幕水平空白空间为 30px，垂直空白空间为 50px 的方法正确的是_________。

A.
```
<MARQUEE HSPACE="30px" VSPACE="50px">
    要滚动的文字
</MARQUEE>
```
B.
```
<MARQUEE HSPACE="50px" VSPACE="30px">
    要滚动的文字
</MARQUEE>
```
C.
```
<MARQUEE HSPACE="50px">
    要滚动的文字
</MARQUEE>
```
D.
```
<MARQUEE VSPACE="30px">
    要滚动的文字
</MARQUEE>
```
5. 比较无序列表和有序列表的不同。

上机指导

通过多媒体、滚动字幕和列表可以使网页内容更加丰富，更加吸引人。本章介绍了多媒体、滚

动字幕和列表的常用语法，并结合实例介绍多媒体、滚动字幕和列表的使用方法。本节将通过上机操作，巩固本章所学的知识点。

实验一

实验内容

使用 EMBED 元素插入一个多媒体元素，并为多媒体文件设置播放方式。

实验目的

巩固知识点。

实现思路

使用 EMBED 元素，在页面中插入一个多媒体元素，并使用 EMBED 元素中的 LOOP 属性、AUTOSTART 属性来设置多媒体自动播放，并循环播放 10 次。

在 Dreamweaver 中选择“新建”|“HTML”命令，新建 HTML 文档。在 HTML 文档中输入的关键代码如下。

```
<EMBED SRC="media02.mpg" WIDTH="400px" HEIGHT="250px" AUTOSTART=TRUE LOOP=10>
</EMBED>
```

在菜单栏中选择“文件”|“保存”命令，输入保存路径，单击“保存”按钮，即可完成多媒体元素的插入。运行页面查看效果如图 5.23 所示。

图 5.23　插入多媒体效果

实验二

实验内容

使用 MARQUEE 元素添加一个滚动字幕，并为滚动字幕设置滚动方式。

实验目的

巩固知识点。

实现思路

使用 MARQUEE 元素，在页面中插入一个滚动字幕，并使用 MARQUEE 元素中的 DIRECTION 属性、BEHAVIOR 属性、SCROLLAMOUNT 属性来设置滚动字幕从左向右循环滚动，滚动速度为 10。

在 Dreamweaver 中选择“新建”|“HTML”命令，新建 HTML 文档。在 HTML 文档中输入的关键代码如下。

```
<MARQUEE DIRECTION="right" BEHAVIOR="scroll" SCROLLAMOUNT="10" >
          <PRE>
              东临碣石，以观沧海。
              水何澹澹，山岛竦峙。
              树木丛生，百草丰茂。
              秋风萧瑟，洪波涌起。
              日月之行，若出其中。
```

```
            星汉灿烂，若出其里。
            幸甚至哉，歌以咏志。
        </PRE>
</MARQUEE>
```

在菜单栏中选择“文件”|“保存”命令，输入保存路径，单击“保存”按钮，即可完成滚动字幕的创建。运行页面查看效果如图 5.24 所示。

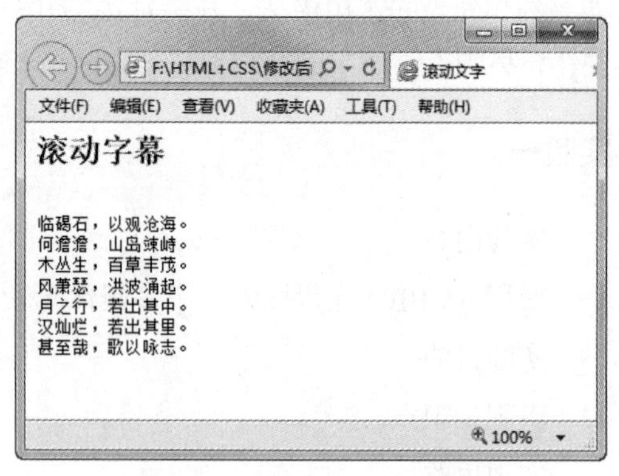

图 5.24　设置滚动字幕效果图

实验三

实验内容

使用 UL 元素和 OL 元素创建一个嵌套列表。

实验目的

巩固知识点。

实现思路

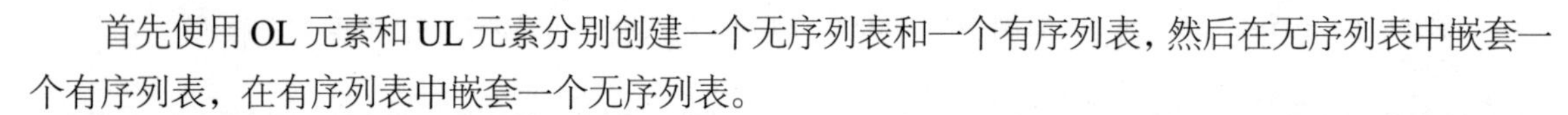

首先使用 OL 元素和 UL 元素分别创建一个无序列表和一个有序列表，然后在无序列表中嵌套一个有序列表，在有序列表中嵌套一个无序列表。

在 Dreamweaver 中选择“新建”|“HTML”命令，新建 HTML 文档。在 HTML 文档中输入的关键代码如下。

```
<UL>
<LI>第一章</LI>
<LI VALUE="2">第二章</LI>
<OL TYPE="A">
     <LI>2.1</LI>
     <LI>2.2</LI>
     <LI>2.3</LI>
  </OL>
   <LI>第三章</LI>
</UL>
<OL TYPE="I">
   <LI>第一章</LI>
   <LI>第二章</LI>
   <UL>
        <LI>2.1</LI>
        <LI>2.2</LI>
        <LI>2.3</LI>
   </UL>
</OL>
```

在菜单栏中选择“文件”|“保存”命令，输入保存路径，单击“保存”按钮，即可完成嵌套列表的创建。运行页面查看效果如图 5.25 所示。

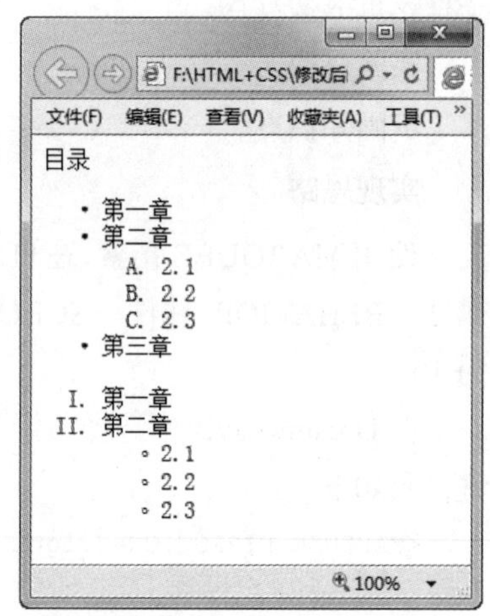

图 5.25　设置嵌套列表效果

06

第6章 表　　单

在现实生活中，经常要填很多表，如入学申请表、健康体检表等，如果把这些表格放在网页上，就是 HTML 中的表单。表单是实现动态页面的主要外在形式，也就是说，表单是用户和浏览器交互的重要手段。本章介绍表单的创建方法，以及各种表单元素的添加和设置。

6.1 添加表单

表单可以用来收集用户在客户端提交的各种信息，例如，在网站登录或注册时进行的键盘和鼠标操作，都是将表单作为载体传递给服务器的。表单其实是页面中的一个特定区域，由<FORM>标签和</FORM>标签定义，所有的表单元素只有在这对标签之间才有效。表单的基本语法如下。

```
<FORM 表单标签的各种属性设置>
  设置各种表单元素
</FORM>
```

在<FORM>标签中可以设置表单的属性，包括表单名称、表单处理程序等。

6.1.1 链接跳转

ACTION 属性用来设置链接跳转，也就是在提交表单的内容时，按照链接地址跳转到相应的页面进行处理。由于 ACTION 属性用来控制整个表单的提交内容，所以 ACTION 属性要写在<FORM>标签中，其语法结构如下。

```
<FORM ACTION="链接跳转的地址">
  设置各种表单元素
</FORM>
```

链接跳转的地址除了可以是绝对地址和相对地址外，还可以是其他的地址形式。如果表单中没有任何表单元素，这个表单传递给处理程序的内容就是空的。

例如，以下代码将表单提交到绝对路径 http://www.baidu.com/s 下的默认网页上。

```
<FORM NAME="myform" ACTION="http://www.baidu.com/s">
```

以下代码将表单提交到绝对路径 http://www.ibucm.com/news/seacher.aspx 上，其中 seacher.aspx 文件是用于接收并处理表单的程序。

```
<FORM ACTION=" http://www.ibucm.com/news/seacher.aspx">
```

以下代码将表单提交到相对路径 searcher.asp 上，其中 searcher.asp 文件是用于接收并处理表单的程序。

```
<FORM ACTION="seacher.asp">
```

如果省略 ACTION 属性，则默认为提交到本页，即本页为接收并处理表单的程序。可以接收并处理表单的程序很多，常用的有 ASP、ASPX、JSP、PHP 等。

【示例 6-1】设置表单的链接跳转地址。

```
01  <HTML>
02      <HEAD>
03          <TITLE>设置表单的处理程序</TITLE>
04      </HEAD>
05      <BODY>
06          <P>表单的作用就是收集用户信息。
07          <FORM ACTION=mailto:html-css@163.com>
08              <P><INPUT TYPE= "submit" VALUE="提交">
09          </FORM>
10      </BODY>
11  </HTML>
```

在第 7 行使用<FORM>标签创建了一个表单，同时使用 ACTION 属性指定表单的后台处理程序，其中 mailto:html-css@163.com 就是表单的链接跳转地址。文字下面的代码<INPUT TYPE= "submit" value="提交">是为了展示页面的效果而添加的，该表单元素的具体用法会在后面介绍。可以看出，这是一段链接 E-mail 的代码，表示该表单的内容会以电子邮件的形式传递出去，其运行效果如图 6.1 所示。

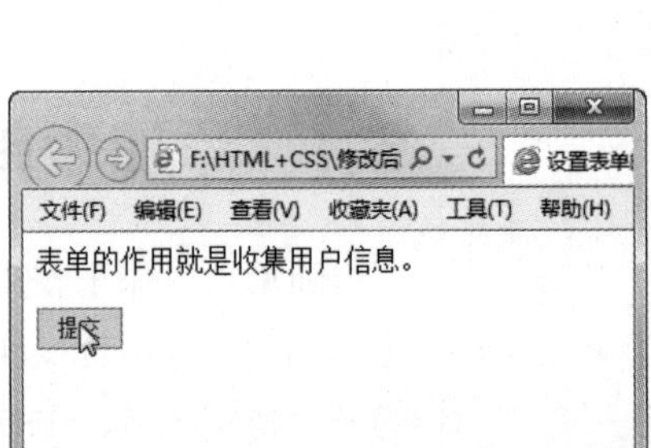

图 6.1　设置表单链接跳转地址运行结果

6.1.2　链接跳转方式

设置链接跳转 ACTION 以后，还需要设置链接跳转时使用的跳转方法。可以通过 METHOD 属性来设置，它决定了表单中已收集的数据以什么样的方法发送到服务器，其语法结构如下。

```
<FORM METHOD="表单的链接跳转方法">
表单元素
</FORM>
```

表单的链接跳转方式一般可以设置为 get 和 post 两种，其具体含义见表 6.1 所示。

表 6.1　表单链接跳转方式

跳转方式	含　义	注意事项
get	表单数据会被视为 CGI 或 ASP 的参数发送，用户输入的数据会附加在 URL 之后，由用户端直接发送至服务器，是 METHOD 属性的默认值	其速度较快，但数据不能够太长。如果信息超过 8 192 个字符，则会被截去，另外，该方法不具有保密性
post	表单数据与 URL 分开，将数据写在表单主体内发送	没有字符长度的限制，可以发送较长的信息，但速度相对较慢

6.1.3　表单名称

表单名称主要是为了区分各个表单，因为有时候一个页面中可能会有多个表单，或者在一个表单处理程序中需要处理多个页面的表单，这时表单名称就尤其重要了。表单名称的标签是<NAME>，其语法格式如下。

```
<FORM NAME="表单名称">
表单元素
</FORM>
```

其中，NAME属性的写法和超链接中NAME属性的写法一样，这里不再多讲。由于表单的属性要通过复杂的编程才可以体现出效果，所以这里无法举例说明，详情请参考其他动态网页制作的书籍。

6.2 输入标签

输入标签<INPUT>是使用最广泛的表单控件元素，用于定义输入域的开始。因为<INPUT>标签是单标签，所以在使用时，要为<INPUT>标签加上“/”来闭合标签。<INPUT>标签必须嵌套在表单标签中使用。<INPUT>标签的语法结构如下。

```
<FORM>
   <INPUT TYPE=" "/>
</FORM>
```

其中，TYPE属性的值有很多，不同的选择对应不同的输入方式（下面将详细讲解）。

6.2.1 文本框

文本框用来输入数字、文本以及字母等，输入的内容单行显示在页面中，可以通过TYPE="text"来设置，其语法格式如下。

```
<FORM>
<INPUT TYPE="text">
</FORM>
```

【示例6-2】在表单中插入一个文本框。

```
01  <HTML>
02       <HEAD>
03            <TITLE>为页面添加文本框</TITLE>
04       </HEAD>
05       <BODY>
06                 <P>表单的作用就是收集用户信息。</P>
07                 <FORM>
08                       输入文字：<INPUT TYPE="text" />
09                 </FORM>
10       </BODY>
11  </HTML>
```

在第8行使用<INPUT>创建一个输入标签，并且使用TYPE属性指定其类型为单行文本框。示例6-2运行效果如图6.2所示。

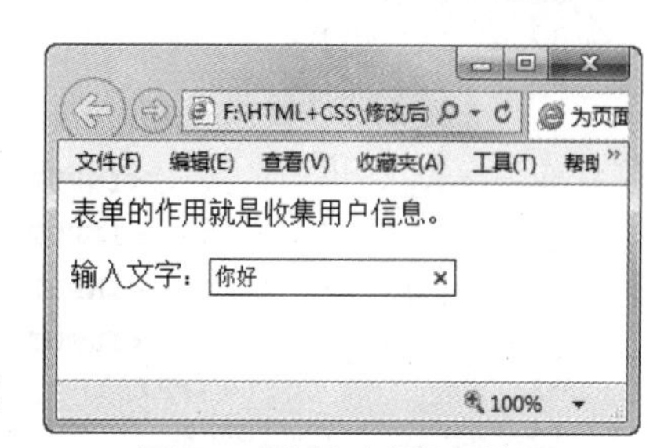

图6.2 设置文本框运行结果

6.2.2 密码框

密码框用来输入密码，可以通过TYPE="password"来设置。在密码框中输入的内容会变成小黑点或者“*”，可以用来保护密码不被第三者看见。创建密码框的语法结构如下。

```
<FORM>
   <INPUT TYPE="password">
</FORM>
```

【示例 6-3】在表单中设置一个密码框。

```
01  <HTML>
02      <HEAD>
03          <TITLE>为页面添加密码框</TITLE>
04      </HEAD>
05      <BODY>
06          <P>表单的作用就是收集用户信息。</P>
07          <FORM>
08              <P>姓名：<INPUT TYPE="text" /> </P>
09              <P>密码：<INPUT TYPE="password"/> </P>
10          </FORM>
11      </BODY>
12  </HTML>
```

在第 8 行与第 9 行分别使用<INPUT>创建两个输入标签，其中第一个为文本框，第二个使用 TYPE 属性指定其类型为密码框。示例 6-3 运行效果如图 6.3 所示，可以看到在密码框中输入的内容都变成了小黑点。

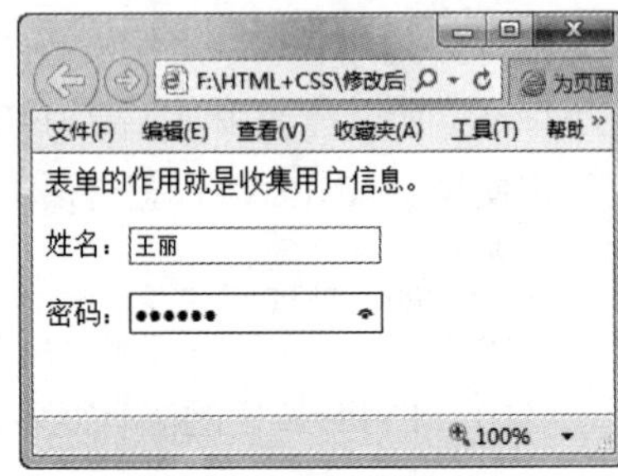

图 6.3 设置密码框运行效果

6.2.3 单选框

单选框是指只能选择其中一项的选项框，就像很多表单中的“性别”选项一样，要么是男，要么是女，不可能同时是男和女。单选框中选中的选项会以圆点显示。单选框可以通过 TYPE="radio" 来设置，其语法格式如下。

```
<FORM>
    <INPUT TYPE="radio" NAME="名称">
</FORM>
```

【示例 6-4】在表单中添加一个单选框。

```
01  <HTML>
02      <HEAD>
03          <TITLE>为页面添加单选框</TITLE>
04      </HEAD>
05      <BODY>
06          <FORM>
07              <P>选择您所在的城市：<BR>
08                  <INPUT TYPE="radio"/>北京
09                  <INPUT TYPE="radio"/>上海
10                  <INPUT TYPE="radio"/>南京
11                  <INPUT TYPE="radio"/>石家庄
12              </P>
13          </FORM>
14      </BODY>
15  </HTML>
```

在第 8～11 行使用<INPUT>标签创建了一组输入标签，通过 TYPE 属性指定其类型为单选框。示例 6-4 运行效果如图 6.4 所示。可以看到，单击该单选框中的一个选项时，虽然单选项变成黑色的圆点，但是并没有选中这个选项。

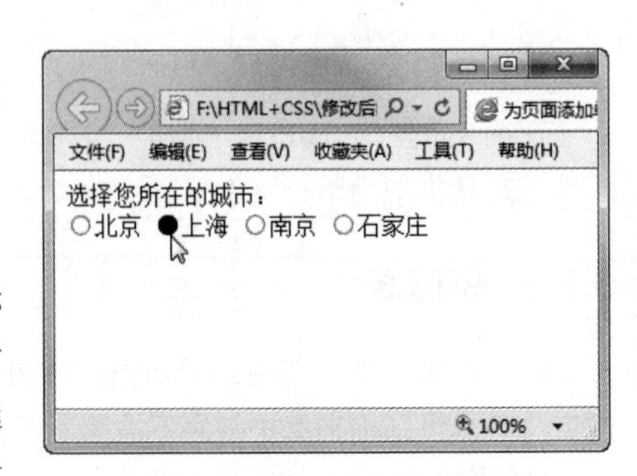

图 6.4 设置单选框运行效果

之所以不能选中单选框中的任何一个选项，是因为该单选按钮必须带有名称，否则系统无法区别这些选项是否属于同一个选项组。同一个单选框的名称都要相同，但是其选项值则不相同，这是为了在传递之后区别各个选项。下面将示例 6-4 代码更改如下。

```
01  <HTML>
02      <HEAD>
03          <TITLE>为页面添加单选框</TITLE>
04      </HEAD>
05      <BODY>
06          <FORM>
07              <P>选择您所在的城市：<BR>
08                  <INPUT TYPE="radio" NAME="city"/>北京
09                  <INPUT TYPE="radio" NAME="city"/>上海
10                  <INPUT TYPE="radio" NAME="city"/>南京
11                  <INPUT TYPE="radio" NAME="city"/>石家庄
12                   </P>
13          </FORM>
14      </BODY>
15  </HTML>
```

修改后的代码使用 NAME 属性为各个单选项添加了同一个名称 city。再次运行页面，可以看到页面没有发生任何变化。但是选择单选框中的一个选项，可以看到，这时能够成功选中这个选项，如图 6.5 所示。

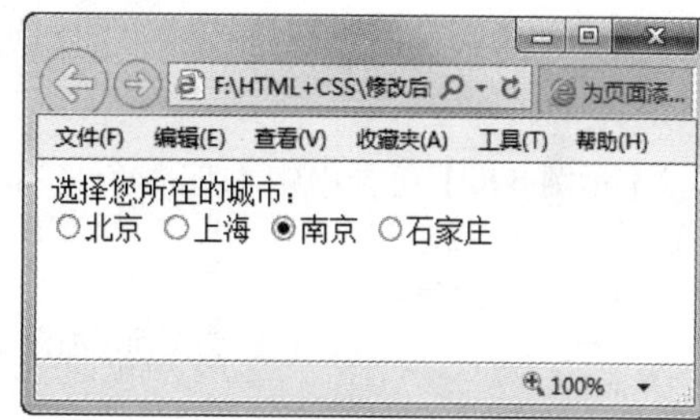

图 6.5 设置单选框名称运行效果

6.2.4 复选框

复选框与单选框类似，可以是一个单独的复选框，也可以是由多个复选框组成的复选框组。复选框可以让用户同时选择或取消选择多个项目，在浏览器中通常表现为一个小方框，当用户选中复选框时，会在小方框里打上一个勾（某些浏览器会打上一个叉），用户没有选中该复选框或取消选择该复选框时，小方框里为空。复选框可以通过 TYPE="checkbox"来设置，其语法格式如下。

```
<FORM003E
<INPUT TYPE="checkbox" NAME="名称" >
</FORM>
```

需要注意的是，同一组复选框的 NAME 属性值必须相同。

【示例 6-5】在表单中设置一个复选框。

```
01  <HTML>
02      <HEAD>
03          <TITLE>为页面添加复选框</TITLE>
04      </HEAD>
05      <BODY>
06          <FORM>
07              <P>选择您想要的资讯内容：<BR>
08              <INPUT TYPE="checkbox" NAME="zixun"/>体育
09              <INPUT TYPE="checkbox" NAME="zixun"/>美容
10              <INPUT TYPE="checkbox" NAME="zixun"/>服饰
11              <INPUT TYPE="checkbox" NAME="zixun"/>旅游
12               </P>
```

```
13            </FORM>
14        </BODY>
15    </HTML>
```

在第 8 ~ 11 行使用<INPUT>标签创建了一组输入标签，通过 TYPE 属性指定其类型为复选框。示例 6-5 运行效果如图 6.6 所示。

图 6.6 设置复选框运行效果

6.2.5 提交按钮

提交按钮用于把表单中的信息提交到指定的数据库或者其他地方。可以通过 TYPE="submit"来设置，其语法格式如下。

```
<FORM>
   <INPUT TYPE="submit" NAME="名称" VALUE="" >
</FORM>
```

VALUE 属性用于设置按钮上面出现的文字，以表示该按钮是提交按钮，文字可以是中文，也可以是英文。

【示例 6-6】在表单中添加一个文本框、一个密码框和一个提交按钮。

```
01  <HTML>
02      <HEAD>
03          <TITLE>为页面添加提交按钮</TITLE>
04      </HEAD>
05      <BODY>
06          <P>表单的作用就是收集用户信息。
07          <FORM>
08              <P>姓名：<INPUT TYPE="text"/> </P>
09              <P>密码：<INPUT TYPE="password"/></P>
10              <P><INPUT TYPE= "submit" VALUE="提交"/></P>
11          </FORM>
12      </BODY>
13  </HTML>
```

在第 10 行使用<INPUT>创建输入标签，然后设置其 TYPE 为 submit，即指定其为提交按钮。示例 6-6 运行效果如图 6.7 所示。

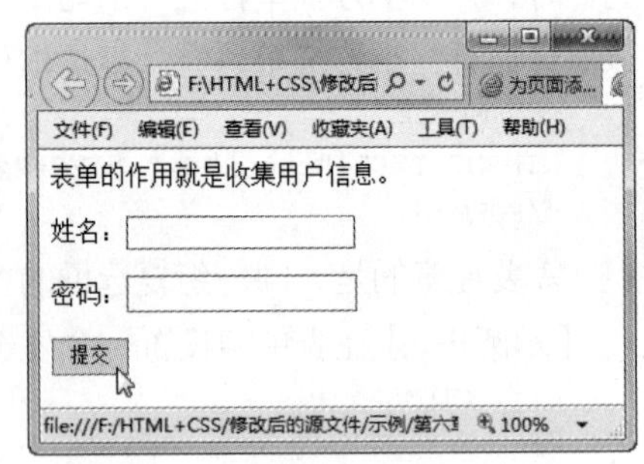

图 6.7 设置表单提交按钮运行效果

6.2.6 重置按钮

重置按钮用于将表单中的用户输入清除，将内容恢复到初始状态。重置按钮可以通过 TYPE="reset"来设置，其语法格式如下。

```
<FORM>
   <INPUT TYPE="reset" NAME="名称" VALUE="">
</FORM>
```

VALUE 属性用于设置按钮上面出现的文字，以显示该按钮是重置按钮，文字可以是中文，也可以是英文。

【示例 6-7】在表单中添加一个文本框、一个密码框和一个重置按钮。

```
01  <HTML>
02      <HEAD>
03          <TITLE>为页面添加重置按钮</TITLE>
04      </HEAD>
05      <BODY>
06          <FORM>
07              <P>姓名：<INPUT TYPE="text"/> </P>
08              <P>密码：<INPUT TYPE="password"/> </P>
09              <INPUT TYPE="reset" VALUE="重置"/>
10          </FORM>
11      </BODY>
12  </HTML>
```

在第 9 行使用<INPUT>创建输入标签，然后设置其 TYPE 为 reset，即指定其为重置按钮。示例 6-7 运行效果如图 6.8 所示。

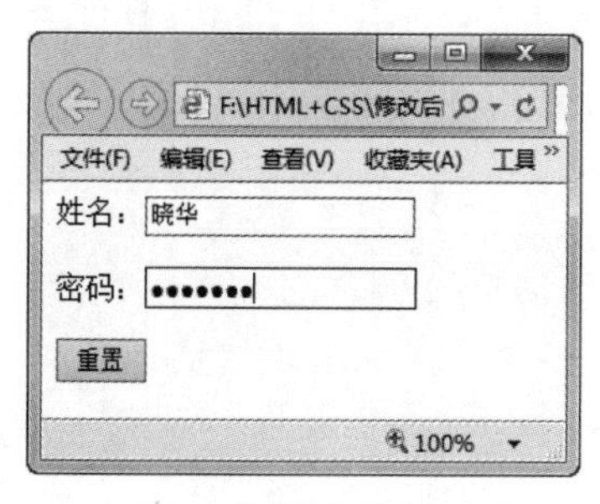

（a）在表单中输入姓名和密码

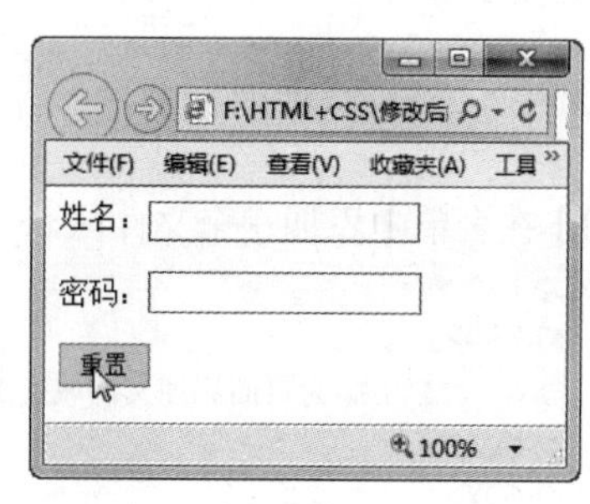

（b）单击“重置”按钮后，姓名和密码中的内容被清空

图 6.8 设置重置按钮运行效果

6.2.7 图像按钮

图像按钮是指将页面中的按钮使用图片显示外观，这样的图片可以具有按钮的功能，而且页面也更加美观。图像按钮可以通过 TYPE="image"来设置，其语法格式如下。

```
<FORM>
    <INPUT TYPE="image" SRC="图像源文件">
</FORM>
```

由于这里要使用图像，因此和插入图像一样，需要使用 SRC 属性设置图像的源文件地址。

【示例 6-8】在表单中设置一个图像按钮。

```
01  <HTML>
02      <HEAD>
03          <TITLE>为页面添加图像按钮</TITLE>
04      </HEAD>
05      <BODY>
06          <FORM>
07              <P>姓名：<INPUT TYPE="text"/> </P>
08              <P>密码：<INPUT TYPE="password"/> </P>
09          <INPUT TYPE= "image" SRC="qd.jpg"/>
10          </FORM>
11      </BODY>
12  </HTML>
```

在第 9 行创建一个输入标签，设置其 TYPE 为 image，即图像按钮，然后设置 SRC 属性为 qd.jpg，即同一目录下名为 qd.jpg 的图片文件。示例 6-8 运行效果如图 6.9 所示。

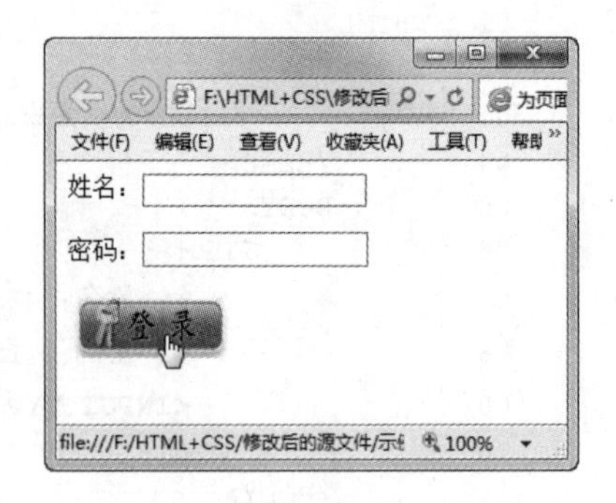

图 6.9　设置图像按钮运行效果

6.2.8　文件域

文件域可以让用户选择存储在本地计算机上的文件，通常用于在将文件上传到服务器时选择文件。文件域在浏览器中显示为一个文本框与一个按钮，通常按钮上会显示“浏览...”字样。这两个组件同时出现在网页中，单击“浏览...”按钮，会弹出一个“选择文件”对话框，在该对话框中选择文件之后，单击对话框中的“打开”按钮，就会在文本框中自动输入该文件在本地的绝对路径。文件域可以通过 TYPE="file" 来设置，其语法格式如下。

```
<FORM>
<INPUT TYPE="file" NAME="名称">
</FORM>
```

【示例 6-9】在表单中添加一个文件域。

```
01  <HTML>
02      <HEAD>
03          <TITLE>为页面添加文件域</TITLE>
04      </HEAD>
05      <BODY>
06          <P>表单的作用就是收集用户信息。</P>
07          <FORM>
08              <P><INPUT TYPE="file"/></P>
09          </FORM>
10      </BODY>
11  </HTML>
```

在第 8 行创建一个输入标签，设置其 TYPE 为 file，即文件域。示例 6-9 运行效果如图 6.10 所示。

单击图 6.10 所示的“浏览...”按钮，弹出图 6.11 所示的“选择要加载的文件”对话框，在该对话框中可以选择任何一个本地文件，选择完毕后单击“打开”按钮，返回浏览器页面，此时文件选择框的文本框中会自动填入选中文件的绝对路径。

图 6.10　设置文件域运行效果　　　　图 6.11　选择文件效果

6.2.9 隐藏域

前面介绍的表单元素都是可以在浏览器中看到的，在 HTML 中还有一种表单元素在浏览器中是看不到的，这种表单元素称为隐藏域或隐藏框。隐藏域的作用是在表单中放入一个不希望被用户看到或用户没有必要看到的内容，而这些内容往往都是在提交表单时，服务器或脚本需要获取的内容。隐藏域可以通过 TYPE="hidden"来设置，其语法格式如下。

```
<FORM>
<INPUT TYPE="hidden">
</FORM>
```

【示例 6-10】在表单中设置一个隐藏域，用来保存上次以及本次在文本框中输入的内容。

```
01  <HTML>
02      <HEAD>
03          <TITLE>隐藏域</TITLE>
04          <SCRIPT LANGUAGE="JavaScript">
05              function testtxt()
06              {
07                  if (myform.oldname.value.length==0)
08                      {alert("您是第一次输入姓名，本次输入的姓名为："+myform.myname.
value)}
09                  else
10                      {alert("您上次输入的姓名为："+myform.oldname.value+"\n 本次输入
的姓名为："+myform.myname.value)}
11                  myform.oldname.value = myform.myname.value
12              }
13          </SCRIPT>
14      </HEAD>
15      <BODY>
16          <FORM NAME="myform" ID="myform">
17              请输入您的姓名：<INPUT TYPE="text" NAME="myname"/>
18              <INPUT TYPE="hidden" NAME="oldname" VALUE=""/>
19              <INPUT type="button" onclick="testtxt()" VALUE="确定"/>
20          </FORM>
21      </BODY>
22  </HTML>
```

在第 17 行创建了一个文本框，在第 18 行创建一个隐藏域，在第 19 行创建一个按钮，其中隐藏域的值为空。当第一次在文本框中输入内容（如“张三”）并单击按钮时，将激活脚本代码，该脚本先判断隐藏域的值是否为空，如果为空，就显示一个警告框，警告框中的文字为：“您是第一次输入姓名，本次输入的姓名为张三”，如图 6.12 所示。显示完警告框后，将文本框的值赋给隐藏域。

第二次在文本框中输入内容（如“李四”）并单击按钮时，同样激活脚本代码，该脚本判断出隐藏域的值并不为空，因此会显示一个警告框，警告框中的文字为：“您上次输入的姓名为：张三。本次输入的姓名为：李四”，如图 6.13 所示。显示完警告框后，再次将文本框的值赋给隐藏域。

这里使用的 JavaScript 脚本代码不是本书的学习范围，读者只需要使用它来实现效果即可，如果想深入了解，可以参考其他的 JavaScript 书籍。

图 6.12　第一次单击按钮的效果

图 6.13　第二次单击按钮的效果

6.3　下拉列表

下拉列表框是一个下拉式的列表或者带有滚动条的列表，用户可以在列表中选择一个选项。创建下拉列表框需要用到两个元素，首先是 SELECT 元素，用于标记下拉列表框的开始，然后是 OPTION 元素，用于创建下拉列表框中的项目。如果一个下拉列表框中有多个可选项目，只需要重复使用 OPTION 元素。下拉列表的语法格式如下。

```
<SELECT NAME="名称" >
    <OPTION VALUE=" ">选项内容</OPTION>
    <OPTION VALUE=" ">选项内容</OPTION>
    <OPTION VALUE=" ">选项内容</OPTION>
    ……
</SELECT>
```

与单选框和复选框一样，SELECT 元素也需要使用 NAME 元素来告诉服务器该表单的名称。在提交表单时，服务器通过 SELECT 元素的 NAME 属性值来获得该下拉列表框中的选项值，而 SELECT 元素的选项值要通过 OPTION 元素的 VALUE 属性来设置。

【示例 6-11】在表单中设置一个下拉列表。

```
01  <HTML>
02      <HEAD>
03          <TITLE>下拉列表框</TITLE>
04      </HEAD>
05      <BODY>
06          <FORM NAME="myform1" ID="myform1">
07              用户名：<INPUT TYPE="text" NAME="username"/><BR/><BR/>
08              从何处得知本站：
09              <SELECT NAME="where">
10                  <OPTION VALUE="web">网络</OPTION>
11                  <OPTION VALUE="Newspapers">报刊</OPTION>
12                  <OPTION VALUE="Introduced">他人介绍</OPTION>
13                  <OPTION VALUE="Other">其他</OPTION>
14              </SELECT>
15          </FORM>
16      </BODY>
17  </HTML>
```

第9~14行使用<SELECT>标签创建一个下拉列表，并使用<OPTION>标签为下拉列表添加一组选项。示例6-11运行效果如图6.14所示。从图6.14中可以看出，网页加载完成时，只可以看到4个可选项目中的第一个可选项目。只有单击了下拉列表框中的下三角按钮后，才会显示该下拉列表框中的所有可选项目，如图6.15所示。

图6.14 设置下拉列表运行效果

图6.15 选择下拉列表选项效果

6.4 文本域

单行文本框只能输入一行文字，大量的文字尤其是分段的多行文字，在单行文本框中是无法输入的。使用TEXTAREA元素可以在网页中创建文本域。在多文本域中可以显示和输入多行文字，这在很大程度上方便用户输入和查看文字。创建文本域的语法格式如下。

```
<TEXTAREA>
输入的内容
</TEXTAREA>
```

【示例6-12】在表单中添加一个单行文本框和一个多行文本域。

```
01  <HTML>
02      <HEAD>
03          <TITLE>多行文本域</TITLE>
04      </HEAD>
05      <BODY>
06          <FORM NAME="myform1" ID="myform1">
07              标题：<INPUT TYPE="text" NAME="title"/><BR>
08              内容：<TEXTAREA NAME="content"></TEXTAREA>
09          </FORM>
10      </BODY>
11  </HTML>
```

在第8行使用<TEXTAREA>标签创建了一个文本域。示例6-12运行效果如图6.16所示。可以看出，多行文本域在网页中占据的范围比较大，如果多行文本域中的文字超过多行文本域可显示的范围，多行文本域就会出现滚动条。

图6.16 设置文本域运行效果

6.5 小结

本节主要介绍了HTML中表单及表单元素的使用，包括的输入标签、下拉列表和文本域。其中，

输入标签讲解了文本框、密码框、单选框、复选框、提交按钮、重置按钮、图像按钮、文件域和隐藏域。下一章讲解 HTML 中的框架。

本章习题

1. 添加表单的标签是________。
2. 表单链接跳转的方式有________、________2 种。
3. 在表单中设置单选框的方法正确的是________。

A.

```
<FORM>
        <P>选择你喜欢的一项运动:
        <INPUT TYPE="radio" NAME="sport"/>篮球
        <INPUT TYPE="radio" NAME=" sport "/>足球
        <INPUT TYPE="radio" NAME=" sport "/>排球
        <INPUT TYPE="radio" NAME=" sport "/>乒乓球
        </P>
</FORM>
```

B.

```
<FORM>
        <P>选择你喜欢的一项运动:
        <INPUT TYPE="radio" />篮球
        <INPUT TYPE="radio" />足球
        <INPUT TYPE="radio" />排球
        <INPUT TYPE="radio" />乒乓球
        </P>
</FORM>
```

C.

```
<FORM>
        <P>选择你喜欢的一项运动:
        <INPUT TYPE="radio" NAME="sport1"/>篮球
        <INPUT TYPE="radio" NAME=" sport2"/>足球
        <INPUT TYPE="radio" NAME=" sport3"/>排球
        <INPUT TYPE="radio" NAME=" sport4"/>乒乓球
        </P>
</FORM>
```

D.

```
<FORM>
        <P>选择你喜欢的一项运动:
        <INPUT TYPE="radio" NAME="sport"/>篮球
        <INPUT TYPE="radio"/>足球
        <INPUT TYPE="radio"/>排球
        <INPUT TYPE="radio"/>乒乓球
        </P>
</FORM>
```

4. 设置表单中的密码框的方法正确的是________。

   A.

   密码：<INPUT TYPE="text"/>

   B.

   密码：<INPUT TYPE="password"/>

   C.

   密码：<INPUT TYPE="checkbox"/>

   D.

   密码：<INPUT TYPE="file"/>

5. 比较文本框和文本域的不同。

上机指导

表单是网页设计中的重要元素，是实现动态页面的主要外在形式。本章介绍了表单的常用语法，并结合实例介绍了表单的使用方法。本节将通过上机操作，巩固本章所学的知识点。

实验一

实验内容

使用 FORM 元素插入一个表单，并设置表单的链接跳转和跳转方式。

实验目的

巩固知识点。

实现思路

使用 FORM 元素，在页面中插入一个表单，并在表单中添加 4 个用来输入姓名、年龄、性别、住址的文本框和一个提交按钮。

在 Dreamweaver 中选择“新建”|“HTML”命令，新建 HTML 文档。在 HTML 文档中输入的关键代码如下。

```
<FORM>
        <P>姓名：<INPUT TYPE="text" /></p>
         <P>年龄：<INPUT TYPE="text" /></p>
         <P>性别：<INPUT TYPE="text" /></p>
        <P>住址：<INPUT TYPE="text" /></p>
        <P><INPUT TYPE= "submit" VALUE="提交"/></p>
</FORM>
```

在菜单栏中选择“文件”|“保存”命令，输入保存路径，单击“保存”按钮，即可完成表单的创建。运行页面查看效果如图 6.17 所示。

图 6.17 表单效果

实验二

实验内容

使用 FORM 元素以及各种表单控件创建一个问题调查表。

实验目的

巩固知识点——充分发挥 FORM 元素及各种表单控件的功能，在页面中插入一个表单，并在表单中添加各种表单控件。

实现思路

使用 FORM 元素，在页面中插入一个表单，并在表单中添加单选按钮、复选框、图像提交按钮，组成一个问题调查表单。

在 Dreamweaver 中选择“新建”|“HTML”命令，新建 HTML 文档。在 HTML 文档中输入的关键代码如下。

```
<FORM>
      <P>选择您所在的班级：<BR>
        <INPUT TYPE="radio" NAME="class"/>一年一班
        <INPUT TYPE="radio" NAME="class"/>一年二班
        <INPUT TYPE="radio" NAME="class"/>一年三班
        <INPUT TYPE="radio" NAME="class"/>一年四班
       </P>
       <P>选择您喜欢的科目：<BR>
      <INPUT TYPE="checkbox" NAME="kemu"/>语文
      <INPUT TYPE="checkbox" NAME="zixun"/>英语
      <INPUT TYPE="checkbox" NAME="zixun"/>数学
      <INPUT TYPE="checkbox" NAME="zixun"/>物理
       </P>
      <INPUT TYPE= "image" SRC="qq.jpg"/>
    </FORM>
```

在菜单栏中选择“文件”|“保存”命令，输入保存路径，单击“保存”按钮，即可完成表单的创建。运行页面查看效果如图 6.18 所示。

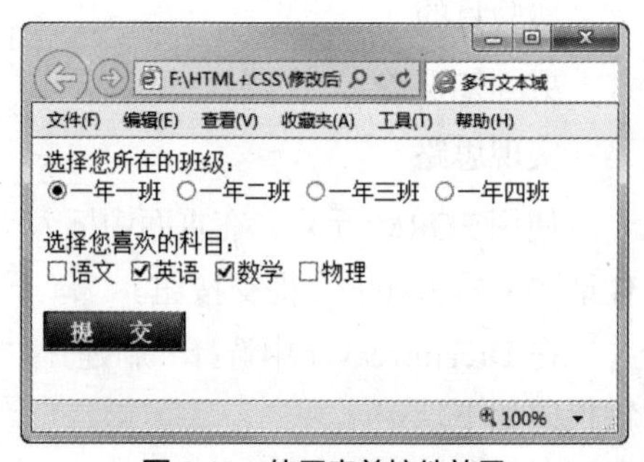

图 6.18 使用表单控件效果

实验三

实验内容

使用 FORM 元素以及下拉列表控件创建一个表单。

实验目的

巩固知识点——充分发挥 FORM 元素及下拉列表控件的功能，在页面中插入一个表单，并在表单中添加一个下拉列表。

实现思路

使用 FORM 元素，在页面中插入一个表单，并在表单中添加下拉列表框，组成一个问卷表单。

在 Dreamweaver 中选择“新建”|“HTML”命令，新建 HTML 文档。在 HTML 文档中输入的关键代码如下。

```
<FORM>
    性别:
    <SELECT NAME="sex">
        <OPTION VALUE="boy">男</OPTION>
        <OPTION VALUE="girl">女</OPTION>
    </SELECT><BR/><BR/>
    爱好:
      <SELECT NAME="aihao">
        <OPTION VALUE="dance">跳舞</OPTION>
        <OPTION VALUE="sing">唱歌</OPTION>
        <OPTION VALUE="sport">运动</OPTION>
        <OPTION VALUE="Other">其他</OPTION>
    </SELECT>
</FORM>
```

在菜单栏中选择“文件”|“保存”命令，输入保存路径，单击“保存”按钮，即可完成表单的创建。运行页面查看效果如图 6.19 所示。

图 6.19 使用下拉列表控件效果

07 第7章　框　架

框架是一种划分浏览器窗口的特殊方式，使用框架可以将多个网页组合成一个页面显示在浏览器中。浏览器的各个页面之间既相互独立，又相互关联。用户在浏览这种页面时，对其中某个部分进行操作，如浏览、下载时，其他页面保持不变，这样的页面被称为框架结构的页面，也称为多窗口页面。

7.1　创建框架

框架对象本身实际也是一类窗口，它继承了窗口对象的所有特征，并拥有所有的属性和方法。使用框架最主要的目的就是创建链接的结构，最常见的框架结构就是网站的导航条作为一个单独的框架窗口。框架主要包含框架集和具体的框架文件两个部分。框架集<FRAMESET>用来定义一个HTML文件为框架模式，并设定视窗如何分割。其实框架集就是存放框架结构的文件，也是访问框架文件的入口文件。创建框架的基本语法如下。

```
<FRAMESET>
    <FRAME SRC="">
    <FRAME SRC="">
    ……
</FRAMESET>
```

每个<FRAME>标签中都会定义一个框架页面，也就是使用SRC属性定义一个真正显示内容的页面地址。在一个框架集文件内，定义了几个<FRAME>标签，就表示它将页面划分为几个窗口。例如，上述语法中就将页面划分为两个窗口，而窗口的分割方式等，则需要通过属性来设置。

7.2　分割窗口

框架结构最大的特点就是将一个单独的窗口分割成多个窗口，窗口的分割方式需要在框架集页面中设置。框架集是框架结构的基础，只有通过框架集，各个框架窗口才能结合起来组成一个真正的网页文件。因此，框架集的属性设置，也是使用框架最基础的操作。而分割窗口则是基础中的基础。

7.2.1　上下分割

既然是框架结构的页面，就要包含多个框架窗口，设置框架窗口的排列方式是必不可少的。上下分割窗口就是在窗口的水平方向上通过几条分割线，将页面从上到下分为几个窗口，这需要使用 ROWS 属性，其语法格式如下。

```
<FRAMESET ROWS="各个窗口的高度">
   <FRAME SRC="">
   <FRAME SRC="">
   ……
</FRAMESET>
```

ROWS 属性定义各个窗口的高度，高度可以是绝对的像素值，也可以是相对整个页面的百分比。各窗口高度之间使用逗号分隔。

【示例 7–1】将框架分成上下两个部分，代码命名为 7-1.html。

```
01  <HTML>
02      <HEAD>
03          <TITLE>设置上下分割的框架页面</TITLE>
04      </HEAD>
05              <FRAMESET ROWS="30%,70%">
06                  <FRAME SRC="7-1-1.html">
07                  <FRAME SRC="7-1-2.html">
08              </FRAMESET>
09  </HTML>
```

第 6 行与第 7 行代码说明：浏览器窗口划分的上下两个部分，分别加载 7-1-1.html 和 7-1-2.html 文件。

```
<FRAME SRC="7-1-1.html">
<FRAME SRC="7-1-2.html">
```

7-1-1.html 文件的源代码如下。

```
01  <HTML>
02      <HEAD>
03          <TITLE>上边框架</TITLE>
04      </HEAD>
05      <BODY>
06          这是上边框架
07      </BODY>
08  </HTML>
```

7-1-2.html 文件的源代码如下。

```
01  <HTML>
02      <HEAD>
03          <TITLE>下边框架</TITLE>
04      </HEAD>
05      <BODY>
06          这是下边框架
07      </BODY>
08  </HTML>
```

7-1.html、7-1-1.html 和 7-1-2.html 三个文件共同构成了一个框架。运行框架时，只要运行划分窗口的框架文件（在本例中为 7-1.html），其余两个文件会自动加载在框架的不同窗口中，而且上边框架高度占整个窗口的 30%，下边框架占整个窗口的 70%。图 7.1 为运行 7-1.html 的效果。

调整窗口的大小，可以看到两个框架窗口的比例保持不变，如图 7.2 所示。

下面将示例 7-1 中的框架集中一个窗口的高度更改为绝对值，另一个窗口分割剩下的部分。代码如下。

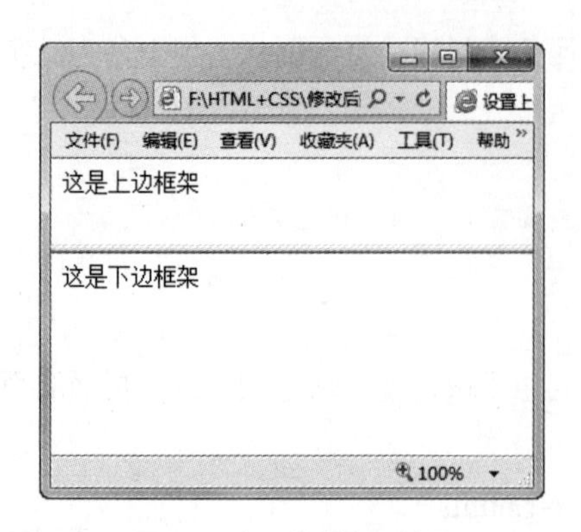

图 7.1　上下分割窗口效果

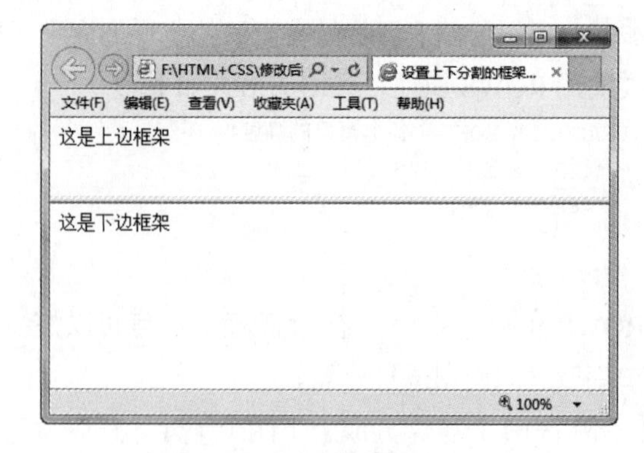

图 7.2　改变浏览器窗口大小

```
01  <HTML>
02      <HEAD>
03          <TITLE>设置上下分割的框架页面</TITLE>
04      </HEAD>
05              <FRAMESET ROWS="100px,*">
06                  <FRAME SRC="7-1-1.html">
07                  <FRAME SRC="7-1-2.html ">
08              </FRAMESET>
09  </HTML>
```

第 5 行中的*表示该窗口的高度是页面剩下部分的高度，其运行效果如图 7.3 所示。

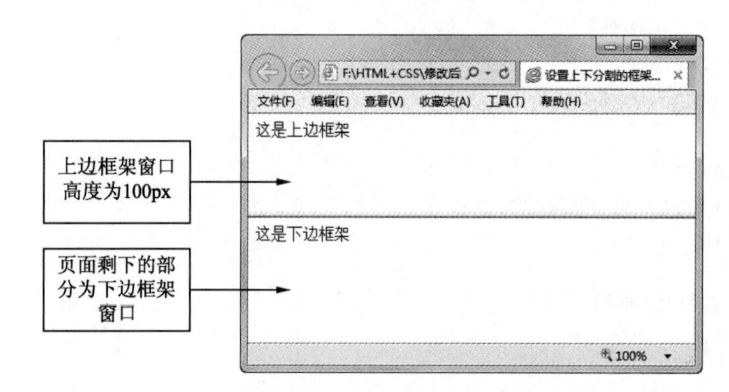

图 7.3　设置窗口高度为绝对值的效果

调整整个浏览器窗口的高度时，由于第一个框架窗口的高度是固定的 100 像素，因此它不会发生变化，只有第二个框架窗口随之变大，效果如图 7.4 所示。

使用绝对值设置窗口的高度时，如果将所有的窗口都设置为固定的值（例如，上例中将两个框架窗口的高度都设置为固定的像素数），那么，当浏览器窗口变大时，它们会根据各框架窗口的高度等比例缩放，也就相当于以百分比的形式设置。因此，在设置时，一定要使其中一个框架窗口分割剩下的所有部分，也就是说，必须有一个框架窗口的高度被设置为*。

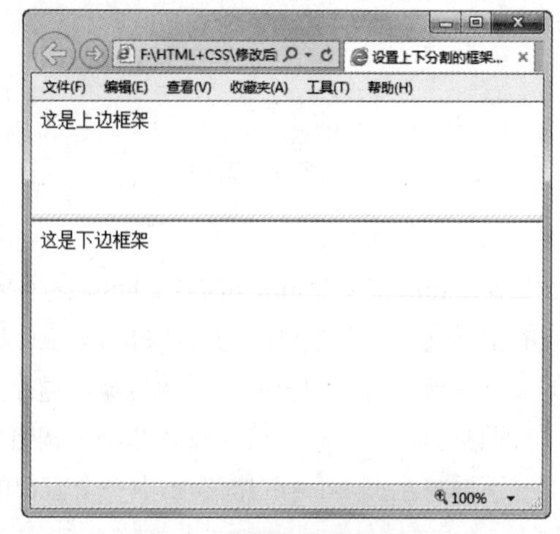

图 7.4　调整浏览器窗口大小

7.2.2 左右分割

左右分割窗口就是在浏览器中沿垂直方向分割为几个窗口，这些窗口左右分布，设置左右分割的属性是 COLS，其语法格式如下。

```
<FRAMESET COLS="各个窗口的宽度">
<FRAME SRC="">
<FRAME SRC="">
……
</FRAMESET>
```

同样，COLS 也可以取多个值，每个值表示一个框架窗口的水平宽度，它的单位可以是像素，也可以是占浏览器的百分比。与水平分割窗口相同，一般设定了几个 COLS 的值，就需要有几个框架窗口。

【示例 7-2】把浏览器窗口分成左、中、右 3 个框架窗口。

```
01  <HTML>
02      <HEAD>
03          <TITLE>设置左右分割的框架页面</TITLE>
04      </HEAD>
05      <FRAMESET COLS="20%,65%,*">
06          <FRAME SRC="7-2-1.html">
07          <FRAME SRC="7-2-2.html">
08          <FRAME SRC="7-2-3.html">
09      </FRAMESET>
10  </HTML>
```

第 5 行中的*同样表示该窗口分割页面剩下的部分。但由于这里采用的是百分比，因此*的值其实是固定的，即 100%-20%-65%=15%。也就是说，在这段代码中，*就等同于 15%。在示例 7-2 中，左边的窗口加载 7-2-1.html 文件，中间的窗口加载 7-2-2.html 文件，右边的窗口加载 7-2-3.html 文件，其运行效果如图 7.5 所示。

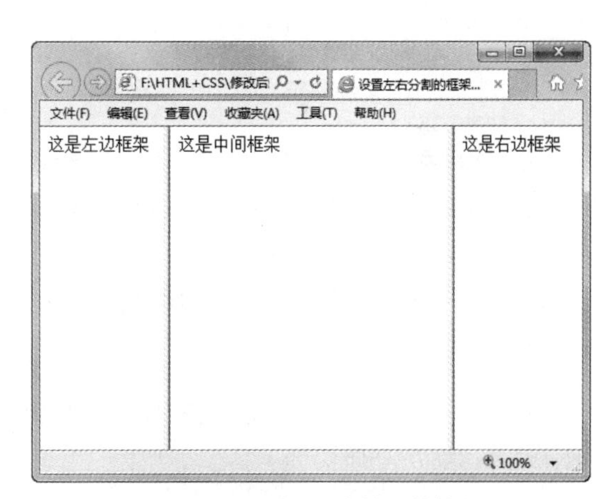

图 7.5 设置左右分割窗口的效果

调整浏览器窗口的大小，会发现所有的框架窗口大小都随之变化。如果设置的是固定的像素数，那么只有设置了*的框架窗口，才会随之变化。例如，更改示例 7-2 的代码如下。

```
01  <HTML>
02      <HEAD>
03          <TITLE>设置左右分割的框架页面</TITLE>
04      </HEAD>
05      <FRAMESET COLS="50px,*,80px">
06          <FRAME SRC="7-2-1.html">
07          <FRAME SRC="7-2-2.html">
08          <FRAME SRC="7-2-3.html">
09      </FRAMESET>
10  </HTML>
```

第 5 行定义 3 个框架的占比，如果浏览器窗口的宽度是 400 像素，则 3 个框架窗口的宽度分别是 50 像素、270 像素和 80 像素；如果浏览器窗口的宽度为 500 像素，则 3 个框架窗口的宽度分别为 50 像素、370 像素和 80 像素。由此可以看出，只有设置宽度为*的框架窗口在变化。当浏览器大小不同时，程序的运行效果分别如图 7.6 和图 7.7 所示。

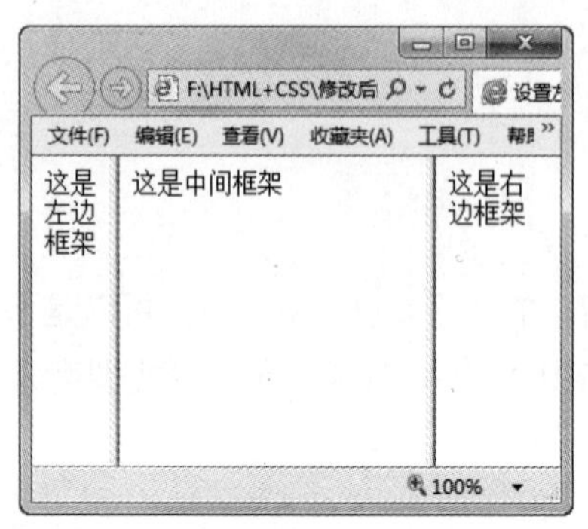

图 7.6　浏览器窗口较窄的效果

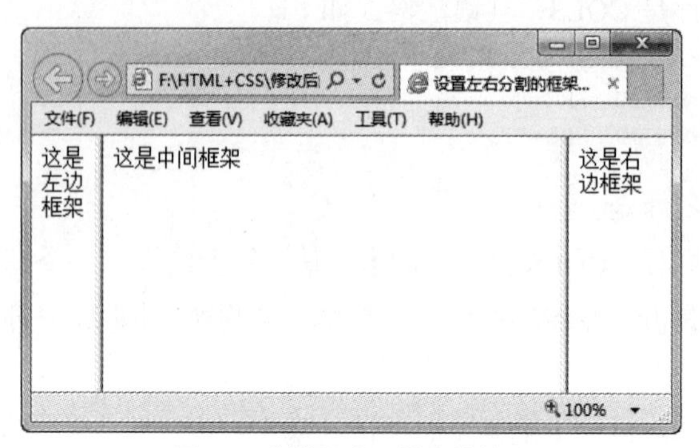

图 7.7　浏览器窗口较宽的效果

7.2.3　窗口的嵌套

除了可以对窗口进行上下分割和左右分割外，还可以混合利用这两种模式，这就是窗口的嵌套。嵌套窗口就是在框架集中嵌套框架集，在一个浏览器页面内，既有上下分割的窗口，又有左右分割的窗口。窗口嵌套的语法格式如下。

```
<FRAMESET>
<FRAME SRC=""/>
<FRAMESET>
          <FRAME SRC =""/>
          <FRAME SRC =""/>
</FRAMESET>
</FRAMESET>
```

框架集中起码要有一个框架页面再嵌套多个框架集，在被嵌套的框架集中最少要有两个子框架页面，否则嵌套就没有意义了。

【示例 7-3】在上下分割的窗口中嵌套一个左右分割的窗口。

```
01  <HTML>
02      <HEAD>
03          <TITLE>设置嵌套分割的框架页面</TITLE>
04      </HEAD>
05      <FRAMESET ROWS="30%,70%">
06          <FRAME SRC="7-1-1.html">
07              <FRAMESET COLS="20%,65%,*">
08                  <FRAME SRC="7-2-1.html">
09                  <FRAME SRC="7-2-2.html">
10                  <FRAME SRC="7-2-3.html">
11              </FRAMESET>
12      </FRAMESET>
13  </HTML>
```

首先在第 5 行将页面分割为上下两个部分，上部分的高度占浏览器的 30%。然后在第 7 行将下部分页面分割成左、中、右分布的 3 个部分，其宽度分别占窗口的 20%、65%和 15%。可以看出，当对其中一个框架窗口再次分割时，需要用<FRAMESET>标签替换<FRAME>标签。示例 7-3 的运行效果如图 7.8 所示。

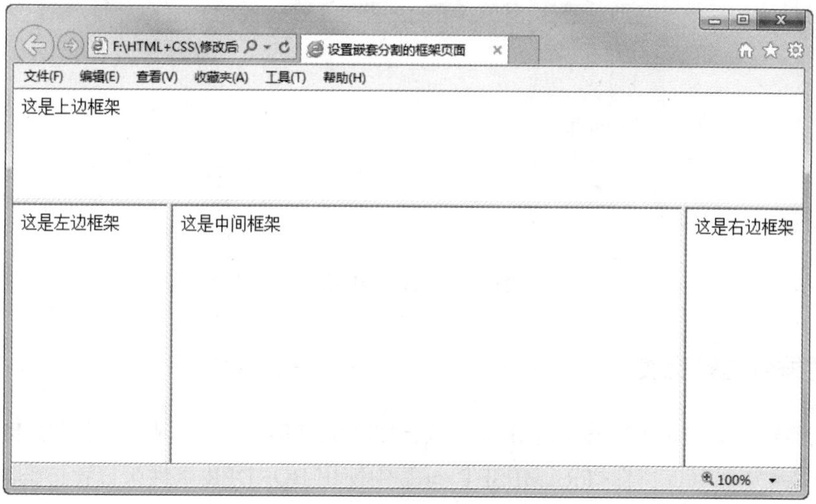

图 7.8　嵌套窗口的效果

7.3　设置框架边框

除了设置框架的分割方式外，还有一些属性需要在框架集页面中设置，包括框架的边框大小、颜色等。

7.3.1　设置框架边框显示或隐藏

在默认情况下，框架的边框是显示出来的。有时候，用户希望隐藏框架结构中的框架分割线，这时可以设置 FRAMEBORDER 属性实现。设置框架边框的语法格式如下。

```
<FRAMESET FRAMEBORDER="框架显示属性值">
<FRAME SRC="">
<FRAME SRC="">
......
</FRAMESET>
```

框架的显示属性值只能取 0 或 1，当取 0 时表示不显示边框，取 1 时表示显示边框，默认值为 1。

【示例 7-4】将框架的边框设置为隐藏，但是依然可以拖动框架的边框。

```
01  <HTML>
02      <HEAD>
03          <TITLE>隐藏框架的边框</TITLE>
04      </HEAD>
05      <FRAMESET ROWS="80px,*" FRAMEBORDER="0">
06              <FRAME SRC="7-2-1.html">
07              <FRAME SRC="7-2-2.html">
08      </FRAMESET>
09  </HTML>
```

在第 5 行设置 FRAMEBORDER 的值为 0 将边框隐藏。在这里看不到框架的边框，但实际上它依然存在，当鼠标指针移动到边框的上方时会变成双向箭头形状，如图 7.9 所示。

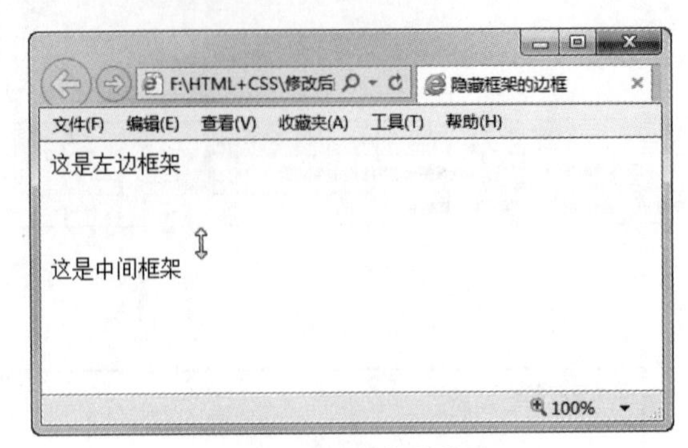

图 7.9　隐藏边框的效果

7.3.2　设置框架边框宽度

不同浏览器对框架边框的宽度显示都不一致，HTML 4.01 也没有规定用于设置框架边框宽度的属性，但是很多浏览器都支持在<FRAMESET>标签中使用 BORDER 属性来设置边框宽度。设置框架边框宽度的语法格式如下。

```
<FRAMESET BORDER="框架边框宽度">
<FRAME SRC="">
<FRAME SRC="">
……
</FRAMESET>
```

其中，边框宽度以像素为单位。

【示例 7-5】将浏览器窗口分为左、中、右 3 部分，并设置边框宽度。

```
01   <HTML>
02       <HEAD>
03           <TITLE>设置框架边框宽度</TITLE>
04       </HEAD>
05       <FRAMESET COLS="100px,*,120px" BORDER="10px">
06           <FRAME SRC="7-2-1.html">
07           <FRAME SRC="7-2-2.html">
08           <FRAME SRC="7-2-3.html">
09       </FRAMESET>
10   </HTML>
```

在第 5 行设置 BORDER=10px，将框架边框设置为 10 像素。示例 7-5 运行效果如图 7.10 所示。可以看出，图 7.10 中的边框明显比图 7.6 中的边框要宽。

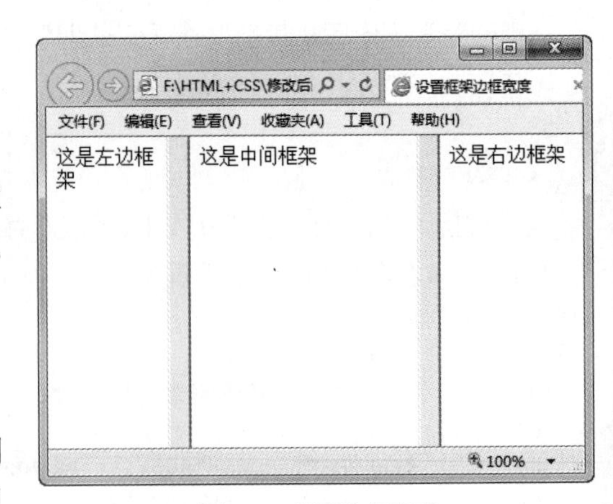

图 7.10　设置边框宽度

7.3.3　设置框架边框颜色

在默认情况下，框架的边框是灰色的，可以使用 BORDERCOLOR 属性将其设置为其他颜色，但 BORDERCOLOR 属性要在 BORDER 属性存在时才可以产生效果。设置框架边框颜色的语法格式如下。

```
<FRAMESET BORDERCOLOR="颜色值">
<FRAME SRC="">
<FRAME SRC="">
```

```
……
</FRAMESET>
```

其中，颜色值可以是颜色的英文单词，也可以是十六进制的颜色代码。

【示例 7–6】设置边框颜色为蓝色。

```
01    <HTML>
02        <HEAD>
03            <TITLE>设置框架边框颜色</TITLE>
04        </HEAD>
05        <FRAMESET COLS="100px,*,120px" BORDER="10px" BORDERCOLOR="#0FF">
06            <FRAME SRC="7-2-1.html">
07            <FRAME SRC="7-2-2.html">
08            <FRAME SRC="7-2-3.html">
09        </FRAMESET>
10    </HTML>
```

在第 5 行设置 BORDERCOLOR=#0ff 设置框架边框颜色。示例 7-6 运行效果如图 7.11 所示。

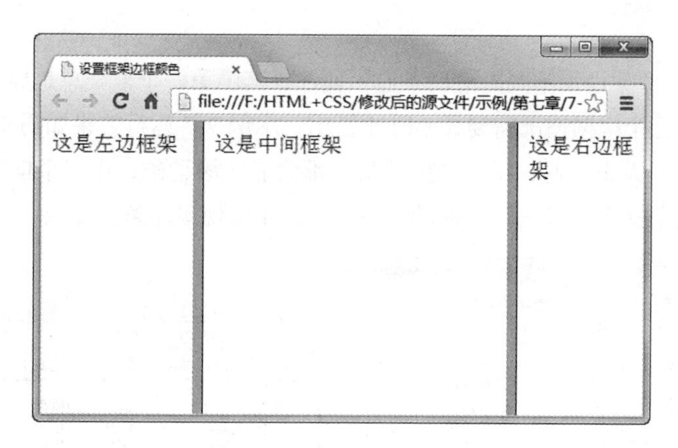

图 7.11　设置边框颜色效果

7.4　框架属性

在框架结构中，除了可以设置框架集的各种属性外，对每一个框架窗口，也可以设置不同的属性来呈现不同的框架效果。

7.4.1　设置框架滚动条显示

在默认情况下，当框架窗口的内容不足以在分割的区域内显示时，会出现滚动条，以方便用户查看。滚动条会自动在各个无法完全显示的框架窗口内出现，使用 SCROLLING 属性可以分别设置各个框架窗口的滚动条，其语法格式如下。

```
<FRAMESET>
<FRAME SRC="" SCROLLING="属性值">
……
</FRAMESET>
```

SCROLLING 可以取值为 Yes、No 和 Auto，其含义如表 7.1 所示。

表 7.1　滚动条的显示属性

属 性 值	含　义
Yes	一直显示滚动条，无论页面是否完全显示
No	从来不显示滚动条，即使内容无法完全显示出来
Auto	默认值，根据页面的长度自动调整，当页面无法完全显示时，显示滚动条

【示例 7-7】为 3 个框架窗口设置不同类型的滚动条。

```
01   <HTML>
02       <HEAD>
03           <TITLE>框架窗口滚动条</TITLE>
04       </HEAD>
05       <FRAMESET COLS="33%,33%,*">
06           <FRAME SRC="7-6-1.html" SCROLLING="yes">
07           <FRAME SRC="7-6-1.html" SCROLLING="no">
08           <FRAME SRC="7-6-1.html" SCROLLING="auto">
09       </FRAMESET>
10   </HTML>
```

第 6 ~ 8 行为 3 个框架设置不同的滚动条显示属性，其中第一个框架总是显示滚动条，第二个总是不显示滚动条，第三个根据情况需要显示时才显示。示例 7-7 运行效果如图 7.12 所示。从图 7.12 中可以看出，无论窗口大小如何，第一个框架窗口都会显示滚动条；第二个框架窗口无论如何都不显示滚动条；而第三个框架窗口只有内容显示不下时，才出现滚动条。

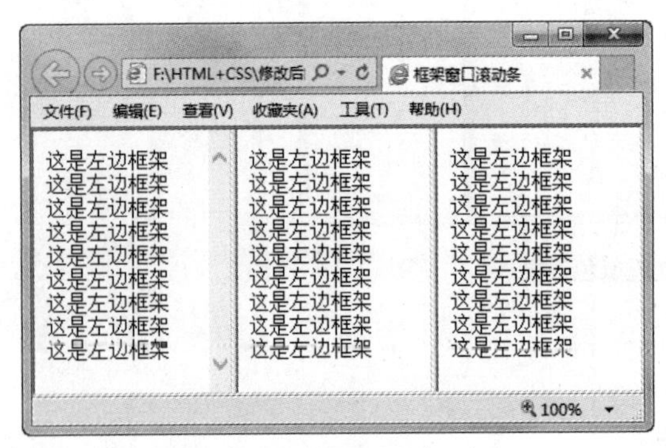

（a）窗口大小能显示所有的内容

（b）窗口大小不能显示所有的内容

图 7.12　设置滚动条效果图

7.4.2　固定框架

在默认情况下，框架窗口的大小可以由用户自己调整，不过有些时候，网页开发者不希望用户可以自己调整框架窗口大小从而影响网页效果。HTML 4.01 允许通过 FRAME 元素的 NORESIZE 属性来禁止浏览用户调整框架窗口大小。固定框架的语法格式如下。

```
<FRAMESET>
<FRAME SRC=" " NORESIZE>
......
</FRAMESET>
```

NORESIZE 属性没有属性值，只要框架窗口使用了 NORESIZE 属性，该框架窗口的大小就不能由用户调整。

【示例 7-8】为第一个框架窗口设置 NORESIZE 属性。

```
01    <HTML>
02        <HEAD>
03            <TITLE>调整框架窗口大小</TITLE>
04        </HEAD>
05        <FRAMESET COLS="25%,25%,*">
06            <FRAME SRC="7-2-1.html" NORESIZE>
07            <FRAME SRC="7-2-2.html" >
08            <FRAME SRC="7-2-3.html">
09        </FRAMESET><noframes></noframes>
10    </HTML>
```

第 6 行设置一个框架为 NORESIZE，即不能调整框架大小。示例 7-8 运行效果如图 7.13 所示。需要注意的是，在示例 7-8 中，由于给第一个框架窗口设置了 NORESIZE 属性，属于第一个框架窗口的前后框架边框都不能由用户来调整大小，因此第二个框架窗口的大小只能由它后面的边框调整。如果第 3 个框架窗口也设置了 NORESIZE 属性，那么第二个框架窗口也不能调整了。

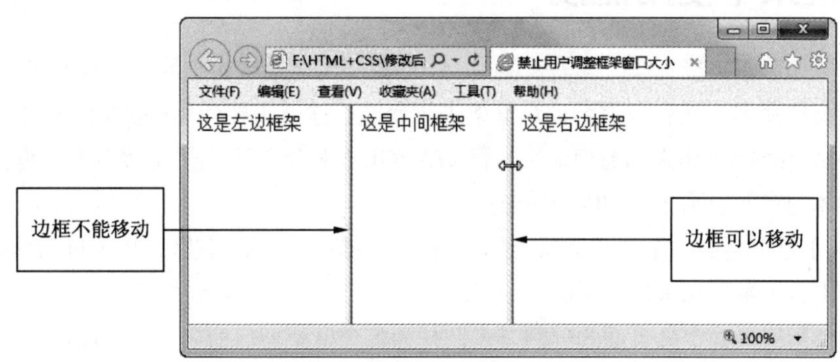

图 7.13　设置固定框架边框效果

7.4.3　不支持框架标签

框架结构虽然对页面导航很有效，但是有些浏览器并不支持框架页面。因此框架结构的网页有时候无法正常显示，这就影响了用户的阅读。使用不支持框架标签<NOFRAMES>可以使浏览器能够读取标签内的内容，而支持框架结构的浏览器会自动忽略其中的内容。

使用<NOFRAMES>标签的语法格式如下。

```
<FRAMESET>
<FRAME SRC="页面源文件地址" NORESIZE>
……
<NOFRAMES>
    ……
</NOFRAMES>
</FRAMESET>
```

放置在标签<NOFRAMES>和</NOFRAMES>之间的内容，就是在不支持框架的浏览器中显示的内容。

【示例 7-9】为框架页面设置不支持框架标签。

```
01    <HTML>
02        <HEAD>
03            <TITLE>设置不支持框架的浏览器的内容</TITLE>
04        </HEAD>
05            <FRAMESET ROWS="100px,*">
```

```
06              <FRAME SRC="7-1-1.html" NAME="up">
07              <FRAME SRC="7-1-2.html" NAME="dowm">
08              <NOFRAMES>
09                  由于该浏览器不支持框架结构，因此无法正常显示页面。
10              </NOFRAMES>
11          </FRAMESET>
12  </HTML>
```

第 8～10 行使用<NOFRAMES>标签，当浏览器不支持框架时，显示相应的文字。运行示例 7-9，如果浏览器不支持框架，则会显示图 7.14 所示的文字。

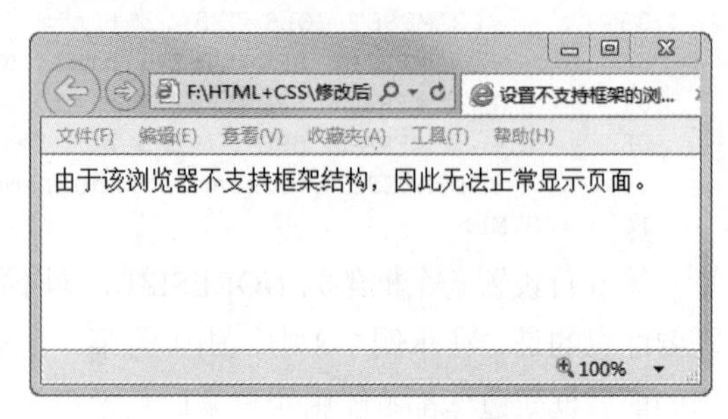

图 7.14　不支持框架的浏览器效果

7.5　在框架中使用链接

框架的链接和普通链接一样，都需要使用<A>标签。当框架结构中的一个框架作为变换页面时，需要为该框架窗口命名，然后根据名称对框架进行变换。这就需要使用<NAME>标签和<TARGET>标签，其中<NAME>标签用来为窗口命名，而<TARGET>标签用来引导链接页面在框架内打开。下面通过一个具体的实例说明在框架中使用链接的方法。

【示例 7-10】整个页面由左右两个框架窗口组成，左侧窗口为导航区，用于页面导航；右侧窗口是内容区，用于显示主页和链接的页面。

首先通过框架集页面定义页面的分割方式，并为各个框架窗口命名，将页面命名为 7-10.html。

```
<HTML>
  <HEAD>
     <TITLE>设置框架集页面属性</TITLE>
</HEAD>
<FRAMESET COLS="100px,*">
     <FRAME SRC="导航首页.html" SCROLLING="No" NAME="navi" NORESIZE>
     <FRAME SRC="框架首页.html" NAME="p_content">
</FRAMESET>
</HTML>
```

页面 7-9.html 被分割成左右两部分。左侧窗口的名称是 navi，其宽度是 100 像素，不显示滚动条；右侧窗口的名称是 p_content，占整个窗口剩下的部分。为了使下面的页面能够在框架内链接，设置框架名称是关键的一步。

下面创建框架页面的导航区，并将其命名为“导航首页.html”。

```
01  <HTML>
02      <HEAD>
03          <TITLE>导航页面</TITLE>
04      </HEAD>
05      <BODY BGCOLOR="#FFAADD">
06          <TABLE BORDER=0 WIDTH="75px" HEIGHT="200px">
07              <TR ALIGN="center">
08                  <TD><A HREF="框架首页.html" TARGET="p_content">首页</A></TD>
09              </TR>
10              <TR ALIGN="center">
11                  <TD><A HREF="牡丹亭简介.html" TARGET="p_content">牡丹亭</A></TD>
```

```
12              </TR>
13              <TR ALIGN="center">
14                  <TD><A HREF="荷花塘简介.html" TARGET="p_content">荷花塘</A></TD>
15              </TR>
16              <TR ALIGN="center">
17                  <TD><A HREF="荷花塘简介.html" TARGET="p_content">玫瑰园</A></TD>
18              </TR>
19              <TR ALIGN="center">
20                  <TD><A HREF="荷花塘简介.html" TARGET="p_content">桃花岛</A></TD>
21              </TR>
22              <TR ALIGN="center">
23                  <TD><A HREF="荷花塘简介.html" TARGET="p_content">蔷薇园</A></TD>
24              </TR>
25          </TABLE>
26      </BODY>
27  </HTML>
```

以上代码中，最关键的是将各个链接文字的目标打开方式设置为在框架中打开，即将 TARGET 属性设置为框架窗口的名称。另外，这里只是为了说明框架的链接方式，因此没有给每一个链接创建页面，后面的 3 个链接设置的是同一页面。

下面创建框架页面的内容区，并将其命名为“框架首页.html”。

```
01  <HTML>
02      <HEAD>
03          <TITLE>框架首页</TITLE>
04      </HEAD>
05      <BODY>
06          <H2>欢迎来到青青植物园</H2>
07          <P>青青植物园是枣田市最大的植物园，占地面积超过 50 万平方米。各种花卉争奇斗艳，美丽无比。青植物园主要包括牡丹亭、玫瑰园、荷花塘、桃花岛等几大景区。</P>
08          <P><IMG SRC="plant01.jpg" WIDTH="300px">
09      </BODY>
10  </HTML>
```

下面是显示牡丹亭简介的框架窗口的源文件代码，并将其命名为“牡丹亭简介.html”。

```
01  <HTML>
02      <HEAD>
03          <TITLE>青青植物园风景介绍</TITLE>
04      </HEAD>
05      <BODY>
06          <H2>欢迎来到青青植物园</H2>
07          <P>
08              <IMG SRC="pic02.jpg" ALIGN="right" HEIGHT="100px">
09              牡丹为花中之王，有“国色天香”之称。每年 4～5 月开花，朵大色艳，奇丽无比，有红、黄、白、粉紫、墨、绿、蓝等色。花多重瓣，姿态典雅，花香袭人，被看作富丽繁华的象征，称为“富贵花”。<BR>
10              本园区的牡丹多达 180 个品种 2620 株。本园入口处有一座八角亭，中部有一座牡丹仙子雕塑侧卧于花丛之中。
11      </BODY>
12  </HTML>
```

下面给出显示荷花塘简介的框架窗口的源文件代码，并将其命名为“荷花塘.html”。

```
01  <HTML>
02      <HEAD>
```

```
03            <TITLE>青青植物园风景介绍</TITLE>
04        </HEAD>
05        <BODY>
06            <H2>欢迎来到青青植物园</H2>
07            <P>
08                <IMG SRC="pic03.jpg" ALIGN="right" HEIGHT="100px">
09                荷花，又名莲花、水华、芙蓉、玉环等。属睡莲科多年生水生草本花卉。地下茎长而肥厚，有长节，叶盾圆形。花期 6~9 月，单生于花梗顶端，花瓣多数，嵌生在花托穴内，有红、粉红、白、紫等色，或有彩纹、镶边。坚果椭圆形，种子卵形。
10        </BODY>
11    </HTML>
```

运行 7-10.html，可以看到图 7.15 所示的效果。

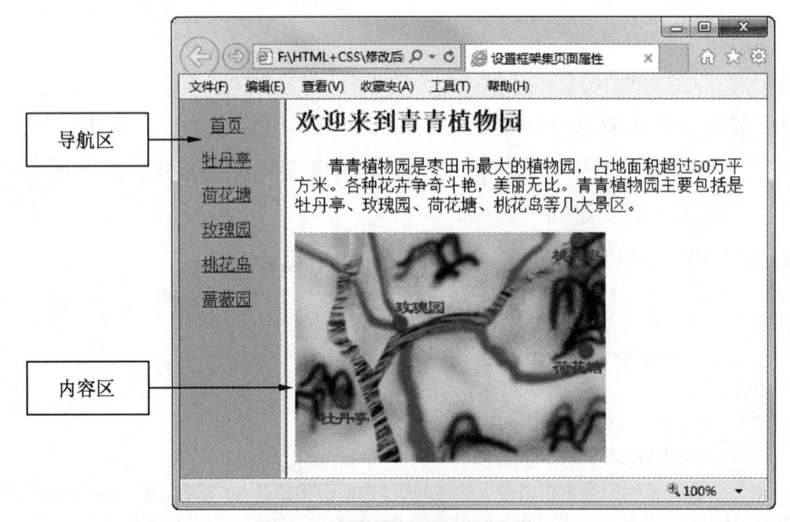

图 7.15　框架页面的默认效果

单击框架左侧导航区的链接文字“牡丹亭”，会打开图 7.16 所示的页面。

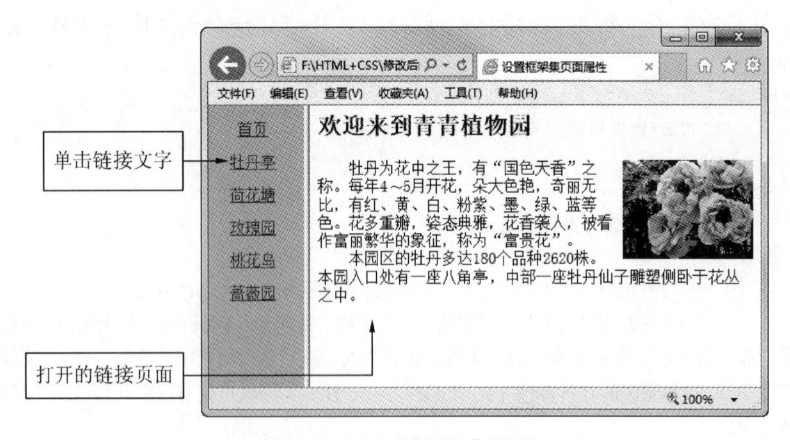

图 7.16　打开“牡丹亭”页面

在图 7.16 中，左侧的导航区没有发生变化，依然显示“导航首页.html”的内容，右侧的框架窗口则显示了链接的“牡丹亭简介.html”页面。单击导航区的链接文字“荷花塘”，在右侧窗口中显示其链接的“荷花塘简介.html”页面，如图 7.17 所示。

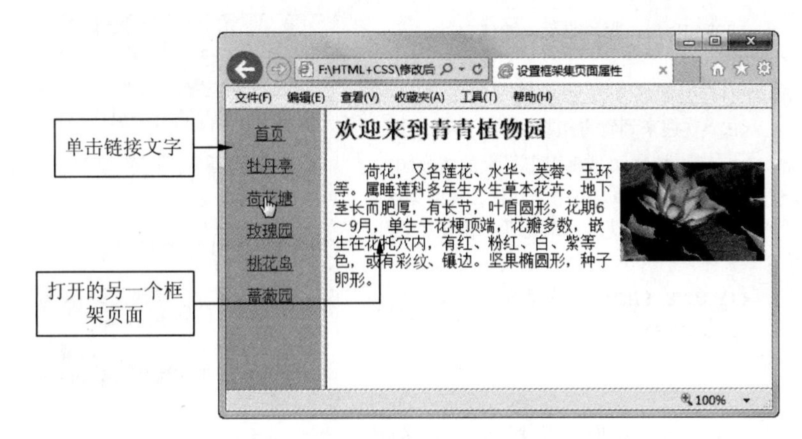

图 7.17 打开“荷花塘”页面

7.6 浮动框架

在框架结构中，除了固定的分割方式之外，还有一种框架窗口可以作为一个页面元素添加到普通页面中，这样框架窗口可以位于页面的各个位置，这种框架结构称为浮动框架。浮动框架有许多属性（见表 7.2），通过这些属性可以调整框架页面的样式，以及它在页面中的布局。

表 7.2 浮动框架的属性

属 性	含 义
SRC	浮动框架页面的源文件地址
WIDTH	浮动框架在页面中显示的宽度
HEIGHT	浮动框架在页面中显示的高度
ALIGN	浮动框架页面在浏览器中的对齐方式，可以为左对齐、右对齐和居中对齐
NAME	设定框架页面的名称
MARGINWIDTH	设置框架边缘的宽度
MARGINHEIGHT	设置框架边缘的高度
SCROLLING	设定浮动框架页面内是否显示滚动条
FRAMEBORDER	设定浮动框架的边框

7.6.1 插入浮动框架

在 HTML 中，可以使用<IFRAME>标签来创建浮动框架。<IFRAME>标签与<IMG>标签一样，可以放在<BODY>标签内的任何一个位置。<IFRAME>标签的 SRC 属性可以用来指定浮动框架载入的文档 URL。插入浮动框架的语法格式如下。

```
<IFRAME SRC="页面源文件地址">
</IFRAME>
```

【示例 7-11】在页面中插入一个浮动框架。

```
01    <HTML>
02         <HEAD>
```

```
03            <TITLE>插入浮动框架</TITLE>
04        </HEAD>
05        <BODY>
06            <H2>欢迎来到青青植物园</H2>
07            <P>青青植物园是枣田市最大的植物园，占地面积超过 50 万平方米。各种花卉争奇斗艳，美丽无比。青青植物园主要包括牡丹亭、玫瑰园、荷花塘、桃花岛等几大景区。</P>
08            <IFRAME SRC="荷花塘简介.html">
09            </IFRAME>
10        </BODY>
11    </HTML>
```

第 8 行使用<IFRAME>标签向页面插入一个浮动框架。示例 7-11 运行效果如图 7.18 所示。

图 7.18　插入浮动框架效果

7.6.2　浮动框架大小

在普通框架结构中，由于框架就是整个浏览器窗口，因此不需要设置其大小。但是浮动框架是插入普通 HTML 页面中的一个元素，可以使用 WIDTH 和 HEIGHT 属性调整其大小。设置浮动框架大小的语法格式如下。

```
<IFRAME SRC="页面源文件地址" WIDTH="窗口宽度值" HEIGHT="窗口高度值">
</IFRAME>
```

WIDTH 属性用于设置框架窗口的宽度，HEIGHT 属性用于设置框架窗口的高度，它们的单位都是像素。

【示例 7-12】设置浮动框架的大小。

```
01    <HTML>
02        <HEAD>
03            <TITLE>设置浮动框架大小</TITLE>
04        </HEAD>
05        <BODY>
06            <H2>欢迎来到青青植物园</H2>
07            <P>青青植物园是枣田市最大的植物园，占地面积超过 50 万平方米。各种花卉争奇斗艳，美丽无比。青青植物园主要包括牡丹亭、玫瑰园、荷花塘、桃花岛等几大景区。</P>
08            <IFRAME SRC="荷花塘简介.html"
WIDTH="450px" HEIGHT="200px">
09            </IFRAME>
10        </BODY>
11    </HTML>
```

第 8 行设置浮动框架的宽度与高度。示例 7-12 运行效果如图 7.18 所示。可以看出，图 7.19 中的浮动框架要比图 7.18 中的浮动框架大。

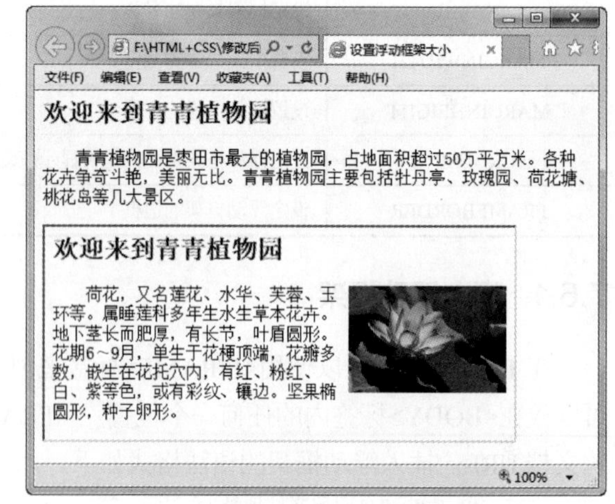

图 7.19　设置浮动框架大小的效果

7.6.3　浮动框架对齐方式

由图 7.18 可以看出，默认情况下浮动框架是左对齐的。如果不想让浮动框架左对齐，可以使用

ALIGN 属性设置框架的对齐方式，其语法格式如下。

```
<IFRAME SRC="" ALIGN="left/center/ right">
</IFRAME>
```

与设置其他页面元素的对齐方式类似，浮动框架的对齐方式包括 left、center 和 right，分别表示左对齐、居中对齐和右对齐。其中左对齐是浮动框架的默认对齐方式。

【示例 7-13】设置浮动框架居中对齐。

```
01  <HTML>
02      <HEAD>
03          <TITLE>浮动框架</TITLE>
04      </HEAD>
05      <BODY>
06          <H2>欢迎来到青青植物园</H2>
07          <P>青青植物园是枣田市最大的植物园，占地面积超过 50 万平方米。各种花卉争奇斗艳，美丽无比。
青青植物园主要包括牡丹亭、玫瑰园、荷花塘、桃花岛等几大景区。</P>
08          <P>
09          <IFRAME SRC="荷花塘简介.html" WIDTH="400px" HEIGHT="200px" ALIGN="center">
10          </IFRAME>
11      </BODY>
12  </HTML>
```

第 9 行设置浮动框架的 ALIGN 属性为 center，即居中对齐。示例 7-13 运行效果如图 7.20 所示。

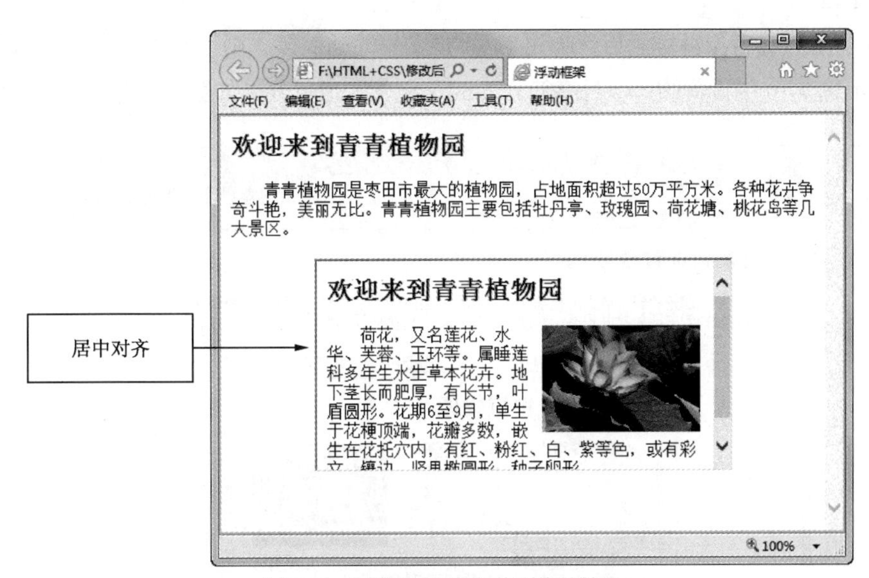

图 7.20　设置浮动框架居中对齐的效果

7.6.4　浮动框架页面的链接

除了普通的框架结构外，浮动框架也可以制作页面之间的链接。一个浮动窗口内可以链接多个页面。首先为浮动框架窗口命名，然后将链接文字的目标页面设置为定义的窗口名称，即将超链接的 TARGET 属性设置为浮动窗口的名称。这样，当运行程序时，就会在浮动窗口打开链接的目标页面。

【示例 7-14】制作浮动框架的链接。

```
01  <HTML>
02      <HEAD>
03          <TITLE>插入浮动框架</TITLE>
04      </HEAD>
05      <BODY>
06          <H2>欢迎来到青青植物园</H2>
07          <P>青青植物园是枣田市最大的植物园，占地面积超过 50 万平方米。各种花卉争奇斗艳，美丽无比。
青青植物园主要包括牡丹亭、玫瑰园、荷花塘、桃花岛等几大景区。</P>
08          <P>
09          <TABLE WIDTH="400px" ALIGN="center">
10              <TR>
11                  <TD><A HREF="牡丹亭简介.html" TARGET="p_float">牡丹亭</A></TD>
12                  <TD><A HREF="荷花塘简介.html" TARGET="p_float">荷花塘</TD>
13                  <TD><A HREF="荷花塘简介.html" TARGET="p_float">玫瑰园</TD>
14                  <TD><A HREF="荷花塘简介.html" TARGET="p_float">桃花岛</TD>
15              </TR>
16          </TABLE>
17          <IFRAME SRC="牡丹亭简介.html" NAME="p_float" WIDTH="450px" HEIGHT="280px"
ALIGN ="center">
18          </IFRAME>
19      </BODY>
20  </HTML>
```

在第 11～14 行设置超链接的目标为第 17 行定义的浮动框架。在示例 7-14 中，在浮动框架中默认打开的是示例 7-10 中设置的“牡丹亭简介.html”文件，运行效果如图 7.21 所示。

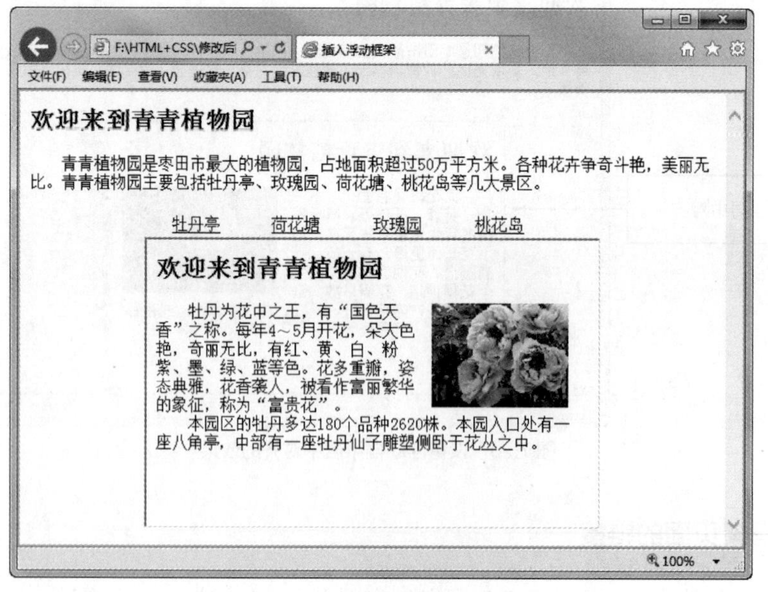

图 7.21　默认窗口打开效果

单击浮动窗口上方的链接文字“荷花塘”，在浮动框架中打开在示例 7-10 中设置的“荷花塘简介.html”页面，如图 7.22 所示。

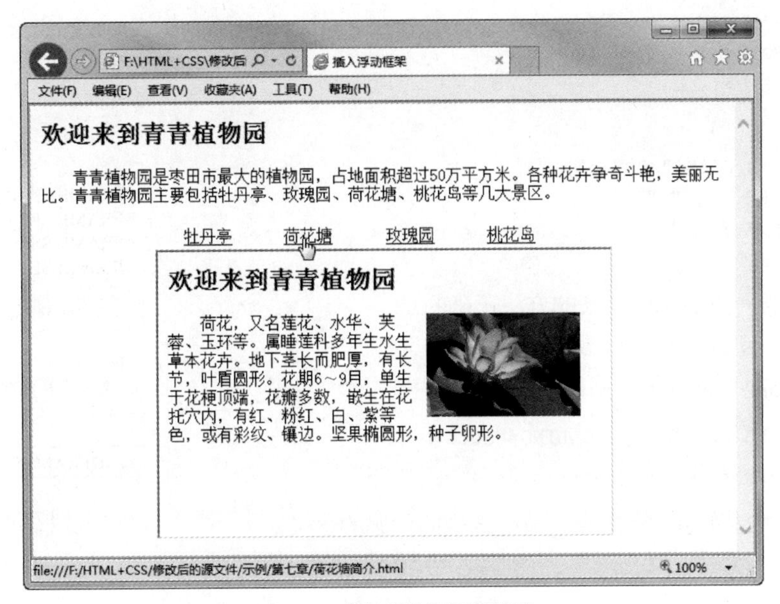

图 7.22　链接其他页面的效果

7.7　小结

本章主要讲解了 HTML 中的框架，包括创建框架、分割框架窗口、设置框架边框、设置边框属性，以及如何在框架中使用链接。除了传统的框架之外，还介绍了如何使用 IFRAME 元素来创建浮动框架。下一章将讲解 CSS。

本章习题

1. 创建框架的标签是________。
2. 分割窗口的方式有________、________2 种，分别用________、________属性来设置。
3. 左右分割窗口的方法正确的是________。

A.

```
<FRAMESET ROWS="20%,*">
    <FRAME SRC=" ">
    <FRAME SRC=" ">
    <FRAME SRC=" ">
</FRAMESET>
```

B.

```
<FRAMESET COLS="20%,65%,*">
    <FRAME SRC=" ">
    <FRAME SRC=" ">
    <FRAME SRC=" ">
</FRAMESET>
```

C.

```
<FRAMESET COLS="20%,*">
    <FRAME SRC=" ">
```

```
    <FRAME SRC=" ">
    <FRAME SRC=" ">
</FRAMESET>
```

D.

```
<FRAMESET COLS="20%,65%,*">
    <FRAME SRC=" ">
    <FRAME SRC=" ">
</FRAMESET>
```

4. 设置框架一直显示滚动条的方法正确的是________。

A. `<FRAME SRC=" " SCROLLING="yes">`

B. `<FRAME SRC=" " SCROLLING="no">`

C. `<FRAME SRC=" " SCROLLING="auto">`

D. `<FRAME SRC=" " SCROLLING="all">`

5. 解释图 7.23 所示的代码中，被框选中的代码的含义。

```
<FRAMESET ROWS="50%,50%">
<FRAME SRC=""/>
<FRAME SSRC=""/>
</FRAMESET>
<NOFRAMESET>
<body>
请您浏览其他网页，此网页不支持
</body>
</NOFRAMESET>
```

图 7.23 代码

上机指导

框架可以在同一个浏览器窗口中打开多个网页，并使这些网页之间的信息相互联系起来。本章介绍了框架的常用语法，并结合实例介绍了框架的使用方法。本节将通过上机操作，巩固本章所学的知识点。

实验一

实验内容

使用 FRAMESET 元素创建一个框架并设置框架按上、中、下的形式分割。

实验目的

巩固知识点——充分发挥 FRAMESET 元素的功能，在页面中插入一个框架，并设置框架按上、中、下的形式分割。

实现思路

使用 FRAMESET 元素，在页面中插入一个框架，并在 FRAMESET 元素中使用 ROWS 属性将框架窗口分割成上、中、下 3 部分。

在 Dreamweaver 中选择“新建”|“HTML”命令，新建 HTML 文档。在 HTML 文档中输入的关键代码如下。

```
<FRAMESET ROWS="30%,30%,*">
      <FRAME SRC="7-1-1.html">
      <FRAME SRC="7-1-3.html ">
      <FRAME SRC="7-1-2.html ">
</FRAMESET>
```

在菜单栏中选择“文件”|“保存”命令，输入保存路径，单击“保存”按钮，即可完成框架的创建。运行页面查看效果如图 7.24 所示。

实验二

实验内容

使用 FRAMESET 元素创建一个嵌套框架。

实验目的

巩固知识点——充分发挥 FRAMESET 元素的功能，在页面中插入一个嵌套框架，在左右分割的框架窗口中嵌套一个上下分割的框架窗口。

实现思路

使用 FRAMESET 元素和 FRAME 元素，在页面中插入一个嵌套框架。在 FRAMESET 元素中将框架窗口分割成左右两部分，然后在右面的框架窗口中嵌套一个上下分割的窗口。

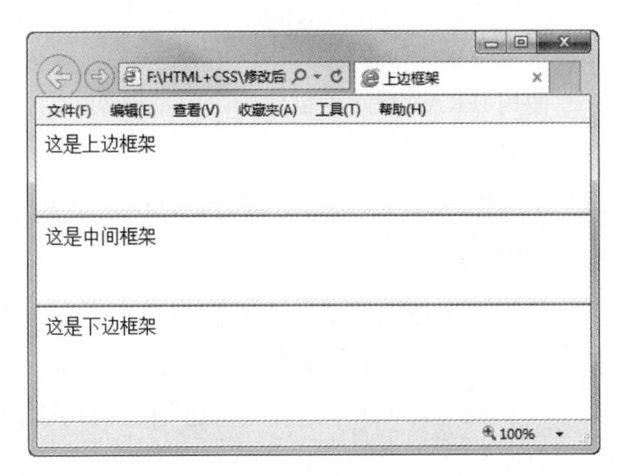

图 7.24　上下分割窗口效果

在 Dreamweaver 中选择“新建”|“HTML”命令，新建 HTML 文档。在 HTML 文档中输入的关键代码如下。

```
<FRAMESET COLS="30%,70%">
    <FRAME SRC="7-2-1.html">
      <FRAMESET ROWS="30%,45%,*">
        <FRAME SRC="7-1-1.html">
        <FRAME SRC="7-1-3.html">
        <FRAME SRC="7-1-2.html">
      </FRAMESET>
</FRAMESET>
```

在菜单栏中选择“文件”|“保存”命令，输入保存路径，单击“保存”按钮，即可完成嵌套框架的创建。运行页面查看效果如图 7.25 所示。

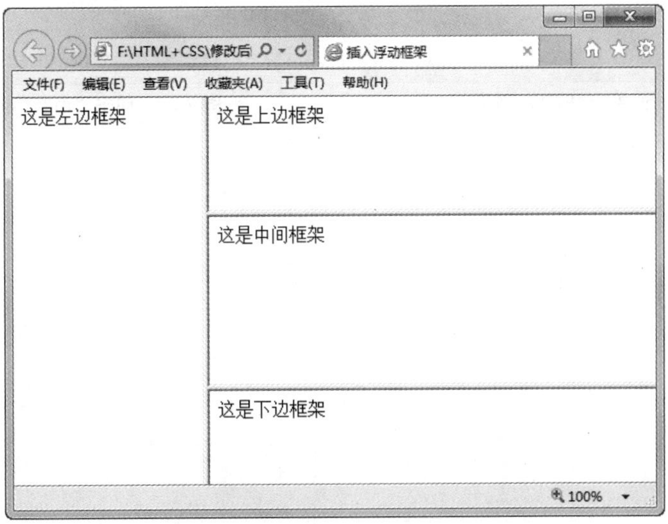

图 7.25　嵌套框架效果

实验三

实验内容

使用 IFRAME 元素创建一个浮动框架。

实验目的

巩固知识点——充分发挥 IFRAME 元素的功能，在页面中创建一个浮动框架。

实现思路

使用 IFRAME 元素，在页面中插入一个浮动框架，并在<IFRAME>标签中添加多个链接，单击某个链接可以在浮动框架中显示相应的页面。

在 Dreamweaver 中选择“新建”|“HTML”命令，新建 HTML 文档。在 HTML 文档中输入的关键代码如下。

```
<IFRAME SRC="1.html" WIDTH="450px" HEIGHT="250px" ALIGN ="center">
</IFRAME>
```

在菜单栏中选择“文件”|“保存”命令，输入保存路径，单击“保存”按钮，即可完成浮动框架的创建。运行页面查看效果如图 7.26 所示。

单击“百度”链接，在浮动框架中显示百度首页，如图 7.27 所示。

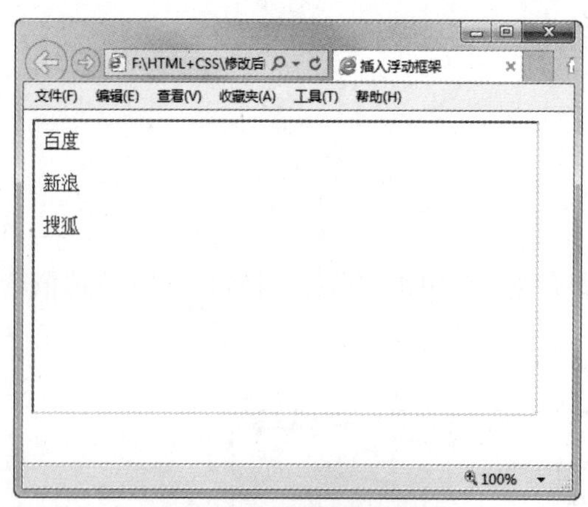

图 7.26 创建浮动框架的效果

图 7.27 单击“百度”链接的效果

第三篇

CSS 学习篇

08 第8章　认识CSS

层叠样式表（Cascading Style Sheets，CSS）主要用来为网页中的元素设置格式以及对网页进行排版和风格设计。CSS 样式看似简单，但要真正精通是不容易的。本章是 CSS 学习篇的第一章，先从最基础的知识开始介绍，为以后的 CSS 应用奠定基础。

8.1　CSS 简介

层叠样式表（Cascading Style Sheet，CSS）也可称为级联样式表，就是平常所说的“样式表”。它是一种简单、灵活、易学的样式设计工具，可以定义网页元素的各种属性变化，如文字背景、字形等。CSS 样式的属性是在 HTML 元素中体现的，并不是单独显示在浏览器中。它可以定义在 HTML 文档的标签里，也可以通过外部文件链接到页面中。如果附加在外部文件中，一个样式表可以作用到多个页面中，具有更好的易用性和扩展性。

CSS 样式表可以使用 HTML 标签或命名归纳的方法来定义，除了可以控制传统的文本属性外，还可以控制一些特别的 HTML 元素属性，如鼠标指针、图片效果等。一般来说，可以使用 CSS 样式表进行如下操作。

- 灵活控制网页中文字的字体、颜色、大小、间距等样式，弥补 HTML 文字单一的不足。
- 可随意设置文本块的行高、缩进，并可以为其加入三维效果的边框。
- 能够更方便地为任何网页元素设置不同的背景颜色和背景图片。
- 精确控制网页元素的位置，进行精确的排版定位。
- 可为网页中的元素设置各种过滤器，从而产生诸如阴影、辉光、模糊和透明等效果。
- 可以与脚本语言相结合，使网页中的元素产生各种动态效果。

8.2　CSS 样式表的设置方法

当浏览器读取样式表时，要依照文本格式来读取。这里介绍在页面中插入样式表的 4 种方法：内联样式表、内部样式表、外部样式表和引用多个样式表。

8.2.1 内联样式表

写在标签内的样式称为内联样式。在标签内编写的样式所能影响的范围最小，仅仅影响该标签内的文字，另一个标签内的文字将无法显示该标签定义的样式。设置内联样式的语法格式如下。

```
<标签名 style="样式属性 1:属性值 1; 样式属性 2:属性值 2; ……">
```

【示例 8-1】使用内联样式表来设置网页样式。

```
01   <!DOCTYPE html PUBLIC "-//W3C//DTD XHTML 1.0 Transitional//EN" "http://www.w3.org
/TR/xhtml1/DTD/xhtml1-transitional.dtd">
02   <html xmlns="http://www.w3.org/1999/xhtml">
03   <head>
04   <meta http-equiv="Content-Type" content="text/html; charset=gb2312" />
05   <title>内联样式</title>
06   </head>
07   <body>
08        <h1 style="font-family:宋体; color:Red">红色的宋体</h1>
09        <h1 style="font-family:隶书; color:blue">蓝色的隶书</h1>
10        <h1>不受影响的字体</h1>
11   </body>
12   </html>
```

第 8～9 行使用 style 来实现内联样式，示例 8-1 运行效果如图 8.1 所示。

在示例 8-1 中，第一个<h1>标签内定义了两个样式，该标签内的文字格式为宋体、红色；第二个<h1>标签内也定义了两个样式，该标签内的文字格式为隶书、蓝色；因为第三个<h1>标签内什么样式也没有定义，所以没有其他特殊的样式显示。

第一个<h1>标签与第二个<h1>标签内的样式没有互相影响，第三个<h1>标签内的文字也没有受第一、第二个<h1>标签样式的影响。由此可以看出，内联样式只能改变本标签内的文字样式，对本标签以外的其他标签则无能为力。

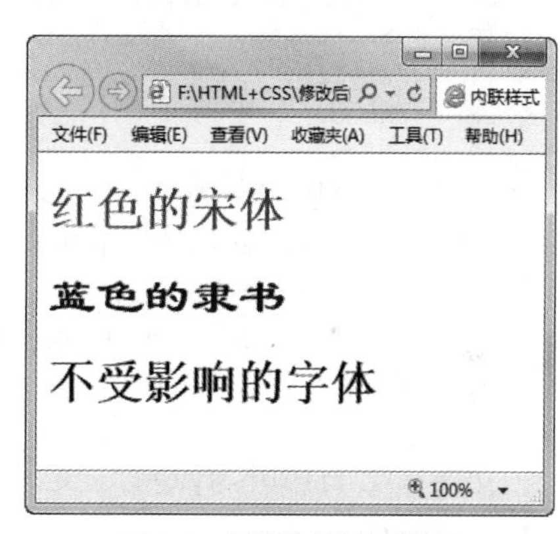

图 8.1 内联样式表使用效果

注意　内联样式可以使用<body>标签内的所有子标签，包括<body>在内。但不能用于<body>标签之外的标签上，如<head>、<title>、<html>等，<script>标签虽然也可以放在<body>标签内，但也不能使用样式。

8.2.2 内部样式表

在标签内设置样式，可以影响该标签内的文字，但其影响范围太小。如果 HTML 文档中有多个相同样式的标签，使用内联样式就要每个标签都设置一次，不能体现出 CSS 的强大功能。

在 HTML 文件中使用<style>标签可以设置影响整个文档的样式，这种使用<style>标签来定义样式的方式称为内部样式，其语法格式如下。

```
<style type="text/css">
<!--
    选择符 1 {样式属性:属性值; 样式属性:属性值; ……}
```

```
    选择符 2 {样式属性:属性值; 样式属性:属性值; ……}
    选择符 3 {样式属性:属性值; 样式属性:属性值; ……}
    ......
-->
</style>
```

其中，<style>标签用于声明样式，type 属性声明样式元素是以 CSS 的语法来定义的。<!--……-->标签用于隐藏代码，当某些浏览器不支持 CSS 时，使用该标签可以让浏览器忽略其中代码，避免出现错误。有关选择符、样式属性与属性值在后续章节还会详细介绍，在此只需要了解如何声明内部样式与引用内部样式即可。

【示例 8-2】使用内部样式表来设置网页样式。

```
01  <!DOCTYPE   html   PUBLIC   "-//W3C//DTD   XHTML   1.0   Transitional//EN"
"http://www.w3.org/TR/xhtml1/DTD/xhtml1-transitional.dtd">
02  <html xmlns="http://www.w3.org/1999/xhtml">
03  <head>
04  <meta http-equiv="Content-Type" content="text/html; charset=gb2312" />
05  <title>内部样式</title>
06  <style type="text/css">
07  <!--
08      p {text-decoration:underline;}
09      .i {font-style:italic;}
10  -->
11  </style>
12  </head>
13  <body>
14      这是一个测试网页<br />
15      <p>这里的字会加上下画线</p>
16      <a href="sample11.htm" class="i">这里的字会是斜体</a><br />
17      <tt class="i">这里的字也会是斜体</tt>
18  </body>
19  </html>
```

第 6～11 行使用<style>标签定义了一组内部样式表。示例 8-2 运行效果如图 8.2 所示。

在示例 8-2 中，首先用<style>声明了两个样式，第一个样式的选择符为 p，这是<p>标签的样式，只要是在同一个文档中，所有<p>标签内的文字都会自动使用该样式，不需要引用。第二个样式的选择符为“.i”，在同一个文档中，任何一个标签都可以通过 class 属性来引用该样式。在以上实例中，class 属性值为 i，注意 class 属性值没有前面的“.”。

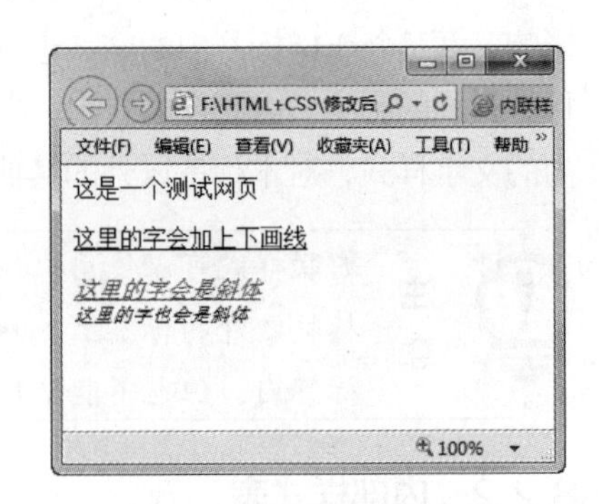

图 8.2　内部样式表使用效果

8.2.3　外部样式表

外部样式表是将样式表以单独的文件存放，让网站的所有网页均可引用此样式，以降低维护的人力成本，并可让网站拥有一致的风格。这种设置方式是把样式表单独保存为一个文件，然后在页面中用<link>标签链接，而这个<link>标签必须放到页面的<head>区域内。创建外部样式表的语法格式如下。

```
<link rel="stylesheet" type="text/css" href="样式表源文件地址">
```

其中，href 属性指的是外部样式文件的地址，地址的填写方法和超链接的链接地址写法一样。rel="stylesheet"表示告诉浏览器连接的是一个样式表文件，是固定格式。type="text/css"表示传输的是样式表类型文件，这也是固定格式。

一个外部样式表文件可以应用于多个页面。改变这个样式表文件时，所有页面的样式都随之而改变。样式表文件可以用任何文本编辑器（如记事本）打开并编辑，一般样式表文件的扩展名为.css，其内容就是定义的样式，不包含 HTML 标签。

【示例 8-3】将示例 8-2 中的如下代码剪切到一个文本文件中，并命名为 8.3.css。

```
p {text-decoration:underline;}
.i {font-style:italic;}
```

然后删除 8-2.html 文件中的<style></style>标签和<!---->注释符，并用<link href="8.3.css" type="text/css" rel="stylesheet" />代替，此时 8-2.html 文件中的代码如下。

```
01  <!DOCTYPE html PUBLIC "-//W3C//DTD XHTML 1.0 Transitional//EN" "http://www.w3.org/TR/xhtml1/DTD/xhtml1-transitional.dtd">
02  <html xmlns="http://www.w3.org/1999/xhtml">
03  <head>
04  <meta http-equiv="Content-Type" content="text/html; charset=gb2312" />
05  <title>外部样式</title>
06  <link href="8.3.css" type="text/css" rel="stylesheet" />
07  </head>
08  <body>
09      这是一个测试网页<br />
10      <p>这里的字会加上下画线</p>
11      <a href="sample11.htm" class="i">这里的字会是斜体</a><br />
12      <tt class="i">这里的字也会是斜体</tt>
13  </body>
14  </html>
```

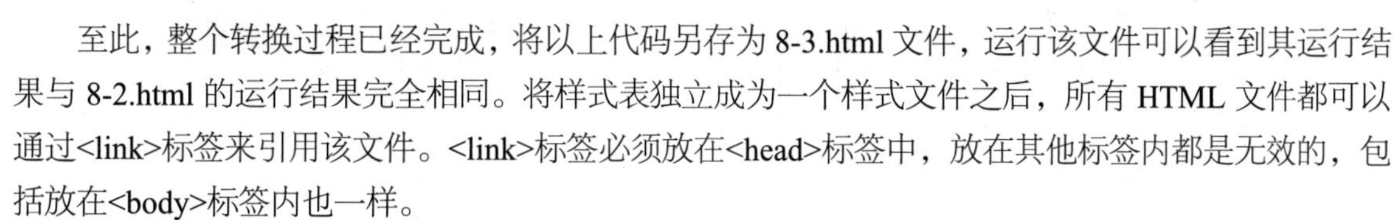

至此，整个转换过程已经完成，将以上代码另存为 8-3.html 文件，运行该文件可以看到其运行结果与 8-2.html 的运行结果完全相同。将样式表独立成为一个样式文件之后，所有 HTML 文件都可以通过<link>标签来引用该文件。<link>标签必须放在<head>标签中，放在其他标签内都是无效的，包括放在<body>标签内也一样。

8.2.4　引用多个样式表

同一个 CSS 文件可以被多个 HTML 文件引用，而同一个 HTML 文件也可以引用多个 CSS 文件。其引用方式与前面介绍的引用方式一样。

【示例 8-4】引用两个外部样式表：8.4.1.CSS 和 8.4.2.CSS，文件命名为 8-4.html。

```
01  <!DOCTYPE html PUBLIC "-//W3C//DTD XHTML 1.0 Transitional//EN" "http://www.w3.org/TR/xhtml1/DTD/xhtml1-transitional.dtd">
02  <html xmlns="http://www.w3.org/1999/xhtml">
03  <head>
04  <meta http-equiv="Content-Type" content="text/html; charset=gb2312" />
05  <title>引用多个外部样式</title>
06  <link href="8.4.1.css" type="text/css" rel="stylesheet" title="stylesheet1" />
07  <link href="8.4.2.css" type="text/css" rel="stylesheet" title="stylesheet2" />
08  </head>
09  <body>
```

```
10          <p>这是一个测试网页</p>
11          <tt>这是在 tt 标签内的文字</tt><br />
12          <cite>这是在 cite 标签内的文字</cite>
13      </body>
14      </html>
```

第 6 行与第 7 行通过<link>标签引用了两个 CSS 文件。为了方便测试，这两个 CSS 文件中的内容都很简单，其中 8.4.1.css 中的内容如下。

```
p {text-decoration:underline;}
tt {color:red}
```

在该 CSS 文件中设置了两个样式，一个是为所有在<p>标签中的文字都加上下画线，另一个是让所有在<tt>标签中的文字都变为红色。8.4.2.css 中的内容如下。

```
p {font-style:italic;}
cite {color:green}
```

在该 CSS 文件中也设置了两个样式，一个是让所有在<p>标签中的文字都变成斜体，另一个是让所有在<cite>标签中的文字都变为绿色。8-4.html 的运行效果如图 8.3 所示。

从图 8.3 中可以看出，由于同时引用了两个不同的 CSS 文件，所以这两个 CSS 文件在 sample08.htm 中都起了作用，其中<tt>标签内的文字变成了红色、<cite>标签内的文字变成了绿色，而<p>标签内的文字既有下画线，又是斜体。不过上面的示例是在 IE 浏览器中运行，FireFox、Chrome、Opera 等浏览器并不支持引用多个样式表。如果在一个 HTML 文档中同时引用了几个样式，则只有引用的第一个样式有效。

图 8.4 为 8-4.html 在 Chrome 浏览器中的运行效果，从该图中可以看出，只有引用的第一个样式有效，即在<p>标签中的文字都加上了下画线，在<tt>标签中的文字都变为红色。而第二个引用的样式没有起作用，即<p>标签内的文字没有倾斜，<cite>标签内的文字也没有变成绿色。

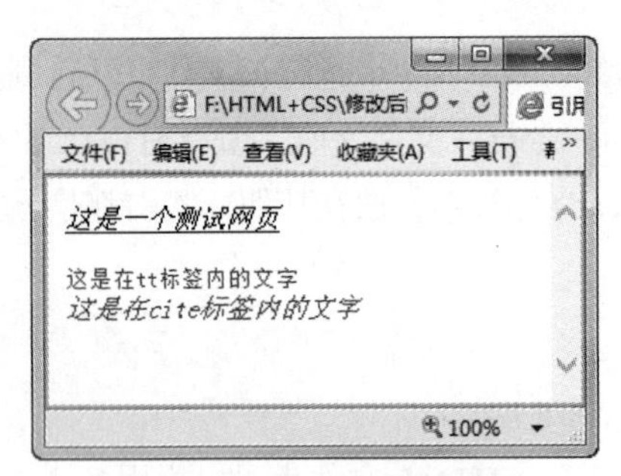

图 8.3　引用多个样式表的效果

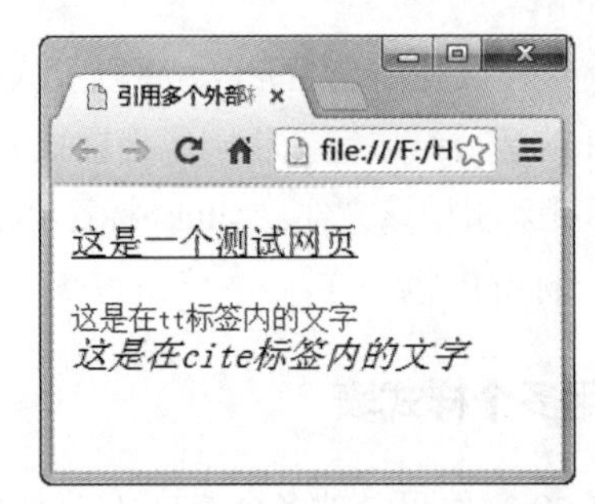

图 8.4　8-4.html 在 Chrome 浏览器中的效果

8.2.5　使用@import 引用外部样式表

与<link>标签类似，使用@import 也能引用外部样式，不过@import 只能在<style>标签内使用，而且必须放在其他 CSS 样式之前。@import 的语法格式如下。

```
@import url(外部样式地址);
```

其中 url 为关键字，不能随便更改；外部样式地址是外部样式的 URL，可以是绝对 URL，也可以是相对 URL。@import 除了语法和所在位置与<link>标签不同外，其他的使用方法与效果都是一样的。

【示例 8-5】使用@import 引用外部样式表。

```
01  <!DOCTYPE   html   PUBLIC   "-//W3C//DTD   XHTML   1.0   Transitional//EN"
"http://www.w3.org/TR/xhtml1/DTD/xhtml1-transitional.dtd">
02  <html xmlns="http://www.w3.org/1999/xhtml">
03  <head>
04  <meta http-equiv="Content-Type" content="text/html; charset=gb2312" />
05  <title>引用外部样式</title>
06  <style type="text/css">
07  <!--
08      @import url(8.4.1.css);
09      cite {color:green}
10  -->
11  </style>
12  </head>
13  <body>
14      <p>这是一个测试网页</p>
15      <tt>这是在 tt 标签内的文字</tt><br />
16      <cite>这是在 cite 标签内的文字</cite>
17  </body>
18  </html>
```

第 8 行使用@import 来引用外部样式。示例 8-5 运行效果如图 8.5 所示。可以看出外部样式表 8.4.1.css 在该文件中起了作用。

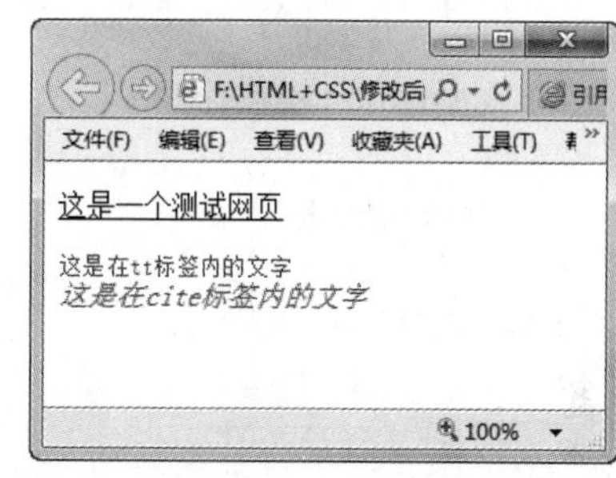

图 8.5 使用@import 引用外部样式表的效果

注意 使用@import 引用外部样式，在@import url（8.4.1.CSS）语句的最后一定要有分号，否则引用外部样式将会失败。

8.2.6 CSS 注释

CSS 中的注释与 HTML 中的注释有所不同，CSS 中的注释的语法格式如下。

```
/* 注释内容 */
```

注释可以是单独的一行，代码如下。

```
<style type="text/css">
<!--
    /*引用一个内部样式 */
    cite {color:green}
-->
</style>
```

注释也可以跨行，代码如下。

```
<style type="text/css">
<!--
    @import url(sample08_1.css);
    @import url(sample08_2.css);
    /*
    使用@import 引用了两个外部样式
    每个外部样式都将在该文档里起作用
    */
    cite {color:green}
-->
</style>
```

注释也可以与 CSS 代码放在同一行，代码如下。

```
<style type="text/css">
<!--
   @import url(sample08_1.css);  /* 注意：在@import 引用的最后必须要有分号 */
   cite {color:green}
-->
</style>
```

无论怎么使用注释都可以，但是注释不能嵌套，例如以下注释是不正确的。

```
<style type="text/css">
<!--
   @import url(sample08_1.css);
   /*
   怎么样使用注释都可以
/*
    注释不能嵌套
*/
就是不能使用注释的嵌套
*/
cite {color:green}
-->
</style>
```

8.3 选择符

CSS 最大的作用就是能将一种样式加载到多个标签上，便于开发者对标签进行管理与更改。CSS 通过选择符来控制哪些标签元素使用样式，哪些标签元素不使用样式；也可以通过选择符来指定标签元素使用哪个样式。本节将讲解 CSS 中选择符的使用。

8.3.1 类型选择符

类型选择符（Type Selectors）是以文档中的对象（Element）名作为选择符名，因此类型选择符可以使一个元素从原有的样式转变成另一种样式。类型选择符的语法格式如下。

```
E {样式属性:属性值; 样式属性:属性值; ……}
```

其中 E 为文档中的元素，如果该文档是 XML 文档，则 E 为 XML 文档中声明的元素；如果该文档是 HTML 文档，则 E 为 HTML 的元素，如 p、h1、hr、img 等。当在 CSS 中声明某个元素的类型选择符之后，在该文档中所有被声明的元素都将应用该样式。例如，声明一个名为 hr 的类型选择符，则该文档中的所有 hr 元素都会应用该样式。

【示例 8-6】类型选择符的使用。

```
01  <!DOCTYPE html PUBLIC "-//W3C//DTD XHTML 1.0 Transitional//EN" "http://www.w3.org/
TR/xhtml1/DTD/xhtml1-transitional.dtd">
02  <html xmlns="http://www.w3.org/1999/xhtml">
03  <head>
04  <meta http-equiv="Content-Type" content="text/html; charset=gb2312" />
05  <title>类型选择符</title>
06  <style type="text/css">
07  <!--
```

```
08      p {font-weight:bold;}          /* 粗体 */
09      a {text-decoration:none;}      /*无下画线*/
10      td {color:green}               /* 绿色 */
11  -->
12  </style>
13  </head>
14
15  <body>
16      <p>这是一个测试网页</p>
17      <a href="#">这是一个超链接</a><br /><br />
18      <table border="1">
19          <tr>
20              <td>这是一个单元格</td>
21              <td>这是另一个单元格</td>
22          </tr>
23      </table>
24      <ul>
25          <li>列表项一</li>
26          <li>列表项二</li>
27      </ul>
28  </body>
29  </html>
```

第 6 ~ 12 行使用<style>标签创建了一组样式。示例 8-6 运行效果如图 8.6 所示。可以看出，<p>标签内的文字已经变粗；原本有下画线的超链接中的文字没有了下画线；<td>标签中的文字都已变成了绿色。这是因为在该文档内的样式表中分别定义了 p、a 和 td 样式。其中 p、a 和 td 就是类型选择符，当文档中有这 3 个标签时，就会自动套用样式表中的样式定义。而因为样式表中没有声明 li 的样式，所以<li>标签中的文字还是保持原样，没有添加样式效果。

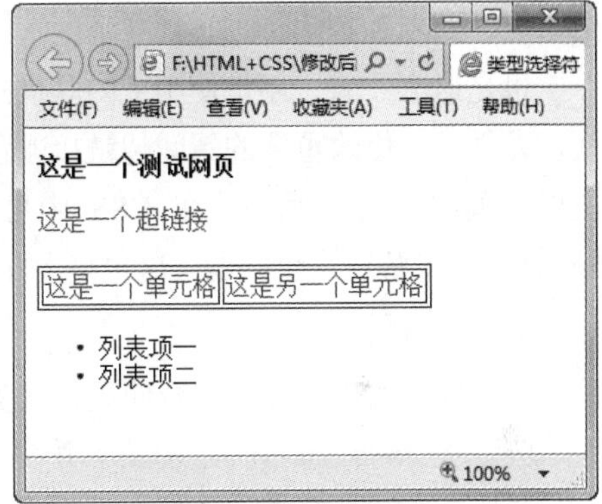

图 8.6　类型选择符使用效果

8.3.2　类选择符

在网页中，有可能要为同一标签应用不同的样式，例如，常常将新闻网页中比较重要的新闻标题用红色的文字显示，而普通的新闻标题则用黑色的文字显示。解决办法有以下两种。

1. 内联样式

第一种解决方法是在 CSS 中设置普通新闻标题的颜色，再用内联样式指定重要新闻标题的样式，如示例 8-7 所示。

【示例 8–7】内联样式的使用。

```
01  <!DOCTYPE html PUBLIC "-//W3C//DTD XHTML 1.0 Transitional//EN" "http://www.w3.org/
TR/xhtml1/DTD/xhtml1-transitional.dtd">
02  <html xmlns="http://www.w3.org/1999/xhtml">
03  <head>
04  <meta http-equiv="Content-Type" content="text/html; charset=gb2312" />
05  <title>相同标签的不同样式</title>
```

```
06  <style type="text/css">
07  <!--
08      a.red { text-decoration:underline;}
09      /* 普通新闻的超链接的样式：有下画线 */
10  -->
11  </style>
12  </head>
13  <body>
14      <a href="a.htm">这是一个普通新闻的超链接</a><br /><br />
15      <a href="a.htm">这是另一个普通新闻的超链接</a><br /><br />
16      <a href="#" style="color:red;text-decoration:none;">这是一个重要新闻的超链接
</a><br /><br />
17      <a href="#" style="color:red;text-decoration:none;">这是另一个重要新闻的超链接
</a><br /><br />
18  </body>
19  </html>
```

第 6 ~ 11 行使用<style>标签创建了一个样式，其中定义超链接的样式。在示例 8-7 中，先为所有普通新闻的超链接设置了一个样式，再在重要新闻的<a>标签内使用内联样式，这样可以突出重点，如图 8.7 所示。

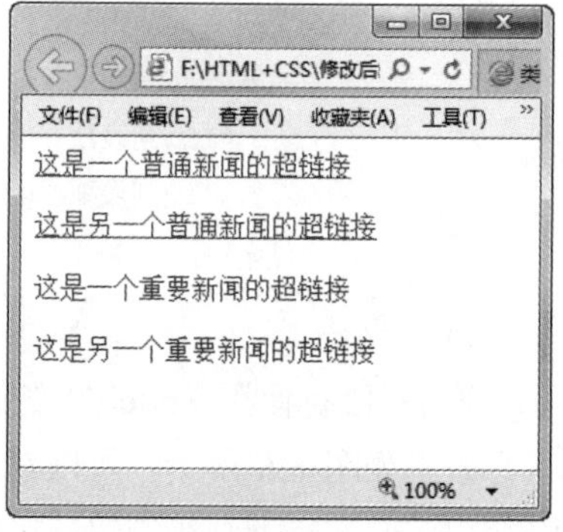

图 8.7　使用内联样式表的效果

可是这么一来，还是使用了内联样式，这种用法其实很不方便，尤其是想修改重要的新闻超链接颜色时，就必须修改每一个重要新闻的超链接代码。在 CSS 中可以使用类选择符（Class Selectors）来解决这个问题。这也是上面问题的第二个解决方法。

2. 类选择符

类选择符可以与元素配合使用，当类选择符与元素配合使用时，类选择符的语法格式如下。

```
E.classname {样式属性:属性值; 样式属性:属性值; ……}
```

其中 E 为元素名称，classname 是用于选择样式所用的标签名称，只有 E 元素才能选择是否使用 classname 样式。

【示例 8-8】类选择符的使用。

```
01  <!DOCTYPE html PUBLIC "-//W3C//DTD XHTML 1.0 Transitional//EN"
"http://www.w3.org/TR/xhtml1/DTD/xhtml1-transitional.dtd">
02  <html xmlns="http://www.w3.org/1999/xhtml">
03  <head>
04  <meta http-equiv="Content-Type" content="text/html; charset=gb2312" />
05  <title>类选择符</title>
06  <style type="text/css">
07  <!--
08      a.red {color:red;}              /* 红色的超链接 */
09      a.green {color:green;}          /* 绿色的超链接 */
10      td {color:red;}                 /* 表格内红色的文字 */
11      td.green {color:green;}         /* 表格内红色的文字 */
12  -->
13  </style>
14  </head>
15
16  <body>
```

```
17        <a href="a.htm">这是一个没有样式的超链接</a><br /><br />
18        <a href="#" class="red">这是一个 class 属性值 red 的超链接</a><br /><br />
19        <a href="#" class="green">这是一个 class 属性值为 green 的超链接</a><br /><br />
20        <a href="a.htm" class="black">这是一个引用了不存的样式的超链接</a><br /><br />
21        <table border="1">
22            <tr>
23                <td>这是一个单元格</td>
24                <td class="green">这是一个 class 属性值为 green 的单元格</td>
25            </tr>
26        </table>
27    </body>
28    </html>
```

第6～13行使用<style>标签创建了一组样式，其中使用了类选择符，第18～20行为超链接定义了class属性，其中指向样式中定义的类；第24行为一个单元格也指定了类属性，其中类名称指向样式中定义的类。示例8-8运行效果如图8.8所示。

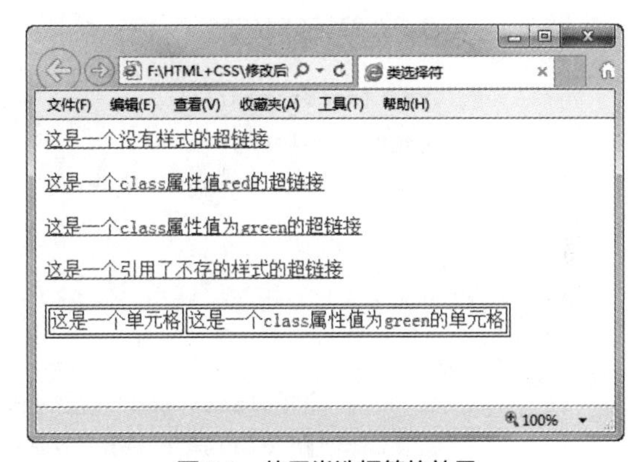

图8.8 使用类选择符的效果

在示例8-8中，CSS样式中声明了两个超链接的样式：a.red和a.green。其中，a代表a元素，也就是只有<a>标签可以选择是否使用该样式；red和green为<a>标签中class属性的值。在本例中有4个超链接。

- 第一个超链接没有使用class属性来指明样式，样式表中也没有a这个类选择符样式，因此第一个超链接使用的是默认的样式。
- 第二个超链接用class属性指明了使用名为red的类选择符样式，即使用样式表中声明的a.red样式，因此该超链接为红色。
- 第三个超链接用class属性指明了使用名为green的类选择符样式，即使用样式表中声明的a.green样式，因此该超链接为绿色。
- 第四个超链接用class属性指明了使用名为black的类选择符样式，即使用a.black样式，但是没有在样式表中声明该样式，因此第四个超链接使用的还是默认的样式。

在示例8-8中还设置了两个td样式，一个是td类型选择符样式，另一个是td类选择符样式。而在本例中表格的第一个单元格，即第一个<td>标签中虽然没有用class属性声明使用哪个样式，但是因为样式表中有td这个类型选择符的样式，所以所有<td>标签中的文字都使用该样式，即红色文字；而第二个单元格，即第二个<td>标签中用class属性指明了使用名为green的类选择符样式，即使用样式表中声明的td.green样式，因此该单元格中的文字为绿色。

3. 独立于元素的类选择符

类选择符可以与元素配合使用，也可以独立于元素使用，当类选择符独立于元素使用时，类选择符的语法代码如下。

```
.classname {样式属性:属性值; 样式属性:属性值; ……}
```

类选择符与元素配合使用时，只能在相同的 Element 下使用 classname 样式。例如，在 CSS 中声明了 a.red 样式，就只有<a>标签能通过“class="red"”属性来引用该样式，其他标签是不能引用该样式的。如果有很多个标签元素都使用相同的样式，也可以在 CSS 的声明中不指定 Element，直接使用.classname 来声明样式，如此一来，所有的元素都可以通过“class="classname"”来引用该样式。

【示例 8-9】单独使用类选择符。

```
01  <!DOCTYPE html PUBLIC "-//W3C//DTD XHTML 1.0 Transitional//EN" "http://www.w3.org
/TR/xhtml1/DTD/xhtml1-transitional.dtd">
02  <html xmlns="http://www.w3.org/1999/xhtml">
03  <head>
04  <meta http-equiv="Content-Type" content="text/html; charset=gb2312" />
05  <title>类选择符</title>
06  <style type="text/css">
07  <!--
08      .red {color:red;}                /* 红色的文字 */
09      .green {color:green;}            /* 绿色的文字 */
10      a.blod {font-weight:bolder;}     /* 粗体 */
11  -->
12  </style>
13  </head>
14
15  <body>
16      <a href="#" class="red">这是一个 class 属性值 red 的超链接</a><br /><br />
17      <a href="#" class="green">这是一个 class 属性值为 green 的超链接</a><br /><br />
18      <a href="#" class="blod">这是一个 class 属性值为 blod 的超链接</a><br /><br />
19      <table border="1">
20          <tr>
21              <td class="red">这是一个 class 属性值为 red 的单元格</td>
22          </tr>
23          <tr>
24              <td class="green">这是一个 class 属性值为 green 的单元格</td>
25          </tr>
26          <tr>
27              <td class="blod">这是一个 class 属性值为 blod 的单元格</td>
28          </tr>
29      </table>
30  </body>
31  </html>
```

示例 8-9 运行效果如图 8.9 所示。

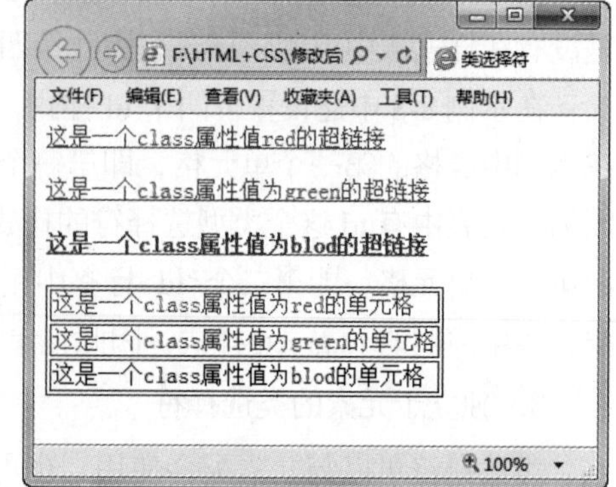

图 8.9　使用类选择符的效果

在示例 8-9 中，声明了 3 个样式：.red、.green 和 a.blod，因为在.red 和.green 样式之前没有 Element，所以任何一个标签都可以通过 class 来引用这两个样式，如图 8.9 中的第一个和第二个超链接，以及表格中的第一个和第二个单元格。而 a.blod 样式使用了 Element，因此只能由<a>标签来引用，如图 8.9 中的第三个超链接。虽然在表格的第三个单元格中也通过 class 引用了.bold 样式，但该样式不属于<td>标签，所以该样式并没有作用在这个单元格中。可以这么理解，类选择符可以将文档中相同的元素分成不同的类，同一类的元素的样式都是相同的。

8.3.3　ID 选择符

ID 选择符（ID Selectors）的使用方法与类型选择符和类选择符都有点相似，其语法格式如下。

```
#idname {样式属性:属性值; 样式属性:属性值; ……}
```

在 HTML 文档中，可以为元素设置 id 属性。id 属性与 name 属性的最大区别是，id 的属性值在整个 HTML 文档中必须是唯一的。而 ID 选择符中的 idname 正好是对应这个 id 的属性值，因此，ID 选择符只是针对网页中的某个元素的。这个元素可以是任意元素，但其 id 的属性值必须是 ID 选择符的名称。

【示例 8-10】ID 选择符的使用。

```
01  <!DOCTYPE html PUBLIC "-//W3C//DTD XHTML 1.0 Transitional//EN" "http://www.w3.org
/TR/xhtml1/DTD/xhtml1-transitional.dtd">
02  <html xmlns="http://www.w3.org/1999/xhtml">
03  <head>
04  <meta http-equiv="Content-Type" content="text/html; charset=gb2312" />
05  <title>ID 选择符</title>
06  <style type="text/css">
07  <!--
08      #myclass {color:red;}  /* 红色的文字 */
09  -->
10  </style>
11  </head>
12
13  <body>
14      <a href="#" id="myclass">这是一个超链接</a><br /><br />
15      <a href="#" id="youclass">这是另一个超链接</a><br /><br />
16  </body>
17  </html>
```

示例 8-10 运行效果如图 8.10 所示。

在示例 8-10 中，声明了一个#myclass 样式，只要 HTML 文件中有一个标签的 id 属性值为 myclass，就可以使用该样式，至于这个标签是<a>、<p>，还是<addr>，并不重要。

图 8.10　ID 选择符运行效果

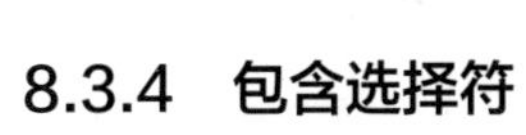

8.3.4　包含选择符

在理解什么是包含选择符之前，先看如下代码。

```
01  <html>
02  <head>
03  <meta http-equiv="Content-Type" content="text/html; charset=gb2312" >
04  <title>包含选择符</title>
05  </head>
06  <body>
07      <p>这是一个测试网页，<a href="#">这是一个超链接</a></p>
08      <a href="#">这是另一个超链接</a><br><br>
09      <table border="1">
10          <tr>
```

```
11                  <td>这是一个单元格</td>
12                  <td>
13                      <table border="2">
14                          <tr>
15                              <td>这是另一个表格的单元格</td>
16                          </tr>
17                      </table>
18                  </td>
19              </tr>
20          </table>
21          <ul>
22              <li>无序列表项一</li>
23              <li>无序列表项二</li>
24              <li>无序列表项三
25                  <ol>
26                      <li>有序列表项一</li>
27                      <li>有序列表项二</li>
28                  </ol>
29              </li>
30          </ul>
31      </body>
32      </html>
```

这是标准的 HTML 代码，HTML 允许标签嵌套，因此一个标签的 HTML 代码是像树一样的结构，以上代码的结构图如图 8.11 所示。

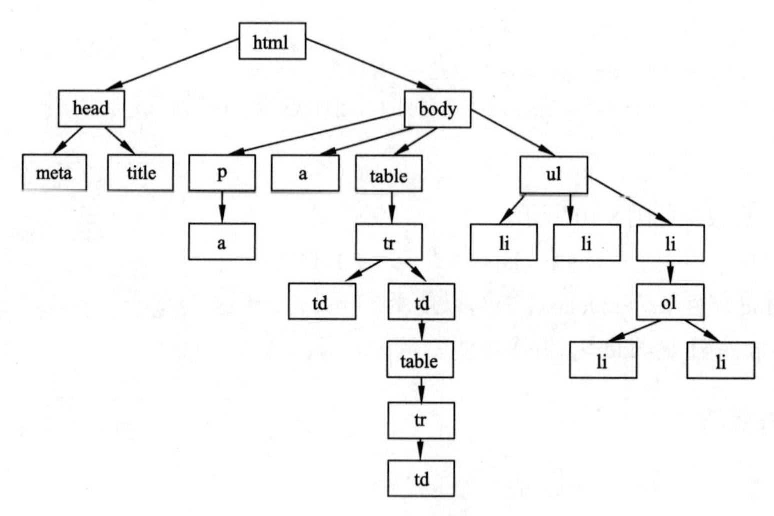

图 8.11　HTML 代码的结构图

如果一个标签包含了另一个标签，这个标签元素就是另一个标签元素的父元素，如图 8.11 所示，head 元素是 title 元素的父元素。反之，如果一个标签被包含在另一个标签中，该标签元素就是另一个标签元素的子元素，如图 8.11 所示，title 元素是 head 元素的子元素。所有标签最顶层的标签元素称为根元素，在图 8.11 中，html 元素就是根元素。同一个父标签的几个标签元素互为兄弟标签元素，在图 8.11 中，<ul>标签下的 3 个<li>标签都互为兄弟标签，同样，<body>标签下的<p>、<a>、<table>和<ul>标签也互为兄弟标签。

在 CSS 的选择符中有一种选择符叫作包含选择符（Descendant Selectors），在包含选择符中，可以为一个特定的结构创建样式，例如，可以创建一个超链接的样式，但该样式只有在超链接包含在<p>标签内才有效。包含选择符的语法格式如下。

```
E1 E2 {样式属性:属性值; 样式属性:属性值; ……}
```

【示例 8-11】包含选择符的使用。

```
01  <!DOCTYPE html PUBLIC "-//W3C//DTD XHTML 1.0 Transitional//EN" "http://www.w3.org/TR/xhtml1/DTD/xhtml1-transitional.dtd">
02  <html xmlns="http://www.w3.org/1999/xhtml">
03  <head>
04  <meta http-equiv="Content-Type" content="text/html; charset=gb2312" />
05  <title>包含选择符</title>
06  <style type="text/css">
07  <!--
08      p a {font-weight:bold;}                                    /* 粗体 */
09      li {color:red;}                                            /* 红色 */
10      ol li {color:green;}                                       /* 绿色 */
11      table tr td table tr td {text-decoration:line-through;}    /* 贯穿线 */
12  -->
13  </style>
14  </head>
15
16  <body>
17      <p>这是一个测试网页，<a href="#">这是一个超链接</a></p>
18      <a href="#">这是另一个超链接</a><br /><br />
19      <table border="1">
20          <tr>
21              <td>这是一个单元格</td>
22              <td>
23                  <table border="2">
24                      <tr>
25                          <td>这是另一个表格的单元格</td>
26                      </tr>
27                  </table>
28              </td>
29          </tr>
30      </table>
31      <ul>
32          <li>无序列表项一</li>
33          <li>无序列表项二</li>
34          <li>无序列表项三
35              <ol>
36                  <li>有序列表项一</li>
37                  <li>有序列表项二</li>
38              </ol>
39          </li>
40      </ul>
41  </body>
42  </html>
```

示例 8-11 运行效果如图 8.12 所示。

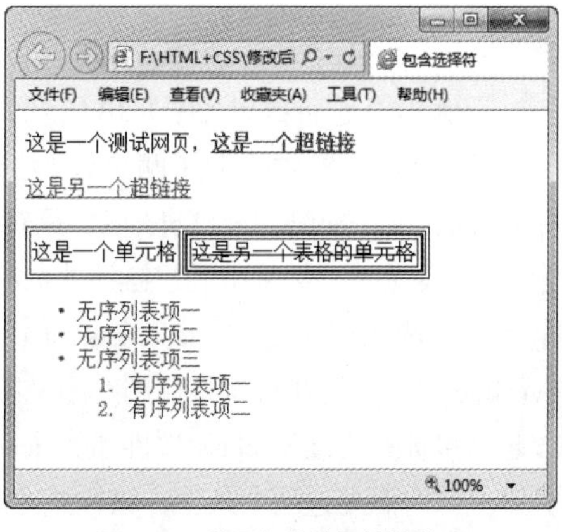

图 8.12　使用包含选择符的效果

本例中的样式设置如下。

- 第一个样式是包含样式“p a {font-weight:bold;}”，即只有包含在<p>标签中的超链接才是粗体。如图 8.12 所示，第一个超链接是粗体显示，因为这个超链接包含在<p>标签内，而第二个超链接并没有显示粗体，因为该超链接并不包含在<p>标签内。
- 第二个样式是类型选择符样式“li{color:red;}”，即所有<li>标签内的文字的颜色都是红色。但是在图 8.12 中，只有无序列表的<li>标签内的文字是红色，这是因为第 3 个样式中设置了“ol li{color:green;}”，即包含在<ol>的<li>标签内的文字是绿色的，也就是说，有序列表项的文字是绿色的。即使该有序列表不是嵌套在无序列表中，列表项目文字也会是绿色的。

包含选择符也可以很长，因为有些标签嵌套得很深。例如，示例 8-11 中的最后一个样式“table tr td table tr td {text-decoration:line-through;}”指明嵌套在一个表格中的另一个表格的单元格中的文字有横线贯穿，如图 8.12 所示。

包含选择符不仅可以包含类型选择符，还可以包含类选择符。

【示例 8-12】在包含选择符中包含类选择符。

```
01  <!DOCTYPE html PUBLIC "-//W3C//DTD XHTML 1.0 Transitional//EN" "http://www.w3.org/TR/xhtml1/DTD/xhtml1-transitional.dtd">
02  <html xmlns="http://www.w3.org/1999/xhtml">
03  <head>
04  <meta http-equiv="Content-Type" content="text/html; charset=gb2312" />
05  <title>包含选择符</title>
06  <style type="text/css">
07  <!--
08      p.myclass {text-decoration:line-through;}          /* 贯穿线 */
09      .testclass {color:red}                              /* 红色 */
10      p.myclass a {font-weight:bold;}                     /* 粗体 */
11      .testclass a {text-decoration:overline;}            /* 上画线 */
12  -->
13  </style>
14  </head>
15
16  <body>
17      <p>这是一个测试网页，<a href="#">这是一个超链接</a></p>
18      <p class="myclass">这是一个测试网页，<a href="#">这是另一个超链接</a></p>
19      <p class="testclass">这是一个测试网页，<a href="#">这是另一个超链接</a></p>
20  </body>
21  </html>
```

示例 8-12 运行效果如图 8.13 所示。

在示例 8-12 中声明了两个包含选择符，一个是“p.myclass a {font-weight:bold;}”，只有在 class 属性值为 myclass 的<p>标签中的超链接才会有该样式；第二个包含选择符是“.testclass a {text-decoration:overline;}”，该选择符也是作用在超链接标签上的，但该超链接标签必须是 class 属性值为 testclass 标签的子标签。只有满足这两个条件，该样式才起作用。

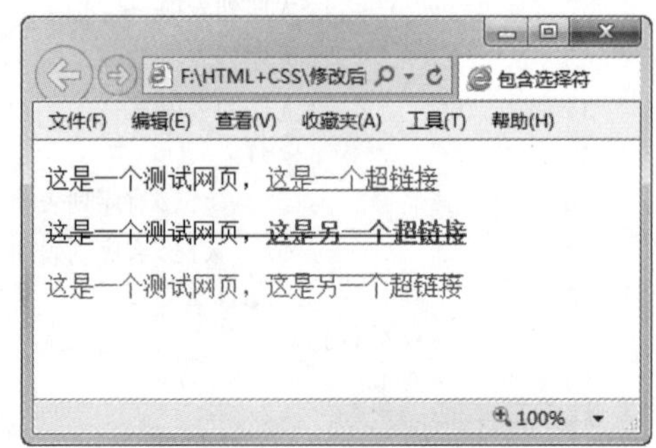

图 8.13 使用包含选择符的效果

8.3.5 选择符分组

一个 HTML 文档中，有可能多个标签都使用同一种样式，例如，所有的标题都使用下画线样式，在 CSS 中的定义如下。

```
<style type="text/css">
<!--
h1 {text-decoration:underline;}
h2 {text-decoration:underline;}
h3 {text-decoration:underline;}
h4 {text-decoration:underline;}
h5 {text-decoration:underline;}
h6 {text-decoration:underline;}
-->
</style>
```

其实在 CSS 中，支持选择符分组，即可以把相同样式的选择符放在一个组内，如此可以提高效率，也更方便阅读。选择符分组的语法格式如下。

```
E1,E2,E3…… {样式属性:属性值; 样式属性:属性值; ……}
```

以上代码可以简略如下。

```
<style type="text/css">
<!--
h1,h2,h3,h4,h5,h6 {text-decoration:underline;}
-->
</style>
```

将相同样式的选择符放在一起，阅读会方便很多，还能减少输入错误的可能性。

【示例 8-13】选择符分组的使用。

```
01 <!DOCTYPE html PUBLIC "-//W3C//DTD XHTML 1.0 Transitional//EN" "http://www.w3.org/TR/xhtml1/DTD/xhtml1-transitional.dtd">
02 <html xmlns="http://www.w3.org/1999/xhtml">
03 <head>
04 <meta http-equiv="Content-Type" content="text/html; charset=gb2312" />
05 <title>选择符分组</title>
06 <style type="text/css">
07 <!--
08     h1,h2 {text-decoration:line-through;}        /* 贯穿线 */
09     h5,h6 {text-decoration:overline;}            /* 上画线 */
10     p,h4,tt {text-decoration:underline;}         /* 下画线 */
11     b,h3 {font-style:italic;}                    /* 斜体 */
12 -->
13 </style>
14 </head>
15 <body>
16     <h1>标题: h1</h1>
17     <h2>标题: h1</h2>
18     <h3>标题: h1</h3>
19     <h4>标题: h1</h4>
20     <h5>标题: h1</h5>
21     <h6>标题: h1</h6>
22     <p>P 元素</p>
```

```
23        <b>粗体</b><br /><br />
24        <tt>等宽字</tt>
25    </body>
26    </html>
```

示例 8-13 运行效果如图 8.14 所示。<h1>、<h2>两个标签中的文字有横线贯穿；h5、h6 两个标签中的文字加上上画线；<p>、<h4>和<tt>标签中的文字加上下画线；<b>和<h3>标签中的文字为斜体。从图 8.14 中可以看出，使用选择符分组与不使用选择符分组的结果相同，只是这种方法更为直接。

图 8.14　选择符分组使用效果

8.3.6　通用选择符

通用选择符（Universal Selector）的语法格式如下。

```
* {样式属性:属性值; 样式属性:属性值; ……}
```

与很多高级程序语言一样，“*”代表所有，即所有的标签都将使用该样式。

【示例 8-14】通用选择符的使用。

```
01   <!DOCTYPE html PUBLIC "-//W3C//DTD XHTML 1.0 Transitional//EN"
"http://www.w3.org/TR/xhtml1/DTD/xhtml1-transitional.dtd">
02   <html xmlns="http://www.w3.org/1999/xhtml">
03   <head>
04   <meta http-equiv="Content-Type" content="text/html; charset=gb2312" />
05   <title>通用选择符</title>
06   <style type="text/css">
07   <!--
08        * {text-decoration:line-through;}        /*贯穿线*/
09   -->
10   </style>
11   </head>
12   <body>
13        这是一个测试网页，<a href="#">这是一个超链接</a>
14        <p>这是 p 标签内的文字</p>
15        <b>这是 b 标签内的文字</b>
16   </body>
17   </html>
```

第 8 行在定义样式时使用了通用选择符“*”表示所有标签。示例 8-14 运行效果如图 8.15 所示。可以看出，网页中的所有文字都加上了贯穿线，因为所有的标签都使用了通用选择符中设置的样式。

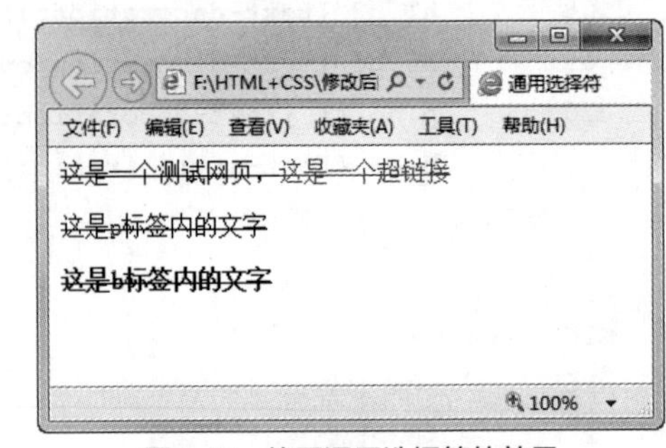

图 8.15　使用通用选择符的效果

以上的通用选择符很少使用，大多情况下都是让某一个标签下的所有标签都使用同一个样式，此时通用选择符的语法格式如下。

```
E* {样式属性:属性值; 样式属性:属性值; ……}
```

这是将类型选择符与通用选择符联合使用的一种方式。

【示例 8-15】某个标签下的所有标签都使用通用选择符。

```
01  <!DOCTYPE    html    PUBLIC    "-//W3C//DTD    XHTML    1.0    Transitional//EN"
"http://www.w3.org/TR/xhtml1/DTD/xhtml1-transitional.dtd">
02  <html xmlns="http://www.w3.org/1999/xhtml">
03  <head>
04  <meta http-equiv="Content-Type" content="text/html; charset=gb2312" />
05  <title>通用选择符</title>
06  <style type="text/css">
07  <!--
08      div * {text-decoration:line-through;}       /*贯穿线*/
09  -->
10  </style>
11  </head>
12  <body>
13      <p>这是一个测试网页。</p>
14      <div>这是一个测试网页，<p>这是一个超链接</p>这是一个测试网页，<b>这是 b 标签内的文字
</b></div>
15  </body>
16  </html>
```

第 8 行在定义样式时使用了通用选择符“div *”，表示所有 div 下一级的标签。示例 8-15 运行效果如图 8.16 所示。从图 8.16 中可以看出，只有<div>标签中的<p>标签与<b>标签中的文字才有贯穿线，<div>标签中的文字并没有贯穿线。通用选择符只作用于类型选择符下的所有标签内。

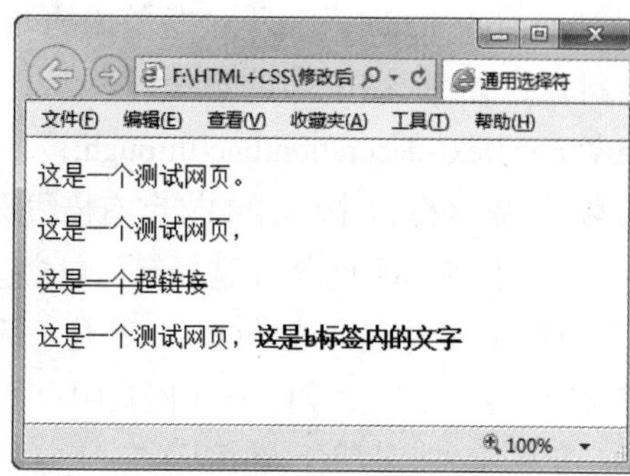

图 8.16　使用通用选择符的效果

8.3.7　子选择符

从某种程度上来说，子选择符（Child Selectors）与包含选择符很相像，但必须从父级标签指定子标签，其语法格式如下。

```
E1 > E2 {样式属性:属性值; 样式属性:属性值; ……}
```

其中 E1 为 E2 的父级标签。

【示例 8-16】子选择符的使用。

```
01  <!DOCTYPE    html    PUBLIC    "-//W3C//DTD    XHTML    1.0    Transitional//EN"
"http://www.w3.org/TR/xhtml1/DTD/xhtml1-transitional.dtd">
02  <html xmlns="http://www.w3.org/1999/xhtml">
03  <head>
04  <meta http-equiv="Content-Type" content="text/html; charset=gb2312" />
05  <title>子选择符</title>
06  <style type="text/css">
07  <!--
08      p > a {font-style:italic;}                          /*斜体*/
09      div > p > b {text-decoration:line-through;}         /*贯穿线*/
10  -->
11  </style>
12  </head>
13
14  <body>
15      <p>这是一个测试网页，<a href="#">这是一个超链接</a></p>
16      <div>这是一个 div,
```

```
17                <p>从这里开始换行
18                    <b>这是 b 标签内的文字</b>
19                    从这里换行结束。
20                </p>
21                这是另外一段
22            </div>
23    </body>
24    </html>
```

第 8 行在定义样式时，使用了子选择符 p > a 表示所有<p>标签下的<a>标签使用指定的样式。同理第 9 行使用子选择符 div > p > b 表示所有<div >标签下的<p>标签下的<b>标签。示例 8-16 运行效果如图 8.17 所示。

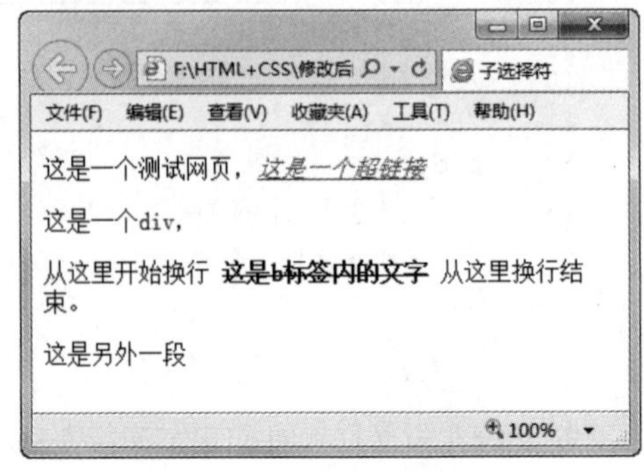

图 8.17　使用子选择符的效果

在示例 8-16 中，设置了两个样式，第一个样式为 "p > a{font-style:italic;}"，即<p>标签内的<a>标签中的文字为斜体，如图 8.17 中的第一行所示；第二个样式为 "div>p>b{text-decoration:line-through;}"，即<div>标签中的<p>标签中的<b>标签中的文字有横线贯穿，见图 8.17。

从示例 8-16 中看到子选择符与包含选择符很相像，那么子选择符是否就是包含选择符呢？

如果在使用包含选择符时，都是一级级地包含子标签的话，那么使用包含选择符与使用子选择符没有什么区例，例如，一个网页中有如下标签。

```
<div><p><b></b></p></div>
```

此时使用如下包含选择符与子选择符，结果相同。

```
包含选择符：div p b {font-style:italic;}
子选择符：div > p > b {font-style:italic;}
```

然而包含选择符比子选择符要灵活一些，子选择符只能对子标签有用，不能跨标签，而包含选择符对跨标签也有作用，例如，以下包含选择符与子选择符。

```
包含选择符：div b {font-style:italic;}
子选择符：div > b {font-style:italic;}
```

在包含选择符中，凡是<div>标签中包含的<b>标签的文字都可以使用该样式，不管<div>标签是不是<b>标签的父标签都可以。例如，以下代码中<b>标签中的文字将使用该样式。

```
<div><b></b></div>
<div><p><b></b></p></div>
<div><p><a><b></b></a></p></div>
```

而对子选择符来说，只有第一行中的<b>标签中的文字可以使用该样式。

【示例 8-17】比较子选择符与包含选择符的区别。

```
01    <!DOCTYPE html PUBLIC "-//W3C//DTD XHTML 1.0 Transitional//EN" "http://www.w3.org/TR/xhtml1/DTD/xhtml1-transitional.dtd">
02    <html xmlns="http://www.w3.org/1999/xhtml">
03    <head>
04    <meta http-equiv="Content-Type" content="text/html; charset=gb2312" />
05    <title>子选择符与包含选择符的区别</title>
06    <style type="text/css">
07    <!--
08        div > b {font-style:italic;}                    /*斜体*/
```

```
09        div b {text-decoration:line-through;}        /*贯穿线*/
10    -->
11    </style>
12    </head>
13    <body>
14        <div>子选择符与包含选择符的区别:
15            <p>子选择符只能对
16                <b>子标签有效</b>!
17                不可以跨标签。
18            </p>
19            包含选择符可以跨标签使用。
20        </div>
21        <div>包含选择符比子选择符要<b>灵活</b>得多</div>
22    </body>
23    </html>
```

示例 8-17 运行效果如图 8.18 所示。

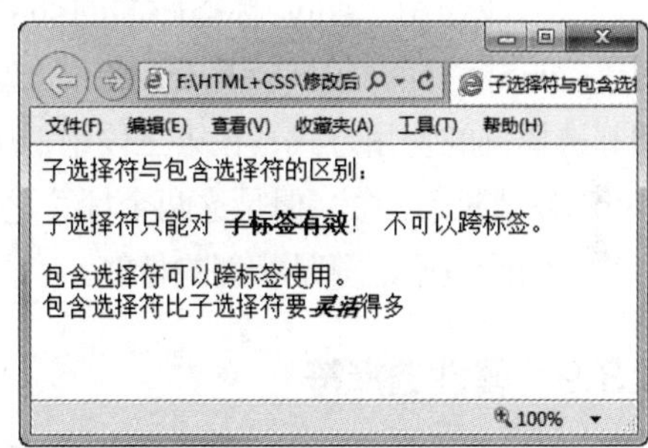

图 8.18 子选择符和包含选择符的区别

在示例 8-17 中声明了两个样式，一个是子选择符“div > b {font-style:italic;}”，另一个是包含选择符“div b {text-decoration:line-through;}”。子选择符的有效范围仅限于<div>标签中的<b>标签，而只要<div>标签中有<b>标签，就可以使用包含选择符的样式。因此，在图 8.18 中，第二行加粗的文字只能有贯穿线，而不会是斜体；而第四行中加粗的文字既有贯穿线，又是斜体。

8.3.8 相邻选择符

相邻选择符是一个比较有意思的选择符，该选择符作用于兄弟标签，但只能作用在相邻的两个兄弟标签之间，其语法格式如下。

```
E1 + E2 {样式属性:属性值; 样式属性:属性值; ……}
```

其中，E2 为紧跟着 E1 之后的兄弟标签，并且样式只能作用在 E2 上，不能作用在 E1 上。

【示例 8-18】相邻选择符的使用。

```
01    <!DOCTYPE html PUBLIC "-//W3C//DTD XHTML 1.0 Transitional//EN" "http://www.w3.org/
TR/xhtml1/DTD/xhtml1-transitional.dtd">
02    <html xmlns="http://www.w3.org/1999/xhtml">
03    <head>
04    <meta http-equiv="Content-Type" content="text/html; charset=gb2312" />
05    <title>相邻选择符</title>
06    <style type="text/css">
07    <!--
08        div + b {font-style:italic;}        /*斜体*/
09    -->
10    </style>
11    </head>
12    <body>
13        <b>相邻选择符: </b>
14        <div>相邻选择符作用在兄弟标签之间</div>
15        <b>子选择符: </b>
```

```
16
17          <div>作用于子标签</div>
18          包含选择符：
19          <b>作用于子标签或子标签以下的标签</b>
20
21          <div>选择符分组</div>
22          选择符可以分组<br />
23          <b>如此可以少输入文字</b>
24    </body>
25    </html>
```

示例 8-18 运行效果如图 8.19 所示。

示例 8-18 将源代码分为 3 段：在第一段中，<div>标签有两个兄弟标签，这两个兄弟标签都是<b>标签，但是样式只能作用于<div>标签后面的<b>标签，而不能作用于<div>标签前面的<b>标签；在第二段是一个标准的相邻选择符的使用方式；在第三段中，虽然<div>标签与<b>标签是兄弟标签，但是这两个标签之间隔着一个
标签，因此也不能算是相邻的标签。

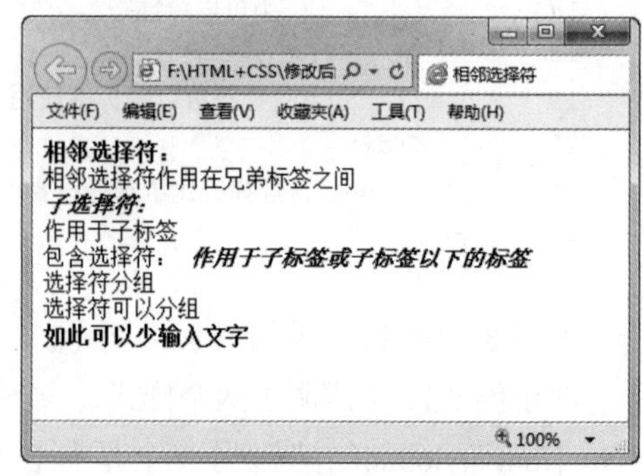

图 8.19　使用相邻选择符的效果

8.3.9　属性选择符

前面介绍的选择符，有针对元素声明的（如类型选择符），有针对 id 值声明的（ID 选择符），CSS 中还有一种选择符，是针对元素中的不同属性声明的，这种选择符就是属性选择符（Attribute Selectors）。属性选择符有以下 4 种表达方式。

1. 第一种表达方法

属性选择符的第一种表达方式如下。

```
E[属性] {样式属性:属性值; 样式属性:属性值; ……}
```

这种属性选择符的意思是：只要元素中包含该属性，就可以使用该样式。下面是一个属性选择符的样式声明。

```
p[align] {font-style:italic;}
```

该样式将作用于所有含有 align 属性的<p>标签上，无论 align 的属性值是什么。例如，以下 3 行代码都将使用该样式，即斜体。

```
<p align="left">文字</p>
<p align="center">文字</p>
<p align="right">文字</p>
```

虽然以下代码在 HTML 中的意思与“<p align="left">文字</p>”相同，但该行代码不能使用前面声明的 CSS 样式，因为在该行代码中，没有使用 align 属性。

```
<p>文字</p>
```

【示例 8-19】属性选择符的使用。

```
01    <!DOCTYPE html PUBLIC "-//W3C//DTD XHTML 1.0 Transitional//EN" "http://www.w3.org/
TR/xhtml1/DTD/xhtml1-transitional.dtd">
02    <html xmlns="http://www.w3.org/1999/xhtml">
03    <head>
```

```
04  <meta http-equiv="Content-Type" content="text/html; charset=gb2312" />
05  <title>属性选择符</title>
06  <style type="text/css">
07  <!--
08      p[align] {text-decoration:line-through;}          /*贯穿线*/
09  -->
10  </style>
11  </head>
12  <body>
13      <p>第一行</p>
14      <p align="left">第二行</p>
15      <p align="center">第三行</p>
16      <p align="right">第四行</p>
17  </body>
18  </html>
```

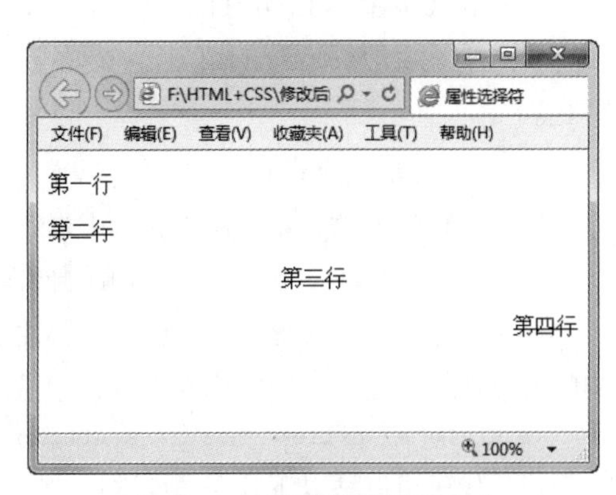

图 8.20　使用属性选择符的效果

示例 8-19 运行效果如图 8.20 所示。可以看出，由于第一行的<p>标签没有设置 align 属性，所以第一行没有添加画线。

2. 第二种表达方式

属性选择符的第二种表达方式如下：

```
E[属性 = 属性值] {样式属性:属性值; 样式属性:属性值; ……}
```

这种属性选择符对属性的要求比第一种属性选择符对属性的要求要高一些，除了要求要有该属性，还必须要求属性值是什么。属性选择符的第二种表达方式的代码如下：

```
p[align = "center"] {font-style:italic;}
```

该样式只能作用在 align 属性值为 center 的<p>标签上，即只能作用在以下代码上：

```
<p align="center">文字</p>
```

而不能作用在以下代码上：

```
<p>文字</p>
<p align="left">文字</p>
<p align="right">文字</p>
```

虽然这些代码使用都是 p 元素，但是这些代码要么没有 align 属性，要么 align 属性值不为 center。

【示例 8-20】使用属性选择符的第二种表达方式来设置样式。

```
01  <!DOCTYPE html PUBLIC "-//W3C//DTD XHTML 1.0 Transitional//EN" "http://www.w3.org/
TR/xhtml1/DTD/xhtml1-transitional.dtd">
02  <html xmlns="http://www.w3.org/1999/xhtml">
03  <head>
04  <meta http-equiv="Content-Type" content="text/html; charset=gb2312" />
05  <title>属性选择符</title>
06  <style type="text/css">
07  <!--
08      p[align = "center"] {text-decoration:line-through;}      /*贯穿线*/
09  -->
10  </style>
11  </head>
12  <body>
13      <p>第一行</p>
```

```
14          <p align="left">第二行</p>
15          <p align="center">第三行</p>
16          <p align="right">第四行</p>
17      </body>
18      </html>
```

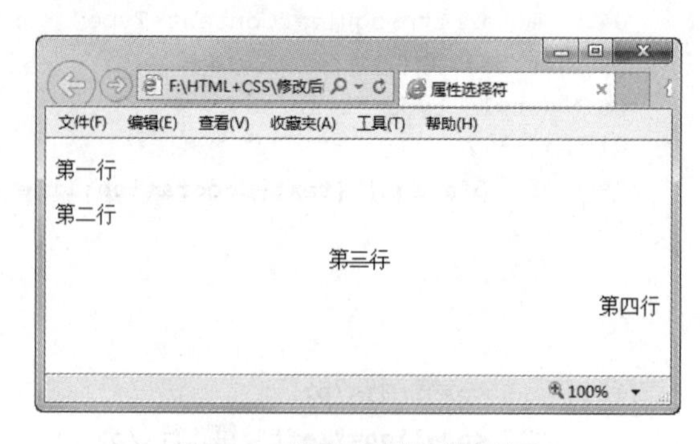

图 8.21　使用属性选择符的效果

示例 8-20 运行效果如图 8.21 所示。可以看出，只有 align 属性值为 center 的第三行<p>标签使用了样式。

3. 第三种表达方式

属性选择符的第三种表达方式如下。

```
E[属性 ~= 属性值] {样式属性:属性值; 样式属性:属性值; ……}
```

这种表达方式可以提供一种近似的属性值选择方式，"~="符号就像是约等于。例如，以下代码中的 title 属性值是一个字符串，并且该字符串中有用空格隔开的几个英文单词。

```
<a href="#" title="this is a Attribute Selectors">属性选择符</a>
```

这行代码可以被以下几个属性选择符匹配成功。

```
a [title ~= "this"] {font-style:italic;}
a [title ~= "is"] {font-style:italic;}
a [title ~= "a"] {font-style:italic;}
a [title ~= "Attribute"] {font-style:italic;}
a [title ~= "Selectors"] {font-style:italic;}
```

以上几个属性选择符都用"~="指明了一个属性值，只要<a>标签中的 title 属性中有一个单词属于属性选择符中的属性值，就可以使用该样式。

注意　在这种属性选择符中，属性值中不能有空格，即不能出现类似"a [title ~= "Attribute Selectors"] {font-style:italic;}"的属性选择符。

【示例 8-21】使用属性选择符的第三种表达方式来设置样式。

```
01      <!DOCTYPE html PUBLIC "-//W3C//DTD XHTML 1.0 Transitional//EN" "http://www.w3.org/
TR/xhtml1/DTD/xhtml1-transitional.dtd">
02      <html xmlns="http://www.w3.org/1999/xhtml">
03      <head>
04      <meta http-equiv="Content-Type" content="text/html; charset=gb2312" />
05      <title>属性选择符</title>
06      <style type="text/css">
07      <!--
08          a[title ~= "Attribute"] {text-decoration:line-through;}       /*贯穿线*/
09          a[title ~= "属"] {font-weight:bold;}                          /* 粗体 */
10      -->
11      </style>
12      </head>
13
14      <body>
15          <p><a href="#" title="this is a Attribute Selectors">属性选择符</a></p>
16          <p><a href="#" title="that is a Type Selectors">类型选择符</a></p>
17          <p><a href="#" title="属 性 选 择 符">属性选择符</a></p>
18          <p><a href="#" title="属性选择符">属性选择符</a></p>
```

```
19	</body>
20	</html>
```

示例 8-21 运行效果如图 8.22 所示。

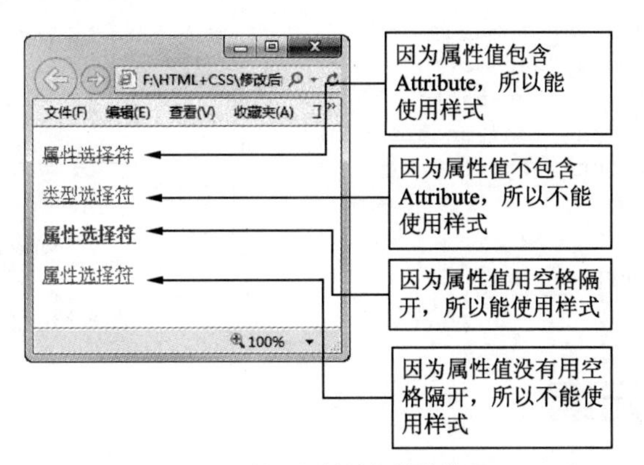

图 8.22　使用属性选择符的效果

4. 第四种表达方式

最后一种属性选择符的表达方式如下：

```
E[属性| = 属性值] {样式属性:属性值; 样式属性:属性值; ……}
```

这种属性选择符比第三种属性选择符能匹配的范围要小得多，第三种属性选择符能匹配的是单词，而这一种属性选择符只能匹配以连字符（-）分隔的字符串，并且只能是以属性值开头的元素。属性选择符的第四种表达方式的代码如下：

```
p[lang |= "en"] {font-style:italic;}
```

以上代码可以 lang 的属性为值 en 或者 en-开头的<p>标签。如以下代码都可以使用该样式：

```
<p lang="en">文字</p>
<p lang="en-as">文字</p>
<p lang="en-us">文字</p>
```

而以下代码都不能使用该样式：

```
<p>文字</p>
<p lang="fr">文字</p>
```

技巧　属性选择符可以和通用选择符联合使用，例如，“* [title] {font-style:italic;}”表示所有包含 title 属性的元素都能使用该样式。

【示例 8-22】使用属性选择符的第 4 种表达方式来设置样式。

```
01	<!DOCTYPE html PUBLIC "-//W3C//DTD XHTML 1.0 Transitional//EN" "http://www.w3.org/TR/xhtml1/DTD/xhtml1-transitional.dtd">
02	<html xmlns="http://www.w3.org/1999/xhtml">
03	<head>
04	<meta http-equiv="Content-Type" content="text/html; charset=gb2312" />
05	<title>属性选择符</title>
06	<style type="text/css">
07	<!--
08	    *[title |= "en"] {text-decoration:line-through;}          /*贯穿线*/
```

```
09  -->
10  </style>
11  </head>
12  <body>
13      <p title="en">en</p>
14      <p title="en-as">en-as</p>
15      <p title="en-us">en-us</p>
16      <div title="english">english</div>
17      <div title="en">english</div>
18  </body>
19  </html>
```

示例 8-22 运行效果如图 8.23 所示。

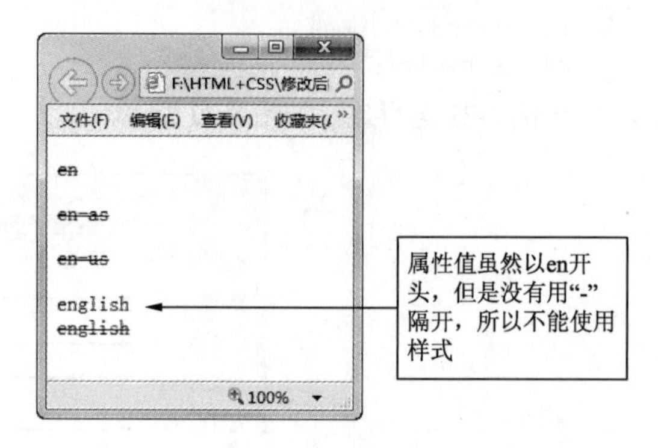

图 8.23 使用属性选择符的效果

8.4 伪类和伪元素

伪类（Pseudo Class）和伪元素（Pseudo Element）可以说是 HTML 文档中并不实际存在的类和元素。伪类通常是指某些元素的某个状态，比如超链接元素就存在 4 种状态：未访问过的链接、已访问过的链接、鼠标经过时的链接和鼠标单击时的链接。伪元素通常是指某个对象中某个元素的状态，例如，一行文字中第一个字符的样式等。

8.4.1 超链接的伪类

伪类最开始被提出来可以说完全是因为超链接，CSS 1 中只有 3 个伪类，即:link、:visited 和:active，这 3 个伪类都是作用在超链接上的，分别代表超链接的 3 种状态：未访问过的 URL、已访问过的 URL、正在点击的超链接。后来，在 CSS 2 中对鼠标指针经过超链接时的状态增加了一个伪类，即:hover。这 4 个伪类都只能使用在超链接上，其使用方法分别如下。

```
a:visited {样式属性:属性值; 样式属性:属性值; ……}
a:active{样式属性:属性值; 样式属性:属性值; ……}
a:hover{样式属性:属性值; 样式属性:属性值; ……}
a:link{样式属性:属性值; 样式属性:属性值; ……}
```

注意以上代码，在 link、active、hover 和 link 之前都有一个冒号（:），这个冒号就是伪类和伪元素的标记符，所有的伪类与伪元素都以冒号开头。冒号前为该伪类或伪元素作用的元素。

【示例 8-23】使用伪类来设置样式。

```
01  <!DOCTYPE html PUBLIC "-//W3C//DTD XHTML 1.0 Transitional//EN" "http://www.w3.org/TR/xhtml1/DTD/xhtml1-transitional.dtd">
02  <html xmlns="http://www.w3.org/1999/xhtml">
03  <head>
04  <meta http-equiv="Content-Type" content="text/html; charset=gb2312" />
05  <title>伪类</title>
06  <style type="text/css">
07  <!--
08      a:visited {TEXT-DECORATION: none; color: green; font-size: 10pt;}
09      a:active {TEXT-DECORATION: none; color: #000000;font-size: 10pt;}
10      a:hover {TEXT-DECORATION: underline; color: #000000;font-size: 14pt;}
11      a:link {TEXT-DECORATION: none; color: red;font-size: 10pt;}
12  -->
13  </style>
```

```
14  </head>
15  <body>
16      <p><a href="http://www.ibm.com">未访问过的超链接</a></p>
17      <p><a href="#">已访问过的超链接</a></p>
18      <p><a href="#">普通超链接</a></p>
19  </body>
20  </html>
```

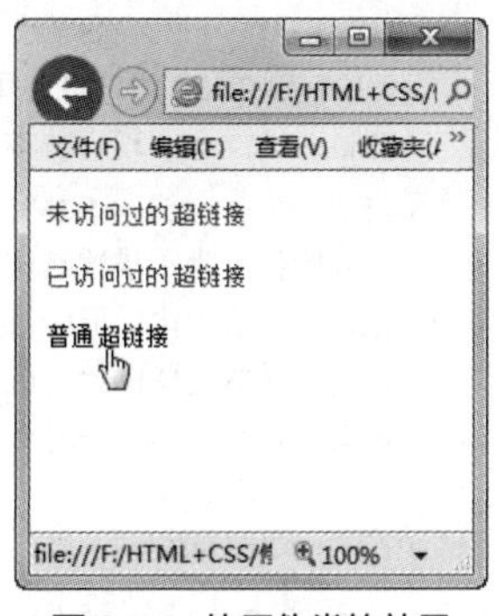

图 8.24 使用伪类的效果

示例 8-23 运行效果如图 8.24 所示。在示例 8-23 中，设置了未访问过的超链接为红色、已访问过的超链接为绿色，而当鼠标指针经过超链接时文字为黑色，并且要比原来的大一些。

在 CSS 2 中定义了 10 种不同的伪类，如表 8.1 所示。

表 8.1 CSS 2 中的伪类

伪 类	作 用
:link	设置超链接未被访问前的样式，如果超链接无 href 属性，则该样式不起作用
:hover	设置鼠标指针停放在该元素上时的样式。通常也用于超链接，但在 CSS 2 中，该伪类还可以用在其他对象上。当作用在超链接上时，如果超链接无 href 属性，则该样式不起作用
:active	设置鼠标单击时的样式，即鼠标按下去还没有释放的一瞬间的样式。通常也用于超链接，但在 CSS 2 中，该伪类还可以用在其他对象上。当作用在超链接上时，如果超链接无 href 属性，则该样式不起作用
:visited	设置超链接已被访问过后的样式，如果超链接无 href 属性，则该样式不起作用
:focus	设置对象获得焦点时的样式
:first-child	设置某标签的第一个子标签的样式
:first	设置页面容器的第一页使用的样式，通常用于打印控制
:left	设置页面容器位于装订线左边的所有页面使用的样式，通常用于控制打印
:right	设置页面容器位于装订线右边的所有页面使用的样式，通常用于控制打印
:lang	设置对象使用特殊语言的内容的样式

8.4.2 伪元素

伪元素与伪类的使用方法类似，伪元素通过插入文档中的虚构元素来设置样式。常用的伪元素有:first-letter 和:first-line。这两个伪元素可以将样式作用在文本的首字与首行，通常用在块级元素中。

【示例 8-24】使用伪元素来设置样式。

```
01  <!DOCTYPE html PUBLIC "-//W3C//DTD XHTML 1.0 Transitional//EN" "http://www.w3.org/TR/xhtml1/DTD/xhtml1-transitional.dtd">
02  <html xmlns="http://www.w3.org/1999/xhtml">
03  <head>
04  <meta http-equiv="Content-Type" content="text/html; charset=gb2312" />
05  <title>伪元素</title>
06  <style type="text/css">
07  <!--
08      p:first-letter {font-size: 200%;}
09      div:first-line {text-decoration:underline;}
10  -->
11  </style>
12  </head>
```

```
13  <body>
14      <p>CSS（Cascading Style Sheets），即层叠样式表，用于创建精美的网页风格。CSS 有两个标准：CSS1 和 CSS2，它们之间的区别为：CSS2 包含 CSS1 中的所有内容，并且加入了很多其他内容，但 CSS2 中有些功能目前还没有实现，从本章开始将会介绍 CSS2 的内容。</p>
15      <div>HTML 的混乱是大家有目共睹的，HTML 一开始就是为了描述结构而出现的，如段落、列表、表格等，这种结构化标记语言用于描述文档的不同部分，至于怎么去显示这些部分，这不应该是由结构化标记语言所考虑的。</div>
16  </body>
17  </html>
```

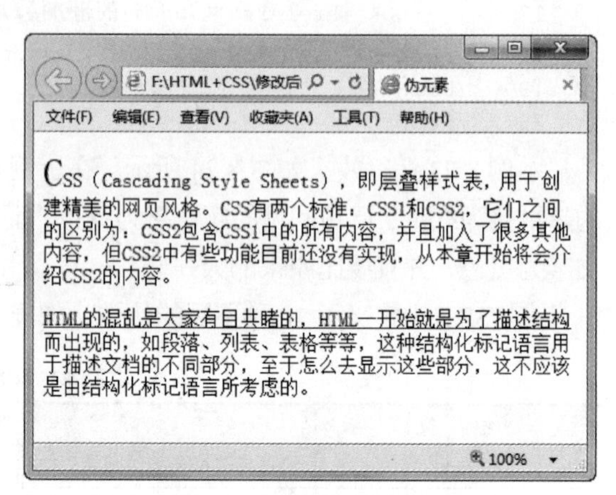

图 8.25　使用伪元素的效果

示例 8-24 运行效果如图 8.25 所示。在示例 8-24 中，设置<p>标签内的第一个文字为其他文字大小的两倍，如图 8.25 中第一段的第一个字母；设置<div>标签内的第一行文字有下画线，如图 8.25 中第二段文字的第一行。

在 CSS 2 中定义了 4 个伪元素，如表 8.2 所示。

表 8.2　CSS 2 中的伪元素

伪元素	作　用
:first-letter	设置对象中第一个字母的样式，仅用在块元素中
:first-line	设置对象中第一行文字的样式，仅用在块元素中
:before	设置在对象前发生的内容，用来与 content 属性（CSS 2 中的属性，后续章节将会介绍）一起使用
:after	设置在对象后发生的内容，用来与 content 属性一起使用

8.5　CSS 优先级

由于样式具有多种选择符，而选择符之间又有继承性与层叠性。在设计样式时，就有可能将多个样式都加载在同一个标签元素上，如果这些样式都不相同的话，该标签元素就可以同时拥有这几种样式，但如果样式相同，只是属性值不同，就会产生样式冲突。例如，HTML 文档中有以下两个样式代码。

```
p {color:red}
.vip {color:green}
```

以上两个样式单独看起来没有什么问题，但如果出现了以下代码，将会怎么样？

```
<p class="vip">文字</p>
```

此时在<p>标签内的文字应该是什么颜色？是红色还是绿色？虽然样式可以层叠，但这种层叠只是针对不同的样式属性而言，如果样式属性相同而属性值不同，就会产生样式冲突。在本例中，一个文字不可能既是红色，又是绿色。

其实在上面的代码中，正确的答案应该是绿色。在 CSS 中，每种类型的样式选择符都有一个特殊性（specificity），特殊性使用相对权重（weight）（也就是优先级）来描述不同的样式选择符。CSS 可以根据产生冲突的样式选择符的权重来判断使用哪种样式，通常是选择权重大的样式，而忽略权重小的样式。在 CSS 2.1 中使用一个 4 位的数字串来表示权重。以下是有关权重的一些规定。

- 类型选择符（E）的权重为 0001。
- 类选择符（.classname）的权重为 0010。
- ID 选择符（#idname）的权重为 0100。
- 通用选择符（*）的权重为 0000。
- 子选择符的权重为 0000。
- 属性选择符（[attr]）的权重为 0010。
- 伪类选择符（:pseudo-classes）的权重为 0010。
- 伪元素（:pseudo-elements）的权重为 0001。
- 包含选择符：包含的选择符权重值之和。
- 内联样式的权重为 1000。
- 继承的样式的权重为 0000。

以上权重由大到小依次是 1000、0100、0010、0001、0000。

【示例 8-25】比较几个选择符的优先级。

```
01  <!DOCTYPE html PUBLIC "-//W3C//DTD XHTML 1.0 Transitional//EN" "http://www.w3.org/
TR/xhtml1/DTD/xhtml1-transitional.dtd">
02  <html xmlns="http://www.w3.org/1999/xhtml">
03  <head>
04  <meta http-equiv="Content-Type" content="text/html; charset=gb2312" />
05  <title>样式冲突</title>
06  <style type="text/css">
07  <!--
08      p {color:red;}                  /*权重为：0001*/
09      .vip {color:green;}             /*权重为：0010*/
10      #myid {color:purple;}           /*权重为：0100*/
11      p[align] {color:blue;}          /*权重为：0010*/
12  -->
13  </style>
14  </head>
15  <body>
16      <p>文字</p>
17      <p class="vip">文字</p>
18      <p id="myid" class="vip">文字</p>
19      <p align="center" class="vip">文字</p>
20  </body>
21  </html>
```

示例 8-25 运行效果如图 8.26 所示。

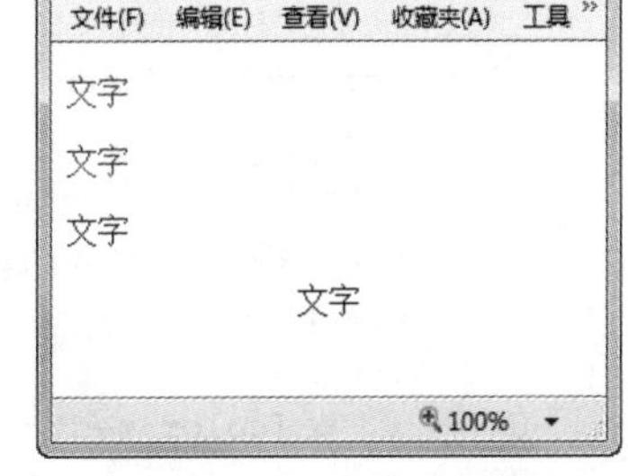

图 8.26　CSS 优先级使用效果

在示例 8-25 中设置的样式主要包括：第 1 个是类型选择符样式，其权重为 0001；第 2 个是类选择符样式，其权重为 0010；第 3 个是 ID 选择符样式，其权重为 0100；第 4 个是属性选择符，其权重为 0010。

在示例 8-25 中还添加了以下 4 行文字。

- 第 1 行文字使用的是普通的<p>标签，该标签只能使用第一种样式，没有和任何一个其他样式冲突，因此显示为红色。

- 第 2 行文字使用的是<p class= "vip">标签，该标签可以同时使用第 1 种与第 2 种样式，但第 2 种样式的权重大于第 1 种样式，因此第 2 行文字显示为绿色。
- 第 3 行文字使用的是<p id="myid" class="vip">标签，该标签可以同时使用第 1 种、第 2 种与第 3 种样式，但第 3 种样式的权重大于第 1 种与第 2 种样式，因此第 3 行文字显示为紫色。
- 第 4 行文字使用的是<p align="center" class="vip">标签，该标签可以同时使用第 1 种、第 2 种与第 4 种样式，但第 4 种样式的权重大于第 1 种与第 2 种样式，因此第 4 行文字显示为蓝色。

在 CSS 中对包含选择符采用权重相加的方式来计算权重，如示例 8-26 所示。

【示例 8-26】采用权重相加的方式来计算权重。

```
01  <!DOCTYPE html PUBLIC "-//W3C//DTD XHTML 1.0 Transitional//EN" "http://www.w3.org/TR/xhtml1/DTD/xhtml1-transitional.dtd">
02  <html xmlns="http://www.w3.org/1999/xhtml">
03  <head>
04  <meta http-equiv="Content-Type" content="text/html; charset=gb2312" />
05  <title>样式冲突</title>
06  <style type="text/css">
07  <!--
08      p {color:red}
09      body p {color:green}
10  -->
11  </style>
12  </head>
13  <body>
14      <p>文字</p>
15  </body>
16  </html>
```

示例 8-26 运行效果如图 8.27 所示。在示例 8-26 中，第 1 个样式只包含了一个类型选择符，因此该样式的权重为 0001；第 2 个样式是个包含选择符样式，其中包含了两个类型选择符，因此该样式的权重为这两个类型选择符的权重之和，即 0002。第 2 个样式的权重大于第 1 个样式的权重，因此在本例中，文字会显示为绿色。

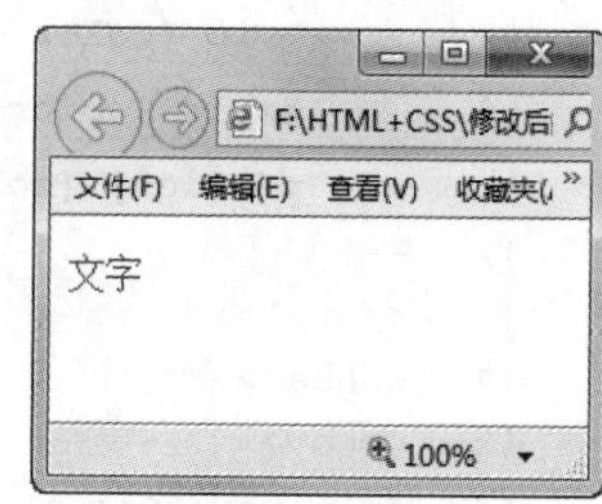

图 8.27　CSS 权重相加效果图

内联样式的权重为 1000，大于内部样式和外部样式的权重。因此当样式冲突时，只会显示内联样式。

【示例 8-27】比较内联样式和内部样式的优先级。

```
01  <!DOCTYPE html PUBLIC "-//W3C//DTD XHTML 1.0 Transitional//EN" "http://www.w3.org/TR/xhtml1/DTD/xhtml1-transitional.dtd">
02  <html xmlns="http://www.w3.org/1999/xhtml">
03  <head>
04  <meta http-equiv="Content-Type" content="text/html; charset=gb2312" />
05  <title>样式冲突</title>
06  <style type="text/css">
07  <!--
08      p {color:red}
09  -->
10  </style>
11  </head>
12
13  <body>
```

```
14        <p style="color:green">文字</p>
15    </body>
16    </html>
```

在示例 8-27 中，由于<p>标签使用了内联样式，因此文字只会显示为绿色。运行效果和图 8.27 一样。

8.6 CSS 中的单位

CSS 中的单位可以简单地分为颜色单位、长度单位、时间单位、角度单位和频率单位 5 种。

8.6.1 颜色单位

在 CSS 中常常会用到颜色，而表达颜色的方式主要包括#RRGGBB、rgb(R,G,B)和颜色名称。

- #RRGGBB 是比较常用的表示方法，其中 RR 代表红色值，GG 代表绿色值，BB 代表蓝色值，取值范围都是 00 ~ FF。例如，红色可以用“#FF0000”来表示。
- rgb(R,G,B)是颜色的另一种表示方法，其中 R 代表红色值，G 代表绿色值，B 代表蓝色值，取值范围都是 0 ~ 255 或 0% ~ 100%。例如，红色可以用 rgb(255,0,0)或 rgb(100%,0%,0%)来表示。百分数的表示方法不是所有浏览器都支持的。
- 使用颜色名称来表达颜色比较直观，例如，红色就可以直接用 red 来表示，但不同的浏览器会有不同的预定义的颜色名称。

以下都是正确的颜色声明。

```
div {color: #FF0000; }
div {color: rgb(255,120,109); }
div {color: rgb(90%,20%,30%); }
div {color: red; }
```

8.6.2 长度单位

在 CSS 中长度单位分为绝对长度单位和相对长度单位两种。

（1）绝对长度单位包括 pt、cm、mm、in 和 pc 等。

- pt：磅，这是标准的印刷上的量度，广泛使用在打印与排版上，72 磅相当于 1 英寸。
- cm：厘米（centimeter），全世界统一的度量单位，1 英寸等于 2.54 厘米，1 厘米等于 0.394 英寸。
- mm：毫米（millimeter），全世界统一的度量单位，1 厘米等于 10 毫米。
- in：英寸（inch），常用的度量单位。
- pc：派卡（pica），相当于我国新四号铅字大小。

以上 5 种绝对长度单位的换算方法为：1in = 2.54cm = 25.4mm=72pt= 6pc=12pt。

（2）相对长度单位包括 px、ex 和 em 等。

- px：像素（pixel），是相对显示器屏幕的分辨率而言的。
- ex：相对于字符 x 的高度，该高度通常为字体尺寸的一半。
- em：相对于当前对象内文本的字体尺寸。

以下都是正确的长度单位声明方法。

```
p { font-size: 10pt; }
p { font-size: 11cm; }
p { font-size: 40mm; }
p { font-size: 3in; }
p { font-size: 9pc; }
p { font-size: 10px; }
p { font-size: 15px; }
p { font-size: 11em; }
```

8.6.3 时间单位

在 CSS 中时间单位只有两种：s（秒）和 ms（毫秒），其中 1s=1 000ms。以下是正确的时间单位声明方法。

```
input { pause-before: 2s; }
input { pause-before: 2000ms; }
```

8.6.4 角度单位

CSS 中的角度单位包括 deg、grad 和 rad。

- deg：就是平常所说的“度”，一个圆等于 360deg。
- grad：梯度。一梯度为一个直角的 1%，一个圆等于 400grad。
- rad：弧度。把等于半径长的圆弧所对的圆心角叫 1 弧度的角。

以下是正确的角度单位声明方法。

```
img { azimuth: 90deg }
img { azimuth: 30grad }
img { azimuth: 6rad }
```

8.6.5 频率单位

CSS 中的频度单位只有两种：Hz（赫兹）和 kHz（千赫兹），都是声波单位，其中 1kHz=1 000Hz。以下是正确的频率单位声明方法。

```
strong { pitch: 75Hz }
strong { pitch: 75kHz }
```

8.7 小结

本章主要讲解 CSS 的基本知识，包括 CSS 样式表的设置方法、选择符、伪类和伪元素、CSS 优先级、CSS 中的单位。其中，重点介绍了 CSS 样式表的设置方法，包括内联样式表、内部样式表、外部样式表、引用多个样式表、使用@import 引用外部样式表以及 CSS 注释。本章的难点是 CSS 选择符的使用，读者需要仔细区分它们的不同。下一章将从文本样式开始介绍具体的 CSS 属性。

本章习题

1. CSS 样式表的设置方法有________、________、________、________、________5 种。

2. CSS 2 中超链接的伪类有________、________、________、________4 种。

3. 使用外部样式表的方法正确的是________。

A.

```
<h1 style="font-family:宋体; color:Red">文字</h1>
```

B.

```
<style type="text/css">
<!--
   h1 {text-decoration:underline;}
-->
</style>
```

C.

```
<link href="8.1.css" type="text/css" rel="stylesheet" />
```

D.

```
<style type="text/css">
<!--
   {text-decoration:underline;}
-->
</style>
```

4. 属于类型选择符的是________。

A.

```
<style type="text/css">
<!--
   p {font-weight:bold;}
-->
</style>
```

B.

```
<style type="text/css">
<!--
   a.red {color:red;}
   a.green {color:green;}
-->
</style>
```

C.

```
<style type="text/css">
<!--
   #myclass {color:red;}
-->
</style>
```

D.

```
<style type="text/css">
<!--
   p > a {font-style:italic;}
   div > p > b {text-decoration:line-through;}
-->
</style>
```

5. 比较 CSS 中内部样式表和内联样式表的不同。

上机指导

CSS 主要是用来设置网页中元素的格式以及对网页进行排版和风格设计。本章介绍了 CSS 的基本语法，并结合实例介绍了 CSS 的使用方法。本节将通过上机操作，巩固本章所学的知识点。

实验一

实验内容

使用 CSS 内部样式表和 ID 选择符来设置网页中文字的样式。

实验目的

巩固知识点。

实现思路

使用 CSS 内部样式表和 ID 选择符来设置网页中文字的样式。

在 Dreamweaver 中选择“新建”|“HTML”命令，新建 HTML 文档。在 HTML 文档中输入的关键代码如下。

```
<style type="text/css">
<!--
    #myclass {color:red;}
    #youclass {text-decoration:underline;}
-->
</style>
```

在菜单栏中选择“文件”|“保存”命令，输入保存路径，单击“保存”按钮，即可使用 CSS 内部样式表设置网页。运行页面查看效果如图 8.28 所示。

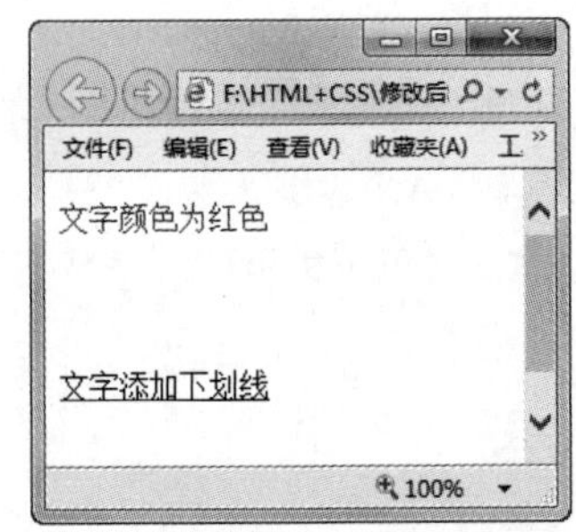

图 8.28　使用 CSS 内部样式表设置网页样式的效果

实验二

实验内容

使用 CSS 外部样式表和类选择符来设置网页中表格的样式。

实验目的

巩固知识点。

实现思路

使用 CSS 外部样式表和类选择符来设置网页中表格的样式。

在 Dreamweaver 中选择“新建”|“HTML”命令，新建 HTML 文档。在 HTML 文档中输入的关键代码如下。

```
<table border="2">
    <tr class="tb1">
            <td>这是另一个表格的单元格</td>
            <td>这是另一个表格的单元格</td>
    </tr>
        <tr class="tb2">
            <td>这是另一个表格的单元格</td>
```

```
                <td>这是另一个表格的单元格</td>
        </tr>
    </table>
```

在 Dreamweaver 中选择“新建”|“CSS”命令，新建 CSS 文档。在 CSS 文档中输入的关键代码如下。

```
.tb1 {color:green;
   background-color:#9FF
   }
.tb2 { height:50px;}
```

在菜单栏中选择“文件”|“保存”命令，输入保存路径，单击“保存”按钮，即可使用 CSS 外部样式表设置网页表格样式。运行页面查看效果如图 8.29 所示。

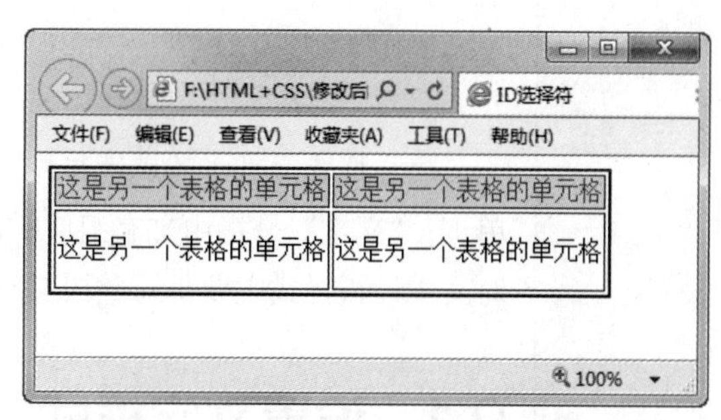

图 8.29 使用外部样式表设置网页样式的效果

实验三

实验内容

使用 CSS 伪类来设置超链接的样式。

实验目的

巩固知识点。

实现思路

使用 CSS 伪类和内部选择符来设置网页中超链接未被访问时的颜色为蓝色、访问过的颜色为紫色、鼠标指针经过超链接时的颜色为黑色。

在 Dreamweaver 中选择“新建”|“HTML”命令，新建 HTML 文档。在 HTML 文档中输入的关键代码如下。

```
<style type="text/css">
<!--
   a:visited {color:#63F; font-size: 20px;}
   a:hover { color: #000000;font-size:20px;}
   a:link {color:#6FF;font-size: 20px;}
-->
</style>
```

在菜单栏中选择“文件”|“保存”命令，输入保存路径，单击“保存”按钮，即可使用 CSS 伪类设置网页超链接。运行页面查看效果如图 8.30 所示。

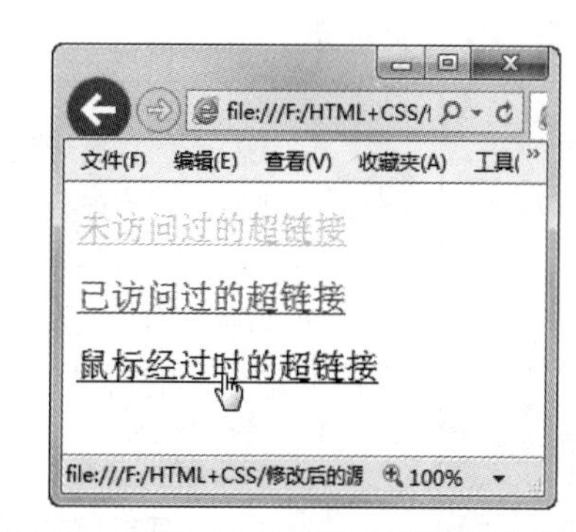

图 8.30 使用 CSS 伪类设置超链接样式的效果

09 第9章　设置文字和文本样式

CSS 样式最基本的属性是用来设置文字和文本的样式。“文字”是指单个文字或单词，“文本”是指由文字组成的内容。为文字设置样式主要是设置字、词的样式，对文本设置样式主要是对整段文章设置样式。

9.1　设置文字样式

CSS 中对文字样式的设计包括文字字体、文字大小、文字粗体、文字斜体以及字间距等样式的设置。

9.1.1　字体设置

在 HTML 中可以使用<font face="字体名">来设置文字字体，而在 CSS 中设置字体的属性是 font-family，其语法格式如下。

```
font-family:"字体 1","字体 2","字体 3",……
```

可以为文字设置多个字体，当在运行页面的浏览器中找不到第一种字体时，就会使用第二种字体显示；如果也找不到第二种字体，则会以第三种字体显示，以此类推。如果设置的几种字体在浏览器中都无法找到，就自动以浏览器设置的默认字体显示。

说明　为了更好地区分 HTML 代码和 CSS 样式代码，本书中所有的 CSS 样式语句都使用小写字母。

【示例 9-1】使用 CSS 内部样式表在页面的<HEAD>标签中添加两种设置字体的样式。

```
01    <HTML>
02      <HEAD>
03        <TITLE>使用 CSS 设置字体</TITLE>
04        <style type="text/css">
05        <!--
06          H3{font-family:"方正姚体","仿宋_GB2312"}
07          .exam{font-family:"隶书"}
08        -->
09        </style>
10      </HEAD>
11      <BODY>
12        <H3>荷花介绍</H3>
```

```
13        <P>荷花，又名莲花、水华、芙蓉、玉环等。属睡莲科多年生水生草本花卉。地下茎长而肥厚，有长节，叶盾圆形。
14        <P class=exam>花期 6～9 月，单生于花梗顶端，花瓣多数，嵌生在花托穴内，有红、粉红、白、紫等色，或有彩纹、镶边。坚果椭圆形，种子卵形。</P>
15      </BODY>
16    </HTML>
```

在第 4～9 行使用<style>标签定义一组样式，其中指定了 H3 标签的字体，也对 class 为 exam 的内容设定了字体。示例 9-1 运行效果如图 9.1 所示。可以看出，虽然页面中包含了两段文字，但只有第二段文字采用了 exam 类选择器样式，因此只有第二段文字以隶书的字体显示出来。

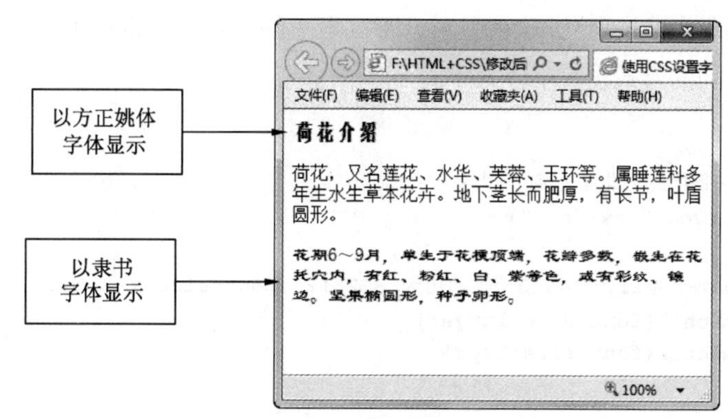

图 9.1　设置文字字体样式

9.1.2　文字大小

设置文字大小是指为页面中的文字设置绝对大小或相对大小。设置相对大小是指文字是相对父对象文字尺寸来设置的，包括 larger 和 smaller，它使用成比例的 em 单位计算。设置绝对大小是设置固定的大小，包括 xx-small、x-small、larger 等。

说明　虽然这里可以用英文单词设置绝对大小，但是这些文字在浏览器中的显示效果与浏览器的设置有关，而不是真正绝对不变的。这些表示绝对大小的词就是针对浏览器设置的字体而定的。

除了使用英文单词表示文字大小之外，还有一种设置文字大小的方式，是使用具体的长度值或百分比。在 CSS 样式表中设置的文字大小如表 9.1 所示。

表 9.1　CSS 样式表中可以设置的文字大小

类　型	font-size 取值或单位	含　义
用英文单词表示绝对大小	xx-small	极小
	x-small	很小
	small	小
	medium	中
	large	大
	x-large	很大
	xx-large	极大
用英文单词表示相对大小	larger	较大，一般比父对象中的字体大一些
	smaller	较小，一般比父对象中的字体小一些

续表

类　型	font-size 取值或单位	含　义
采用具体的长度值（浮点数+单位）	pt	点，1 点=1/72 英寸
	px	像素
	in	英寸
采用百分比	%	相对父对象中字体尺寸的比例

使用 CSS 样式设置文字大小的语法如下。

```
font-size:文字的大小
```

这里的文字大小取值就是表 9.1 中的几种，不同取值的运行效果也不相同。

【示例 9-2】以不同的方式设置字体大小。

```
01  <HTML>
02    <HEAD>
03      <TITLE>使用 CSS 设置文字的字号</TITLE>
04      <style type="text/css">
05      <!--
06        H3{font-family:"方正姚体","仿宋_BG2312";font-size:x-large}
07        .examfont1{font-size:larger}
08        .examfont2{font-size:14px}
09      -->
10      </style>
11    </HEAD>
12    <BODY>
13      <H3>荷花介绍</H3>
14      <P>荷花，又名莲花、水华、芙蓉、玉环等。属睡莲科多年生水生草本花卉。</P>
15      <P class=examfont1>地下茎长而肥厚，有长节，叶盾圆形。</P>
16      <P class=examfont2>花期 6～9 月，单生于花梗顶端，有红、粉红、白、紫等色，或有彩纹、镶边。
坚果椭圆形，种子卵形。</P>
17    </BODY>
18  </HTML>
```

在示例 9-2 中，设置标题文字的大小为绝对大小 x-large；第一段文字采用默认大小；第二段文字设置为相对大小 larger；第三段文字设置为固定的 14 像素，其运行效果如图 9.2 所示。

当浏览器窗口设置的默认字体变大时，只有设置了固定像素值的文字大小是绝对不变的。也就是说，如果希望在页面中显示的文字不随浏览器的设置而变化，就需要使用具体的长度值来设置文字的大小。

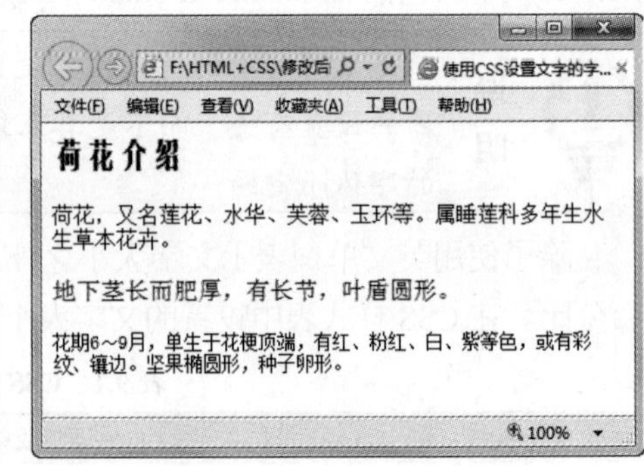

图 9.2　设置文字大小的效果

9.1.3　设置粗体

在页面中经常会使用加粗的字体表示强调，但是在 HTML 标签中，加粗的程度只有一种，通过 CSS 样式可以为文字设置不同程度的加粗效果，其语法格式如下。

```
font-weight:字体的粗度
```

字体的粗细程度可以使用数值表示，也可以使用英文单词表示，具体如表 9.2 所示。

表 9.2　设置字体的粗细

字体粗细取值	含　义
100~900	数值越小字体也越细，要求所取的数值是整百的，即只有 100、200、300 等
normal	正常字体效果
bold	加粗字体，字体的粗细与设置为 700 基本相同
bolder	特粗字体，就是在加粗字体的基础上再加粗，基本相当于设置为 900 的效果
lighter	细体字，相对默认字体更细一些

【示例 9-3】为文字设置不同程度的粗细。

```
01  <HTML>
02    <HEAD>
03      <TITLE>使用 CSS 设置文字的粗细</TITLE>
04      <style type="text/css">
05      <!--
06        H2{font-weight:bold}
07        .examfont1{font-size:16px;font-weight:normal}
08        .examfont2{font-size:16px;font-weight:900}
09      -->
10      </style>
11    </HEAD>
12    <BODY>
13      <H2>荷花介绍</H2>
14      <P class=examfont1>荷花，又名莲花、水华、芙蓉、玉
环等。属睡莲科多年生水生草本花卉。地下茎长而肥厚，有长节，叶盾
圆形。</P>
15      <P class=examfont2>花期 6～9 月，单生于花梗顶端，
有红、粉红、白、紫等色，或有彩纹、镶边。坚果椭圆形，种子卵形。
</P>
16    </BODY>
17  </HTML>
```

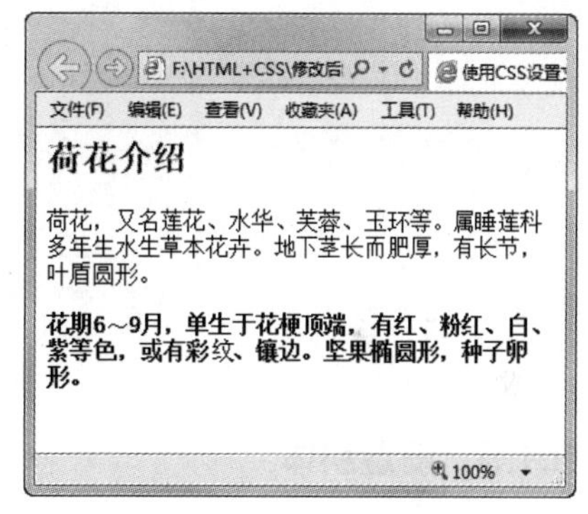

图 9.3　设置文字粗体的效果

在示例 9-3 中为标题文字和段落文字分别设置了不同粗细，运行效果如图 9.3 所示。

9.1.4　设置文字颜色

CSS 样式表中设置文字颜色的属性是 color，其语法格式如下。

```
color:颜色代码/颜色名称
```

颜色代码是指颜色的十六进制数，颜色名称是颜色的英文名。

【示例 9-4】为中文字设置不同的颜色。

```
01  <HTML>
02    <HEAD>
03      <TITLE>使用 CSS 设置文字的颜色</TITLE>
04      <style type="text/css">
05      <!--
06        H3{font-family:"方正姚体","仿宋_BG2312"}
07        .exam1{color:#FF99CC}
08        .exam2{color:red}
09      -->
10      </style>
```

```
11     </HEAD>
12     <BODY>
13       <H3>花朵介绍</H3>
14       <P>荷花，又名莲花、水华、芙蓉、玉环等。属睡莲科多年生水生草本花卉。地下茎长而肥厚，有长节，叶盾圆形。花期 6～9 月，单生于花梗顶端，有红、粉红、白、紫等色，或有彩纹、镶边。坚果椭圆形，种子卵形。</P>
15       <P class=exam1>玫瑰，别名徘徊花，蔷薇科，属落叶丛生灌木。它可以高达 2 米，茎枝上密生毛刺，叶椭圆形。目前全世界的玫瑰品种有资料可查的已达七千种。 </P>
16       <P class=exam2>牡丹为花中之王，有“国色天香”之称。每年 4～5 月开花，朵大色艳，奇丽无比，有红、黄、白、粉紫、墨、绿、蓝等色。牡丹姿态典雅，花香袭人，被看作富丽繁华的象征，称为“富贵花”。</P>
17     </BODY>
18   </HTML>
```

第 7 行与第 8 行分别定义 class 属性为 exam1 与 exam2 的文字颜色。示例 9-4 运行效果如图 9.4 所示。在示例 9-4 中，第一段文字采用的是默认颜色，第二段文字为浅红色，第三段文字为紫色。

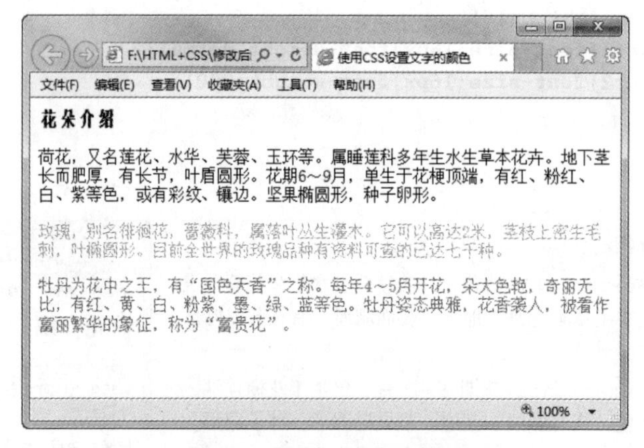

图 9.4　设置文字颜色的效果

9.1.5　设置斜体

在 CSS 样式表中，也可以将文字设置为斜体显示，而且倾斜的程度有倾斜字体和偏斜体两种。设置斜体的语法格式如下。

```
font-style:normal/italic/oblique
```

font-style 可以取 normal（正常字体）、italic（倾斜）和 oblique（偏斜体）3 种。

【示例 9–5】为文字设置不同的斜体效果。

```
01   <HTML>
02     <HEAD>
03       <TITLE>使用 CSS 设置斜体文字</TITLE>
04       <style type="text/css">
05       <!--
06         H3{font-family:"方正姚体","仿宋_BG2312" }
07         .examfont1{font-style:normal}
08         .examfont2{font-style: italic}
09         .examfont3{font-style: oblique }
10       -->
11       </style>
12     </HEAD>
13     <BODY>
```

```
14        <H3>荷花介绍</H3>
15        <P class=examfont1>荷花，又名莲花、水华、芙蓉、玉环等。属睡莲科多年生水生草本花卉。</P>
16        <P class=examfont2>地下茎长而肥厚，有长节，叶盾圆形。</P>
17        <P class=examfont3>花期 6～9 月，单生于花梗顶端，有红、粉红、白、紫等色，或有彩纹、镶边。
坚果椭圆形，种子卵形。</P>
18      </BODY>
19    </HTML>
```

第 7～9 行分别为 3 段正文文字设置正常字体、倾斜和偏斜体，运行效果如图 9.5 所示。

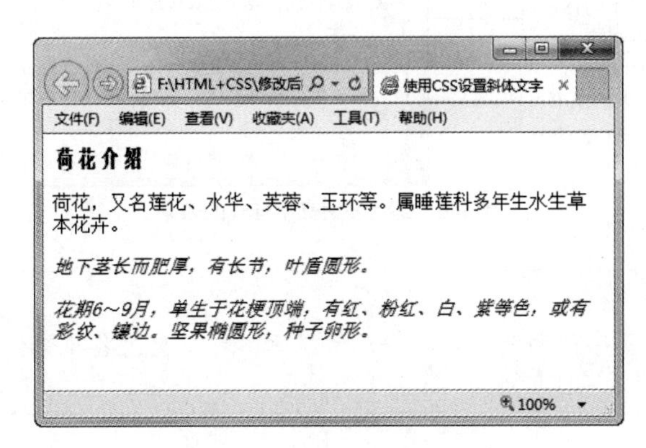

图 9.5　设置文字斜体的效果

9.1.6　综合设置

前面介绍的几种属性都是以 font 开始的，这表示这几种属性都属于同一类别，都是用来设置文字的字体效果的。在 CSS 样式表中，还可以很方便地设置字体属性，即直接使用 font 属性进行设置，其语法格式如下。

```
font:字体属性取值
```

可以直接设置字体的各种属性值，各属性值之间用空格隔开。

【示例 9-6】综合设置文字的各种样式。

```
01    <HTML>
02      <HEAD>
03        <TITLE>使用 CSS 设置文字的字体属性</TITLE>
04        <style type="text/css">
05        <!--
06          H2{font:900 30px 方正姚体}
07          .exam1{font:italic 18px 宋体}
08          .exam2{font:20px 隶书}
09        -->
10        </style>
11      </HEAD>
12      <BODY>
13        <H2>荷花介绍</H2>
14        <P class=exam1>荷花，又名莲花、水华、芙蓉、玉环等。属睡莲科多年生水生草本花卉。地下茎长而
肥厚，有长节，叶盾圆形。</P>
15        <P class=exam2>花期 6～9 月，单生于花梗顶端，有红、粉红、白、紫等色，或有彩纹、镶边。坚果椭
圆形，种子卵形。</P>
```

```
16      </BODY>
17    </HTML>
```

第 6～8 行分别设置指定内容的字体、文字大小等信息。示例 9-6 运行效果如图 9.6 所示。

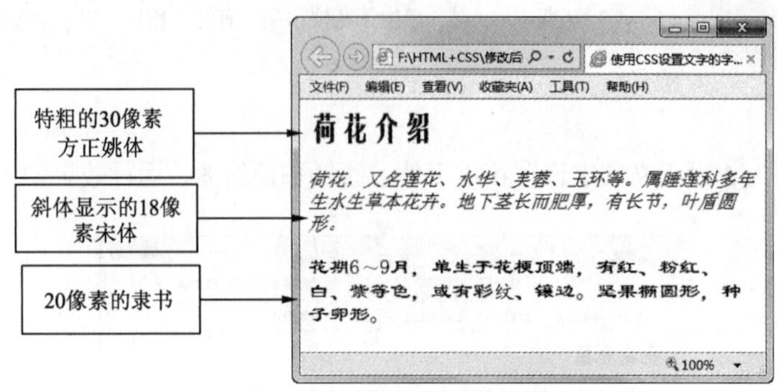

图 9.6　综合设置文字样式的效果

提示　如果文字设置字体的属性后无法正常显示，可以更改各属性值的顺序试一下。

9.2　设置文本样式

文本样式的设置是对一段文字整体进行设置。设置文本样式包括设置阴影效果、大小写转换、文本缩进、文本对齐方式等。

9.2.1　设置阴影效果

CSS2 中允许设置文字的阴影，让文字看起来更有立体感。设置阴影的属性为 text-shadow，其语法格式如下。

```
text-shadow : none | color | length | length | length | inherit
```

各属性值的含义如下。

- none：不设置阴影。
- color：阴影的颜色。
- length：长度值。
- inherit：继承父级样式。

CSS 中的阴影有 3 个 length 要设置，第 1 个是水平方向的距离，可以为负值；第 2 个是垂直方向的距离，可以为负值；第 3 个为模糊半径的长度，不能为负值。例如：

```
.e {text-shadow: black 0px 0px 5px;}
```

以下代码为文字设置了阴影，并且阴影在文字的右下方，但是该代码并没有指定阴影的颜色，因此阴影的颜色与文字本身颜色相同。

```
.e {text-shadow: 5px 5px 5px;}
```

模糊半径也可以省略，如果不指定模糊半径，则阴影不存在模糊效果。例如：

```
.e {text-shadow: 5px 5px;}
```

阴影还可以设置多组效果，每组效果之间用逗号分隔开。例如：

```
.e {text-shadow: black 0px 0px 5px, 0px 0px 10px orange, red 5px -5px;}
```

【示例 9-7】为文本设置阴影效果。

```
01   <!DOCTYPE    html    PUBLIC    "-//W3C//DTD    XHTML    1.0    Transitional//EN"
"http://www.w3.org/TR/xhtml1/DTD/xhtml1-transitional.dtd">
02   <html xmlns="http://www.w3.org/1999/xhtml">
03   <head>
04   <meta http-equiv="Content-Type" content="text/html; charset=gb2312" />
05       <TITLE>使用 CSS 设置文字的颜色</TITLE>
06   <style type="text/css">
07       <!--
08        .e {text-shadow: black 6px -7px 5px;}
09       -->
10   </style>
11     </HEAD>
12     <BODY>
13       <H3>花朵介绍</H3>
14       <P class="e">玫瑰，别名徘徊花，蔷薇科，属落叶丛生灌木。它可以高达 2 米，茎枝上密生毛刺，叶椭圆形。目前全世界的玫瑰品种有资料可查的已达七千种。
</P>
15     </BODY>
16   </HTML>
```

第 8 行为指定类的文字设置阴影效果。示例 9-7 运行效果如图 9.7 所示。

图 9.7　为文本设置阴影的效果

9.2.2　大小写转换

在 CSS 中处理大小写都是通过 text-transform 属性完成的，其语法格式如下。

```
text-transform : capitalize | uppercase | lowercase | none | inherit
```

各属性值的含义如下。

- capitalize：将每个文字的第一个字母大写。
- uppercase：将整个文字都变成大写。
- lowercase：将整个文字都变成小写。
- none：不改变文字的大小写。
- inherit：继承父级样式。

【示例 9-8】设置不同类型的大小写转换。

```
01   <!DOCTYPE html PUBLIC "-//W3C//DTD XHTML 1.0 Transitional//EN" "http://www.w3.org/
TR/xhtml1/DTD/xhtml1-transitional.dtd">
02   <html xmlns="http://www.w3.org/1999/xhtml">
03   <head>
04   <meta http-equiv="Content-Type" content="text/html; charset=gb2312" />
05   <title>大小写</title>
06   <style type="text/css">
07   <!--
08        body {font-size:20px}
09        .a {text-transform:capitalize;}
10        .b {text-transform:uppercase;}
11        .c {text-transform:lowercase;}
```

```
12          .d {text-transform:none;}
13          .e {text-transform:inherit;}
14      -->
15      </style>
16      </head>
17      <body>
18          <p class="a">I even do not know what is inside the box.</p>
19          <p class="b">I even do not know what is inside the box.</p>
20          <p class="c">I EVEN DO NOT KNOW WHAT IS INSIDE THE BOX.</p>
21          <p class="a">I even do not <tt class="d">know what is</tt> inside the box.</p>
22          <p class="a">I even do not <tt class="e">knoW whaT iS</tt> inside the box.</p>
23      </body>
24      </html>
```

第 9 ~ 13 行在创建样式时，使用 text-transform 为不同的 class 指定不同的大小写转换。示例 9-8 运行效果如图 9.8 所示。

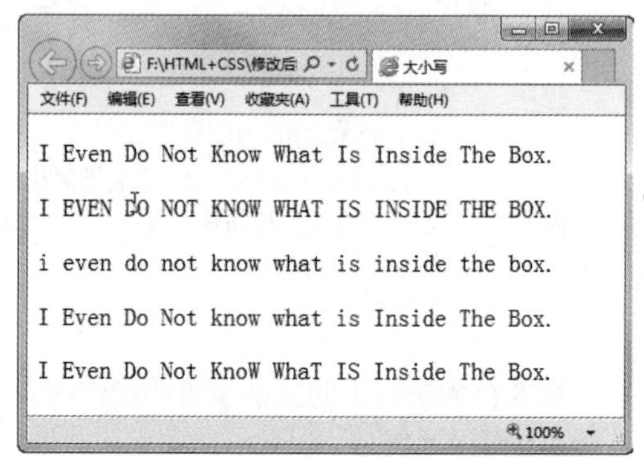

图 9.8　设置大小写转换的效果

示例 9-8 中的代码说明如下。

- 第 1 行文字使用的是 capitalize 属性值，所以该行所有单词的第一个字母都是大写字母。
- 第 2 行文字使用的是 uppercase 属性值，源代码中的所有小写字母都改为大写字母。
- 第 3 行使用的是 lowercase 属性值，源代码中的所有大写字母都改为小写字母。
- 第 4 行使用的是 capitalize 属性值，其中 know what is 这 3 个单词使用的是 none 属性值，因此这 3 个单词保留源代码中的大小写，而其他单词都是首字母大写。
- 在第 5 行中并没有使用 capitalize 属性值，在源代码中，know what is 这 3 个单词使用的是 inherit 属性值，这 3 个单词继承了父级元素的属性值，也就是 capitalize 属性值。

9.2.3　文本缩进

在没有使用 CSS 之前，一段文字的首行缩进都是使用空格来实现的。有了 CSS 之后，就不再需要在每个段落之前都加上两个空格了。使用 CSS 中的 text-indent 属性可以轻易实现缩进。text-indent 属性的语法格式如下。

```
text-indent : length | 百分数 | inherit
```

各属性值的含义如下。

- length：缩进量，可以使用绝对单位值与相对单位值。
- 百分数：相对父级元素的百分比来缩进。
- inherit：继承父级样式。

【示例 9-9】为文字设置不同类型的缩进。

```
01      <!DOCTYPE html PUBLIC "-//W3C//DTD XHTML 1.0 Transitional//EN" "http://www.w3.org/
TR/xhtml1/DTD/xhtml1-transitional.dtd">
02      <html xmlns="http://www.w3.org/1999/xhtml">
03      <head>
04      <meta http-equiv="Content-Type" content="text/html; charset=gb2312" />
05      <title>缩进</title>
```

```
06   <style type="text/css">
07   <!--
08        body {font-size:9pt}
09        .a {text-indent:20px;}
10        .b {text-indent:20%;}
11
12   -->
13   </style>
14   </head>
15   <body>
16        <div>
17             人生的磨难是很多的，所以我们不可对于每一件轻微的伤害都过于敏感。在生活磨难面前，精神上的坚强和无动于衷是我们抵抗罪恶和人生意外的最好武器……
18        </div>
19        <hr />
20        <div class="a">
21             人生的磨难是很多的，所以我们不可对于每一件轻微的伤害都过于敏感。在生活磨难面前，精神上的坚强和无动于衷是我们抵抗罪恶和人生意外的最好武器……
22        </div>
23        <hr />
24        <div class="b">
25             人生的磨难是很多的，所以我们不可对于每一件轻微的伤害都过于敏感。在生活磨难面前，精神上的坚强和无动于衷是我们抵抗罪恶和人生意外的最好武器……
26        </div>
27   </body>
28   </html>
```

第 9 行定义 class 为 a 的内容段落文字缩进 20 像素；第 10 行定义 class 为 b 的内容段落文字缩进页面宽度的 20%。示例 9-9 运行效果如图 9.9 所示。

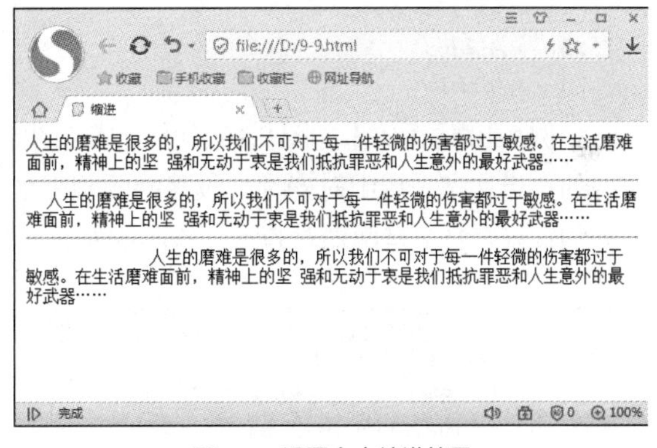

图 9.9 设置文本缩进效果

在示例 9-9 中，因为第 1 段没有设置缩进，所以该段的第一个文字是顶着浏览器窗口边框开始显示。在第 2 段中设置段落的首字缩进 20 像素，这个大小是相对固定的，从图中可以看出，左右两个浏览器窗口大小不一样，但其缩进程度还是一样的。在第 3 段中设置段落的首字缩进为父级元素大小的 20%，在本例中，<div>标签的父级标签是<body>，也就是窗口大小的 20%。

9.2.4 文本的水平对齐方式

使用 text-align 属性可以在 CSS 样式表中设置文本的水平对齐属性，包括左对齐、右对齐、居中对齐和两端对齐，其语法格式如下。

```
text-align:left/right/center/justify
```

【示例 9-10】为几段文字设置不同的水平对齐方式。

```
01   <!DOCTYPE html PUBLIC "-//W3C//DTD XHTML 1.0 Transitional//EN" "http://www.w3.org/TR/xhtml1/DTD/xhtml1-transitional.dtd">
02   <html xmlns="http://www.w3.org/1999/xhtml">
03   <head>
```

```
04   <meta http-equiv="Content-Type" content="text/html; charset=gb2312" />
05   <title>水平对齐</title>
06   <style type="text/css">
07   <!--
08       body {font-size:9pt}
09       .a {text-align:left;}
10       .b {text-align:right;}
11       .c {text-align:center;}
12       .d {text-align:justify;}
13   -->
14   </style>
15   </head>
16   <body>
17       <div class="a">
18           First time I baby when I saw your face.I knew for a fact that it was a love
you case
19       </div>
20       <hr />
21       <div class="b">
22           First time I baby when I saw your face.I knew for a fact that it was a love
you case </div>
23       <hr />
24       <div class="c">
25           First time I baby when I saw your face.I knew for a fact that it was a love
you case </div>
26       <hr />
27       <div class="d">
28           First time I baby when I saw your face.I knew for a fact that it was a love
you case </div>
29   </body>
30   </html>
```

示例 9-10 运行效果如图 9.10 所示。从该图中可以看出，当文字是居左对齐时，段落的右侧是不整齐的；当文字是居中对齐时，段落的两侧都是不整齐的；当文字是居右对齐时，段落的左侧是不整齐的；只有文字是两端对齐时，段落的左右才是整齐的。

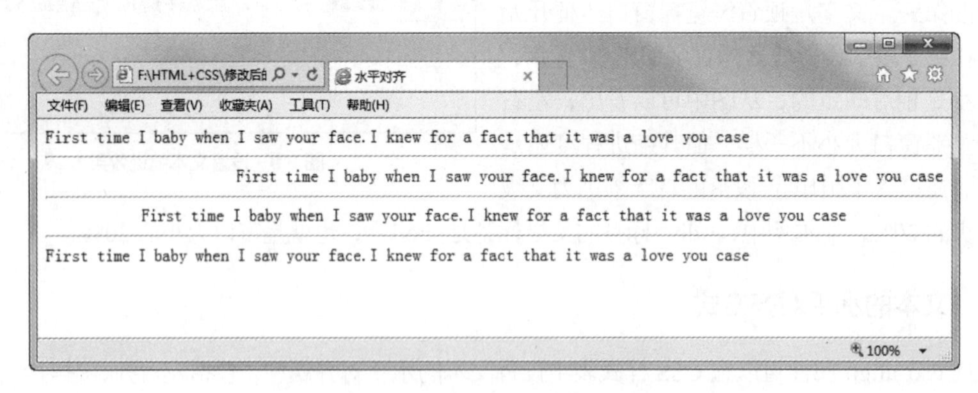

图 9.10　设置文本水平对齐方式的效果

9.2.5　文本的垂直对齐方式

文本垂直对齐属性 vertical-align 相当于 HTML 中的垂直对齐标签。它用于设置文本和其他元素（一般是上一级元素或者同行的其他元素）的垂直对齐方式，其语法格式如下。

```
vertical-align: baseline / sub / super / top / bottom / text-top / middle /text-bottom / 百分比
```

这个属性可取的值较多，其含义也各不相同。表 9.3 对各个取值进行了详细说明。

表 9.3　垂直对齐的取值含义

垂直对齐的取值	含　义
baseline	设置文本和上级元素的基线对齐
sub	设置文本显示为上级元素的下标，常在数组中使用
super	设置文本显示为上级元素的上标，常用于设置某个数值的乘方数
top	使文本元素与同行中最高的元素上端对齐
bottom	使文本元素与同行中高度最低的元素向下对齐
text-top	使文本元素与上级元素的文本向上对齐
middle	使文本垂直居中对齐。假如元素的基线与上级元素 x 高度的一半相加的值为 H，则文本与高度 H 的中点垂直对齐。其中，x 是指字母 “x” 的高度
text-bootom	使文本元素和上级元素的文本向下对齐
百分比	是相对元素行高属性的百分比，它会在上级元素基线上增加指定的百分比。如果取值为正数，则表示增加设置的百分比，反之取值为负数，则表示减少相应的百分比

【示例 9–11】设置不同类型的垂直对齐方式。

```
01  <HTML>
02    <HEAD>
03      <TITLE>使用 CSS 设置元素的垂直对齐</TITLE>
04      <style type="text/css">
05      <!--
06        H2{font-family:"方正姚体"}
07        img{ vertical-align:-150%}
08        .exam1{ vertical-align: super }
09        .exam2{ vertical-align: sub }
10      -->
11      </style>
12    </HEAD>
13    <BODY>
14      <H2>荷花介绍</H2>
15      <P>荷花，又名莲花、水华、芙蓉、玉环等。属睡莲科多年生水生草本花卉。地下茎长而肥厚，有长节，
叶盾圆形。<IMG SRC="pic01.jpg" WIDTH="150px">
16      </P>
17      <P>花期 6~9 月，单生于花梗顶端，有红、粉红、白、紫等色，或有彩纹、镶边。坚果椭圆形，种子卵形。
</P>
18      <HR>
19      <P>什么是上标和下标呢？下面的方程式中就包括了上标和下标。</P>
20      <P>
21        X<FONT          class=exam1>1</FONT><FONT          class=exam2>2</FONT>+X<FONT
class=exam1>2</FONT><FONT class=exam2>2</FONT>=100
22    </BODY>
23  </HTML>
```

第 7 行为 img 标签定义垂直对齐方式为相当于元素行高的 150%，第 8 行与第 9 行定义垂直对齐为上标与下标。示例 9-11 运行效果如图 9.11 所示。

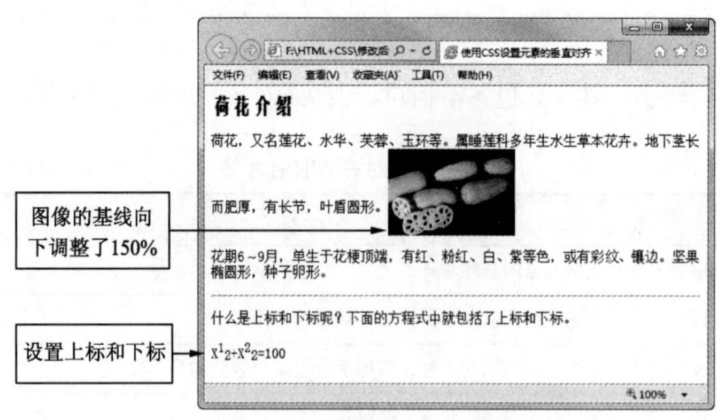

图 9.11　设置垂直对齐方式效果

9.2.6　设置文本流入方向

CSS 中的 direction 属性用来设置文本流入的方向。direction 属性的语法格式如下。

```
direction : ltr | rtl | inherit
```

各属性值的含义如下。

- ltr：left to right 的简写，用于设置文本从左向右流入。该值为 direction 属性的默认值。
- rtl：right to left 的简写，用于设置文本从右向左流入。
- inherit：继承父级样式。

【示例 9-12】为文本设置不同的流入方向。

```
01	<html xmlns="http://www.w3.org/1999/xhtml">
02	<head>
03	<meta http-equiv="Content-Type" content="text/html; charset=gb2312" />
04	<title>文字流入方向</title>
05	<style type="text/css">
06	<!--
07		body {font-size:20px;}
08		.a {direction:ltr;}
09		.b {direction:rtl;}
10	-->
11	</style>
12	</head>
13	<body>
14		<p class="a">
15			First time I baby when I saw your face.
16		</p>
17		<p class="b">
18			First time I baby when I saw your face.
19		</p>
20		<p class="a">
21			荷花，又名莲花、水华、芙蓉、玉环等。属睡莲科多年生水生草本花卉。地下茎长而肥厚，有长节，
叶盾圆形。
22		</p>
23		<p class="b">
24			荷花，又名莲花、水华、芙蓉、玉环等。属睡莲科多年生水生草本花卉。地下茎长而肥厚，有长节，
叶盾圆形。
25		</p>
```

```
26    </body>
27    </html>
```

示例 9-12 运行效果如图 9.12 所示。

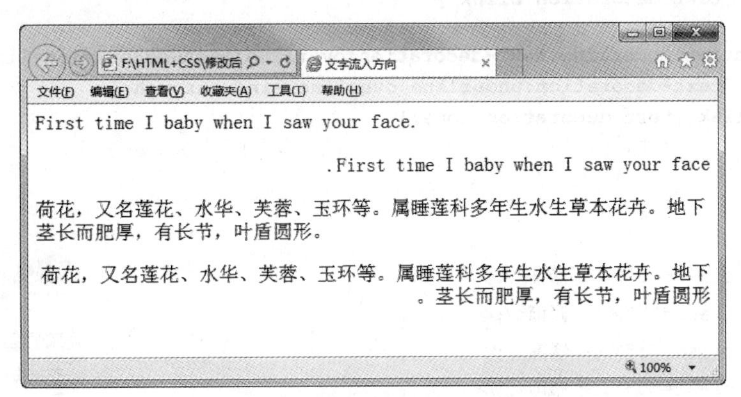

图 9.12　设置文本流入方向的效果

从图 9.12 可以看出，文本流入方向为 ltr，即从左向右流入时，文本都是居左显示的，如图 9.12 中的第 1 段与第 2 段，此时与居左对齐很相似。当文本流入方向为 rtl，即从右向左流入时，文本都是居右显示的，如图 9.12 中的第 2 段与第 4 段，此时与居右对齐很相似。

文本流入方向与水平对齐不同的是，句号总是放在文本流入方向的最后面。文本流入方向为从左向右流入时，句号在文本的右侧；文本流入方向为从右向左流入时，句号在文本的左侧。

9.2.7　设置文本修饰

文字修饰一般包括设置文字下画线、上画线、删除线等，这些都可以使用 text-decoration 属性来设置，其语法格式如下。

```
text-decoration:underline/overline/line-through/blink/none
```

text-decoration 属性可以取 5 种值，其含义分别如表 9.4 所示。

表 9.4　文字的修饰属性

文本修饰属性值	含　义
underline	给文字添加下画线
overline	给文字添加上画线
line-through	给文字添加删除线
blink	给文字添加闪烁效果，只有在 Netscape 浏览器中才能看到效果
none	不设置任何修饰属性

【示例 9-13】为不同的文本添加不同的修饰效果。

```
01    <!DOCTYPE html PUBLIC "-//W3C//DTD XHTML 1.0 Transitional//EN" "http://www.w3.org/
TR/xhtml1/DTD/xhtml1-transitional.dtd">
02    <html xmlns="http://www.w3.org/1999/xhtml">
03    <head>
04    <meta http-equiv="Content-Type" content="text/html; charset=gb2312" />
05    <title>文字修饰</title>
06    <style type="text/css">
07    <!--
08        body {font-size:20px}
```

```
09        .a {text-decoration:underline;}
10        .b {text-decoration:overline;}
11        .c {text-decoration:line-through;}
12        .d {text-decoration:blink;}
13        .e
{text-decoration:underline;text-decoration:overline;text-decoration:line-through;}
14        .f {text-decoration:underline overline line-through;}
15        a:link {text-decoration:none;}
16    -->
17    </style>
18    </head>
19    <body>
20        <p class="a">文字修饰</p>
21        <p class="b">文字修饰</p>
22        <p class="c">文字修饰</p>
23        <p class="d">文字修饰</p>
24        <p class="e">文字修饰</p>
25        <p class="f">文字修饰</p>
26        <a href="#">这是一个超链接</a>
27    </body>
28    </html>
```

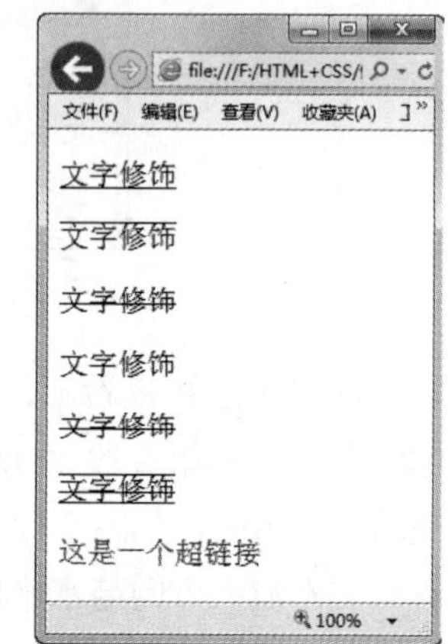

图 9.13 设置文本修饰效果

示例 9-13 运行效果如图 9.13 所示。第 1 行文字是下画线效果；第 2 行文字是上画线效果；第 3 行文字是删除线效果；第 4 行文字是闪烁效果，但图中体现不出来；第 5 行文字用到的 CSS 如下。

```
.e {text-decoration:underline;text-decoration:overline;text-decoration:line-through;}
```

开发者的本意是想让该行文字同样拥有 3 种修饰，但是在 CSS 中不支持这种写法，在遇到相同的属性而属性值不同的情况时，CSS 会以最后一个属性值为准来显示。如果想在文字上同时加载 3 种修饰，可以使用以下代码，其结果如图 9.13 所示的第 6 行文字。

```
.f {text-decoration:underline overline line-through;}
```

在默认情况下，超链接都是有下画线的，可以通过 text-decoration 设置超链接无下画线，如图 9.13 中的最后一行文字所示。也可以设置超链接的不同状态是否有下画线，例如，未访问过的超链接与访问过的链接都没有下画线，而当鼠标指针放在超链接上时有下画线等。

9.3 空白与换行

在 HTML 代码中，通常都会出现很多空格与换行。这些空格与换行在浏览器中显示时往往不会按照源代码中的出现方式来显示。在 CSS 中可以设置如何处理这些空格与换行。

9.3.1 空格的处理方式

在 HTML 中，浏览器会自动将连续多个空格处理成为一个空格，可以使用 pre 元素来让浏览器在显示时不更改源代码中的排版方式。这些在 CSS 中都可以统一使用 white-space 属性来完成。white-space 属性的语法格式如下。

```
white-space : normal | pre | nowrap | inherit
```

各属性值的含义如下。

- normal：默认值，浏览器会自动忽略多余的空格，连续多个空格只显示一个。
- pre：与 pre 元素类似，浏览器不忽略源代码中的空格。
- nowrap：设置文字不自动换行。
- inherit：继承父级样式。

【示例 9-14】设置文本空白的不同处理方式。

```
01    <!DOCTYPE html PUBLIC "-//W3C//DTD XHTML 1.0 Transitional//EN" "http://www.w3.org/TR/xhtml1/DTD/xhtml1-transitional.dtd">
02    <html xmlns="http://www.w3.org/1999/xhtml">
03    <head>
04    <meta http-equiv="Content-Type" content="text/html; charset=gb2312" />
05    <title>空格的处理</title>
06    <style type="text/css">
07    <!--
08        body {font-size:15px;}
09        .a {white-space:normal}
10        .b {white-space:pre}
11        .c {white-space:nowrap}
12    -->
13    </style>
14    </head>
15    <body>
16        <p class="a">
17            人 生  的   磨 难  是 有  很 多 的，<br />
18            所以 我们 不可对于每一件 轻微的伤害 都过于敏感
19            在生活磨难面前，
20            精神上的坚强。<br />
21            人生的磨难是很多的，所以我们不可对于每一件轻微的伤害都过于敏感。在生活磨难面前，精神上的坚强和无动于衷是我们抵抗罪恶和人生意外的最好武器……
22        </p>
23        <hr />
24        <p class="b">
25            人 生  的   磨 难  是 有  很 多 的，<br />
26            所以 我们 不可对于每一件 轻微的伤害 都过于敏感
27            在生活磨难面前，
28            精神上的坚强。<br />
29            人生的磨难是很多的，所以我们不可对于每一件轻微的伤害都过于敏感。在生活磨难面前，精神上的坚强和无动于衷是我们抵抗罪恶和人生意外的最好武器……
30        </p>
31        <hr />
32        <p class="c">
33            人 生  的   磨 难  是 有  很 多 的，<br />
34            所以 我们 不可对于每一件 轻微的伤害 都过于敏感
35            在生活磨难面前，
36            精神上的坚强。<br />
37            人生的磨难是很多的，所以我们不可对于每一件轻微的伤害都过于敏感。在生活磨难面前，精神上的坚强和无动于衷是我们抵抗罪恶和人生意外的最好武器……
38        </p>
```

```
39    </body>
40    </html>
```

示例 9-14 运行效果如图 9.14 所示。

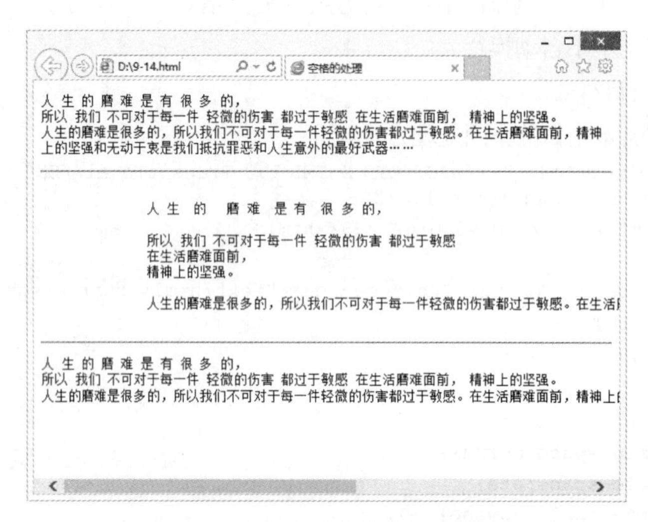

图 9.14　设置不同空白处理方式的效果

示例 9-14 中有 3 段文字，这 3 段文字的 white-space 属性值都不相同。

- 第 1 段的 white-space 属性值为 normal，即为默认的空格处理方式，在该段中的第 1 行，连续的多个空格都显示为一个空格；在该段的第 2 行，源代码中有两个没有使用 br 元素的换行，浏览器自动忽略这些换行；该段的第 3 行是一行很长的没有换行的文字，浏览器会将这些文字自动换行。
- 第 2 段的 white-space 属性值为 pre，与 HTML 中的 pre 元素一样，在该段的第 1 部分，连续的多个空格按照原样显示；在该段的第 2 部分，依照源码的样式换行；该段的第 3 部分是一行很长的没有换行的文字，浏览器也不会将这些文字自动换行。
- 第 3 段的 white-space 属性值为 nowrap，除了最后一行文字不自动换行之外，其他处理方式与 normal 一样。

9.3.2　字内换行

当文本宽度超出浏览器宽度时，默认情况下会自动换行，但如果正好是在较长的英文单词中间，那么整个单词都会被移动到下一行显示，这样本行的右侧就有较大的空白，影响美观。使用字内换行属性可以将英文单词打散显示，也可以设置在换行前或换行后整体显示，其设置语法如下。

```
word-break:normal/break-all/keep-all
```

normal 是正常情况下的显示方式，当单词中需要换行时，该单词会在下一行显示，而本行后面保留空白；break-all 允许在非亚洲语言文本行的任意字内断开；keep-all 与所有非亚洲语言的 normal 相同，对中文、韩文、日文不允许断开。

【示例 9-15】对文本使用不同类型的字内换行。

```
01    <HTML>
02      <HEAD>
03        <TITLE>使用 CSS 设置文本的换行属性</TITLE>
04        <style type="text/css">
05        <!--
```

```
06          .examfont1{font-family:Times New Roman; word-break:normal}
07          .examfont2{font-family:Times New Roman; word-break:break-all}
08          .examfont3{font-family:Times New Roman; word-break:keep-all}
09        -->
10        </style>
11      </HEAD>
12      <BODY>
13        <P class=examfont1>Ordinary people think merely of how they will spend time, a
man of intellect tries to use it.——这是一位名人说过的。</P>
14        <P class=examfont2>Ordinary people think merely of how they will spend time, a
man of intellect tries to use it.——这是一位名人说过的。</P>
15        <P class=examfont3>Ordinary people think merely of how they will spend time, a
man of intellect tries to use it.——这是一位名人说过的。</P>
16      </BODY>
17    </HTML>
```

第 6～8 行分别定义了 3 种换行方式：普通、断开全部、保持全部。示例 9-15 运行效果如图 9.15 所示。

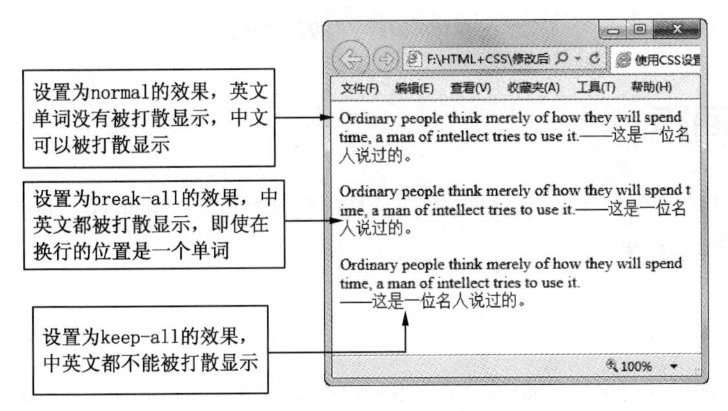

图 9.15　设置字内换行效果 1

将 word-break 设置为 keep-all，如果中文的内容很多，超出了浏览器宽度，中文依然不会换行显示；设置为其他属性值则可以换行。将示例 9-15 的代码修改如下。

```
01    <HTML>
02      <HEAD>
03        <TITLE>使用 CSS 设置文本的换行属性</TITLE>
04        <style type="text/css">
05        <!--
06          .examfont1{font-family:Times New Roman; word-break:normal}
07          .examfont2{font-family:Times New Roman; word-break:break-all}
08          .examfont3{font-family:Times New Roman; word-break:keep-all}
09        -->
10        </style>
11      </HEAD>
12      <BODY>
13        <P class=examfont1>Ordinary people think merely of how they will spend time, a
man of intellect tries to use it.——这是一位名人说过的，意思是：常人只想如何消磨时间，智者则努
力利用时间。</P>
14        <P class=examfont2>Ordinary people think merely of how they will spend time, a
man of intellect tries to use it.——这是一位名人说过的，意思是：常人只想如何消磨时间，智者则努
力利用时间。</P>
```

```
15      <P class=examfont3>Ordinary people think merely of how they will spend time, a man of intellect tries to use it.——这是一位名人说过的，意思是：常人只想如何消磨时间，智者则努力利用时间。</P>
16    </BODY>
17  </HTML>
```

上面代码的运行效果如图 9.16 所示，可以看到第三段文字的中文只在标点符号的位置换行。

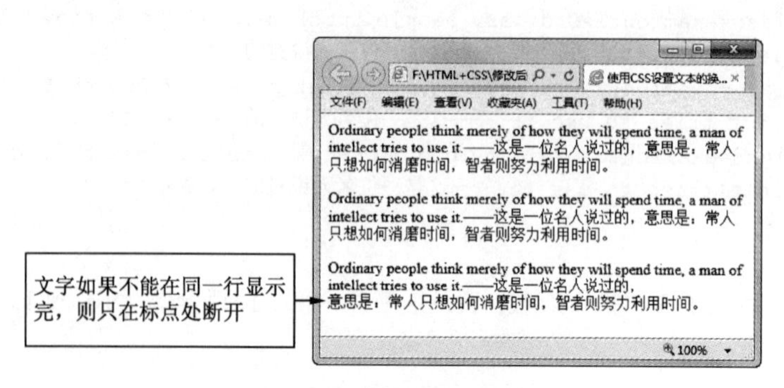

图 9.16 设置字内换行效果 2

9.4 设置间距

在 CSS 中可以定义文字与文字之间的距离，其中包括行间距、字间距与词间距。不同的间距可以控制页面的不同显示效果。

9.4.1 行间距

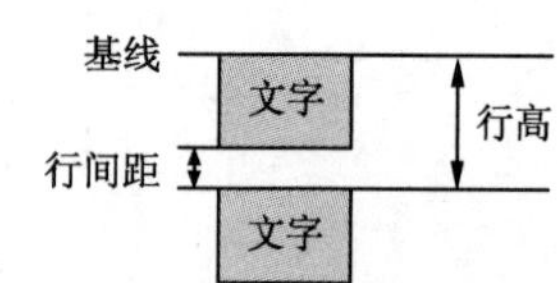

图 9.17 行高示意图

行间距是指文本行与行之间的距离，在 CSS 中不能直接定义行间距，只能通行 line-height 属性来定义行高。所谓行高，是指上一行文字的基线与下一行文字的基线之间的距离，行高等于行间距加上文字高度，如图 9.17 所示。

设置 line-height 属性的语法格式如下。

```
line-height : normal | number | length | 百分数 | inherit
```

各属性值的含义如下。

- normal：默认值，使用的是默认行高。
- number：在当前文字大小的基础增加来设置行高，不能为负值。
- length：指定行高数，可以是绝对长度单位，也可是相对长度单位，不能是负值。
- 百分数：用百分数指定行高，相当于字体大小的百分比。
- inherit：承继父级属性。

【示例 9–16】为不同的文本设置不同的行高。

```
01  <!DOCTYPE html PUBLIC "-//W3C//DTD XHTML 1.0 Transitional//EN" "http://www.w3.org/TR/xhtml1/DTD/xhtml1-transitional.dtd">
02  <html xmlns="http://www.w3.org/1999/xhtml">
03  <head>
04  <meta http-equiv="Content-Type" content="text/html; charset=gb2312" />
05  <title>行高</title>
```

```
06  <style type="text/css">
07  <!--
08      body {font-size:20px}
09      .a {line-height:normal;}
10      .b {line-height:1.5;}
11      .c {line-height:45px;}
12      .d {line-height:150%;}
13      .e {line-height:0.5;}
14  -->
15  </style>
16  </head>
17  <body>
18      <div class="a">
19          First time I baby when I saw your face<br />
20          I knew for a fact that it was a love you case<br />
21          I was strong to you like bee-seeking honey<br />
22      </div>
23      <hr />
24      <div class="b">
25          First time I baby when I saw your face<br />
26          I knew for a fact that it was a love you case<br />
27          I was strong to you like bee-seeking honey<br />
28      </div>
29      <hr />
30      <div class="c">
31          First time I baby when I saw your face<br />
32          I knew for a fact that it was a love you case<br />
33          I was strong to you like bee-seeking honey<br />
34      </div>
35      <hr />
36      <div class="d">
37          First time I baby when I saw your face<br />
38          I knew for a fact that it was a love you case<br />
39          I was strong to you like bee-seeking honey<br />
40      </div>
41      <hr />
42      <div class="e">
43          First time I baby when I saw your face<br />
44          I knew for a fact that it was a love you case<br />
45          I was strong to you like bee-seeking honey<br />
46      </div>
47  </body>
48  </html>
```

示例 9-16 运行效果如图 9.18 所示。

在示例 9-16 中，第 1 段文字采用的是默认的行高，通常浏览器会用文字大小的 20%左右来作为默认的行间距；第 2 段文字的行高是 1.5，其行高大约是字体大小的 1.5 倍，即行间距为字体大小的一半；第 3 段文字的行高是 45px，此时无论字体大小是多少，行高都是不变的，行间距等于 25px 减去字体的大小；第 4 段文字的行高是 150%，其行间距为文字大小的一半，和行高 1.5 差不多；最后一段文字的行高为 0.5，小于文字的高度，因此在浏览器中显示为缩成一团的文字。

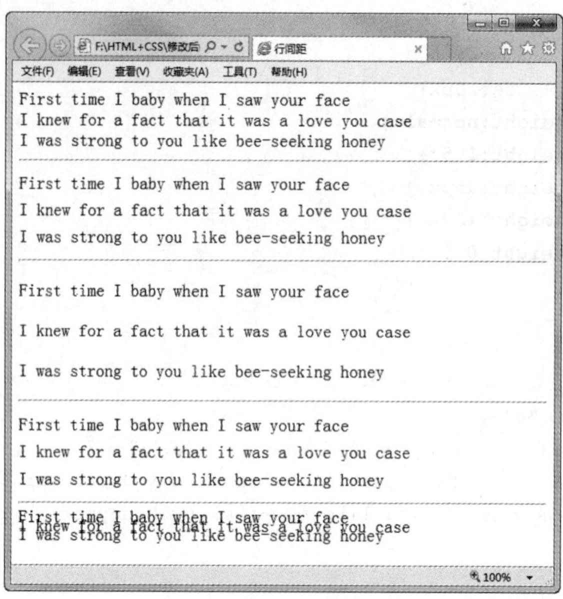

图 9.18　设置行高的效果

9.4.2　字间距

在 CSS 中可以通过 letter-spacing 属性来设置字间距，对于英文来说，字间距是指每个字母之间的距离，对于中文来说，字间距是每个字之间的距离。设置 letter-spacing 属性的语法格式如下。

```
letter-spacing : normal | length | inherit
```

各属性值的含义如下。

- normal：默认值，使用默认的字间距。
- length：设置字间距，可以是绝对单位值或相对单位值。
- inherit：继承父级属性。

【示例 9–17】为不同的文本设置不同的字间距。

```
01    <!DOCTYPE html PUBLIC "-//W3C//DTD XHTML 1.0 Transitional//EN" "http://www.w3.org/
TR/xhtml1/DTD/xhtml1-transitional.dtd">
02    <html xmlns="http://www.w3.org/1999/xhtml">
03    <head>
04    <meta http-equiv="Content-Type" content="text/html; charset=gb2312" />
05    <title>字间距</title>
06    <style type="text/css">
07    <!--
08        body {font-size:9pt}
09        .a {letter-spacing:normal;}
10        .b {letter-spacing:2px;}
11        .c {letter-spacing:10px;}
12
13    -->
14    </style>
15    </head>
16    <body>
17        <div class="a">
18            First time I baby when I saw your face<br />
19            I knew for a fact that it was a love you case<br />
```

```
20              I was strong to you like bee-seeking honey<br />
21              忘记了姓名的请跟我来<br />
22              现在让我们向快乐崇拜<br />
23              放下了包袱的请跟我来<br />
24              传开去建立个快乐的时代<br />
25          </div>
26          <hr />
27          <div class="b">
28              First time I baby when I saw your face<br />
29              I knew for a fact that it was a love you case<br />
30              I was strong to you like bee-seeking honey<br />
31              忘记了姓名的请跟我来<br />
32              现在让我们向快乐崇拜<br />
33              放下了包袱的请跟我来<br />
34              传开去建立个快乐的时代<br />
35          </div>
36          <hr />
37          <div class="c">
38              First time I baby when I saw your face<br />
39              I knew for a fact that it was a love you case<br />
40              I was strong to you like bee-seeking honey<br />
41              忘记了姓名的请跟我来<br />
42              现在让我们向快乐崇拜<br />
43              放下了包袱的请跟我来<br />
44              传开去建立个快乐的时代<br />
45          </div>
46      </body>
47      </html>
```

在示例 9-17 中，第 1 段文字采用的是默认的字间距，第 2 段文字的字间距是 2px，第 3 段文字的字间距是 10px。可以看出 3 段文字中的每个英文字母、每个汉字之间的间距都是不同的，尤其是第 3 段文字的字间距比较大。运行效果如图 9.19 所示。

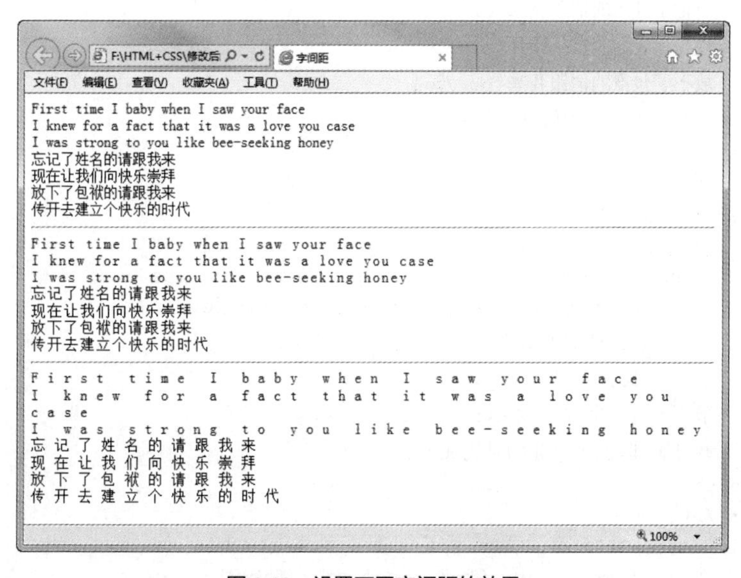

图 9.19　设置不同字间距的效果

9.4.3 词间距

在 CSS 中可以使用 word-spacing 来设置词间距，词间距是针对英文而言的。目前，浏览器还不能区分中文的“词”与“字”。设置 word-spacing 属性的语法格式如下。

```
word-spacing : normal | <length> | inherit
```

各属性值的含义如下。

- **normal**：默认值，使用默认的词间距。
- **length**：设置词间距的大小，可以是绝对单位值或相对单位值。
- **inherit**：承继父级属性。

【示例 9-18】为文本设置不同的词间距。

```
01  <!DOCTYPE html PUBLIC "-//W3C//DTD XHTML 1.0 Transitional//EN" "http://www.w3.org/
TR/xhtml1/DTD/xhtml1-transitional.dtd">
02  <html xmlns="http://www.w3.org/1999/xhtml">
03  <head>
04  <meta http-equiv="Content-Type" content="text/html; charset=gb2312" />
05  <title>词间距</title>
06  <style type="text/css">
07  <!--
08      body {font-size:9pt}
09      .a {word-spacing:normal;}
10      .b {word-spacing:2px;}
11      .c {word-spacing:10px;}
12  -->
13  </style>
14  </head>
15  <body>
16      <div class="a">
17          First time I baby when I saw your face<br />
18          I knew for a fact that it was a love you case<br />
19          I was strong to you like bee-seeking honey<br />
20          忘记了姓名的请跟我来<br />
21          现在让我们向快乐崇拜<br />
22          放下了包袱的请跟我来<br />
23          传开去建立个快乐的时代<br />
24      </div>
25      <hr />
26      <div class="b">
27          First time I baby when I saw your face<br />
28          I knew for a fact that it was a love you case<br />
29          I was strong to you like bee-seeking honey<br />
30          忘记了姓名的 请跟我来<br />
31          现在 让我们 向快乐崇拜<br />
32          放下了包袱的 请跟我来<br />
33          传开去 建立个 快乐的时代<br />
34      </div>
35      <hr />
36      <div class="c">
37          First time I baby when I saw your face<br />
38          I knew for a fact that it was a love you case<br />
```

```
39              I was strong to you like bee-seeking honey<br />
40              忘记了姓名的 请跟我来<br />
41              现在 让我们 向快乐崇拜<br />
42              放下了包袱的 请跟我来<br />
43              传开去 建立个 快乐的时代<br />
44          </div>
45      </body>
46  </html>
```

示例 9-18 运行效果如图 9.20 所示。可以看出虽然 3 段文字的单词与单词的间距不一样，但是字母与字母的间距还是一样大。浏览器通常通过空格来判断“词”的存在，因此，如果中文中有空格的话，浏览器也会按词间距来处理。

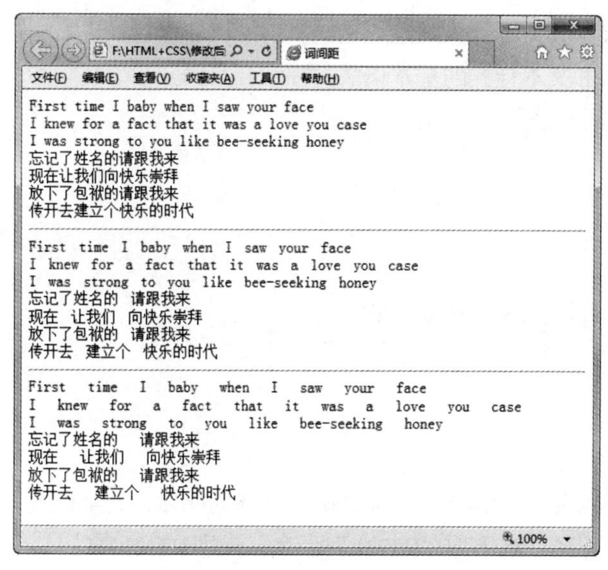

图 9.20 设置不同词间距的效果

9.5 小结

本章主要介绍了 CSS 中文字和文本样式的设置。其中，文字样式设置包括字体设置、文字大小设置、粗体设置、文字颜色设置、斜体设置；文本样式设置包括设置阴影效果、英文单词大小写转换、文本缩进、文本水平和垂直对齐方式设置、文本流入方式设置以及文本修饰设置。下一章将讲解背景、边框、边距和补白的设置。

本章习题

1. 使用 CSS 设置字体的属性是________。
2. CSS 中设置文字大小的类型有________、________、________、________4 种。
3. 设置文字字体为隶书的方法正确的是________。

   A. .exam{font-family:"隶书"}
   B. .exam{font-size:"隶书"}
   C. .exam{font-color:"隶书"}
   D. .exam{font-style:"隶书"}

4. 将整段文字都转换为大写的方法正确的是________。

   A. `.a {text-transform:capitalize;}`

   B. `.a {text-transform:uppercase;}`

   C. `.a {text-transform:lowercase;}`

   D. `.a {text-transform:inherit;}`

5. 比较行间距和字间距的不同。

上机指导

在 CSS 样式中，文字和文本样式的设置是最基本的属性设置，也是用得最多的属性设置。本章介绍了 CSS 的设置文字和文本样式的基本语法，并结合实例介绍了文字和文本样式设置的方法。本节将通过上机操作，巩固本章所学的知识点。

实验一

实验内容

使用 font 属性来综合设置网页中文字的样式。

实验目的

巩固知识点。

实现思路

使用 font 属性设置网页中文字的大小为 20px，字体为楷体，文字样式为斜体和粗体。

在 Dreamweaver 中选择“新建”|“HTML”命令，新建 HTML 文档。在 HTML 文档中输入的关键代码如下。

```
<style type="text/css">
  <!--
    #a{font: bolder italic 20px 楷体 }
  -->
</style>
```

在菜单栏中选择“文件”|“保存”命令，输入保存路径，单击“保存”按钮，即可完成文字样式的设置。运行页面查看效果如图 9.21 所示。

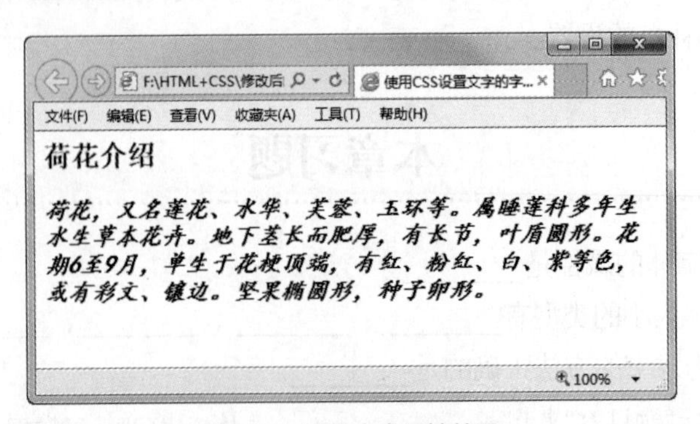

图 9.21　设置文字属性效果

实验二

实验内容

使用文本样式设置的各个属性来设置网页中文本的样式。

实验目的

巩固知识点。

实现思路

使用文本样式设置的各个属性，将网页中每个文字的第一个字母转换成大写，文本水平右对齐，并设置文本的流入方向为从右到左。

在 Dreamweaver 中选择“新建”|“HTML”命令，新建 HTML 文档。在 HTML 文档中输入的关键代码如下。

```
<style type="text/css">
<!--
   body {font-size:16px}
   .a {text-align:right;
      text-transform:capitalize;
      direction:rtl;
      color:#C6C}
-->
</style>
```

在菜单栏中选择“文件”|“保存”命令，输入保存路径，单击“保存”按钮，即可完成文字样式的设置。运行页面查看效果如图 9.22 所示。

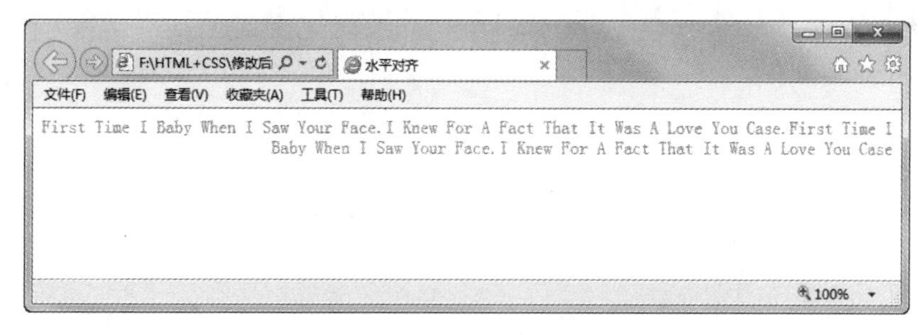

图 9.22　设置文本样式的效果

实验三

实验内容

使用 CSS 中的不同的属性来设置网页中文本的间距。

实验目的

巩固知识点。

实现思路

使用 CSS 的各个属性，设置网页中文本的行间距为 20px，字间距为 10px。

在 Dreamweaver 中选择“新建”|“HTML”命令，新建 HTML 文档。在 HTML 文档中输入的关

键代码如下。

```
<style type="text/css">
<!--
   body {font-size:16px}
   .a {line-height:20px;
      letter-spacing:10px; }
-->
</style>
```

在菜单栏中选择“文件”|“保存”命令，输入保存路径，单击“保存”按钮，即可完成文字样式的设置。运行页面查看效果如图 9.23 所示。

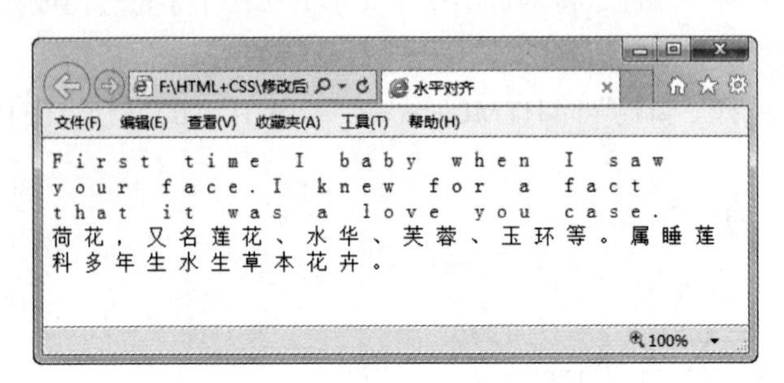

图 9.23　设置行间距和字间距的效果

第10章 设置背景、边框、边距和补白

背景颜色、背景图片、边框和边距，这些在网页设计中都是使用得比较多的修饰方法。合理配置网页的前景色与背景色，再加以边框和边距的辅助，可以让网页看起来更美观。本章介绍在 CSS 中如何设置背景、边框、边距及补白。

10.1 背景颜色

背景通常是指除了文本与边框之外的所有颜色。在 CSS 中可以使用 background-color 来设置背景颜色。background-color 属性的语法格式如下。

```
background-color : transparent | 颜色 | inherit
```

各属性值的含义如下。

- transparent：设置背景颜色透明，该值为默认值。
- 颜色：可以为英文颜色名、RGB 颜色或百分比颜色。
- inherit：继承父级样式。

HTML 中的大多数元素都可以设置背景颜色，如 body、div、td 等，transparent 属性用于设置背景透明，也可以理解为没有背景颜色。

【示例 10–1】为网页设置背景颜色。

```
01   <!DOCTYPE html PUBLIC "-//W3C//DTD XHTML 1.0 Transitional//EN"
"http://www.w3.org/TR/xhtml1/DTD/xhtml1-transitional.dtd">
02   <html xmlns="http://www.w3.org/1999/xhtml">
03   <head>
04   <meta http-equiv="Content-Type" content="text/html; charset=gb2312" />
05   <title>背景色</title>
06   <style type="text/css">
07   <!--
08        body {font-size:9pt;
09             background-color:red;
10             }
11        h1 {background-color:#000000;
12            text-align:center;
13            color:#ffffff;
14            }
15        .c {background-color:rgb(50%,60%,70%);
16            }
17   -->
18   </style>
19   </head>
20   <body>
21        <h1>人生格言</h1>
```

```
22          <div class="c">
23                  人生的磨难是很多的，所以我们不可对于每一件轻微的伤害都过于敏感。在生活磨难面前，精神上的坚强和无动于衷是我们抵抗罪恶和人生意外的最好武器。
24          </div>
25      </body>
26  </html>
```

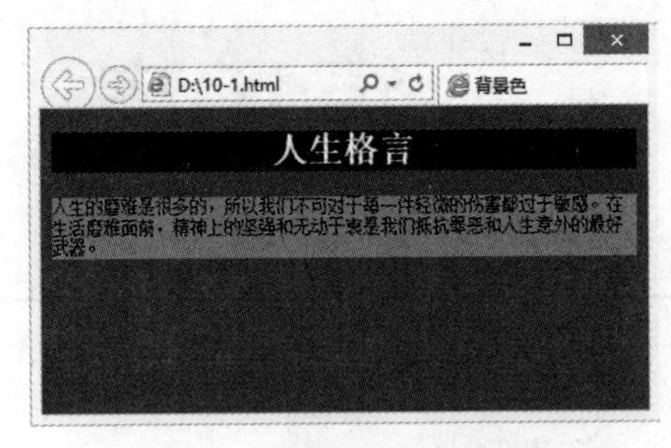

图 10.1　设置背景颜色的效果

本例为 body 元素、h1 元素和 div 元素设置了不同的背景颜色，并且设置颜色的方法都不同，在图 10.1 的示例运行效果中可以看到，这 3 种颜色的效果没什么区别。

10.2　背景图像

页面中的元素背景除了可以设置为特殊的颜色外，还可以设置为图像。使用图像作为元素背景，除了需要设置图像的源文件外，还需要设置其他一些属性。

10.2.1　设置背景图像

在 HTML 中设置网页背景图像的方式为<body background= "图片 URL">，CSS 中设置背景图像的属性为 background-image，该属性不但可以设置网页背景图像，还可以设置表格、单元格、按钮等元素的背景图像。

background-image 属性的语法格式如下。

```
background-image : none | url (uri) | inherit
```

各属性值的含义如下。

- none：无背景图像，该值也是默认值。
- url (uri)：图片的 URL 地址，可以是绝对地址或相对地址。
- inherit：继承父级样式。

【示例 10-2】为网页和表格分别设置背景图像。

```
01  <!DOCTYPE html PUBLIC "-//W3C//DTD XHTML 1.0 Transitional//EN"
"http://www.w3.org/ TR/xhtml1/DTD/xhtml1-transitional.dtd">
02  <html xmlns="http://www.w3.org/1999/xhtml">
03    <HEAD>
04      <TITLE>设置背景图像</TITLE>
05      <style type="text/css">
06      <!--
07        H2{font-family:"方正姚体"}
08        .exam1{background-image:url(pic02.jpg)}
09        .exam2{background-image:url(pic03.jpg)}
10      -->
11      </style>
12    </HEAD>
13    <BODY class=exam1>
14      <H2 ALIGN="center">花卉市场</H2>
15      <P>这里有各种鲜花，价格低廉，质量上乘。您可以自己选购各个品种的鲜花，也可以选择我们为您组合的花束。下面是我们推荐的几种畅销花束的价格。
16      </P>
```

```
17        <TABLE BORDER=2 ALIGN="center" class=exam2>
18          <TR>
19           <TD>名称</TD>
20           <TD>单位价格（元/束）</TD>
21           <TD>花束的材料</TD>
22           <TD>花语</TD>
23          </TR>
24          <TR>
25           <TD>情深意浓</TD>
26           <TD>366</TD>
27           <TD>33 支粉玫瑰，满天星配大片绿叶，土黄色布纹纸,丝带打结，单面花束</TD>
28           <TD>我把爱深藏，在这刻释放，让两颗心在此刻燃亮，从你眼中感受，原来我的面庞在发烫。</TD>
29          </TR>
30          <TR>
31           <TD>蒸蒸日上 </TD>
32           <TD>688</TD>
33           <TD >红掌，太阳花，跳舞兰，天堂鸟，香水百合，散尾葵，三层西式，红色蝴蝶结</TD>
34           <TD>祝财源茂盛、生意兴隆、大吉大利</TD>
35          </TR>
36          <TR>
37           <TD> 福如东海</TD>
38           <TD>666</TD>
39           <TD>天堂鸟 3 枝，红掌 2 片，粉百合 2 枝，白百合 2 枝，红玫瑰 10 枝，非洲菊 1 扎，黄金鸟 5 枝，
康乃馨 1 扎，散尾等</TD>
40           <TD>预祝福如东海，寿比南山</TD>
41          </TR>
42        </TABLE>
43      </BODY>
44    </HTML>
```

第 8 行与第 9 行分别为指定的类设置不同的背景图像。示例 10-2 运行效果如图 10.2 所示，可以看出，网页的背景图像和表格的背景图像不同。

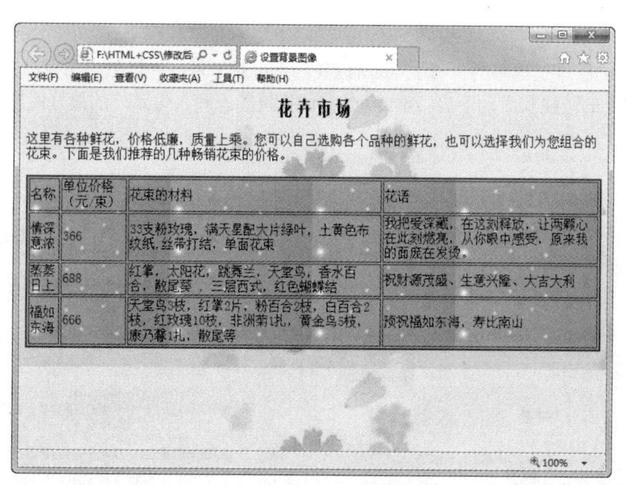

图 10.2　设置背景图像的效果

10.2.2　设置固定背景图像

通常在网页设置了背景图像之后，背景图像都会平铺在网页的下方，当网页内容比较多时拖动

滚动条，网页的背景图像会跟着网页的内容一起滚动。在 CSS 中使用 background-attachment 属性可以将背景图像固定在浏览器上，此时拖动滚动条，背景图像不会随着网页内容滚动而滚动，看起来好像文字是浮动在图片上似的。background-attachment 属性的语法格式如下。

```
background-attachment : scroll | fixed | inherit
```

各属性值的含义如下。

- scroll：背景图像随内容滚动。该值为默认值。
- fixed：背景图像固定，不随内容滚动。
- inherit：继承父级样式。

【示例 10-3】设置固定的网页背景图像。

```
01  <!DOCTYPE html PUBLIC "-//W3C//DTD XHTML 1.0 Transitional//EN" "http://www.w3.org/TR/xhtml1/DTD/xhtml1-transitional.dtd">
02  <html xmlns="http://www.w3.org/1999/xhtml">
03  <head>
04  <meta http-equiv="Content-Type" content="text/html; charset=gb2312" />
05  <title>固定背景图片</title>
06  <style type="text/css">
07  <!--
08      body {
09          font-size:9pt;
10          background-image:url(pic02.jpg);
11          background-attachment:fixed }
12      h5,p {text-align:center;}
13  -->
14  </style>
15  </head>
16  <body>
17      <h5>人生格言</h5>
18      <p>
19          人生的磨难是很多的，<br />所以我们不可对于每一件轻微的伤害都过于敏感。<br />在生活磨难面前，<br />精神上的坚强和无动于衷<br />是我们抵抗罪恶和人生意外的最好武器。
20      </p>
21      <p>
22          人生的磨难是很多的，<br />所以我们不可对于每一件轻微的伤害都过于敏感。<br />在生活磨难面前，<br />精神上的坚强和无动于衷<br />是我们抵抗罪恶和人生意外的最好武器。
23      </p>
24  </body>
25  </html>
```

第 11 行设置背景图像的 background-attachment 为 fixed，即背景图像固定。示例 10-3 运行效果如图 10.3 所示。可以看出，无论怎么拖动滚动条，图像都不会与网页内容一起滚动。

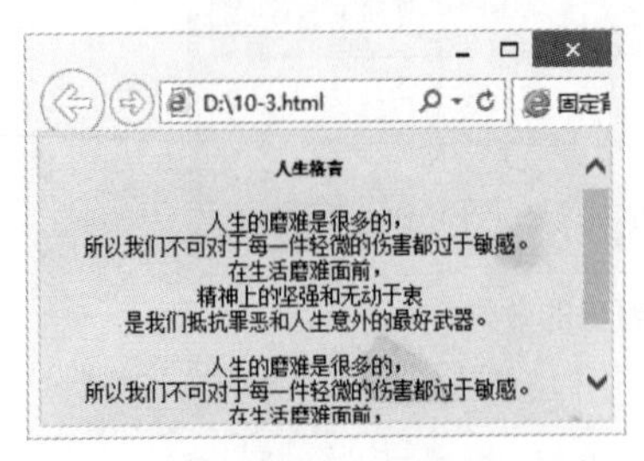

（a）滚动条在页面最上部

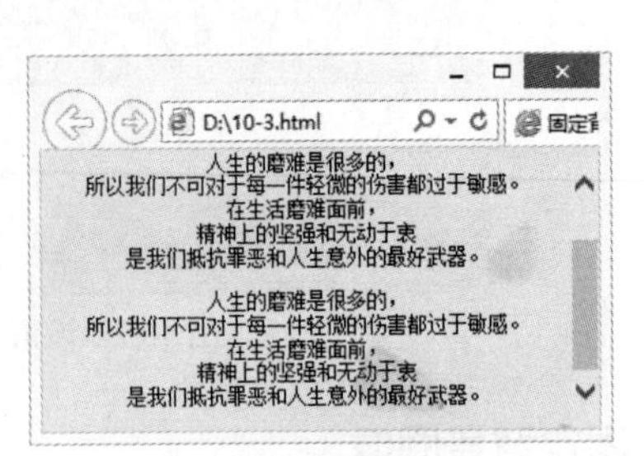

（b）滚动条在页面最底部

图 10.3　设置固定背景图像的效果

10.2.3 设置背景图像平铺方式

在 HTML 中，如果背景图像小于浏览器窗口大小，浏览器会自动将背景图像平铺以充满整个浏览器窗口。不过在很多情况下，这种方式并不是展现背景图像最好的方式。在 CSS 中可以通过 background-repeat 属性来设置背景图像的平铺方式，background-repeat 属性的语法格式如下。

```
background-repeat : repeat | no-repeat | repeat-x | repeat-y | inherit
```

各属性值的含义如下。

- repeat：平铺背景图像，该值为默认值。
- no-repeat：不平铺背景图像。
- repeat-x：背景图像在水平方向平铺。
- repeat-y：背景图像在垂直方向平铺。
- inherit：继承父级样式。

【示例 10-4】设置背景图像的平铺方式。

```
01   <!DOCTYPE html PUBLIC "-//W3C//DTD XHTML 1.0 Transitional//EN" "http://www.w3.org/
TR/xhtml1/DTD/xhtml1-transitional.dtd">
02   <html xmlns="http://www.w3.org/1999/xhtml">
03   <HEAD>
04       <TITLE>设置背景图像的平铺属性</TITLE>
05       <style type="text/css">
06       <!--
07         H2{font-family:"方正姚体"}
08         .exam{color:red;background-image:url(pic04.jpg);
09         background-repeat:repeat-x;
10         }
11       -->
12       </style>
13     </HEAD>
14     <BODY class=exam>
15       <H2 ALIGN="center">花卉市场</H2>
16       <P>这里有各种鲜花，价格低廉，质量上乘。您可以自己选购各个品种的鲜花，也可以选择我们为您组合
的花束。下面是我们推荐的几种畅销花束的价格。
17       </P>
18       <TABLE BORDER=2 ALIGN="center" >
19         <TR>
20          <TD>名称</TD>
21          <TD>单位价格（元/束）</TD>
22          <TD>花束的材料</TD>
23          <TD>花语</TD>
24         </TR>
25         <TR>
26          <TD>情深意浓</TD>
27          <TD>366</TD>
28          <TD>33 支粉玫瑰，满天星配大片绿叶，土黄色布纹纸，丝带打结，单面花束</TD>
29          <TD>我把爱深藏，在这刻释放，让两颗心在此刻燃亮，从你眼中感受，原来我的面庞在发烫。</TD>
30         </TR>
31         <TR>
32          <TD>蒸蒸日上 </TD>
33          <TD>688</TD>
34          <TD>红掌，太阳花，跳舞兰，天堂鸟，香水百合，散尾葵，三层西式，红色蝴蝶结</TD>
```

```
35            <TD>祝财源茂盛、生意兴隆、大吉大利</TD>
36          </TR>
37          <TR>
38            <TD> 福如东海</TD>
39            <TD>666</TD>
40            <TD>天堂鸟 3 枝，红掌 2 片，粉百合 2 枝，白百合 2 枝，红玫瑰 10 枝，非洲菊 1 扎，黄金鸟 5 枝，
康乃馨 1 扎，散尾等</TD>
41            <TD>预祝福如东海，寿比南山</TD>
42          </TR>
43        </TABLE>
44      </BODY>
45    </HTML>
```

第 9 行设置图像仅在 x 轴方向平铺，即 background-repeat 属性值为 repeat-x，其运行效果如图 10.4 所示。

如果将代码中的 background-repeat 属性设置为 repeat-y，则图像仅在 y 轴方向，即垂直方向上平铺，其效果如图 10.5 所示。

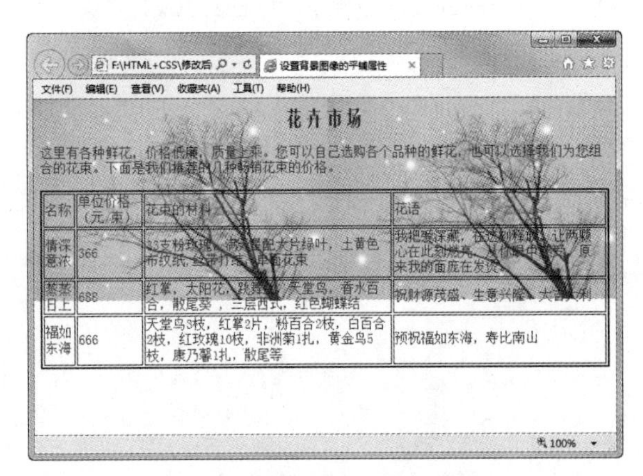

图 10.4　设置图像在 x 轴方向平铺

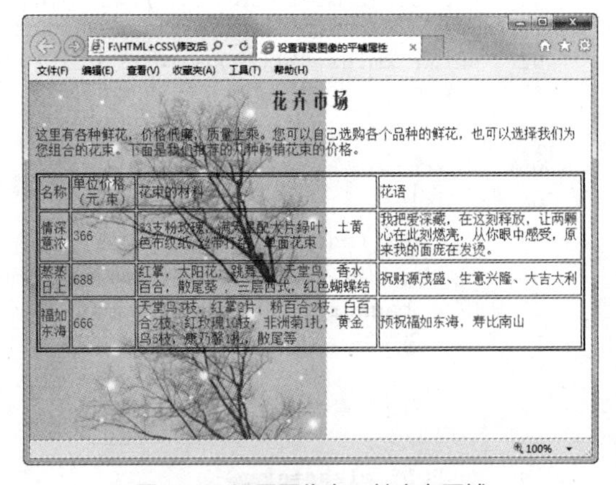

图 10.5　设置图像在 y 轴方向平铺

如果将其属性值更改为 no-repeat，则图像不平铺，即背景图像仅显示一次，而不论背景图像与元素的大小比例，其效果如图 10.6 所示。

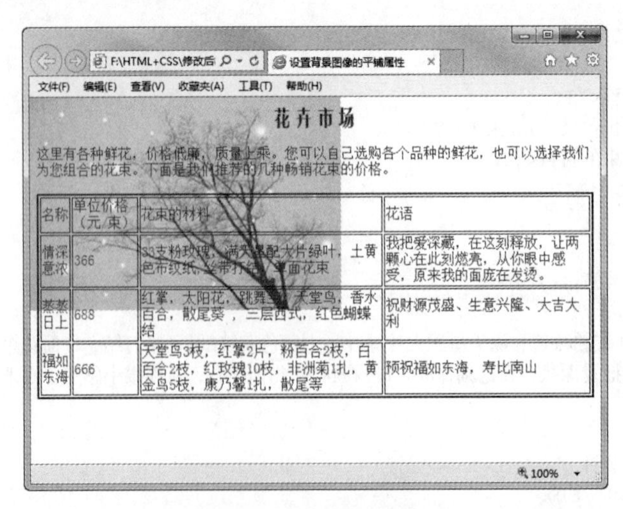

图10.6　设置图像不平铺

10.2.4 背景图像定位

在默认情况下，背景图像都是从元素的左上角开始显示的，使用 background-position 属性可以更改背景图像的开始显示位置，其语法格式如下。

```
background-position:位置的具体值
```

设置图像位置的属性值可以有多种形式，可以是 x、y 轴方向的百分比或绝对值，也可以使用表示位置的英文名称。具体取值及其含义如表 10.1 所示。

表 10.1 设置背景图像的位置

取值方式	含 义
百分比（x%y%）	起始位置与左上角的距离占整个元素的比例，包括水平方向和垂直方向。例如，设置页面的背景图像，则会以整个页面的大小为依据
绝对数值（x,y）	起始位置的绝对坐标，包括横坐标和纵坐标。这是以左上角为端点的，使用这种格式时需要同时设置长度单位
top	使图像在垂直方向上居于顶端
bottom	使图像在垂直方向上居于底部
left	使图像在水平方向上居于左端
right	使图像在水平方向上居于右端
center	使图像在水平方向或垂直方向居中显示

在这些设置方式中，百分比和绝对数值可以混用，即前面是百分比，后面是数值；同样前面是数值，后面也可以是百分比。

注意 无论使用哪一种设置方式，都应该包括水平方向和垂直方向两个位置，之间用空格分开。

【示例 10-5】设置背景图像的位置。

```
01  <HTML>
02   <HEAD>
03     <TITLE>设置背景图像的位置</TITLE>
04     <style type="text/css">
05     <!--
06       H2{font-family:"方正姚体"}
07       .exam1{color:red;background-image:url(pic04.jpg);
08             background-repeat:no-repeat ;
09             background-position:center bottom
10       }
11       .exam2{color:red;background-image:url(pic04.jpg);
12             background-repeat:no-repeat ;
13             background-position:130px 50px
14       }
15     -->
16     </style>
17   </HEAD>
18   <BODY class=exam1>
19     <H2 ALIGN="center">花卉市场</H2>
20     <P ALIGN="center">这里有各种鲜花，价格低廉，质量上乘。您可以自己选购各个品种的鲜花，也可
```

```
以选择我们为您组合的花束。<br/>下面是我们推荐的几种畅销花束的价格。<br/>
33 支粉玫瑰，满天星配大片绿叶，土黄色布纹纸,丝带打结，单面花束<br/>
我把爱深藏，在这刻释放，让两颗心在此刻燃亮，从你眼中感受，原来我的面庞在发烫。<br/>
红掌，太阳花，跳舞兰，天堂鸟，香水百合，散尾葵，三层西式，红色蝴蝶结<br/>
祝财源茂盛、生意兴隆、大吉大利<br/>
天堂鸟 3 枝，红掌 2 片，粉百合 2 枝，白百合 2 枝，红玫瑰 10 枝，非洲菊 1 扎，黄金鸟 5 枝，康乃馨 1 扎，散尾等
21    </BODY>
22    </HTML>
```

在示例 10-5 中，设置背景图像的位置为水平居中，垂直靠下，其运行效果如图 10.7 所示。

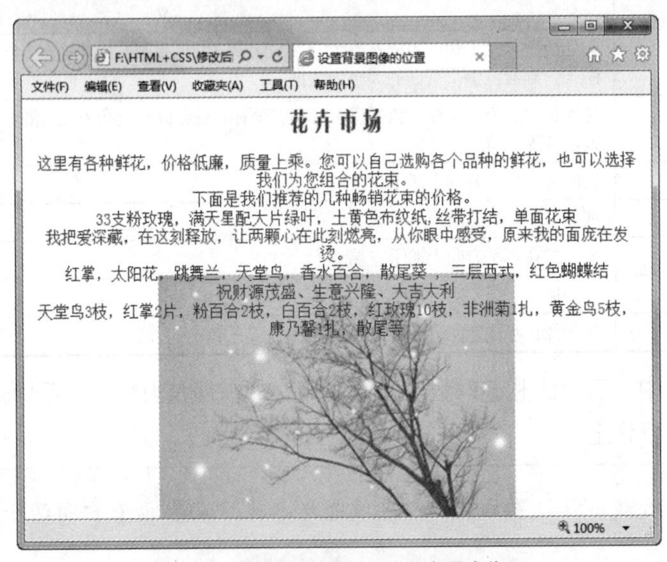

图 10.7　设置背景图像水平居中垂直靠下

在示例 10-5 中，还定义了一个 exam2 的样式，该样式中的背景图像位置被设置为 130px、50px。如果将页面的样式更改为引用 exam2，其运行效果如图 10.8 所示。

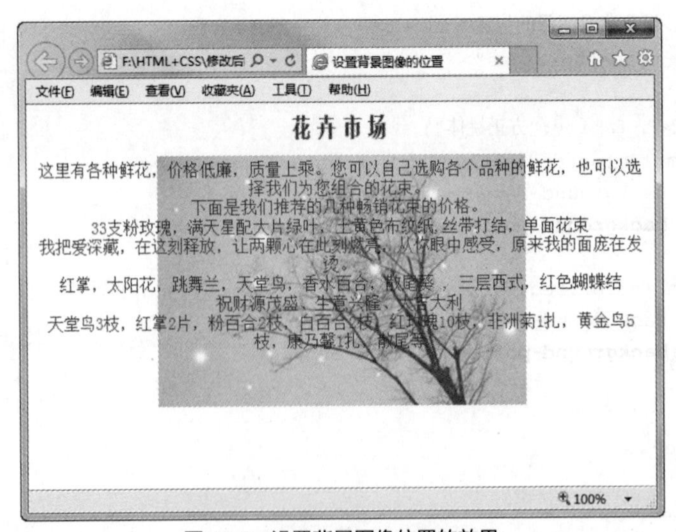

图 10.8　设置背景图像位置的效果

10.3　边框

表格的边框很容易理解，其实在HTML中，很多对象都是有边框的，如div、input等。在HTML中，这些元素的边框都是很呆板的，甚至有些元素还显示不了边框，有了CSS之后，网页开发者就可以很轻松地设置边框的样式了，如边框的粗细、颜色等。

10.3.1　设置边框样式

边框的样式在边框的几个属性中可以说是最重要的，设置边框样式除了可以改变HTML中呆板的边框样式之外，在某些时候还可以控制边框是否显示。在CSS中设置边框样式的属性为border-style，该属性的语法格式如下。

```
border-style :边框的样式值
```

可以设置为边框设置多种线条效果，也就是边框的样式值，如实线、点线、短线等，具体的取值及效果如表10.2所示。

表10.2　边框的线条效果

属性值	含　义	线条的效果
none	无边框	
solid	实线效果	
dotted	点线效果，即边框由点组成	
dashed	短线效果，即边框由多个短线组成	
double	双实线效果	
groove	带立体效果的沟槽	
ridge	突出的脊形效果	
inset	内嵌一个立体的边框	
outset	外嵌一个立体的边框	

表10.2中给出了10种可以设置的属性值，但只有9种真正带有边框效果。

注意

只有边框和元素以及页面其他属性结合在一起时，才能真正展现页面的风格。表10.2中给出的效果可能不能很好地体现出来，读者可以在实例中应用不同的值来体会其风格。其中，groove、ridge、inset、outset和边框颜色结合设置能达到更好的效果。

【示例10-6】设置不同类型的边框样式。

```
01  <!DOCTYPE html PUBLIC "-//W3C//DTD XHTML 1.0 Transitional//EN" "http://www.w3.org/TR/xhtml1/DTD/xhtml1-transitional.dtd">
02  <html xmlns="http://www.w3.org/1999/xhtml">
03  <head>
04  <meta http-equiv="Content-Type" content="text/html; charset=gb2312" />
05  <title>边框宽度</title>
06  <style type="text/css">
07  <!--
08      body {font-size:18px}
09      .a {border-style:none;}
10      .b {border-style:hidden;}
```

```
11          .c {border-style:dotted;}
12          .d {border-style:dashed;}
13          .e {border-style:solid;}
14          .f {border-style:double;}
15          .g {border-style:groove;}
16          .h {border-style:ridge;}
17          .i {border-style:inset;}
18          .j {border-style:outset;}
19      -->
20      </style>
21      </head>
22      <body>
23          <div class="c">
24              I even do not know what is inside the box.
25          </div>
26          <br />
27          <div class="d">
28              I even do not know what is inside the box.
29          </div>
30          <br />
31          <div class="e">
32              I even do not know what is inside the box.
33          </div>
34          <br />
35          <div class="f">
36              I even do not know what is inside the box.
37          </div>
38          <br />
39          <div class="g">
40              I even do not know what is inside the box.
41          </div>
42          <br />
43          <div class="h">
44              I even do not know what is inside the box.
45          </div>
46          <br />
47          <div class="i">
48              I even do not know what is inside the box.
49          </div>
50          <br />
51          <div class="j">
52              I even do not know what is inside the box.
53          </div>
54          <br />
55      </body>
56      </html>
```

第 9 ~ 18 行使用 border-style 属性为不同的边框设置不同的边框类型。示例 10-6 运行效果如图 10.9 所示。可以看出，每个边框的样式都是不同的。

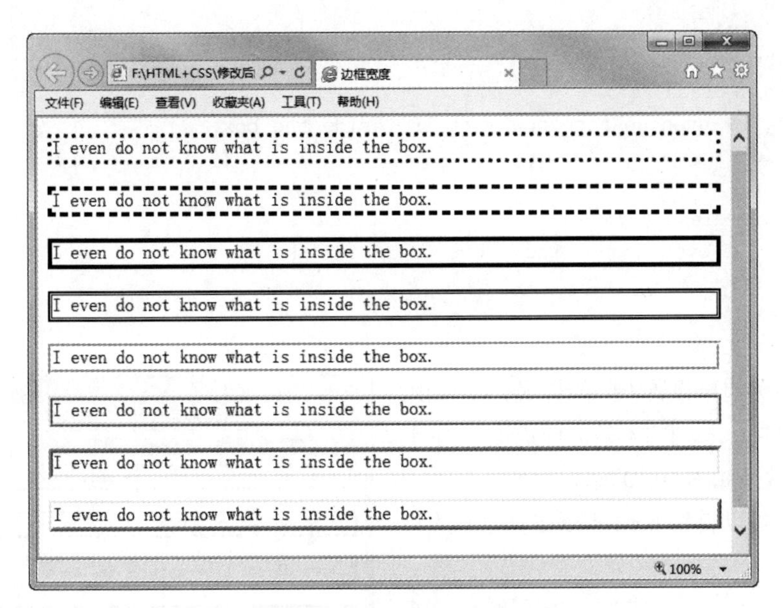

图 10.9　设置边框样式的效果

10.3.2　设置不同的边框样式

使用 border-style 属性也可以为对象的 4 个边框设置不同的样式，其设置方法与 border-width 属性类似。可以直接使用 border-style 属性设置 4 个边框的样式，它们对应的边框顺序依次是上边框、右边框、下边框和左边框。如果只设置了 1 个边框样式，则会对 4 个边框同时起作用；如果设置了两个，则第 1 个值应用于上下边框，第 2 个值应用于左右边框；如果提供 3 个，则第 1 个用于上边框，第 2 个用于左右边框，第 3 个用于下边框。

【示例 10–7】在一个边框中分别设置不同的边框样式。

```
01  <!DOCTYPE html PUBLIC "-//W3C//DTD XHTML 1.0 Transitional//EN" "http://www.w3.org/
TR/xhtml1/DTD/xhtml1-transitional.dtd">
02  <html xmlns="http://www.w3.org/1999/xhtml">
03  <head>
04  <meta http-equiv="Content-Type" content="text/html; charset=gb2312" />
05  <title>边框样式</title>
06  <style type="text/css">
07  <!--
08      body {font-size:18px}
09      .a {border-style:dotted;}
10      .b {border-style:dashed solid;}
11      .c {border-style:double groove ridge;}
12      .d {border-style:solid dashed inset dotted;}
13  -->
14  </style>
15  </head>
16  <body>
17      <div class="a">
18          I even do not know what is inside the box.
19      </div>
20      <br />
21      <div class="b">
22          I even do not know what is inside the box.
```

```
23        </div>
24        <br />
25        <div class="c">
26            I even do not know what is inside the box.
27        </div>
28        <br />
29        <div class="d">
30            I even do not know what is inside the box.
31        </div>
32    </body>
33    </html>
```

第 9 ~ 12 行为边框设置不同的样式，其中第 2 个与第 4 个边框中，不同的 4 条边样式也不相同。示例 10-7 运行效果如图 10.10 所示。

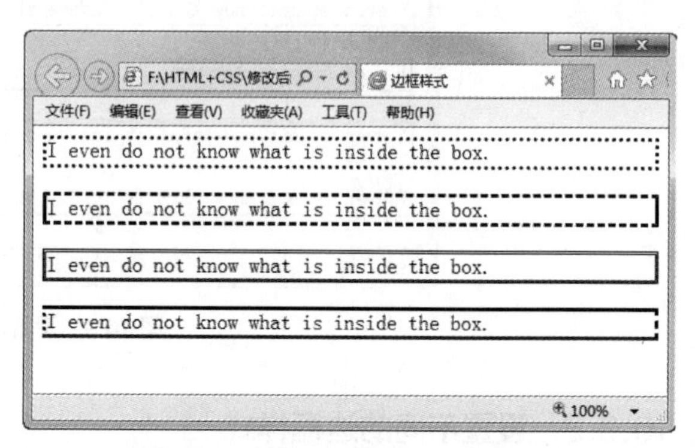

图 10.10 设置不同的边框样式的效果

在本例中，可以看到 border-style 属性值有以下几种写法。

- 当 border-style 属性值为一个参数时，该参数为 4 个边框的样式，如第 1 个 div 层所示。
- 当 border-style 属性值为两个参数时，第 1 个参数为上边框和下边框的样式，第 2 个参数为左边框与右边框的样式，如第 2 个 div 层所示。
- 当 border-style 属性值为 3 个参数时，第 1 个参数为上边框的样式，第 2 个参数为左边框与右边框的样式，第 3 个参数为下边框的样式，如第 3 个 div 层所示。
- 当 border-style 属性值为 4 个参数时，第 1 个参数为上边框样式，第 2 个参数为右边框样式，第 3 个参数为下边框样式，第 4 个参数为左边框样式，如第 4 个 div 层所示。

10.3.3 设置边框宽度

在 HTML 中，可以使用 border 属性来设置 table 元素的边框宽度，在 CSS 中可以使用 border-width 属性来设置边框宽度，但是 border-width 属性不仅可以设置表格的边框宽度，还可以设置任何一个有边框的对象的边框宽度。border-width 属性的语法格式如下。

```
border-width : medium | thin | thick | 数值
```

各属性值的含义如下。

- medium：默认宽度。
- thin：比默认宽度小。
- thick：比默认宽度大。
- 数值：以绝对单位数值或相对单位数值来指定边框的宽度。

【示例 10-8】设置了不同的边框宽度。

```
01    <!DOCTYPE html PUBLIC "-//W3C//DTD XHTML 1.0 Transitional//EN" "http://www.w3.org/
TR/xhtml1/DTD/xhtml1-transitional.dtd">
02    <html xmlns="http://www.w3.org/1999/xhtml">
03    <head>
04    <meta http-equiv="Content-Type" content="text/html; charset=gb2312" />
```

```
05  <title>边框颜色</title>
06  <style type="text/css">
07  <!--
08      body {font-size:18px}
09      .a {border-width:medium}
10      .b {border-width:thin}
11      .c {border-width:thick}
12      .d {border-width:12pt}
13  -->
14  </style>
15  </head>
16
17  <body>
18      <table border="1" class="a">
19          <tr>
20              <td>
21                  I even do not know what is inside the box.
22              </td>
23          </tr>
24      </table>
25      <br />
26      <table border="1" class="b">
27          <tr>
28              <td>
29                  I even do not know what is inside the box.
30              </td>
31          </tr>
32      </table>
33      <br />
34      <table border="1" class="c">
35          <tr>
36              <td>
37                  I even do not know what is inside the box.
38              </td>
39          </tr>
40      </table>
41      <br />
42      <table border="1" class="d">
43          <tr>
44              <td>
45                  I even do not know what is inside the box.
46              </td>
47          </tr>
48      </table>
49      <br />
50      <input type="button" class="a" value="提交" />
51      <input type="button" class="b" value="提交" />
52      <input type="button" class="c" value="提交" />
53      <input type="button" class="d" value="提交" />
54  </body>
55  </html>
```

以上代码第9~12行为边框设定了不同的宽度。示例10-8运行效果如图10.11所示。在图中可以看出border-width属性值为medium、thin、thick和12pt时的边框效果。

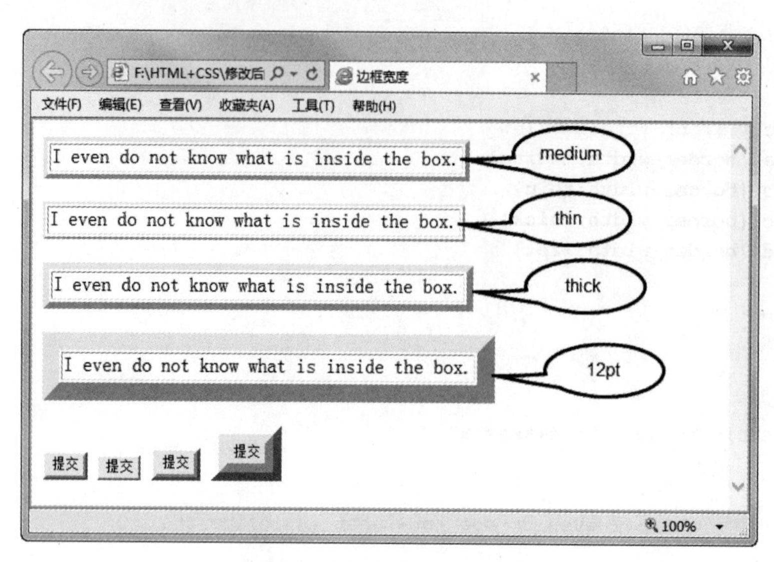

图 10.11　设置边框宽度的效果

10.3.4　设置不同的边框宽度

使用 border-width 属性不仅可以设置整个边框的宽度，还可以设置单个边框的宽度。用法和设置边框样式一样，如果只设置了 1 个边框宽度，则会对 4 个边框同时起作用；如果设置了两个边框宽度，则第 1 个值应用于上下边框，第 2 个值应用于左右边框；如果提供 3 个边框宽度，则第 1 个用于上边框，第 2 个用于左右边框，第 3 个用于下边框。

【示例 10-9】为同一个边框设置不同的宽度。

```
01  <!DOCTYPE html PUBLIC "-//W3C//DTD XHTML 1.0 Transitional//EN" "http://www.w3.org/
TR/xhtml1/DTD/xhtml1-transitional.dtd">
02  <html xmlns="http://www.w3.org/1999/xhtml">
03  <head>
04  <meta http-equiv="Content-Type" content="text/html; charset=gb2312" />
05  <title>边框宽度</title>
06  <style type="text/css">
07  <!--
08      body {font-size:18px}
09      .a {border-width:3pt;}
10      .b {border-width:3pt 7pt;}
11      .c {border-width:3pt 7pt 11pt;}
12      .d {border-width:3pt 7pt 11pt 15pt;}
13      .e {border-width:medium thin thick 15pt;}
14  -->
15  </style>
16  </head>
17
18  <body>
19      <table border="1" class="a">
20          <tr>
21              <td>
22                  I even do not know what is inside the box.
23              </td>
24          </tr>
```

```
25        </table>
26        <br />
27        <table border="1" class="b">
28            <tr>
29                <td>
30                    I even do not know what is inside the box.
31                </td>
32            </tr>
33        </table>
34        <br />
35        <table border="1" class="c">
36            <tr>
37                <td>
38                    I even do not know what is inside the box.
39                </td>
40            </tr>
41        </table>
42        <br />
43        <table border="1" class="d">
44            <tr>
45                <td>
46                    I even do not know what is inside the box.
47                </td>
48            </tr>
49        </table>
50        <br />
51        <table border="1" class="e">
52            <tr>
53                <td>
54                    I even do not know what is inside the box.
55                </td>
56            </tr>
57        </table>
58    </body>
59    </html>
```

第 9 ~ 13 行为不同样式的边框设定了不同的宽度，而且边框 4 个方向的宽度也不相同。示例 10-9 运行效果如图 10.12 所示。

在本例中，可以看到 border-width 属性值的以下几种写法。

- 当 border-width 属性值为一个参数时，该参数为 4 个边框的宽度，如图中第 1 个边框所示。
- 当 border-width 属性值为两个参数时，第 1 个参数为上边框和下边框的宽度，第 2 个参数为左边框与右边框的宽度，如第 2 个边框所示。
- 当 border-width 属性值为 3 个参数时，第 1 个参数为上边框的宽度，第 2 个参数为左边框与右边框的宽度，第 3 个参数为下边框的宽度，如第 3 个边框所示。
- 当 border-width 属性值为 4 个参数时，第 1 个参数为上边框的宽度，第 2 个参数为右边框的宽度，第 3 个参数为下边框的宽度，第 4 个参数为左边框的参数，如第 4 个边框所示。在设置 border-width 属性值时，可以关键字与数值搭配使用，如第 5 个边框所示。

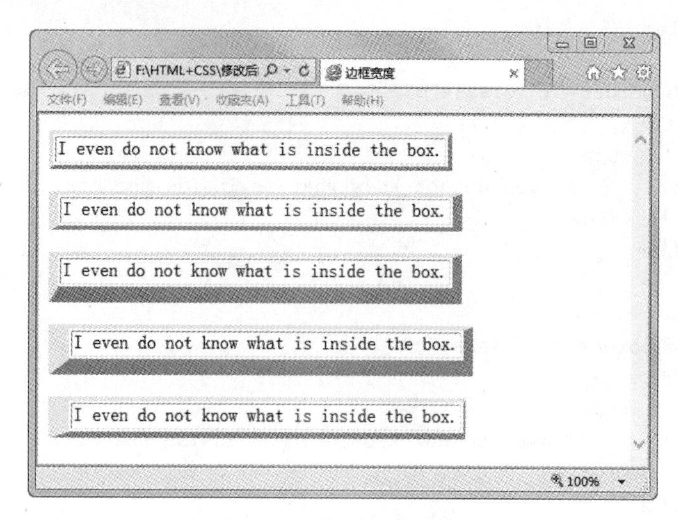

图 10.12　设置不同的边框宽度的效果

10.3.5　设置边框颜色

在 HTML 中无法为表格设置边框颜色，而 CSS 中的 border-color 属性可以做到，并且不仅可以为表格设置边框颜色，还可以设置几乎所有块对象的边框颜色，如 p、div 等元素。border-color 属性的语法格式如下。

```
border-color : 颜色 | transparent
```

各属性值的含义如下。

- 颜色：边框的颜色，可以是颜色英文名、RGB 表示法和百分数表示法。
- transparent：透明颜色，即不设置颜色。

【示例 10-10】为边框设置不同的颜色。

```
01   <!DOCTYPE html PUBLIC "-//W3C//DTD XHTML 1.0 Transitional//EN" "http://www.w3.org/
TR/xhtml1/DTD/xhtml1-transitional.dtd">
02   <html xmlns="http://www.w3.org/1999/xhtml">
03   <head>
04   <meta http-equiv="Content-Type" content="text/html; charset=gb2312" />
05   <title>边框样式</title>
06   <style type="text/css">
07   <!--
08       body {font-size:18px}
09       .a,.b,.c{
10           border-width:3px;
11           border-style:double;
12       }
13       .a {border-color:#FC3;}
14       .b {border-color:#0C0;}
15       .c {border-color:#00F;}
16   
17   -->
18   </style>
19   </head>
20   <body>
21       <div class="a">
```

```
22            I even do not know what is inside the box.
23        </div>
24        <br />
25        <table border="0" class="b">
26            <tr>
27                <td>
28                    I even do not know what is inside the box.
29                </td>
30            </tr>
31        </table>
32        <br />
33        <table border="0">
34            <tr>
35                <td class="c">
36                    I even do not know what is inside the box.
37                </td>
38                <td class="c">
39                    I even do not know what is inside the box.
40                </td>
41            </tr>
42            <tr>
43                <td class="c">
44                    I even do not know what is inside the box.
45                </td>
46                <td class="c">
47                    I even do not know what is inside the box.
48                </td>
49            </tr>
50        </table>
51    </body>
52    </html>
```

第 13 ~ 15 行为不同样式的边框设置不同颜色。示例 10-10 运行效果如图 10.13 所示。从图 10.13 中可以看出，可以为 div 层、表格，甚至是单元框设置边框颜色。

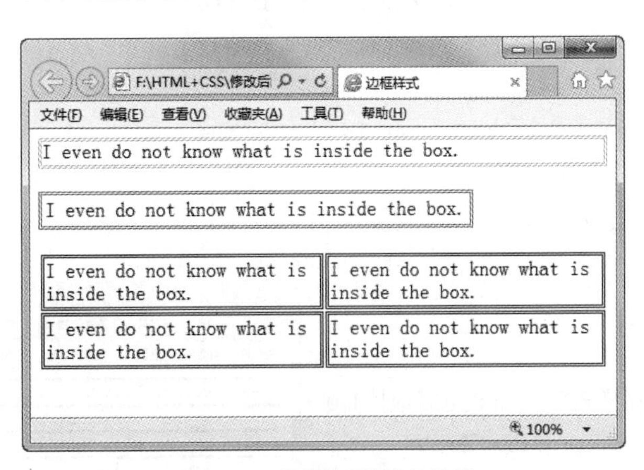

图 10.13　设置边框颜色的效果

10.3.6　设置不同的边框颜色

使用 border-color 属性不仅可以统一设置 4 个边框的颜色，还可以设置单个边框的颜色，其设置方法与 border-width 属性和 border-style 属性类似。

【示例 10-11】为同一个边框设置不同的边框颜色。

```
01  <!DOCTYPE html PUBLIC "-//W3C//DTD XHTML 1.0 Transitional//EN" "http://www.w3.org/
TR/xhtml1/DTD/xhtml1-transitional.dtd">
02  <html xmlns="http://www.w3.org/1999/xhtml">
03  <head>
04  <meta http-equiv="Content-Type" content="text/html; charset=gb2312" />
05  <title>边框颜色</title>
06  <style type="text/css">
07  <!--
08      body {font-size:18px}
09      .a {border-width:3px;
10      border-style: solid;
11      border-color:red;}
12      .b {border-width:3px;
13      border-style: solid;
14      border-color: red #FC3;}
15      .c {border-width:3px;
16      border-style: solid;
17      border-color: red #FC3 #0C0;}
18      .d {border-width:3px;
19      border-style: solid;
20      border-color: red #FC3 #0C0 #00F;}
21  -->
22  </style>
23  </head>
24
25  <body>
26      <div class="a">
27          I even do not know what is inside the box.
28      </div>
29      <br />
30      <div class="b">
31          I even do not know what is inside the box.
32      </div>
33      <br />
34      <div class="c">
35          I even do not know what is inside the box.
36      </div>
37      <br />
38      <div class="d">
39          I even do not know what is inside the box.
40      </div>
41  </body>
42  </html>
```

第 14～20 行为不同样式的边框设定不同的颜色，甚至同一个边框的不同方向也有不同的颜色。示例 10-11 运行效果如图 10.14 所示。

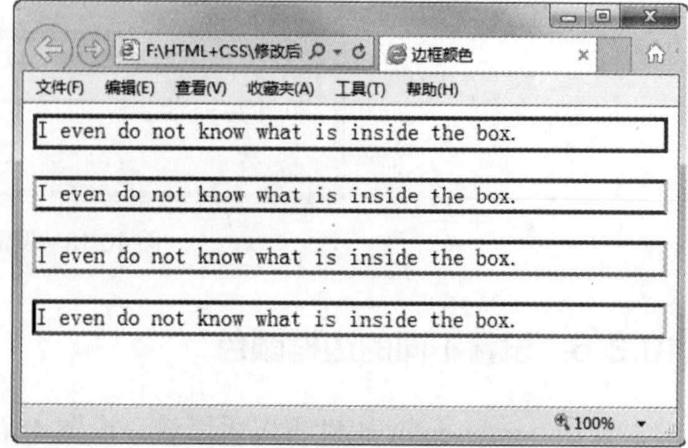

图 10.14 设置不同边框颜色的效果

在本例中，可以看到 border-color 属性值有以下几种写法。

- 当 border-color 属性值为 1 个参数时，该参数为 4 个边框的颜色，如第 1 个 div 层所示。

- 当 border-color 属性值为 2 个参数时，第 1 个参数为上边框和下边框的颜色，第 2 个参数为左边框与右边框的颜色，如第 2 个 div 层所示。
- 当 border-color 属性值为 3 个参数时，第 1 个参数为上边框的颜色，第 2 个参数为左边框与右边框的颜色，第 3 个参数为下边框的颜色，如第 3 个 div 层所示。
- 当 border-color 属性值为 4 个参数时，第 1 个参数为上边框颜色，第 2 个参数为右边框颜色，第 3 个参数为下边框颜色，第 4 个参数为左边框颜色，如第 4 个 div 层所示。

10.3.7 综合设置边框效果

在 CSS 中，还可以使用 border 属性直接设置边框的整体效果，其语法格式如下。

```
border:边框宽度 边框样式 边框颜色
```

可以只设置其中的一项或几项，但如果要正常显示设置的边框效果，就需要设置边框的样式，即使是采用默认的 solid。

说明 border 属性一般用于设置统一的边框风格，即使用该属性设置边框后，元素的 4 条边框都采用该效果。即使设置了多个宽度，也只取最后一个值。如果希望元素 4 条边框的效果不同，还是要分别设置。

【示例 10-12】综合设置边框的效果。

```
01   <!DOCTYPE html PUBLIC "-//W3C//DTD XHTML 1.0 Transitional//EN" "http://www.w3.org/
TR/xhtml1/DTD/xhtml1-transitional.dtd">
02   <html xmlns="http://www.w3.org/1999/xhtml">
03   <HEAD>
04       <TITLE>设置元素边框的整体属性</TITLE>
05       <style type="text/css">
06       <!--
07         H2{font-family:"方正姚体"}
08         .exam1{border:solid #FF8888}
09         .exam2{border:3px 5px dashed red}
10       -->
11       </style>
12     </HEAD>
13     <BODY>
14       <H2 ALIGN="center">花卉市场</H2>
15       <P class=exam1>这里有各种鲜花，价格低廉，质量上乘。您可以自己选购各个品种的鲜花，也可以选
择我们为您组合的花束。左面是我们推荐的几种畅销花束的价格。
16       </P>
17       <TABLE BORDER=2 ALIGN="center" class=exam2>
18         <TR>
19          <TD>名称</TD>
20          <TD>单位价格（元/束）</TD>
21          <TD>花束的材料</TD>
22          <TD>花语</TD>
23         </TR>
24         <TR>
25          <TD>情深意浓</TD>
26          <TD>366</TD>
27          <TD>33 支粉玫瑰，满天星配大片绿叶，土黄色布纹纸，丝带打结，单面花束</TD>
```

```
28            <TD>我把爱深藏，在这刻释放，让两颗心在此刻燃亮，从你眼中感受，原来我的面庞在发烫。</TD>
29          </TR>
30          <TR>
31            <TD>蒸蒸日上 </TD>
32            <TD>688</TD>
33            <TD>红掌，太阳花，跳舞兰，天堂鸟，香水百合，散尾葵等</TD>
34            <TD>祝财源茂盛、生意兴隆、大吉大利</TD>
35          </TR>
36        </TABLE>
37      </BODY>
38    </HTML>
```

第 8 行将段落的边框设置为粉色的实线；第 9 行将表格的边框设置为 5 像素宽的红色短线。这里虽然为表格设置了两个边框宽度，但是并没有分别作用在上下边框和左右边框，而是将后一个宽度应用于 4 个边框上了，其效果如图 10.15 所示。

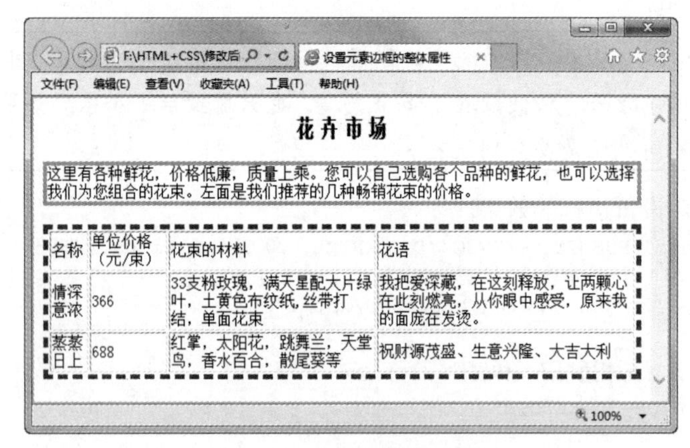

图 10.15　综合设置边框效果

10.4　边距

边距和补白都是为了控制页面的松紧程度而提供的属性。边距一般都是设置元素周围的边界宽度。这个宽度可以明显地区分不同的元素，也可以让网页中的内容没有那么拥挤。

10.4.1　设置上边距

在 CSS 中可以分别为一个元素设置其各个方向的边界宽度。上边距就是指元素与它上面的元素之间的距离，采用的是 margin-top 属性。设置上边距的语法格式如下。

```
margin-top:距离值
```

这里的距离值可以是百分比，也可以是由数值和单位组成的确定的距离。如果只给出一个数值，则默认单位是像素。百分比是以该元素的上一级元素为基础设置的。

【示例 10-13】为元素设置上边距。

```
01    <!DOCTYPE html PUBLIC "-//W3C//DTD XHTML 1.0 Transitional//EN" "http://www.w3.org/TR/xhtml1/DTD/xhtml1-transitional.dtd">
02    <html xmlns="http://www.w3.org/1999/xhtml">
03    <HTML>
```

```
04    <HEAD>
05      <TITLE>使用 CSS 设置元素的顶端边距</TITLE>
06      <style type="text/css">
07      <!--
08        IMG{margin-top:50px}
09        .exam{margin-top:70px}
10      -->
11      </style>
12    </HEAD>
13    <BODY>
14      <P class=exam>玫瑰，别名徘徊花，蔷薇科，属落叶丛生灌木。它可以高达 2 米，茎枝上密生毛刺，叶椭圆形，花单生或数朵丛生，花期 5 ~ 6 个月，单瓣或重瓣。<BR>目前全世界的玫瑰品种有资料可查的已达七千种。</P>
15      <IMG SRC="pic01.jpg" WIDTH="150px" ALIGN="left">
16    </BODY>
17  </HTML>
```

示例 10-13 中，第 9 行将段落文字的上边距设置为 70 像素，而第 8 行将图像的上边距设置为 50 像素。运行这段代码的效果如图 10.16 所示。

图 10.16　设置上边距效果图

10.4.2　设置下边距

下边距与上边距相对，是指元素距离下方元素的边距值，其语法是：

```
margin-bottom:距离值
```

这里的距离值同样可以是百分比或具体的数值加单位。如果只给出一个数值，则会认为其单位是像素。

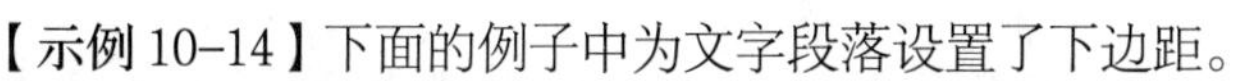

【示例 10–14】下面的例子中为文字段落设置了下边距。

```
01  <!DOCTYPE html PUBLIC "-//W3C//DTD XHTML 1.0 Transitional//EN" "http://www.w3.org/TR/xhtml1/DTD/xhtml1-transitional.dtd">
02  <html xmlns="http://www.w3.org/1999/xhtml">
03  <HTML>
04    <HEAD>
05      <TITLE>使用 CSS 设置元素的底部边距</TITLE>
06      <style type="text/css">
07      <!--
08        .exam{ margin-bottom:60px}
09      -->
10      </style>
11    </HEAD>
12    <BODY>
13      <P class=exam>玫瑰，别名徘徊花，蔷薇科，属落叶丛生灌木。它可以高达 2 米，茎枝上密生毛刺，叶椭圆形，花单生或数朵丛生，花期 5 ~ 6 个月，单瓣或重瓣。<BR>目前全世界的玫瑰品种有资料可查的已达七千种。</P>
14     <P class=exam>玫瑰色彩艳丽、芳香浓郁，常被看作“友谊之花”和“爱情之花”。但是不同颜色的玫瑰却有着不同的含义，比如，红玫瑰代表热情真爱；白玫瑰代表纯洁爱情。不同数目的玫瑰花也有着自己的花语，比如 1 朵玫瑰代表我心里只有你；99 朵玫瑰代表天长地久。</P>
15     <IMG SRC="pic01.jpg" WIDTH="150px" ALIGN="left">
16    </BODY>
17  </HTML>
```

第 8 行设置 margin-bottom 为 60 像素，示例 10-14 运行效果如图 10.17 所示。可以看出，第一段和第二段文字下方都与其下方元素相隔了 60 像素的距离。

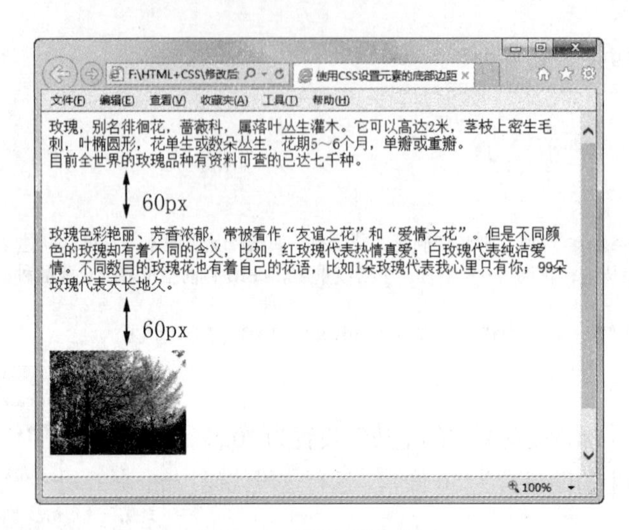

图 10.17　设置下边距效果

10.4.3　设置左边距

左边距就是元素与其左侧元素的距离，设置左边距的语法格式如下。

```
margin-left:距离值
```

这里的距离值可以是百分比，也可以使用数值加单位来设置。如果仅给出一个数值，其单位默认为像素。

【示例 10-15】为元素设置左边距。

```
01  <!DOCTYPE html PUBLIC "-//W3C//DTD XHTML 1.0 Transitional//EN" "http://www.w3.org/TR/xhtml1/DTD/xhtml1-transitional.dtd">
02  <html xmlns="http://www.w3.org/1999/xhtml">
03  <HTML>
04    <HEAD>
05      <TITLE>使用 CSS 设置元素的左侧边距</TITLE>
06      <style type="text/css">
07      <!--
08        IMG{margin-left:70px}
09        .exam{margin-left:40px}
10      -->
11      </style>
12    </HEAD>
13    <BODY>
14      <P>玫瑰，别名徘徊花，蔷薇科，属落叶丛生灌木。它可以高达 2 米，茎枝上密生毛刺，叶椭圆形，花单生或数朵丛生，花期 5～6 个月，单瓣或重瓣。<BR>目前全世界的玫瑰品种有资料可查的已达七千种。</P>
15      <P class=exam>玫瑰色彩艳丽、芳香浓郁，常被看作“友谊之花”和“爱情之花”。但是不同颜色的玫瑰却有着不同的含义，比如，红玫瑰代表热情真爱；白玫瑰代表纯洁爱情。不同数目的玫瑰花也有着自己的花语，比如 1 朵玫瑰代表我心里只有你；99 朵玫瑰代表天长地久。</P>
16      <IMG SRC="pic01.jpg" WIDTH="150px" ALIGN="left">
17    </BODY>
18  </HTML>
```

第 8 行与第 9 行分别设置 margin-left 为 70 像素与 40 像素。示例 10-15 运行效果如图 10.18 所示。可以看出，第一段文字没有设置左边距，第二段文字的左边距设置为 40 像素，图像的左边距为 70 像素。

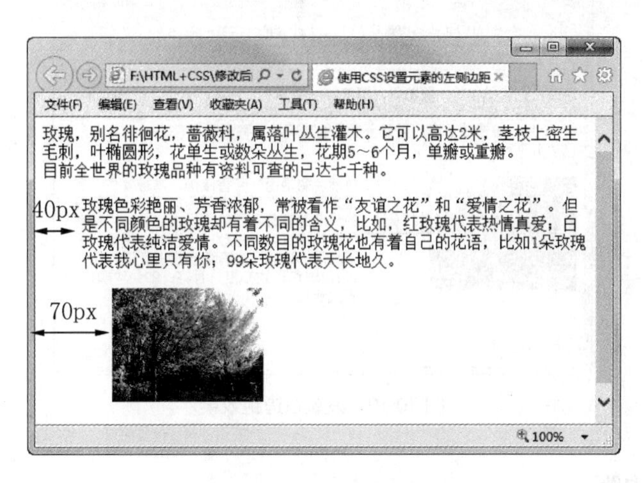

图 10.18　设置左边距效果

10.4.4　设置右边距

右边距就是元素与其右侧元素的距离，设置右边距的语法格式如下。

```
margin-right:距离值
```

这里的距离值可以是百分比，也可以是具体的数值。设置为具体数值时，可以同时设置其单位，如果不设置单位，则默认为像素。

【示例 10-16】为元素设置右边距。

```
01  <!DOCTYPE html PUBLIC "-//W3C//DTD XHTML 1.0 Transitional//EN" "http://www.w3.org/TR/xhtml1/DTD/xhtml1-transitional.dtd">
02  <html xmlns="http://www.w3.org/1999/xhtml">
03  <head>
04  <HTML>
05    <HEAD>
06      <TITLE>使用 CSS 设置元素的右侧边距</TITLE>
07      <style type="text/css">
08      <!--
09        IMG{ margin-right:70px}
10        .exam{ margin-right:80px}
11      -->
12      </style>
13    </HEAD>
14    <BODY>
15      <P class=exam>玫瑰，别名徘徊花，蔷薇科，属落叶丛生灌木。它可以高达 2 米，茎枝上密生毛刺，叶椭圆形，花单生或数朵丛生，花期 5~6 个月，单瓣或重瓣。目前全世界的玫瑰品种有资料可查的已达七千种。</P>
16      <IMG SRC="pic01.jpg" WIDTH="150px" ALIGN="left">
17      <P>玫瑰色彩艳丽、芳香浓郁，常被看作“友谊之花”和“爱情之花”。但是不同颜色的玫瑰却有着不同的含义，比如，红玫瑰代表热情真爱；白玫瑰代表纯洁爱情。不同数目的玫瑰花也有着自己的花语，比如 1 朵玫瑰代表我心里只有你；99 朵玫瑰代表天长地久。</P>
18    </BODY>
19  </HTML>
```

第 9 行与第 10 行分别设置 margin-right 为 70 像素与 80 像素。示例 10-16 运行效果如图 10.19 所示。可以看出第一段文字的右边距为 80 像素，图像右侧与第二段文字的距离为 70 像素。

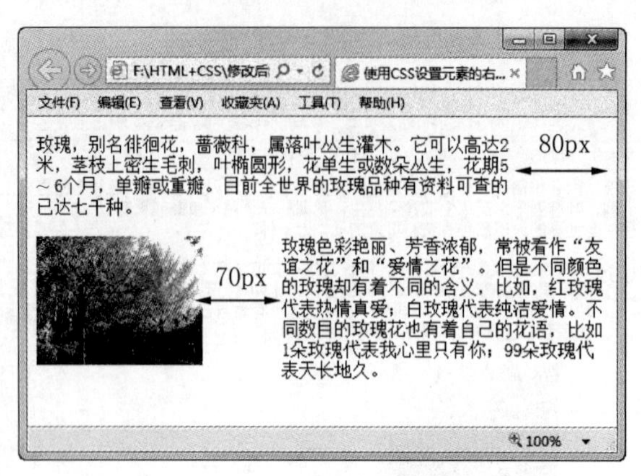

图 10.19　设置右边距效果

10.4.5　综合设置边距

如果要同时设置某个元素的 4 个边距，除了可以分别设置外，还可以使用复合属性 margin 设置，其语法格式如下。

```
margin:各个边距的值
```

这里可以设置 1~4 个边距值，设置为 1 个值时，同时作用于元素的 4 个方向；设置 2 个值时，分别作用于上下和左右边距；设置 3 个值时，分别作用于上边距、左右边距和下边距；设置 4 个值时，按照上、右、下、左的顺序起作用。

【示例 10-17】综合设置元素的边距。

```
01    <!DOCTYPE html PUBLIC "-//W3C//DTD XHTML 1.0 Transitional//EN" "http://www.w3.org/TR/xhtml1/DTD/xhtml1-transitional.dtd">
02    <html xmlns="http://www.w3.org/1999/xhtml">
03    <head>
04    <HTML>
05      <HEAD>
06        <TITLE>使用 CSS 设置元素的右侧边距</TITLE>
07        <style type="text/css">
08        <!--
09          .exam{margin: 50px 60px 70px}
10        -->
11        </style>
12      </HEAD>
13      <BODY>
14        <P class=exam>玫瑰，别名徘徊花，蔷薇科，属落叶丛生灌木。它可以高达 2 米，茎枝上密生毛刺，叶椭圆形，花单生或数朵丛生，花期 5～6 个月，单瓣或重瓣。目前全世界的玫瑰品种有资料可查的已达七千种。</P>
15      <p>
16    玫瑰色彩艳丽、芳香浓郁，常被看作“友谊之花”和“爱情之花”。但是不同颜色的玫瑰却有着不同的含义，比如，红玫瑰代表热情真爱；白玫瑰代表纯洁爱情。不同数目的玫瑰花也有着自己的花语，比如 1 朵玫瑰代表我心里只有你；99 朵玫瑰代表天长地久。</P>
17      </BODY>
18    </HTML>
```

第 9 行为第一段文字设置了 3 个边距，分别作用于上边距、左右边距和下边距。示例 10-17 运行效果如图 10.20 所示。

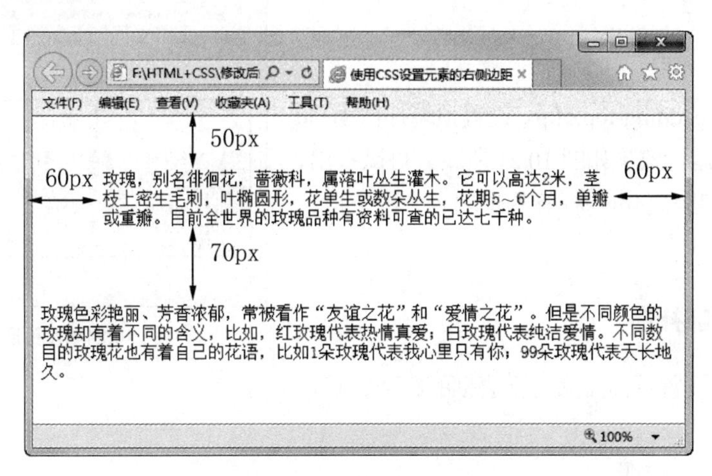

图 10.20　综合设置边距效果

10.5　补白

补白用于设置元素的边框和内容之间的距离，也就是设置元素自身松紧度。补白可以理解成在盒子里增加填充物，以避免里面的东西被打破。

10.5.1　设置顶端补白

顶端补白是指元素的内容与其上边框的距离，一般用来设置页面补白，其语法格式如下。

```
padding-top:距离值
```

距离值一般采用数值，可以为其添加单位。如果没有设置单位，则默认以像素为单位。

【示例 10–18】为元素设置顶端补白。

```
01   <!DOCTYPE html PUBLIC "-//W3C//DTD XHTML 1.0 Transitional//EN" "http://www.w3.org/
TR/xhtml1/DTD/xhtml1-transitional.dtd">
02   <html xmlns="http://www.w3.org/1999/xhtml">
03   <head>
04   <HTML>
05     <HTML>
06     <HEAD>
07       <TITLE>使用 CSS 设置顶端补白</TITLE>
08       <style type="text/css">
09       <!--
10         DIV {border:solid 3px #996699;
11             padding-top:50px;
12             }
13       -->
14       </style>
15     </HEAD>
16     <BODY>
17       <DIV>玫瑰，别名徘徊花，蔷薇科，属落叶丛生灌木。它可以高达 2 米，茎枝上密生毛刺，叶椭圆形，花
```

单生或数朵丛生，花期 5～6 个月，单瓣或重瓣。目前全世界的玫瑰品种有资料可查的已达七千种。 不同颜色的玫瑰却有着不同的含义，比如，红玫瑰代表热情真爱；白玫瑰代表纯洁爱情。不同数目的玫瑰花也有着自己的花语，比如 1 朵玫瑰代表我心里只有你；99 朵玫瑰代表天长地久。

```
</DIV>
18    </BODY>
19  </HTML>
```

第 11 行使用 padding-top:50px 设置顶端补白为 50 像素。示例 10-18 运行效果如图 10.21 所示。可以看出，<div>标签中的内容距离<div>标签的顶端有一段空白，这就是顶端补白。

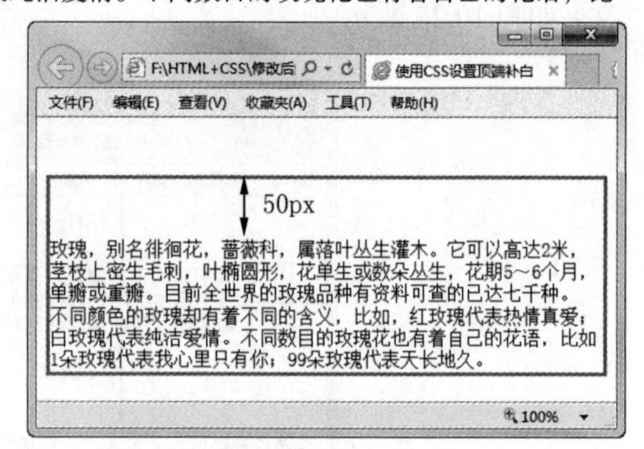

图 10.21 设置顶端补白效果

10.5.2 设置底部补白

底部补白就是设置页面元素与下边框的距离，其语法格式如下。

```
padding-bottom:距离值
```

距离值一般采用数值加单位的形式，如果省略单位，则默认以像素为单位。

【示例 10-19】将示例 10-18 中的下列代码

```
padding-top:50px;
```

修改为：

```
padding-bottom:50px;
```

运行效果如图 10.22 所示。可以看出，<div>标签中的内容距离<div>标签的下边框有一段空白，这就是底部补白。

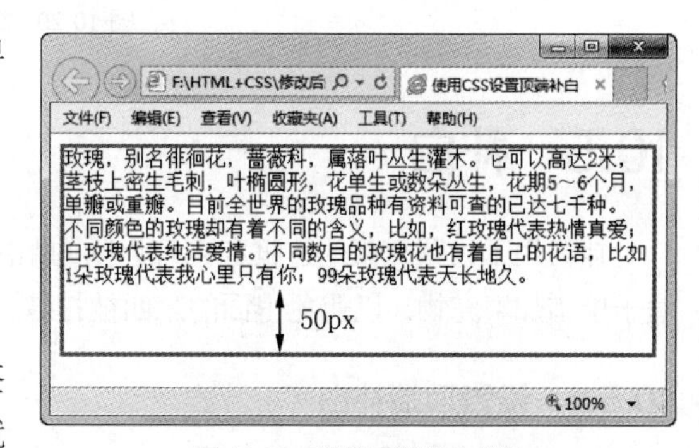

图 10.22 设置底部补白效果

10.5.3 设置左侧补白

左侧补白是指页面中的元素与左侧边界的间隔，其语法格式如下。

```
padding-left:距离值
```

一般采用数值加单位的方式设置距离，如果省略单位，则默认以像素为单位。

【示例 10-20】设置表格元素的左侧补白。

```
01  <!DOCTYPE html PUBLIC "-//W3C//DTD XHTML 1.0 Transitional//EN" "http://www.w3.org/
TR/xhtml1/DTD/xhtml1-transitional.dtd">
02  <html xmlns="http://www.w3.org/1999/xhtml">
03  <head>
04  <HTML>
05    <HTML>
06    <HEAD>
07      <TITLE>使用 CSS 设置左侧补白</TITLE>
08      <style type="text/css">
09      <!--
10      TD{border:solid 3px #996699;
11        }
12      #td1{ padding-left:50px;
13        }
```

```
14        -->
15       </style>
16     </HEAD>
17     <BODY>
18         <TABLE>
19             <TR>
20                <TD ID="td1"> 不同颜色的玫瑰却有着不同的含义，比如，红玫瑰代表热情真爱；白玫瑰代表纯洁爱情。不同数目的玫瑰花也有着自己的花语，比如 1 朵玫瑰代表我心里只有你；99 朵玫瑰代表天长地久。
21                </TD>
22             </TR>
23             <TR>
24                <TD>
25                玫瑰，别名徘徊花，蔷薇科，属落叶丛生灌木。它可以高达 2 米，茎枝上密生毛刺，叶椭圆形，花单生或数朵丛生，花期 5 ~ 6 个月，单瓣或重瓣。目前全世界的玫瑰品种有资料可查的已达七千种。
26                </TD>
27           </TR>
28         </TABLE>
29     </BODY>
30   </HTML>
```

在示例 10-20 中，设置了一个 2 行 1 列的表格，第 12 行代码通过 padding-left 为第 1 行的内容设置左侧补白为 50px，第 2 行中的内容没有设置补白，运行效果如图 10.23 所示。

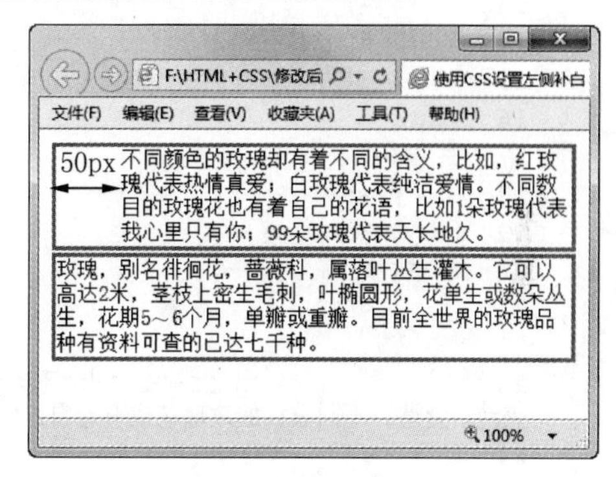

图 10.23　设置左侧补白效果

10.5.4　设置右侧补白

右侧补白是指页面中元素与右侧边界的间隔，其语法格式如下。

```
padding-right:距离值
```

一般采用数值加单位的方式设置距离，如果省略单位，则默认以像素为单位。

【示例 10-21】将示例 10-20 中的下段代码

```
#td1{ padding-left:50px;
    }
```

修改为：

```
#td1{ padding-right:50px;
    }
```

运行效果如图 10.24 所示。

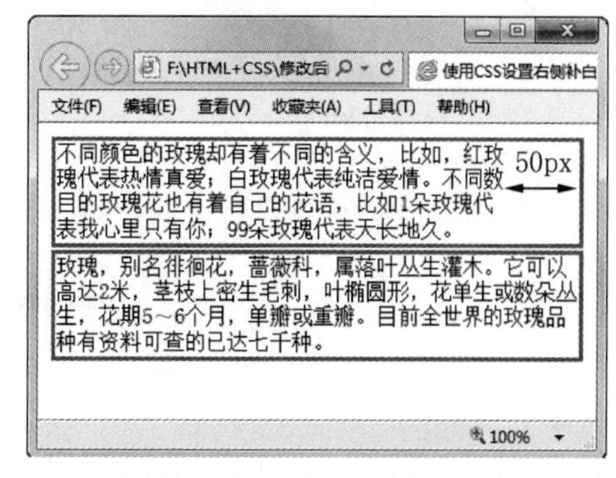

图 10.24　设置右侧补白效果

10.5.5　综合设置补白

如果要同时设置某个元素的 4 个补白，除了可以分别设置外，还可以使用复合属性 padding 来设置，其语法格式如下。

```
padding:各个方向的补白
```

这里可以设置 1~4 个补白值，设置为 1 个值时，同时作用于 4 个方向；设置 2 个值时，分别作用于上下和左右方向；设置 3 个值时，分别作用于顶端补白、左右补白和底部补白；设置 4 个值时，按照上、右、下、左的顺序起作用。

【示例 10-22】综合设置元素的补白。

```
01   <!DOCTYPE html PUBLIC "-//W3C//DTD XHTML 1.0 Transitional//EN" "http://www.w3.org/
TR/xhtml1/DTD/xhtml1-transitional.dtd">
02   <html xmlns="http://www.w3.org/1999/xhtml">
03   <head>
04   <HTML>
05     <HTML>
06     <HEAD>
07       <TITLE>使用 CSS 设置补白</TITLE>
08       <style type="text/css">
09       <!--
10       TD{border:solid 3px #996699;
11        }
12       #td1{ padding:50px 40px
13        }
14         #td2{ padding:30px 50px
15        }
16
17       -->
18       </style>
19     </HEAD>
20     <BODY>
21         <TABLE>
22             <TR>
23                 <TD ID="td1"> 不同颜色的玫瑰却有着不同的含义，比如，红玫瑰代表热情真爱；白玫瑰代
表纯洁爱情。不同数目的玫瑰花也有着自己的花语，比如 1 朵玫瑰代表我心里只有你；99 朵玫瑰代表天长地久。
24                 </TD>
25             </TR>
26             <TR>
27                 <TD ID="td2">
28                 玫瑰，别名徘徊花，蔷薇科，属落叶丛生灌木。它可以高达 2 米，茎枝上密生毛刺，叶椭圆形，
花单生或数朵丛生，花期 5 ~ 6 个月，单瓣或重瓣。目前全世界的玫瑰品种有资料可查的已达七千种。
29                 </TD>
30           </TR>
31         </TABLE>
32     </BODY>
33   </HTML>
```

第 10 ~ 14 行分别设置边框、补白等设置。示例 10-22 运行效果如图 10.25 所示。

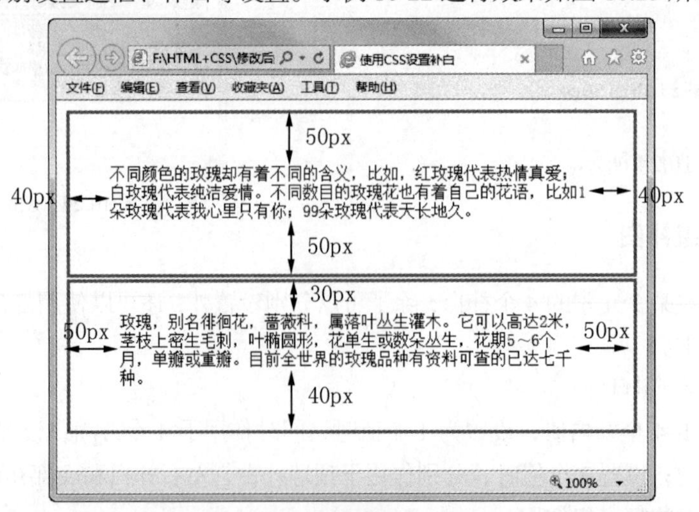

图 10.25　综合设置元素补白效果

10.6　小结

本章主要讲解如何设置 HTML 中的背景颜色、背景图像、边框、边距和补白。其中背景图像包括设置背景图像、设置固定背景图像、设置背景图像平铺方式和背景图像定位；边框包括设置边框样式、边框宽度和边框颜色；边距包括设置上边距、下边距、左边距和右边距；补白包括设置顶端补白、底部补白、右侧补白和左侧补白。下一章将介绍表格、列表和滚动条。

本章习题

1. 设置背景颜色的属性是________。
2. 背景图像平铺方式有________、________、________、________、________5 种。
3. 下面设置背景图像垂直平铺的方法正确的是________。

   A. `background-repeat:repeat-x;`

   B. `background-repeat:repeat-y;`

   C. `background-repeat:no-repeat;`

   D. `background-repeat:repeat;`
4. 设置边框样式为双实线效果的方法正确的是________。

   A. `.exam {border-style:double;}`

   B. `.exam {border-style:solid;}`

   C. `.exam {border-style:dotted;}`

   D. `.exam {border-style:ridge;}`
5. 比较边距和补白的不同。

上机指导

在 CSS 样式中，背景颜色、背景图片、边框和边距，这些在网页设计中都是使用得比较多的修饰方法。本章介绍了 CSS 的背景、边框、边距和补白样式设置的基本语法，并结合实例介绍了设置背景、边框、边距和补白样式的方法。本节将通过上机操作，巩固本章所学的知识点。

实验一

实验内容

使用背景图像属性来综合设置网页中背景图像的样式。

实验目的

巩固知识点。

实现思路

在网页中使用 background-image 属性插入一张背景图像，使用 background-attachment 属性设置背景图像不随页面内容的滚动而滚动，使用 background-repeat 属性设置背景图像平铺整个页面。

在 Dreamweaver 中选择“新建”|“HTML”命令，新建 HTML 文档。在 HTML 文档中输入的关键代码如下。

```
<style type="text/css">
    <!--
      H2{font-family:"方正姚体"}
      .exam{color:red;background-image:url(pic03.jpg);
            background-repeat:repeat-x;
         background-attachment:fixed;
         background-repeat:repeat;
}
    -->
    </style>
```

在菜单栏中选择“文件”|“保存”命令，输入保存路径，单击“保存”按钮，即可完成背景图像的设置。运行页面查看效果如图 10.26 所示。

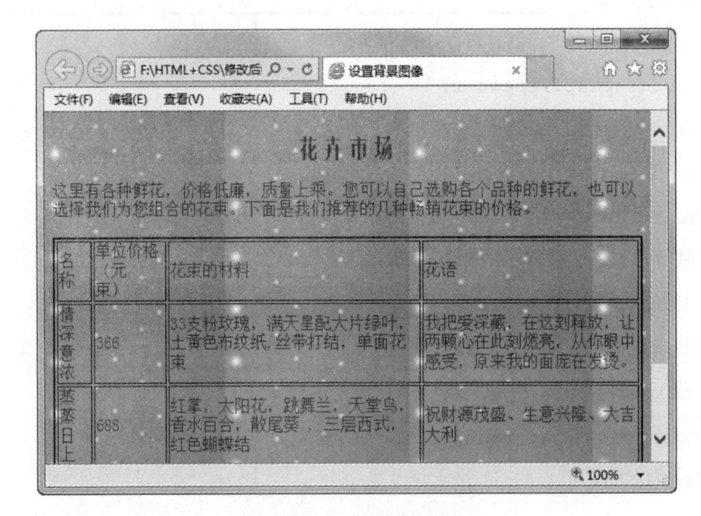

图 10.26 设置背景图像效果

实验二

实验内容

使用边框属性来综合设置网页中元素边框的样式。

实验目的

巩固知识点。

实现思路

在网页中使用 border-style 属性设置表格边框的样式为点线效果；使用 border-width 属性设置表格边框的宽度为 6 像素；使用 border-color 属性设置边框颜色为蓝色。

在 Dreamweaver 中选择“新建”|“HTML”命令，新建 HTML 文档。在 HTML 文档中输入的关键代码如下。

```
<style type="text/css">
    <!--
      H2{font-family:"方正姚体"}
```

```
        .exam{border:6px dotted blue;
        }
      -->
    </style>
```

在菜单栏中选择“文件”|“保存”命令，输入保存路径，单击“保存”按钮，即可完成边框的设置。运行页面查看效果如图 10.27 所示。

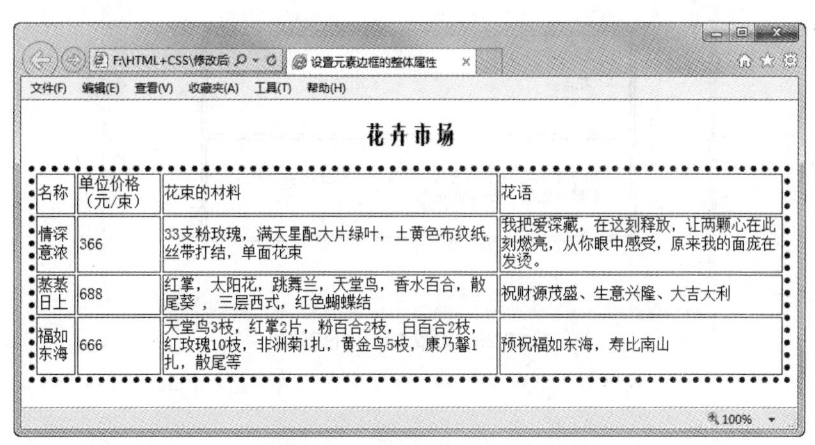

名称	单位价格（元/束）	花束的材料	花语
情深意浓	366	33支粉玫瑰，满天星配大片绿叶，土黄色布纹纸，丝带打结，单面花束	我把爱深藏，在这刻释放，让两颗心在此刻燃亮，从你眼中感受，原来我的面庞在发烫。
蒸蒸日上	688	红掌，太阳花，跳舞兰，天堂鸟，香水百合，散尾葵，三层西式，红色蝴蝶结	祝财源茂盛、生意兴隆、大吉大利
福如东海	666	天堂鸟3枝，红掌2片，粉百合2枝，白百合2枝，红玫瑰10枝，非洲菊1扎，黄金鸟5枝，康乃馨1扎，散尾等	预祝福如东海，寿比南山

图 10.27　设置边框属性效果

实验三

实验内容

使用 margin 属性和 padding 属性来综合设置网页中元素的边距和补白。

实验目的

巩固知识点。

实现思路

在网页中使用 margin 属性设置表格的上下边距为 40px，左右边距为 30px；使用 padding 属性设置表格第 1 行的补白为 40px，第 2 行的补白为 30px。

在 Dreamweaver 中选择“新建”|“HTML”命令，新建 HTML 文档。在 HTML 文档中输入的关键代码如下。

```
<style type="text/css">
    <!--
    #tb1{
        margin:50px 70px;
    }
    TD{border:solid 3px #960;
    }
    #tr1{ padding:40px;
    }
     #tr2{ padding:30px;
    }
    -->
    </style>
```

在菜单栏中选择“文件”|“保存”命令，输入保存路径，单击“保存”按钮，即可完成边距和补白的设置。运行页面查看效果如图 10.28 所示。

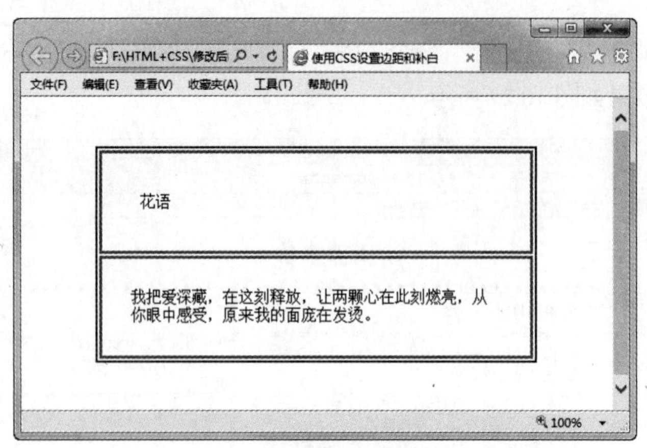

图 10.28　设置边距和补白效果

11 第11章　设置表格、列表和滚动条样式

表格、列表和滚动条是网页设计中比较常用的元素。CSS 也提供了许多属性来设置表格、列表和滚动条的样式。设置这些样式，可以让网页内容更加吸引浏览者的注意。本章将介绍如何在 CSS 中设置表格、列表和滚动条样式。

11.1　表格

CSS 中有一些样式是在表格中使用得比较多的，在此统称为表格样式。这些样式可以实现合并边框、设置边框间距、设置表格标题、布局表格等功能。

11.1.1　合并表格边框

表格同时存在两种边框，一种是表格的边框，即表格最外面的 4 条边框；另一种是单元格的边框，每一个单元格都有自己的边框。在默认情况下，这两种边框是分开显示的，但在 CSS 的 border-collapse 属性的作用下，可以将这两种边框合并起来。border-collapse 属性的语法格式如下。

```
border-collapse : collapse | separate | inherit
```

各属性值的含义如下。

- collapse：合并两种边框。
- separate：两种边框独立，该值为默认值。
- inherit：继承父级样式。

【示例 11-1】合并表格边框。

```
01    <!DOCTYPE html PUBLIC "-//W3C//DTD XHTML 1.0 Transitional//EN"
"http://www.w3.org/TR/xhtml1/DTD/xhtml1-transitional.dtd">
02    <html xmlns="http://www.w3.org/1999/xhtml">
03    <head>
04    <meta http-equiv="Content-Type" content="text/html; charset=gb2312" />
05    <title>合并边框</title>
06    <style type="text/css">
07    <!--
08        body {font-size:18px}
09        table {border-color:red}
10        td {border-color:blue}
11        table.a {border-collapse:separate}
12        table.b {border-collapse:collapse}
13    -->
14    </style>
15    </head>
```

```
16  <body>
17      <table border="1" cellspacing="10" class="a">
18          <tr>
19              <td>
20                  I even do not know what is inside the box.
21              </td>
22              <td>
23                  I even do not know what is inside the box.
24              </td>
25          </tr>
26          <tr>
27              <td>
28                  I even do not know what is inside the box.
29              </td>
30              <td>
31                  I even do not know what is inside the box.
32              </td>
33          </tr>
34      </table>
35      <br />
36      <table border="1" cellspacing="10" class="b">
37          <tr>
38              <td>
39                  I even do not know what is inside the box.
40              </td>
41              <td>
42                  I even do not know what is inside the box.
43              </td>
44          </tr>
45          <tr>
46              <td>
47                  I even do not know what is inside the box.
48              </td>
49              <td>
50                  I even do not know what is inside the box.
51              </td>
52          </tr>
53      </table>
54  </body>
55  </html>
```

第 11 行设置 border-collapse 为 separate，即两种边框独立，第 12 行设置 border-collapse 为 collapse，即合并两种边框，示例 11-1 运行效果如图 11.1 所示。第一个表格中的红色边框为表格的边框，蓝色边框为单元格的边框。第二个表格设置了合并边框后的结果，此时看不到两种边框了。

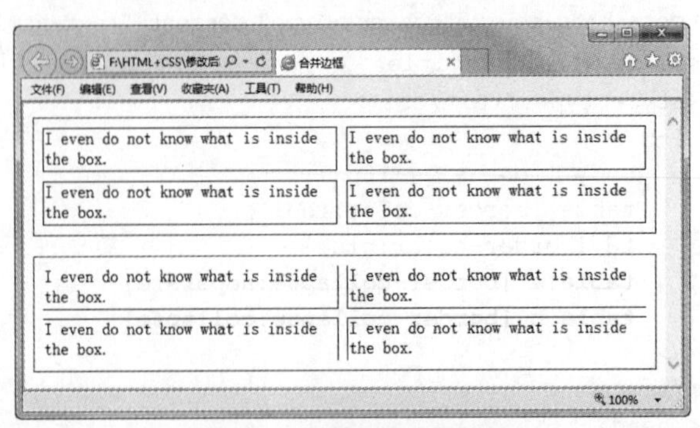

图 11.1　合并表格边框效果图

提示　如果在第二个表格中没有设置单元格间距（没使用 cellspacing 属性），表格中的边框看上去就不会有“断层”的感觉了。

11.1.2　定义表格边框间距

在 CSS 中可以使用 border-spacing 属性来为表格设置边框间距，这一点与 HTML 中的 table 元素的 cellspacing 属性十分类似，border-spacing 属性的语法格式如下。

```
border-spacing : 宽度 | | inherit
```

各属性的含义如下。

- 宽度：边框间距的大小，可以为绝对单位值或相对单位值，但不能为负数。
- inherit：继承父级样式。

【示例 11-2】定义了表格边框的间距。

```
01  <!DOCTYPE html PUBLIC "-//W3C//DTD XHTML 1.0 Transitional//EN" "http://www.w3.org/
TR/xhtml1/DTD/xhtml1-transitional.dtd">
02  <html xmlns="http://www.w3.org/1999/xhtml">
03  <head>
04  <meta http-equiv="Content-Type" content="text/html; charset=gb2312" />
05  <title>边框间距</title>
06  <style type="text/css">
07  <!--
08      body {font-size:18px}
09      table,td {border-color:red;}
10      table.a {border-spacing:10px;}
11      table.b {border-spacing:10px 20px;}
12  -->
13  </style>
14  </head>
15
16  <body>
17      <table border="1" cellspacing="10">
18          <tr>
19              <td>
20                  I even do not know what is inside the box.
21              </td>
22              <td>
23                  I even do not know what is inside the box.
24              </td>
25          </tr>
26      </table>
27      <br />
28      <table border="1" class="a">
29          <tr>
30              <td>
31                  I even do not know what is inside the box.
32              </td>
33              <td>
34                  I even do not know what is inside the box.
35              </td>
36          </tr>
37      </table>
```

```
38        <br />
39        <table border="1" class="b">
40            <tr>
41                <td>
42                    I even do not know what is inside the box.
43                </td>
44                <td>
45                    I even do not know what is inside the box.
46                </td>
47            </tr>
48        </table>
49    </body>
50    </html>
```

第 10 行与第 11 行设置 border-spacing 为指定像素值，以设置表格边框的间距。示例 11-2 运行效果如图 11.2 所示。

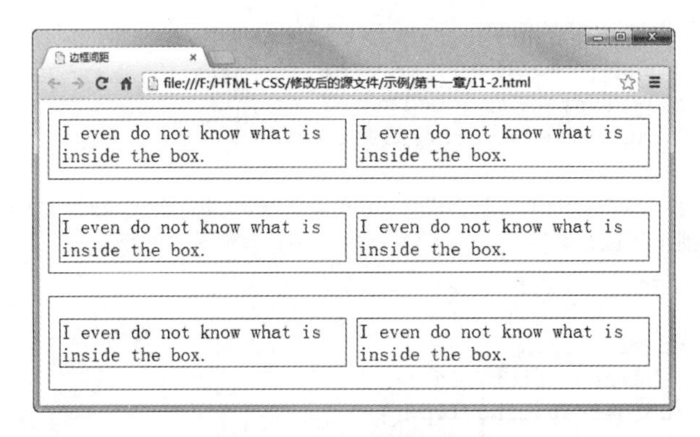

图 11.2　设置表格边框间距效果

在示例 11-2 中，创建了 3 个表格，第一个表格没有使用 CSS 中的 border-spacing 属性，而是直接使用了 HTML 中的 table 元素的 cellspacing 属性来设置单元格的间距。第二个表格使用 CSS 中的 border-spacing 属性来设置边框的间距，当 border-spacing 属性值只有一个参数时，垂直方向与水平方向的间距相同，此时与用 table 元素的 cellspacing 属性设置单元格间距十分相像。第三个表格也使用了 CSS 中的 border-spacing 属性，不过第三个表格的 border-spacing 属性值有两个参数，第一个参数表示水平方向的间距，第二个参数表示垂直方向的间距。

注意

（1）只有当 border-collapse 属性值为 separate，或没有设置 border-collapse 属性值时，border-spacing 属性才会起效，否则该属性不会产生作用。

（2）IE 浏览器不支持 border-spacing 属性。

11.1.3　定义表格标题位置

在 HTML 中可以使用 caption 元素来设置表格的标题，而 CSS 中的 caption-side 属性用来设置标题放在表格的什么位置上。caption-side 属性的语法格式如下。

```
caption-side : top | bottom | left | right | inherit
```

各属性值的含义如下。

- top：标题位于表格顶部。

- bottom：标题位于表格底部。
- left：标题位于表格左侧。
- right：标题位于表格右侧。
- inherit：继承父级样式。

【示例 11-3】设置表格标题的位置。

```
01   <!DOCTYPE html PUBLIC "-//W3C//DTD XHTML 1.0 Transitional//EN" "http://www.w3.org/
TR/xhtml1/DTD/xhtml1-transitional.dtd">
02   <html xmlns="http://www.w3.org/1999/xhtml">
03   <head>
04   <meta http-equiv="Content-Type" content="text/html; charset=gb2312" />
05   <title>表格标题位置</title>
06   <style type="text/css">
07   <!--
08       body {font-size:18px}
09       table.a {caption-side:top;}
10       table.b {caption-side:left;}
11       table.c {caption-side:right;}
12       table.d {caption-side:bottom;}
13   -->
14   </style>
15   </head>
16
17   <body>
18       <table border="1" class="a">
19            <CAPTION>表格标题</CAPTION>
20           <tr>
21               <td>
22                   I even do not know what is inside the box.
23               </td>
24               <td>
25                   I even do not know what is inside the box.
26               </td>
27           </tr>
28       </table>
29       <br />
30       <table border="1" class="b">
31            <CAPTION>表格标题</CAPTION>
32           <tr>
33               <td>
34                   I even do not know what is inside the box.
35               </td>
36               <td>
37                   I even do not know what is inside the box.
38               </td>
39           </tr>
40       </table>
41       <br />
42       <table border="1" class="c">
43            <CAPTION>表格标题</CAPTION>
44           <tr>
45               <td>
46                   I even do not know what is inside the box.
47               </td>
```

```
48                  <td>
49                      I even do not know what is inside the box.
50                  </td>
51              </tr>
52          </table>
53          <br />
54          <table border="1" class="d">
55               <CAPTION>表格标题</CAPTION>
56              <tr>
57                  <td>
58                      I even do not know what is inside the box.
59                  </td>
60                  <td>
61                      I even do not know what is inside the box.
62                  </td>
63              </tr>
64          </table>
65      </body>
66      </html>
```

第 9 ~ 12 行分别使用 caption-side 设置了 4 种标题的位置，分别是顶部、左侧、右侧、底部。示例 11-3 运行效果如图 11.3 所示。

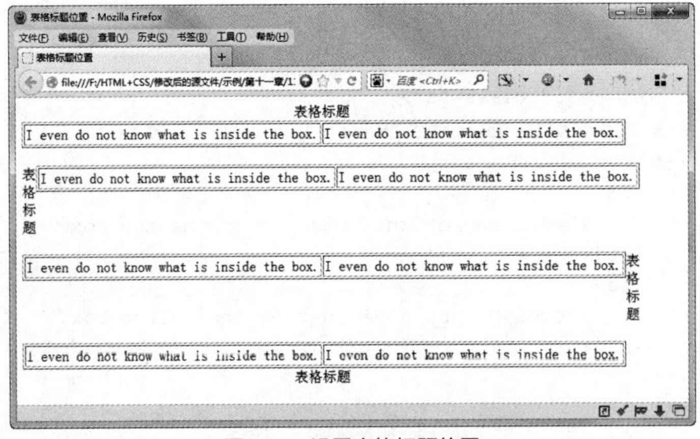

图 11.3　设置表格标题位置

从图 11.3 中可以看出：

- caption-side 属性值为 top 时，其结果与 caption 元素的 valign 属性值为 top 时相同；
- caption-side 属性值为 bottom 时，其结果与 caption 元素的 valign 属性值为 bottom 时相同；
- caption-side 属性值为 left 时，其结果与 caption 元素的 align 属性值为 left 时相同；
- caption-side 属性值为 right 时，其结果与 caption 元素的 align 属性值为 right 时相同。

注意　使用 caption 元素的 align 属性与 valign 属性同样可以将表格标题放在表格的不同位置，不同的浏览器对这两个属性的支持也不完全一样。

11.1.4　设置表格布局

当单元格中对象的宽度超过单元格定义的宽度时，在能换行时（如文字），浏览器会自动在宽度的最大处换行，在不能换行时（如图片或一个超长单词时），浏览器就会自动调整表格列的宽度，以容纳单元格中的对象。在 CSS 中的 table-layout 属性可以设置单元格宽度是否不被改变。table-layout 属性的语法格式如下。

```
table-layout : auto | fixed | inherit
```

各属性值的含义如下。

- auto：当内容超过宽度时，如能自动换行则自动换行，如不能自动换行则增加宽度，该值为默认值。
- fixed：无论内容是否超过宽度，都保持原来的宽度。
- inherit：继承父级样式。

【示例 11-4】设置表格的布局方式。

```
01  <!DOCTYPE html PUBLIC "-//W3C//DTD XHTML 1.0 Transitional//EN" "http://www.w3.org/
TR/xhtml1/DTD/xhtml1-transitional.dtd">
02  <html xmlns="http://www.w3.org/1999/xhtml">
03  <head>
04  <meta http-equiv="Content-Type" content="text/html; charset=gb2312" />
05  <title>保持表格布局</title>
06  <style type="text/css">
07  <!--
08      body {font-size:18px}
09      .a {table-layout:auto;}
10      .b {table-layout:fixed;}
11  -->
12  </style>
13  </head>
14
15  <body>
16      <table border="1" width="300" class="a">
17          <tr>
18              <td width="50%" height="100">
19                  <img alt="" src="pic01.jpg" />
20              </td>
21              <td width="50%">
22                  what is inside the box.
23              </td>
24          </tr>
25          <tr>
26              <td width="50%">
27                  what is inside the box.
28              </td>
29              <td width="50%">
30                  whatisinsidethebox.
31              </td>
32          </tr>
33      </table>
34      <br />
35      <table border="1" width="300" class="b">
36          <tr>
37              <td width="50%" height="100">
38                  <img alt="" src="pic01.jpg" />
39              </td>
40              <td width="50%">
```

```
41                      what is inside the box.
42                  </td>
43              </tr>
44              <tr>
45                  <td width="50%">
46                      what is inside the box.
47                  </td>
48                  <td width="50%">
49                      whatisinsidethebox
50                  </td>
51              </tr>
52          </table>
53      </body>
54      </html>
```

第 9 行将 table-layout 设置为 auto，表示根据情况改变表格；第 10 行将 table-layout 设置为 fixed，表示无视内容，按表格原本大小来显示。示例 11-4 运行效果如图 11.4 所示。

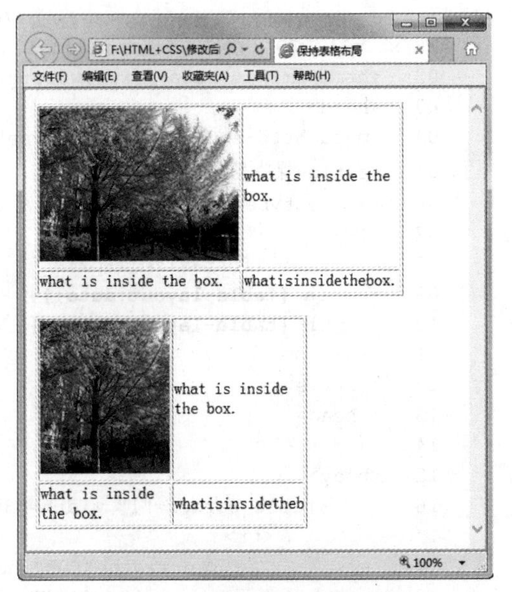

图 11.4 设置表格布局效果图

示例 11-4 中，第一个表格的 table-layout 属性值为 auto，其中单元格中的图片与文字的处理方式如下。

- 该表格第一行第一个单元格中的图片大小不但超过了单元格定义的宽度，还超过了单元格定义的高度，为了能容纳这张图片，IE 浏览器自动增加了该单元格的宽度与高度。
- 该表格第二行的第一个单元格中，文字自动换行使这段文字的高度超过了单元格定义的高度，IE 浏览器自动增加了该单元格的高度来显示所有文字。
- 该表格第二行的第二个单元格中，有一个很长的英文单词（姑且就当那个字符串是一个“单词”），该单词的宽度也超过了单元格的宽度，在默认情况下，浏览器是不能将一个单词从中间拆开来换行的，因此 IE 浏览器自动增加了该单元格的宽度，以容纳这个单词。

本例第二个表格的 table-layout 属性值为 fixed，其中单元格中的图片与文字的处理方式如下。

- 该表格第一行一个单元格中的图片大小同样超过了该单元格的宽度与高度，IE 浏览器自动将超过的部分裁剪掉了，严格地保持了表格的原始布局。
- 同样，IE 浏览器也保持了该表格中第二行第一个单元格的高度，将该单元格中超过高度的文字也剪裁掉了。
- 在该表格第二行的第二个单元格中，单词超过单元格宽度的部分也被裁剪掉了。

11.2 列表

在 CSS 中，有专门为列表设计的样式，使用这些样式可以用图片来代替列表前的标号，也可以用不同的方式显示列表前的标号，还可以设置列表文字的排列方式及间距。

11.2.1　设置列表符号样式

HTML 中的列表符号，只能是一个黑点或数字，十分单调。使用 CSS 中的 list-style-type 属性可以指定符号的样式，其语法格式如下。

```
list-style-type : circle | disc | decimal | square | upper-roman | lower-roman | upper-alpha | lower-alpha | none | armenian | cjk-ideographic | georgian | hebrew | lower-greek | hiragana | hiragana-iroha | katakana | katakana-iroha | lower-latin | upper-latin
```

各属性值的含义如下。

- circle：显示空心圆标号。
- disc：默认值，显示实心圆标号。
- decimal：显示阿拉伯数字。
- square：显示实心方块标号。
- upper-roman：显示大写罗马数字。
- lower-roman：显示小写罗马数字。
- upper-alpha：显示大写英文字母。
- lower-alpha：显示小写英文字母。
- none：不使用项目符号。
- armenian：显示传统的亚美尼亚数字，目前主流浏览器都未支持该属性值。
- cjk-ideographic：显示表意数字，目前主流浏览器都未支持该属性值。
- georgian：显示乔治数字，目前主流浏览器都未支持该属性值。
- hebrew：显示希伯莱数字，目前主流浏览器都未支持该属性值。
- lower-greek：显示希腊小写字母，目前主流浏览器都未支持该属性值。
- hiragana：显示日文平假名字符，目前主流浏览器都未支持该属性值。
- hiragana-iroha：显示日文平假名序号，目前主流浏览器都未支持该属性值。
- katakana：显示日文片假名字符，目前主流浏览器都未支持该属性值。
- katakana-iroha：显示日文片假名序号，目前主流浏览器都未支持该属性值。
- lower-latin：显示小写拉丁字母，目前主流浏览器都未支持该属性值。
- upper-latin：显示大写拉丁字母，目前主流浏览器都未支持该属性值。

list-style-type 属性可以作用在<ol>、<ul>与<li>标签上，并且该属性将获得优先显示权利。例如，在有序列表 ol 上使用 list-style-typ: circle 属性，将会显示实心圆标号，而不是有序数字。

【示例 11-5】为列表符号设置不同的样式。

```
01   <!DOCTYPE html PUBLIC "-//W3C//DTD XHTML 1.0 Transitional//EN" "http://www.w3.org/TR/xhtml1/DTD/xhtml1-transitional.dtd">
02   <html xmlns="http://www.w3.org/1999/xhtml">
03       <head>
04           <title>列表样式</title>
05           <style type="text/css">
06               <!--
07               body {font-family:宋体;    font-size:16px;color:Black;}
08               h3 {text-align : center;}
09               div.left {position: absolute; left: 50%; }
10               div.right {position: absolute; right: 50%; }
11               li.disc {list-style-type: disc}
```

```
12                li.circle {list-style-type: circle}
13                li.square {list-style-type: square}
14                li.decimal {list-style-type: decimal}
15                li.lower-roman {list-style-type: lower-roman}
16                li.upper-roman {list-style-type: upper-roman}
17                li.lower-alpha {list-style-type: lower-alpha}
18                li.upper-alpha {list-style-type: upper-alpha}
19                li.none {list-style-type: none}
20                ul.lower-roman {list-style-type: lower-roman}
21                ol.square {list-style-type: square}
22                -->
23        </style>
24        </head>
25        <body>
26            <h3>列表样式</h3>
27            <div class="right">
28                以下是使用了样式的无序列表：
29                <ul>
30                    <li class="disc">disc：默认值，显示实心圆标号</li>
31                    <li class="circle">circle：显示空心圆标号</li>
32                    <li class="square">square：显示实心方块标号</li>
33                    <li class="decimal">decimal：显示阿拉伯数字</li>
34                    <li class="lower-roman">lower-roman：显示小写罗马数字</li>
35                    <li class="upper-roman">upper-roman：显示大写罗马数字</li>
36                    <li class="lower-alpha">lower-alpha：显示小写英文字母</li>
37                    <li class="upper-alpha">upper-alpha：显示大写英文字母</li>
38                    <li class="none">none：不使用项目符号</li>
39                </ul>
40                以下是在无序列表中使用 lower-roman 属性
41                <ul class="lower-roman">
42                    <li>list-style：该属性是复合属性</li>
43                    <li>list-style-image：该属性用于指定图片</li>
44                    <li>list-style-position：该属性用于指定标号显示方式</li>
45                    <li>list-style-type：该属性用于列表的标记样式</li>
46                    <li>marker-offset：该属性用于列表之间的间距</li>
47                </ul>
48            </div>
49            <div class="left">
50                以下是使用了样式的有序列表：
51                <ol>
52                    <li class="disc">disc：默认值，显示实心圆标号</li>
53                    <li class="circle">circle：显示空心圆标号</li>
54                    <li class="square">square：显示实心方块标号</li>
55                    <li class="decimal">decimal：显示阿拉伯数字</li>
56                    <li class="lower-roman">lower-roman：显示小写罗马数字</li>
57                    <li class="upper-roman">upper-roman：显示大写罗马数字</li>
58                    <li class="lower-alpha">lower-alpha：显示小写英文字母</li>
59                    <li class="upper-alpha">upper-alpha：显示大写英文字母</li>
60                    <li class="none">none：不使用项目符号</li>
```

```
61                </ol>
62                以下是在有序列表中使用 square 属性
63                <ol class="square">
64                    <li>list-style：该属性是复合属性</li>
65                    <li>list-style-image：该属性用于指定图片</li>
66                    <li>list-style-position：该属性用于指定标号显示方式</li>
67                    <li>list-style-type：该属性用于列表的标记样式</li>
68                    <li>marker-offset：该属性用于列表之间的间距</li>
69                </ol>
70            </div>
71        </body>
72    </html>
```

第 11 ~ 21 行使用 list-style-type 属性为列表设置不同的样式。示例 11-5 运行效果如图 11.5 所示。可以看出，无论是有序列表还是有序列表，都可以使用列表符号。

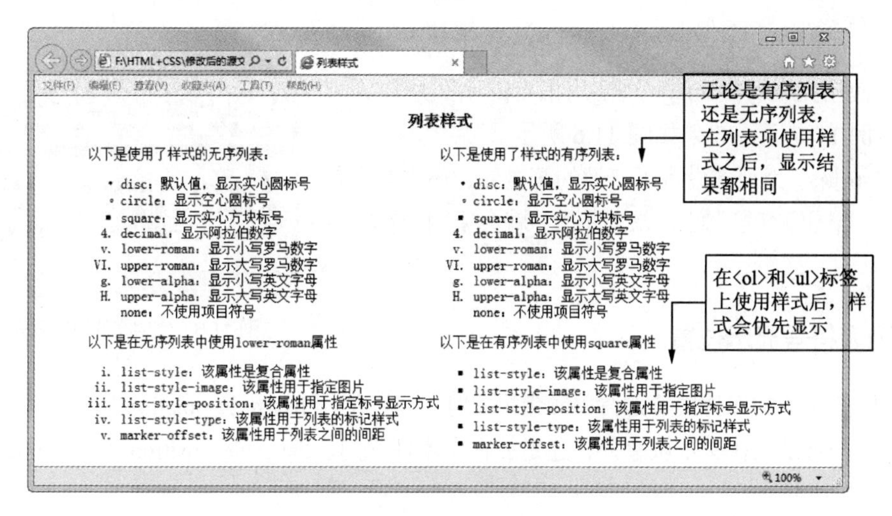

图 11.5　设置列表符号样式效果

11.2.2　使用图片设置列表样式

除了采用系统提供的列表符号外，在 CSS 中还可以利用 list-style-image 属性将图像设为列表符号，其语法格式如下。

```
list-style-image:url(源文件地址)
```

为了使列表符号清晰，不要选择过大的图片。

【示例 11-6】使用图片作为列表符号样式。

```
01    <!DOCTYPE html PUBLIC "-//W3C//DTD XHTML 1.0 Transitional//EN" "http://www.w3.org
/TR/xhtml1/DTD/xhtml1-transitional.dtd">
02    <html xmlns="http://www.w3.org/1999/xhtml">
03        <HEAD>
04        <TITLE>设置列表的样式</TITLE>
05        <style type="text/css">
06        <!--
07          body{
08                font-family:"黑体";
```

```
09                  font-size:14pt
10                  }
11            .exam{
12                  list-style-type:square;
13                  list-style-image:url(pic02.jpg)
14                  }
15          -->
16          </style>
17        </HEAD>
18        <BODY>
19          在网页设计中可以使用多种格式的图片，包括
20          <UL class="exam">
21            <LI>JPG 格式，用来保存超过 256 色的图像格式。
22            <LI>GIF 格式，采用 LZW 压缩，适用于商标、新闻标题等。
23            <LI>PNG 格式，一种非破坏性的网页图像文件格式。
24          </UL>
25        </BODY>
26      </HTML>
```

第 13 行使用 list-style-image 属性用指定的小图片作为列表符号，示例 11-6 运行效果如图 11.6 所示。

示例 11-6 除了为列表设置了普通的符号外，还为其设置了图像符号。当图像符号无法正常显示时，就会采用设置的普通列表符号。

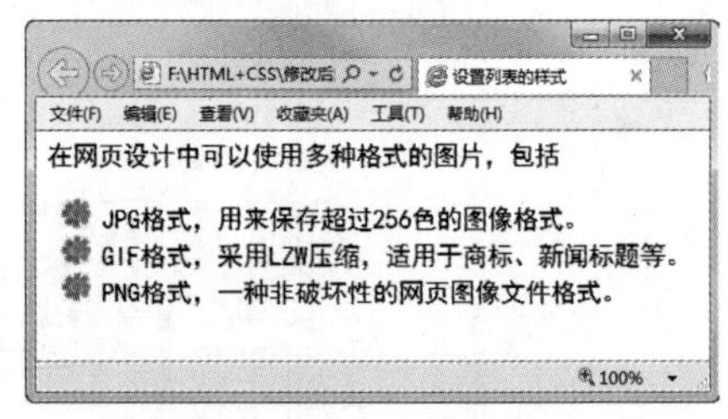

图 11.6　使用图片设置列表样式效果

11.2.3　列表符号显示位置

在列表中使用了文本样式（如背景颜色等）时，可以使用 list-style-position 属性指定符号的显示位置，即指定符号是放在文本块之外，还是放在文本块之内。list-style-position 的语法格式如下。

```
list-style-position : outside | inside
```

各属性值的含义如下。

- outside：将列表符号放在文本块之外，该值为默认值。
- inside：将列表符号放在文本块之内。

list-style-position 属性可以作用在<ol>、<ul>与<li>标签上。

【示例 11-7】设置列表符号的显示位置。

```
01    <!DOCTYPE html PUBLIC "-//W3C//DTD XHTML 1.0 Transitional//EN" "http://www.w3.org/
TR/xhtml1/DTD/xhtml1-transitional.dtd">
02    <html xmlns="http://www.w3.org/1999/xhtml">
03         <head>
04              <title>列表样式</title>
05              <style type="text/css">
06                   <!--
07                   body {font-family:宋体;    font-size:9pt;color:Black;}
08                   h3 {text-align : center;}
09                   ul {list-style-position: outside;background-color:#eeee99;}
10                   ol.inside {list-style-position: inside;background-color:#eeee99;}
11                   li.inside {list-style-position: inside;background-color:#eeee99;}
12                   -->
13         </style>
```

```
14        </head>
15        <body>
16            <h3>列表样式</h3>
17                以下是使用了 list-style-position: outside 样式的列表:
18                <ul>
19                    <li>list-style: 该属性是复合属性</li>
20                    <li>list-style-image: 该属性用于指定图片</li>
21                    <li>list-style-position: 该属性用于指定标号显示方式</li>
22                </ul>
23                以下是使用了 list-style-position: inside 样式的列表:
24                <ol class="inside">
25                    <li>list-style: 该属性是复合属性</li>
26                    <li>list-style-image: 该属性用于指定图片</li>
27                    <li>list-style-position: 该属性用于指标号显示方式</li>
28                </ol>
29                以下是列表项使用了 list-style-position: inside 样式的列表:
30                <ol>
31                    <li class="inside">list-style: 该属性是复合属性</li>
32                    <li>list-style-image: 该属性用于指定图片</li>
33                    <li>list-style-position: 该属性用于指标号显示方式</li>
34                    <li class="inside">list-style-type: 该属性用于列表的标记样式</li>
35                    <li>marker-offset: 该属性用于列表之间的间距</li>
36                </ol>
37        </body>
38    </html>
```

第 9 ~ 11 行使用 list-style-position 属性设置列表符号的显示位置分别为 outside 外以及 inside 内。示例 11-7 运行效果如图 11.7 所示。

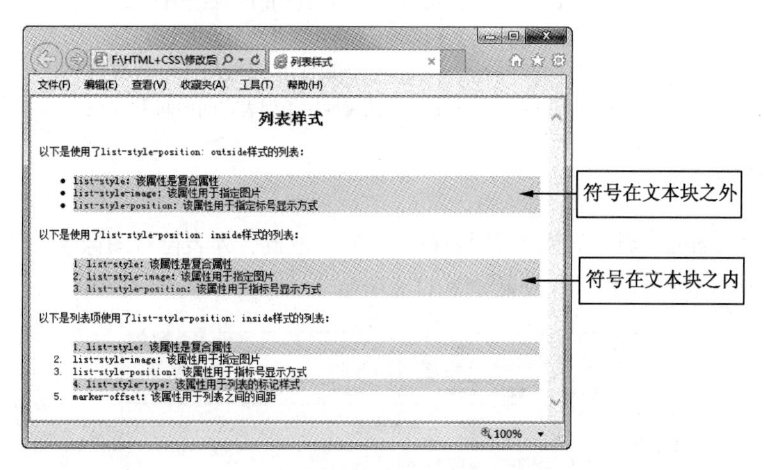

图 11.7　设置列表符号显示位置效果

11.2.4　综合设置列表样式

在 CSS 中可以使用 list-style 属性来综合设置列表的所有样式，不用输入 list-style-image、list-style-type 或 list-style-position 三个属性名，只需输入属性值，从而简化输入。list-style 属性的语法格式如下。

```
list-style : list-style-image | list-style-type | list-style-position
```

使用 list-style 设置列表样式时要注意以下两点。

- 同时指定 list-style-image 和 list-style-type 时，list-style-image 将优先显示。除非 list-style-image 为 none，或图片地址错误而无法显示。
- 当列表与列表项同时使用样式时，列表项的样式将优先显示。

与 list-style-image、list-style-type 和 list-style-position 样式相同，list-style-position 样式可以作用在<ol>、<ul>与<li>标签上。

【示例 11-8】综合设置列表样式。

```
01  <!DOCTYPE html PUBLIC "-//W3C//DTD XHTML 1.0 Transitional//EN" "http://www.w3.org/
TR/xhtml1/DTD/xhtml1-transitional.dtd">
02  <html xmlns="http://www.w3.org/1999/xhtml">
03      <head>
04          <title>列表样式</title>
05          <style type="text/css">
06              <!--
07              body {font-family:宋体;    font-size:16px;color:Black;}
08              h3 {text-align : center;}
09              ul {list-style:circle inside url("li.gif");background-color:#9CC;}
10              -->
11      </style>
12      </head>
13      <body>
14          <h3>列表样式</h3>
15              同时使用了三种样式，url 优先 circle 显示：
16              <ul>
17                  <li>list-style：该属性是复合属性</li>
18                  <li>list-style-image：该属性用于指定图片</li>
19                  <li>list-style-position：该属性用于指定标号显示方式</li>
20                  <li>list-style-type：该属性用于列表的标记样式</li>
21                  <li>marker-offset：该属性用于列表之间的间距</li>
22              </ul>
23      </body>
24  </html>
```

第 9 行通过 list-style 属性分别设置列表符号、显示位置、列表符号图像等，还使用 background 设置列表背景颜色。示例 11-8 运行效果如图 11.8 所示。

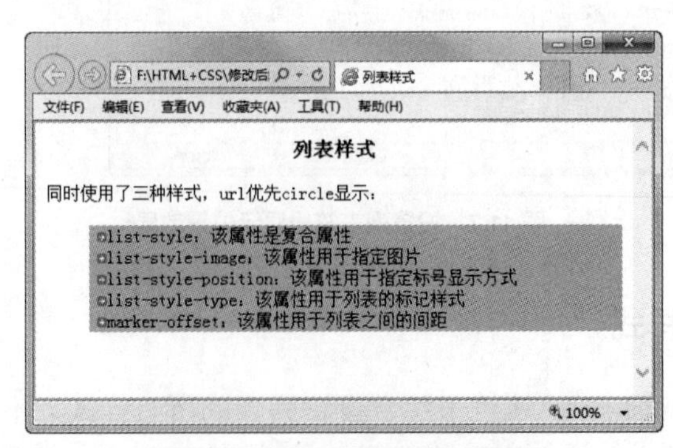

图 11.8　综合设置列表样式效果

11.3　滚动条

滚动条一般都有立体效果，这个效果是通过边框的亮暗对比来体现的，亮的边框好像是光照到的地方，暗的边框就好像是由于光线被遮挡出现的阴影效果。利用 CSS 中的滚动条属性，可以设置滚动条的各种颜色效果，如滚动条的边框颜色、表面效果等。

11.3.1　设置滚动条颜色

使用 scrollbar-face-color 属性可以设置滚动条的颜色，其语法格式如下。

```
scrollbar-face-color : 颜色
```

scrollbar-face-color 只有一个属性值，就是颜色，其值可以是十六进制的 RGB 颜色、颜色的英文名和百分制颜色表示法。

【示例 11–9】将滚动条设置为蓝色。

```
01  <!DOCTYPE html PUBLIC "-//W3C//DTD XHTML 1.0 Transitional//EN" "http://www.w3.org/TR/xhtml1/DTD/xhtml1-transitional.dtd">
02  <html xmlns="http://www.w3.org/1999/xhtml">
03    <HEAD>
04      <TITLE>设置滚动条表面的颜色</TITLE>
05      <style type="text/css">
06      <!--
07        H2{font-family:"方正姚体";font-size:20pt}
08        IMG{float:left}
09        .exam{
10              WIDTH:400px;
11              HEIGHT:180px;
12              overflow:scroll;
13              font-size:14pt;
14             }
15         div.exam{scrollbar-face-color:#09F}
16      -->
17      </style>
18    </HEAD>
19    <BODY LEFTMARGIN="30px">
20    <CENTER>
21      <H2>花朵介绍</H2>
22      <DIV class=exam>
23      <IMG SRC="pic02.jpg" WIDTH="200px">
24      <P>玫瑰，别名徘徊花，蔷薇科，属落叶丛生灌木。它可以高达 2 米，茎枝上密生毛刺，叶椭圆形，花单生或数朵丛生，花期 5～6 个月，单瓣或重瓣。目前全世界的玫瑰品种有资料可查的已达七千种。</P>
25      <P>牡丹为花中之王，有“国色天香”之称。每年 4～5 月开花，朵大色艳，奇丽无比，有红、黄、白、粉紫、墨、绿、蓝等色。花多重瓣，姿态典雅，花香袭人，被看作富丽繁华的象征，称为“富贵花”。</P>
26      </DIV>
27    </CENTER>
28    </BODY>
29  </HTML>
```

第 15 行将 scrollbar-face-color 属性设置为特定颜色值。示例 11-9 运行效果如图 11.9 所示。可以看出，滚动条变成了蓝色。

11.3.2 设置滚动条亮边框颜色

使用 scrollbar-highlight-color 属性可以设置滚动条亮边框的颜色，也就是滚动条左边框和上边框的颜色，其语法格式如下。

```
scrollbar-highlight-color : 颜色
```

scrollbar-highlight-color 只有一个属性值，就是颜色，其值可以是十六进制的 RGB 颜色、颜色的英文名或百分制颜色表示法。

【示例 11-10】设置滚动条的亮边框为粉红色。

```
01  <!DOCTYPE html PUBLIC "-//W3C//DTD XHTML 1.0 Transitional//EN" "http://www.w3.org/
TR/xhtml1/DTD/xhtml1-transitional.dtd">
02  <html xmlns="http://www.w3.org/1999/xhtml">  <HEAD>
03      <HEAD>
04      <TITLE>设置滚动条的亮边颜色</TITLE>
05      <style type="text/css">
06      <!--
07        H2{font-family:"方正姚体";font-size:20pt}
08        IMG{float:left}
09        .exam{
10             WIDTH:400px;
11             HEIGHT:180px;
12             overflow:scroll;
13             font-size:14pt;
14            }
15         div.exam{ scrollbar-highlight-color:#FF00FF}
16      -->
17      </style>
18    </HEAD>
19    <BODY LEFTMARGIN="30px">
20    <CENTER>
21      <H2>花朵介绍</H2>
22      <DIV class=exam>
23      <IMG SRC="pic03.jpg" WIDTH="200px">
24      <P>玫瑰，别名徘徊花，蔷薇科，属落叶丛生灌木。它可以高达 2 米，茎枝上密生毛刺，叶椭圆形，花单
生或数朵丛生，花期 5~6 个月，单瓣或重瓣。目前全世界的玫瑰品种有资料可查的已达七千种。</P>
25      <P>牡丹为花中之王，有“国色天香”之称。每年 4~5 月开花，朵大色艳，奇丽无比，有红、黄、白、粉
紫、墨、绿、蓝等色。花多重瓣，姿态典雅，花香袭人，被看作富丽繁华的象征，称为“富贵花”。</P>
26      </DIV>
27    </CENTER>
28    </BODY>
29  </HTML>
```

第 15 行使用 scrollbar-highlight-color 属性设置滚动条亮边框的颜色。示例 11-10 运行效果如图 11.10 所示。

11.3.3 设置滚动条暗边框颜色

暗边框颜色就是滚动条右边框和下边框的颜色。使用 scrollbar-shadow-color 属性可以设置暗边框的颜色。scrollbar-shadow-color 的语法格式如下。

```
scrollbar-shadow-color : 颜色
```

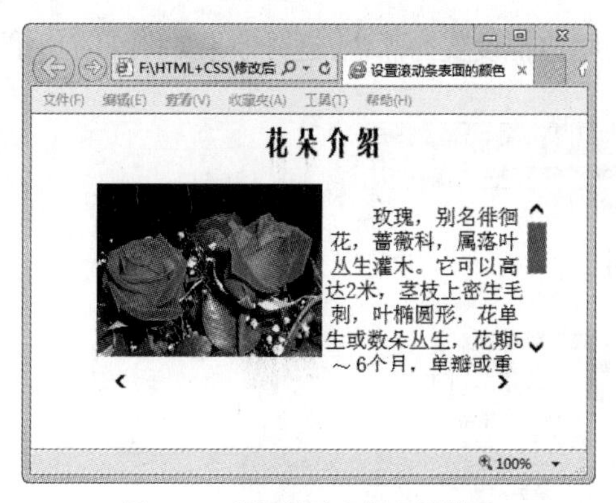

图 11.9　设置滚动条颜色的效果

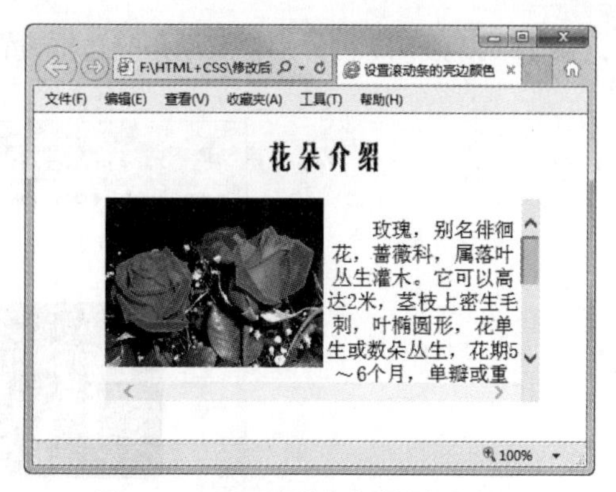

图 11.10　设置滚动条亮边框颜色效果

scrollbar-shadow-color 只有一个属性值，就是颜色，其值可以是十六进制的 RGB 颜色、颜色的英文名或百分制颜色表示法。

【示例 11-11】设置滚动条的暗边框为蓝色。

```
01   <!DOCTYPE html PUBLIC "-//W3C//DTD XHTML 1.0 Transitional//EN" "http://www.w3.org/TR/xhtml1/DTD/xhtml1-transitional.dtd">
02   <html xmlns="http://www.w3.org/1999/xhtml">  <HEAD>
03        <HEAD>
04       <TITLE>设置滚动条暗边颜色</TITLE>
05       <style type="text/css">
06       <!--
07         H2{font-family:"方正姚体";font-size:20pt}
08         IMG{float:left}
09         .exam{
10               WIDTH:400px;
11               HEIGHT:180px;
12               overflow:scroll;
13               font-size:14pt;
14              }
15          div.exam{
16                   scrollbar-highlight-color:#F9F;
17                   scrollbar-shadow-color:#06F;
18                  }
19       -->
20       </style>
21     </HEAD>
22     <BODY LEFTMARGIN="30px">
23     <CENTER>
24       <H2>花朵介绍</H2>
25       <DIV class=exam>
26       <IMG SRC="pic03.jpg" WIDTH="200px">
27       <P>玫瑰，别名徘徊花，蔷薇科，属落叶丛生灌木。它可以高达 2 米，茎枝上密生毛刺，叶椭圆形，花单生或数朵丛生，花期 5~6 个月，单瓣或重瓣。目前全世界的玫瑰品种有资料可查的已达七千种。</P>
28       <P>牡丹为花中之王，有“国色天香”之称。每年 4~5 月开花，朵大色艳，奇丽无比，有红、黄、白、粉紫、墨、绿、蓝等色。花多重瓣，姿态典雅，花香袭人，被看作富丽繁华的象征，称为“富贵花”。</P>
29       </DIV>
30     </CENTER>
31     </BODY>
32   </HTML>
```

第 16 行与第 17 行分别将滚动条亮边框设置为黑色，暗边框设置为蓝色，运行效果如图 11.11 所示。

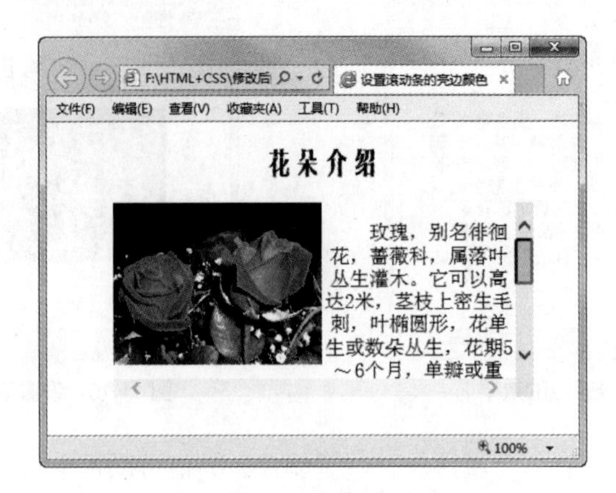

图 11.11 设置滚动条亮边框和暗边框颜色效果

11.3.4 设置滚动条方向箭头颜色

使用 scrollbar-arrow-color 属性可以设置滚动条的方向箭头的颜色。其语法格式如下。

```
scrollbar-arrow-color : 颜色
```

scrollbar-arrow-color 只有一个属性值，就是颜色，其值可以是十六进制的 RGB 颜色、颜色的英文名或百分制颜色表示法。

【示例 11-12】将滚动条的方向箭头颜色设置为紫色。

```
01  <!DOCTYPE   html   PUBLIC   "-//W3C//DTD   XHTML   1.0   Transitional//EN"
"http://www.w3.org/TR/xhtml1/DTD/xhtml1-transitional.dtd">
02  <html xmlns="http://www.w3.org/1999/xhtml">  <HEAD>
03        <HEAD>
04     <TITLE>设置滚动条方向箭头的颜色</TITLE>
05     <style type="text/css">
06     <!--
07       H2{font-family:"方正姚体";font-size:20pt}
08       IMG{float:left}
09       .exam{
10             WIDTH:400px;
11             HEIGHT:180px;
12             overflow:scroll;
13             font-size:14pt;
14            }
15        div.exam{
16                 scrollbar-arrow-color:#63F;
17                }
18     -->
19     </style>
20    </HEAD>
21    <BODY LEFTMARGIN="30px">
22    <CENTER>
23     <H2>花朵介绍</H2>
24     <DIV class=exam>
25     <IMG SRC="pic03.jpg" WIDTH="200px">
26     <P>玫瑰，别名徘徊花，蔷薇科，属落叶丛生灌木。它可以高达 2 米，茎枝上密生毛刺，叶椭圆形，花单
```

```
生或数朵丛生，花期 5 ~ 6 个月，单瓣或重瓣。目前全世界的玫瑰品种有资料可查的已达七千种。</P>
27        <P>牡丹为花中之王，有“国色天香”之称。每年 4 ~ 5 月开花，朵大色艳，奇丽无比，有红、黄、白、粉紫、墨、绿、蓝等色。花多重瓣，姿态典雅，花香袭人，被看作富丽繁华的象征，称为“富贵花”。</P>
28        </DIV>
29      </CENTER>
30      </BODY>
31    </HTML>
```

第 16 行使用 scrollbar-arrow-color 属性将滚动条的箭头设置为指定颜色。示例 11-12 运行效果如图 11.12 所示。

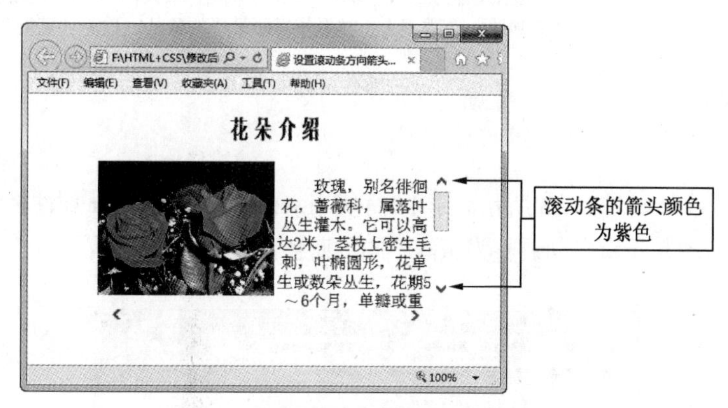

图 11.12 设置滚动条的箭头颜色效果

11.3.5 设置滚动条基准色

使用 scrollbar-base-color 属性可以设置滚动条的基准色，设置基准色后，滚动条的其他颜色都会根据该颜色自动调整，包括箭头颜色、边框颜色等，其语法格式如下。

```
scrollbar-base-color :颜色值
```

这里的颜色值可以是十六进制的颜色码，也可以是颜色的英文名称。

【示例 11-13】设置滚动条基准色为浅蓝色。

```
01   <!DOCTYPE html PUBLIC "-//W3C//DTD XHTML 1.0 Transitional//EN" "http://www.w3.org/TR/xhtml1/DTD/xhtml1-transitional.dtd">
02   <html xmlns="http://www.w3.org/1999/xhtml">  <HEAD>
03     <HEAD>
04       <TITLE>设置滚动条基准色</TITLE>
05       <style type="text/css">
06       <!--
07         H2{font-family:"方正姚体";font-size:20pt}
08         IMG{float:left}
09         .exam{
10              WIDTH:400px;
11              HEIGHT:180px;
12              overflow:scroll;
13              font-size:14pt;
14             }
15          div.exam{
16                  scrollbar-base-color:#9CF;
17                 }
18       -->
```

```
19        </style>
20      </HEAD>
21      <BODY LEFTMARGIN="30px">
22      <CENTER>
23        <H2>花朵介绍</H2>
24        <DIV class=exam>
25        <IMG SRC="pic03.jpg" WIDTH="200px">
26        <P>玫瑰，别名徘徊花，蔷薇科，属落叶丛生灌木。它可以高达 2 米，茎枝上密生毛刺，叶椭圆形，花单生或数朵丛生，花期 5 ~ 6 个月，单瓣或重瓣。目前全世界的玫瑰品种有资料可查的已达七千种。</P>
27        <P>牡丹为花中之王，有“国色天香”之称。每年 4 ~ 5 月开花，朵大色艳，奇丽无比，有红、黄、白、粉紫、墨、绿、蓝等色。花多重瓣，姿态典雅，花香袭人，被看作富丽繁华的象征，称为“富贵花”。</P>
28        </DIV>
29      </CENTER>
30      </BODY>
31    </HTML>
```

示例 11-13 运行效果如图 11.13 所示。第 16 行使用 scrollbar-base-color 属性将滚动条的基准色设置为浅蓝色，其他滚动条元素自动调整为深浅不同的蓝色。

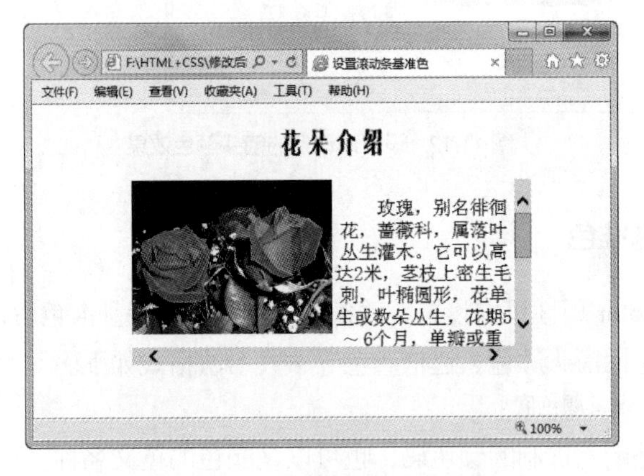

图 11.13　设置滚动条基准色效果

11.4　小结

本章主要介绍如何使用 CSS 样式设置表格、列表和滚动条的样式。其中，设置表格介绍了合并表格边框、定义表格边框间距、定义表格标题位置和设置表格布局；设置列表介绍了设置列表符号样式、使用图片设置列表样式、设置列表符号显示位置和综合设置列表样式；设置滚动条介绍了设置滚动条颜色、设置滚动条亮暗边框颜色、设置滚动条方向箭头颜色和设置滚动条基准色。下一章将介绍控制元素布局。

本章习题

1. 表格标题的显示位置有________、________、________、________、________5 种。
2. 表格的布局方式有________、________、________3 种。

3. 下面合并表格边框的方法正确的是________。
   A. `table.a {border-collapse:separate}`
   B. `table.a {border-collapse:collapse}`
   C. `table.a {border-collapse:inherit}`
   D. `table.a {border-collapse:fixed}`
4. 设置列表符号样式为大写罗马数字的方法正确的是________。
   A. `li.decimal {list-style-type: decimal}`
   B. `li.lower-roman {list-style-type: lower-roman}`
   C. `li.upper-roman {list-style-type: upper-roman}`
   D. `li.lower-alpha {list-style-type: lower-alpha}`
5. 比较滚动条亮边框和暗边框的不同。

上机指导

在 CSS 样式中，背景颜色、背景图片、边框和边距在网页设计中都是使用得比较多的修饰方法。本章介绍了 CSS 的背景、边框、边距和补白样式设置的基本语法，并结合实例介绍了设置背景、边框、边距和补白样式的方法。本节将通过上机操作，巩固本章所学的知识点。

实验一

实验内容

使用 CSS 中的表格属性来设置表格的样式。

实验目的

巩固知识点。

实现思路

在网页中使用 border-spacing 属性设置表格边框间距为 12 像素，并使用 caption-side 属性设置表格标题位于表格的顶部。

在 Dreamweaver 中选择“新建”|“HTML”命令，新建 HTML 文档。在 HTML 文档中输入的关键代码如下。

```
<style type="text/css">
<!--
   body {font-size:18px}
   table.a {caption-side:top;
         border-spacing:10px;
         }
-->
</style>
```

在菜单栏中选择“文件”|“保存”命令，输入保存路径，单击“保存”按钮，即可完成表格样式的设置。运行页面查看效果如图 11.14 所示。

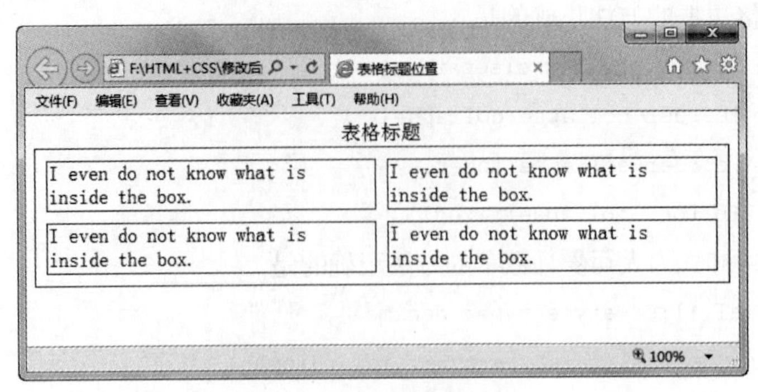

图 11.14　设置表格样式效果

实验二

实验内容

使用 CSS 中的列表属性来设置列表的样式。

实验目的

巩固知识点。

实现思路

在网页中使用 list-style-type 属性设置列表符号样式为大写英文字母，并使用 list-style-position 属性设置列表符号样式位于文本块的外部。

在 Dreamweaver 中选择“新建”|“HTML”命令，新建 HTML 文档。在 HTML 文档中输入的关键代码如下。

```
<style type="text/css">
   <!--
      body {font-family:宋体;  font-size:16px;color:Black;}
      h3 {text-align : center;}
      ul {list-style-position: outside;
      background-color:#6FF;
      list-style-type: upper-alpha;}
   -->
</style>
```

在菜单栏中选择“文件”|“保存”命令，输入保存路径，单击“保存”按钮，即可完成列表样式的设置。运行页面查看效果如图 11.15 所示。

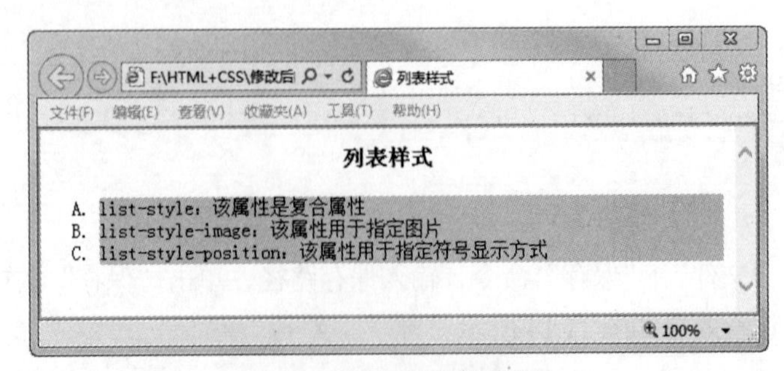

图 11.15　设置列表样式效果

实验三

实验内容

使用 CSS 中的滚动条属性来设置滚动条的样式。

实验目的

巩固知识点。

实现思路

在网页中使用 scrollbar-face-color 属性设置滚动条的颜色为绿色，并使用 scrollbar-arrow-color 属性设置滚动条方向箭头的颜色为红色。

在 Dreamweaver 中选择“新建”|“HTML”命令，新建 HTML 文档。在 HTML 文档中输入的关键代码如下。

```
<style type="text/css">
   <!--
     div.exam{
               scrollbar-arrow-color:#900;
               scrollbar-face-color:#0CF;
              }
   -->
</style>
```

在菜单栏中选择“文件”|“保存”命令，输入保存路径，单击“保存”按钮，即可完成滚动条样式的设置。运行页面查看效果如图 11.16 所示。

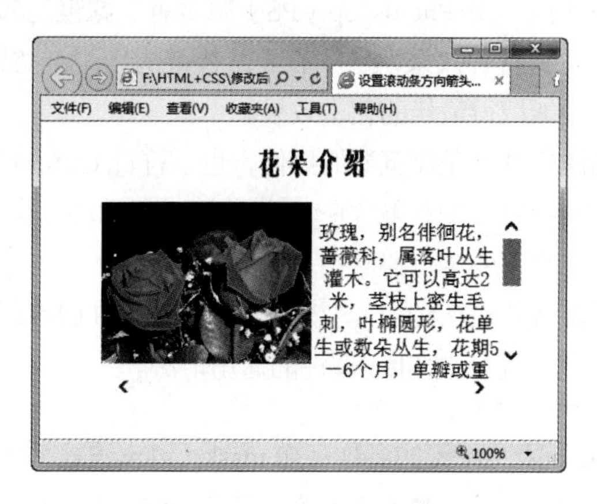

图 11.16　设置滚动条样式

12 第12章　CSS滤镜

随着网络需求的发展，人们已不满足于使用原有的一些 HTML 标签，希望能添加更多的媒体特性来凸显网站主题。在 CSS 技术高速发展的今天，这些已成为现实。本章将介绍 CSS 的扩展部分——CSS 滤镜属性（Filter Properties）。CSS 滤镜是微软公司开发的整合在 IE 浏览器中的功能。所谓滤镜，就是对图片产生一定的图形变换效果。由于这套 CSS 滤镜的版权属于微软公司，所以其他浏览器不能全部有效地支持。但是 IE 浏览器与 Windows 系统捆绑，在全球广泛使用，因此许多网页设计师经常使用 CSS 滤镜来为图片增效。

12.1　滤镜概述

最早的滤镜概念来自摄影行业，通常是指安装在相机镜头前用于过滤自然光的附加镜头。所以最早的滤镜是为了实现照片的某些特殊效果而出现的附加镜头。后来在图片处理软件，如 Photoshop（PS）中也有了滤镜的概念，PS 中的滤镜主要用来实现图像的各种特殊效果，它具有非常神奇的作用。滤镜通常需要与通道、图层等联合使用，才能取得最佳的艺术效果。

网页中的滤镜并不是浏览器的插件，也不符合 CSS 标准，而是微软公司为增强浏览器的功能而特意开发并整合在 IE 浏览器中的功能的集合。但随着 CSS 3 的发展，滤镜已经被越来越多的浏览器支持。

首先来看滤镜的语法结构，滤镜的语法与普通的 CSS 样式相同，设置滤镜的 CSS 属性为 filter。以下是使用 filter 属性的通用语法。

```
filter:name(para);
```

其中，name 表示滤镜的名称，如 mask、glow 等。小括号中的 para 是指使用滤镜的参数。多数滤镜的参数不止一个，参数不同，产生的效果也不同。

12.2　常用 CSS 滤镜

常用的滤镜主要包括：透明层次（alpha）滤镜、颜色透明（chroma）滤镜、模糊（blur）滤镜、固定阴影（dropshadow）滤镜、移动阴影（shadow）滤镜、光晕（glow）滤镜、灰度（gray）滤镜、反色（invert）滤镜、镜像（flip）滤镜、遮罩（mask）滤镜、X 射线（X-ray）滤镜和波纹（wave）滤镜。

12.2.1　透明层次滤镜

透明层次（alpha）滤镜用于设置透明度，alpha 滤镜包含以下 7 个参数，分别用于设置透明等级、透明的变化方式、变化的范围。

```
filter:alpha( opacity=a,              /*透明度等级*/
              finishopacity=b,        /*结束时的透明度*/
              style=c,                /*透明的变化方式*/
              startX=d,               /*开始变化的 X 轴起点*/
              startY=e,               /*开始变化的 Y 轴起点*/
              finishX=f,              /*结束变化的 X 轴终点*/
              finishY=g,);            /*结束变化的 Y 轴终点*/
```

前三个参数设置透明的相应效果以及透明的变化方式，后四个参数设置起始坐标。

opacity 值是指透明度等级，取值范围为 0 ~ 100，0 表示完全透明不可见，100 代表完全不透明。

【示例 12-1】opacity 参数的使用。

```
01  <!DOCTYPE html PUBLIC "-//W3C//DTD XHTML 1.0 Transitional//EN"
02  "http://www.w3.org/TR/xhtml1/DTD/xhtml1-transitional.dtd">
03  <html xmlns="http://www.w3.org/1999/xhtml">
04  <head>
05      <meta http-equiv="Content-Type" content="text/html; charset=utf-8" />
06      <title>alpha1</title>
07      <style type="text/css">
08          body{ background:#001;}
09          .alpha{ filter:alpha(opacity=55);}      /*透明滤镜，设置透明度为 55*/
10      </style>
11  </head>
12
13  <body>
14      <img src="image.jpg"/>
15      <img src="image.jpg" class="alpha"/>
16  </body>
17  </html>
```

第 9 行设置 alpha 的透明度为 55，运行结果如图 12.1 所示。

（a）原图　　　　　　（b）效果图

图 12.1　设置 alpha 滤镜的 opacity 为 55

style 用于设置透明的变换方式，有 1、2 和 3 三个值可选。1 代表线性渐变，只有设置 style 为 1 时，finishopacity、startX、startY、finishX 和 finishY 才可用。图片左上角的坐标是（0，0），右下角的坐标是（100，100），使用的是百分比的表示方式。startX 和 startY 代表渐变效果的开始坐标，finishX 和 finishY 代表渐变效果的结束坐标。

注意 finishopacity 用于设置结束坐标上的透明度，取值范围为 0～100。

【示例 12-2】延续示例 12.1 的设置，把 style 设置为 1，渐变效果从图片的（0，0）位置到（0，100）的位置，代码如下。

```
01  <!DOCTYPE html PUBLIC "-//W3C//DTD XHTML 1.0 Transitional//EN"
02  "http://www.w3.org/TR/xhtml1/DTD/xhtml1-transitional.dtd">
03  <html xmlns="http://www.w3.org/1999/xhtml">
04  <head>
05  <meta http-equiv="Content-Type" content="text/html; charset=utf-8" />
06  <title>alpha2</title>
07  <style type="text/css">
08  body{ background:#001;}
09  .alpha{ filter:alpha(opacity=55,style=1,finishopacity=100,startX=0,startY=0,finishX=0,
finishY=100);}
10  /*设置透明滤镜，样式 style 为 1 的情况下，设置渐变效果从图的左上角到右下角*/
11  </style>
12  </head>
13
14  <body>
15      <img src="image.jpg"/>
16      <img src="image.jpg" class="alpha"/>
17  </body>
18  </html>
```

第 9 行设置 alpha 的透明度为 55～100，变化方式为线性渐变，整幅图均有渐变效果。运行效果如图 12.2 所示，图片的透明度从上到下逐渐变大，图片的底部没有变透明。

（a）原图　　（b）效果图

图 12.2　设置 alpha 滤镜的 style 值为 1

【示例 12-3】设置 style 的值为 2，使渐变效果为圆形放射状，代码如下。

```
01  <!DOCTYPE html PUBLIC "-//W3C//DTD XHTML 1.0 Transitional//EN"
02  "http://www.w3.org/TR/xhtml1/DTD/xhtml1-transitional.dtd">
03  <html xmlns="http://www.w3.org/1999/xhtml">
04  <head>
05  <meta http-equiv="Content-Type" content="text/html; charset=utf-8" />
06  <title>alpha3</title>
07  <style type="text/css">
08  body{ background:#001;}                         /*设置背景颜色为黑色*/
09  .alpha{ filter:alpha(opacity=55,style=2);}      /*设置透明滤镜，样式 style 为 2*/
10  </style>
11  </head>
12
13  <body>
14      <img src="image.jpg"/>
15      <img src="image.jpg" class="alpha"/>
16  </body>
17  </html>
```

第 9 行设置 alpha 属性的透明度为 55，style 设置为 2。效果如图 12.3 所示，图片的透明度从里到外，图片的最外面是完全透明的。

（a）原图　　　　（b）效果图

图 12.3　设置 alpha 滤镜的 style 值为 2

【示例 12-4】把 style 设置为 3，使渐变效果为矩形放射状，代码如下。

```
01  <!DOCTYPE html PUBLIC "-//W3C//DTD XHTML 1.0 Transitional//EN"
02  "http://www.w3.org/TR/xhtml1/DTD/xhtml1-transitional.dtd">
03  <html xmlns="http://www.w3.org/1999/xhtml">
04  <head>
05  <meta http-equiv="Content-Type" content="text/html; charset=utf-8" />
06  <title>alpha4</title>
07  <style type="text/css">
08  body{ background:#001;}
09  .alpha{ filter:alpha(opacity=55,style=3);}      /*设置透明滤镜，样式 style 为 3*/
10  </style>
11  </head>
12
13  <body>
14      <img src="image.jpg"/>
15      <img src="image.jpg" class="alpha"/>
16  </body>
17  </html>
```

第 9 行设置透明滤镜，样式 style 为 3，效果如图 12.4 所示。

（a）原图　　　　　　　　　　　（b）效果图

图 12.4　设置 alpha 滤镜的 style 值为 3

效果　图片的透明度从里到外，图片的最外面是完全透明的。但是图片的渐变效果呈现为矩形。

12.2.2　颜色透明滤镜

颜色透明（chroma）滤镜就像滤光镜一样，把指定的颜色过滤掉，而透明层次（alpha）滤镜用于设置整张图片的透明度。以下是 chroma 滤镜的通用语法。

```
filter:chroma( color=colorname);
```

其中，colorname 为某种颜色的名称。例如，设置 colorname 为 red，可以把图片中的红色去掉。要注意的是，使用十六进制表示颜色时，要带#。

【示例 12-5】XHTML 文档中有两张图片，第一张图片为原图片，第二张图片使用 chroma 滤镜去掉蓝色，代码如下。

```
01  <!DOCTYPE html PUBLIC "-//W3C//DTD XHTML 1.0 Transitional//EN"
02  "http://www.w3.org/TR/xhtml1/DTD/xhtml1-transitional.dtd">
03  <html xmlns="http://www.w3.org/1999/xhtml">
04  <head>
05  <meta http-equiv="Content-Type" content="text/html; charset=utf-8" />
06  <title>chroma</title>
07  <style type="text/css">
08  .chroma{ filter:chroma(color=blue);}           /*应用颜色透明滤镜，去掉图片中的蓝色*/
09  </style>
10  </head>
11
12  <body>
13      <img src="chroma.png"/>
14      <img src="chroma.png" class="chroma"/>
15  </body>
16  </html>
```

第 8 行使用颜色透明滤镜，过滤蓝色。如图 12.5 所示，图片使用 chroma 滤镜去掉蓝色后，原本蓝色的区域变为了白色，即透明色。

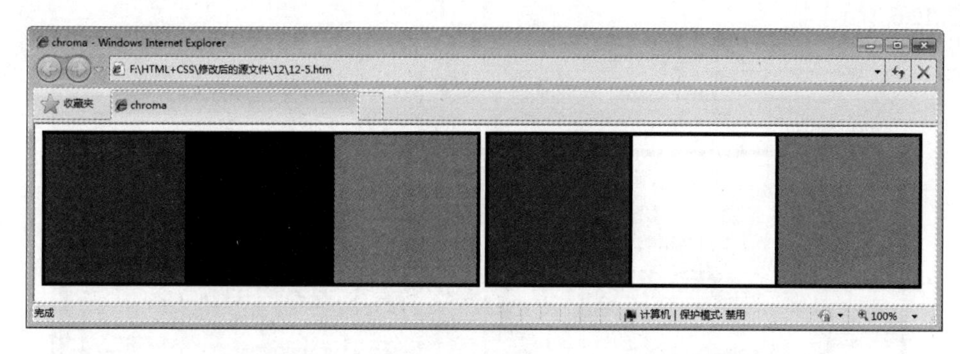

（a）原图　　　　　　　　　　　　　　（b）效果图

图 12.5　使用 chroma 滤镜去掉蓝色

12.2.3　模糊滤镜

有时候图片需要有雾里看花的效果，这时可以使用模糊（blur）滤镜，使图片变得朦胧，以下是 blur 滤镜的通用语法。

```
filter:blur(  add=ture/false,
              direction=b,
              strength=c);
```

blur 属性有 3 个参数：add、direction 和 strength。其中 add 参数用来设置是否显示被模糊的对象。add 可以设置为 1 或者 0，0 表示不显示原来对象，1 表示要显示原来对象。add 参数也可以用 true 和 false 判断值来表示。在默认情况下，add 值是 1，即为 ture。direction 参数用来设置模糊的方向，模糊效果是按照顺时针方向进行的。其中 0° 代表垂直向上，每 45° 为一个单位，默认值是向左的 270° 。

注意　direction 的取值范围是 0° ～315° 。strength 参数值代表有多少像素的宽度将受到模糊影响，只能设置为整数，其默认值是 5 像素。

【示例 12-6】XHTML 文档中有两张图片。第一张为原图片，第二张应用了 blur 滤镜，代码如下。

```
01   <!DOCTYPE html PUBLIC "-//W3C//DTD XHTML 1.0 Transitional//EN"
02   "http://www.w3.org/TR/xhtml1/DTD/xhtml1-transitional.dtd">
03   <html xmlns="http://www.w3.org/1999/xhtml">
04   <head>
05   <meta http-equiv="Content-Type" content="text/html; charset=utf-8" />
06   <title>blur</title>
07   <style type="text/css">
08   body{ background:#000;}
09   .blur{ filter:blur(add=ture,direction=270,strength=20);}
      /*设置模糊滤镜，方向为 270° ，强度 20*/
10   </style>
11   </head>
12   <body>
13       <img src="image.jpg" />
14       <img src="image.jpg" class="blur"/>
15   </body>
16   </html>
```

第 9 行设置模糊滤镜，add 属性值为 true；模糊方向 direction 为 270° 。模糊程度 strength 为 20，效果如图 12.6 所示。

（a）原图　　　　（b）效果图

图 12.6　使用 blur 滤镜

使用模糊滤镜不仅能使图片模糊，还能使文字模糊。恰当使用 blur 滤镜能为文字制作阴影效果。

【示例 12-7】对文字应用 blur 滤镜。设置 strength 为 15 像素，direction 为 135° ，制作出文字阴影的效果，代码如下。

```
01    <!DOCTYPE html PUBLIC "-//W3C//DTD XHTML 1.0 Transitional//EN"
02    "http://www.w3.org/TR/xhtml1/DTD/xhtml1-transitional.dtd">
03    <html xmlns="http://www.w3.org/1999/xhtml">
04    <head>
05    <meta http-equiv="Content-Type" content="text/html; charset=utf-8" />
06    <title>blur</title>
07    <style type="text/css">
08    .blur{ font-size:30px; font-weight:bold; filter:blur(add=ture,direction=135,strength=15);}
09    /*设置模糊滤镜，方向为 135° ，强度 15*/
10    </style>
11    </head>
12    <body>
13    <table><tr><td class="blur"/>示例：css 的 blur 滤镜</td></tr></table>
14    </body>
15    </html>
```

第 8 行使用 blur 样式设置字体为 30px，加粗；添加模糊滤镜，模糊方向为 135° ，模糊强度为 15。如图 12.7 所示，文字产生了阴影的效果。

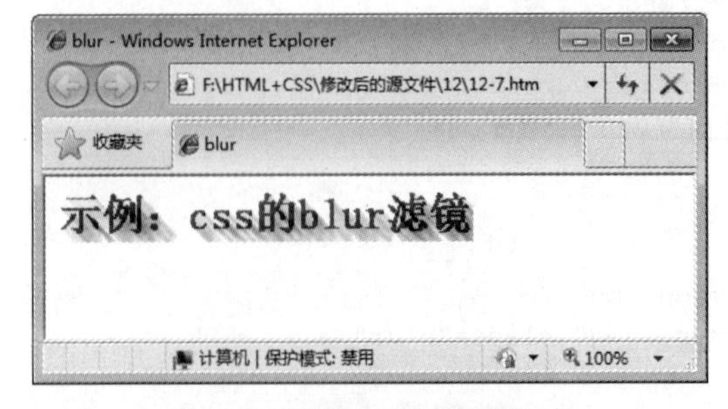

图 12.7　使用 blur 滤镜设置文字

注意 只有使用表格来嵌套文字，才能使blur滤镜对文字产生效果。

12.2.4 固定阴影滤镜

有时候希望产生阴影，又不模糊主体对象，这时可以使用固定阴影（dropshadow）滤镜，以下是dropshadow滤镜的通用语法。

```
filter:dropshadow(   color=a,
                     offx=b,
                     offy=c,
                     positive=d);
```

dropshadow属性用于添加对象的下落式阴影效果。其实现的效果从外观上看像原来的对象离开页面，然后在页面上显示出该对象的投影。该属性有4个参数，color代表投射阴影的颜色，要用十六进制颜色格式表示颜色值。

offx和offy分别指定横向x轴和纵向y轴阴影的偏移像素值，必须设置为整数值。如果设置为正整数，代表x轴的右方向和y轴的向下方向，设置为负整数则相反。参数positive用于指定阴影的透明度，0表示透明，没有阴影效果；非0表示显示阴影效果。另外，也可以用布尔值来表示：True代表非0，false代表0。

【示例12-8】对文字应用dropshadow滤镜。设置color为#999999，offx和offy都是6像素，positive为ture，代码如下。

```
01  <!DOCTYPE html PUBLIC "-//W3C//DTD XHTML 1.0 Transitional//EN"
02  "http://www.w3.org/TR/xhtml1/DTD/xhtml1-transitional.dtd">
03  <html xmlns="http://www.w3.org/1999/xhtml">
04  <head>
05  <meta http-equiv="Content-Type" content="text/html; charset=utf-8" />
06  <title>dropshadow</title>
07  <style type="text/css">
08  .dropshadow{ font-size:40px; font-weight:bold;
09  filter:dropshadow(color:#999999,positive=true,offX=6,offY=6);}
10  /*固定阴影滤镜，颜色设置为灰色，阴影横向偏移6像素，纵向偏移6像素*/
11  </style>
12  </head>
13  <body>
14  <table><tr><td class="dropshadow"/>示例：css的dropshadow滤镜</td></tr></table>
15  </body>
16  </html>
```

第8～9行，设置字体大小为40px，加粗；dropshadow滤镜的颜色为#999999，offx和offy都是6像素，positive为true。运行效果如图12.8所示。

图12.8 使用dropshadow滤镜

注意　只有使用表格来嵌套文字，才能使 dropshadow 滤镜对文字产生效果。除了可以对文字使用 dropshadow 滤镜外，还可以对图片添加 dropshadow 滤镜。

12.2.5　移动阴影滤镜

使用固定阴影滤镜产生的阴影是实边的，其实就是原来文字本身的一个复制阴影。要使产生的阴影具有渐进的效果，就要使用移动阴影（shadow）滤镜。使用该滤镜产生的阴影看起来更和谐，以下是 shadow 滤镜的通用语法。

```
filter:shadow(   color=a,
                 direction=b);
```

shadow 滤镜包含两个参数，其中 color 是用来设置阴影的颜色，要用十六进制颜色表示。direction 用来设定投影的方向，其效果是按顺时针方向进行。其中 0° 代表垂直向上，每 45° 为一个单位，默认值是 135° 。direction 的取值范围是 0° ～315° 。

【示例 12-9】对文字应用 shadow 滤镜。设置 color 为#999999，direcion 为 135° ，代码如下。

```
01   <!DOCTYPE html PUBLIC "-//W3C//DTD XHTML 1.0 Transitional//EN"
02   "http://www.w3.org/TR/xhtml1/DTD/xhtml1-transitional.dtd">
03   <html xmlns="http://www.w3.org/1999/xhtml">
04   <head>
05   <meta http-equiv="Content-Type" content="text/html; charset=utf-8" />
06   <title>shadow</title>
07   <style type="text/css">
08   .shadow{ font-size:30px; font-weight:bold; filter:shadow(color:# 999999,direction=135);}
09   /*移动阴影滤镜，颜色设置为灰色，方向设置为 135° */
10   </style>
11   </head>
12
13   <body>
14   <table><tr><td class="shadow"/>示例：css 的 shadow 滤镜</td></tr></table>
15   </body>
16   </html>
```

第 8 行设置了 shadow 样式，字体大小为 30px，加粗；shadow 滤镜的阴影颜色为#999999，投影方向为 135° 。运行效果如图 12.9 所示。

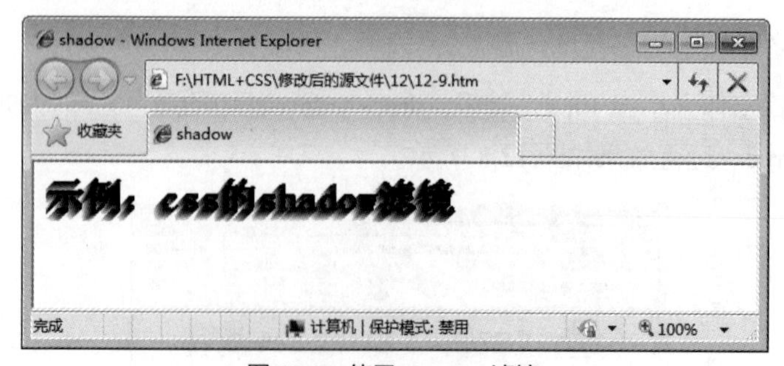

图 12.9　使用 shadow 滤镜

对比图 12.8 和图 12.9 可以看出，shadow 滤镜会产生渐进的阴影效果，比较和谐。

12.2.6　光晕滤镜

有时候为了让网页上的文字或图片有环绕或光晕的效果，常常使用光晕（glow）滤镜，其语法格式如下。

```
filter:glow(   color=a,
               strength=b);
```

glow 滤镜包含两个参数，其中 color 是用来设置发光的颜色，要用十六进制颜色表示。strength 指定发光的强度，取值范围为 1～255，数字越大，光的效果越强，反之则弱。

【示例 12-10】对文字应用 glow 滤镜。设置 color 为#ffff01，strength 为 6，代码如下。

```
01  <!DOCTYPE html PUBLIC "-//W3C//DTD XHTML 1.0 Transitional//EN"
02  "http://www.w3.org/TR/xhtml1/DTD/xhtml1-transitional.dtd">
03  <html xmlns="http://www.w3.org/1999/xhtml">
04  <head>
05  <meta http-equiv="Content-Type" content="text/html; charset=utf-8" />
06  <title>glow</title>
07  <style type="text/css">
08  .glow{ font-size:30px; font-weight:bold; filter:glow(color:#ffff01,strength=6);}
09  /*光晕滤镜，颜色设置为黄色，强度设置为 6*/
10  </style>
11  </head>
12
13  <body>
14  <table><tr><td class="glow"/>示例: css 的 glow 滤镜</td></tr></table>
15  </body>
16  </html>
```

第 8 行设置了 glow 样式，字体大小为 30px，加粗；glow 滤镜的光晕颜色为黄色，发光强度为 6。如图 12.10 所示，文字外圈产生了黄色的虚边光晕。若对图片设置 glow 属性，则图片外围也会产生光晕的效果。但这一滤镜对文字使用得较多。

图 12.10　使用 glow 滤镜

12.2.7　灰度滤镜

有时候在特殊时期或表现特殊的主题，需要把彩色图片变成黑白图片，这时候通常使用灰度（gray）滤镜，gray 滤镜没有参数，其通用语法如下。

```
filter:gray;
```

【示例 12-11】XHTML 文档包含两张图片。对第一张图片应用 gray 滤镜，使原本彩色的图片变为黑白图片，代码如下。

```
01  <!DOCTYPE html PUBLIC "-//W3C//DTD XHTML 1.0 Transitional//EN"
02  "http://www.w3.org/TR/xhtml1/DTD/xhtml1-transitional.dtd">
```

```
03  <html xmlns="http://www.w3.org/1999/xhtml">
04  <head>
05  <meta http-equiv="Content-Type" content="text/html; charset=utf-8" />
06  <title>gray</title>
07  <style type="text/css">
08  .gray{filter:gray;}             /*给图片添加灰色滤镜*/
09  </style>
10  </head>
11  <body>
12      <img src="image.jpg"/>
13      <img src="image.jpg" class="gray"/>
14  </body>
15  </html>
```

第 8 行设置了 gray 滤镜。运行效果如图 12.11 所示。

（a）原图　　　　（b）效果图

图 12.11　使用 gray 滤镜

12.2.8　反色滤镜

反色（invert）滤镜可以把对象的可视化属性全部翻转，包括色彩、饱和度、亮度等。这个滤镜作用于彩色照片上，会产生照片负片一样的效果。invert 滤镜没有参数，其通用语法如下。

```
filter:invert;
```

【示例 12-12】XHTML 文档包含两张图片。第一张图片为原图片，对第二张图片应用 invert 滤镜，使图片产生反色的效果，代码如下。

```
01  <!DOCTYPE html PUBLIC "-//W3C//DTD XHTML 1.0 Transitional//EN"
02  "http://www.w3.org/TR/xhtml1/DTD/xhtml1-transitional.dtd">
03  <html xmlns="http://www.w3.org/1999/xhtml">
04  <head>
05  <meta http-equiv="Content-Type" content="text/html; charset=utf-8" />
06  <title>invert</title>
07  <style type="text/css">
08  .invert{filter:invert;}         /*给图片添加反色滤镜*/
09  </style>
10  </head>
11  <body>
12      <img src="image.jpg"/>
13      <img src="image.jpg" class="invert"/>
```

```
14    </body>
15    </html>
```

第 8 行设置了 invert 滤镜。效果如图 12.12 所示，反色后，黑色会变成白色，其他颜色会变为补色。

（a）原图　　　　（b）效果图

图 12.12　使用 invert 滤镜

12.2.9　镜像滤镜

在网页上布置成对的图片时，制作好一边的图片时，使用翻转复制方法，可以得到另一边。镜像（flip）滤镜用于将图片或者文字翻转，翻转的方向可以是水平或垂直。镜像滤镜没有参数，其通用语法如下。

```
filter:fliph;           /*设置对象水平翻转*/
filter:flipv;           /*设置对象垂直翻转*/
filter:fliph flipv;     /*设置对象水平方向和垂直方向都翻转*/
```

【示例 12-13】XHTML 文档包含 4 张图片。第一张图片为原图片，第二张图片水平翻转，第三张图片垂直翻转，第四张图片水平方向和垂直方向都翻转，代码如下。

```
01    <!DOCTYPE html PUBLIC "-//W3C//DTD XHTML 1.0 Transitional//EN"
02    "http://www.w3.org/TR/xhtml1/DTD/xhtml1-transitional.dtd">
03    <html xmlns="http://www.w3.org/1999/xhtml">
04    <head>
05    <meta http-equiv="Content-Type" content="text/html; charset=utf-8" />
06    <title> filter </title>
07    <style type="text/css">
08    .flipv{filter:fliph;}            /*设置对象水平翻转*/
09    .fliph{filter:flipv;}            /*设置对象垂直翻转*/
10    .flipvh{filter:fliph flipv;}        /*设置对象水平方向和垂直方向都翻转*/
11    </style>
12    </head>
13    <body>
14        <img src=" picture.jpg"/>
15        <img src=" picture.jpg" class="flipv"/>
16        <img src=" picture.jpg" class="fliph"/>
17        <img src=" picture.jpg" class="flipvh"/>
18    </body>
19    </html>
```

第 8～10 行分别设置 picture.jpg 为水平翻转（flipv）、垂直翻转（fliph）与水平和垂直都翻转（flipvh）。运行结果如图 12.13 所示。

12.2.10 遮罩滤镜

遮罩（mask）滤镜将为文档中的元素添加一个矩形遮罩。mask 滤镜使被遮罩透明元素成为实心的，实心元素成为透明的，其通用语法如下。

```
filter:mask(color=a);
```

注意 其中 color 值用于指定遮罩的颜色，可以使用十六进制颜色格式。

【示例 12-14】对 XHTML 文档中的文字应用 mask 滤镜，将 color 设置为红色，代码如下。

```
01  <!DOCTYPE html PUBLIC "-//W3C//DTD XHTML 1.0 Transitional//EN"
02  "http://www.w3.org/TR/xhtml1/DTD/xhtml1-transitional.dtd">
03  <html xmlns="http://www.w3.org/1999/xhtml">
04  <head>
05  <meta http-equiv="Content-Type" content="text/html; charset=utf-8" />
06  <title>mask</title>
07  <style type="text/css">
08  .mask{filter:mask(color=#ff0000); font-size:40px; font-weight:bold}   /*遮罩滤镜，
遮罩颜色设置为红色*/
09  </style>
10  </head>
11  <body>
12  <table><tr><td class="mask">示例：css 的 mask 滤镜</td></tr></table>
13  </body>
14  </html>
```

第 8 行设置 mask 滤镜为红色，字体大小为 40px，加粗。运行效果如图 12.14 所示，文字本身为实心不透明，文字所在单元格的背景是透明的。使用 mask 滤镜后，文字所在的单元格背景变为红色，文字变为透明。

图 12.13 使用 flip 滤镜

图 12.14 使用 mask 滤镜

12.2.11　X 射线滤镜

大家都看过 X 光片，轮廓特别明亮，CSS 滤镜中就有一个 X 射线（X-ray）滤镜，其也能反映对象的轮廓并把这些轮廓加亮，就像照 X 光片一样。滤镜没有参数，其通用语法如下。

```
filter:xray;
```

【示例 12-15】XHTML 文档有两张图片。第一张为原图片，对第二张图片应用 X-ray 滤镜，代码如下。

```
01  <!DOCTYPE html PUBLIC "-//W3C//DTD XHTML 1.0 Transitional//EN"
02  "http://www.w3.org/TR/xhtml1/DTD/xhtml1-transitional.dtd">
03  <html xmlns="http://www.w3.org/1999/xhtml">
04  <head>
05  <meta http-equiv="Content-Type" content="text/html; charset=utf-8" />
06  <title>xray</title>
07  <style type="text/css">
08  .xray{filter:xray;}          /*给图片添加 X 射线滤镜*/
09  </style>
10  </head>
11  <body>
12      <img src=" image.jpg"/>
13      <img src=" image.jpg" class="xray"/>
14  </body>
15  </html>
```

第 8 行定义了 X 射线的样式，在第 13 行通过类选择符引用。运行效果如图 12.15 所示，应用 X-ray 滤镜后图片就如图照了 X 光一样，显示出图片中物体的轮廓。

（a）原图　　（b）效果图

图 12.15　使用 X-ray 滤镜

12.2.12　波纹滤镜

制作图片效果有时希望景象有扭动的动感，这时可以使用波纹（wave）滤镜。wave 滤镜能让元素在垂直方向产生波纹状的变形，其通用语法如下。

```
filter:wave(  add=a,
              freq=b,
              lightstrength=c,
              phase=d,
              strength=e)
```

其中参数 add 用于设置是否显示原对象。取 0 值（false）表示不显示，取非 0 值（ture）表示显示原对象。参数 freq 用于设置波动的个数，指定一个对象要产生多少个完整的波纹形状。参数 lightstrength 用于设置对波浪的光照强度，取值范围为 0～100，数值越大，光照越强。

说明 参数 phase 用于设置波浪的起始相角，取值范围为 0%～100%。参数 strength 用于表示波的振幅，取值为自然数。

【示例 12-16】XHTML 文档有两张图片。第一张为原图片，对第二张图片应用 wave 滤镜。设置 freq 为 5，使图片上产生 5 个完整的波纹，代码如下。

```
01  <!DOCTYPE html PUBLIC "-//W3C//DTD XHTML 1.0 Transitional//EN"
02  "http://www.w3.org/TR/xhtml1/DTD/xhtml1-transitional.dtd">
03  <html xmlns="http://www.w3.org/1999/xhtml">
04  <head>
05  <meta http-equiv="Content-Type" content="text/html; charset=utf-8" />
06  <title>wave</title>
07  <style type="text/css">
08  .wave{filter:wave(add=0, freq=5,lightstrength=20, phase=30, strength=6);}
09  /*设置波纹滤镜，添加 5 个波纹，光照强度为 20，相角为 30，波幅大小为 6*/
10  </style>
11  </head>
12  <body>
13  <img src="image.jpg"/>
14  <img src="image.jpg" class="wave"/>
15  </body>
16  </html>
```

第 8 行设置 wave 滤镜不显示原图，5 个波纹，光照强度为 20，相角为 30，波幅为 6；第 14 行引用了 wave 样式。运行效果如图 12.16 所示，应用 wave 滤镜后的图片产生了波浪形状。

（a）原图　　（b）效果图

图 12.16　使用 wave 滤镜

12.3　小结

本章讲解了 CSS 滤镜的用法。CSS 滤镜只有在 IE 浏览器上才能生效，大部分滤镜能应用到文字和图片中。本章的重点是在应用滤镜时要区分不同滤镜的效果。本章的难点是对滤镜各个参数的理解和运用。读者在实际使用时，可以根据需要选择合适的滤镜来实现不同的效果。

本章习题

1. 透明层次滤镜的参数有________、________、________、________、________、________、________7 个。
2. 模糊滤镜的参数有________、________、________3 个。
3. 使用透明层次滤镜需要设置的属性为________。
   A. alpha
   B. chroma
   C. blur
   D. shadow
4. 模糊滤镜可以处理________。
   A. 图片
   B. 文字
   C. 图片和文字都能
   D. 图片和文字都不能

上机指导

实验一

实验内容

使用 CSS 滤镜中的透明层次滤镜，通过设定相应参数达到需要的效果，在网页中放置一张图片并设置透明层次滤镜。

实验目的

巩固知识点——充分发挥 CSS 滤镜中的透明层次滤镜为指定图片添加透明效果。

实现思路

在网页中使用透明层次（alpha）滤镜来设置透明度，然后指定 alpha 滤镜的 7 个参数，以实现调整透明等级、透明的变化方式、变化的范围等操作。

在 Dreamweaver 中选择“新建”|“HTML”命令，新建 HTML 文档。在 HTML 文档中输入的关键代码如下。

```
<style type="text/css">
    .alpha{ filter:alpha(opacity=55);}          /*透明滤镜，设置透明度为 55*/
</style>
```

之后再为图片指定相应的样式即可。

在菜单栏中选择“文件”|“保存”命令，输入保存路径，单击“保存”按钮，即可完成图片透

明层次滤镜的设置。运行页面查看效果如图 12.17 所示。

图 12.17　设置表格样式效果图

实验二

实验内容

使用 CSS 滤镜中的各种常用滤镜效果，通过设定相应参数达到需要的效果，为同一张图片设置两个以上的滤镜。

实验目的

巩固知识点——充分发挥多种 CSS 滤镜的功能，为指定图片添加不同效果。

实现思路

在网页中使用灰度滤镜将图片变为黑白，再使用波纹滤镜，为图片添加波纹效果。

在 Dreamweaver 中选择“新建”|“HTML”命令，新建 HTML 文档。在 HTML 文档中输入的关键代码如下。

```
<img src="image.jpg" STYLE="filter:Gray">//灰度滤镜
<img  src="image.jpg"STYLE="filter:wave(add=0,  freq=10,lightstrength=30,  phase=20,
strength=6)">//波纹效果
```

之后再为图片指定相应的样式即可。

在菜单栏中选择“文件”|“保存”命令，输入保存路径，单击“保存”按钮，即可完成图片透明层次滤镜的设置。运行页面查看效果如图 12.18 所示。

（a）原图　　（b）效果图

图 12.18　设置表格样式效果图

第四篇

布局学习篇

13 第13章　控制元素布局

在网页设计中，控制元素布局是非常重要的。好的网站，元素的布局一定也是非常漂亮的。只有熟练掌握元素的布局，网页设计时才能如鱼得水。本章介绍如何在 CSS 中控制元素的布局。

13.1　块级元素和内联元素

CSS 中的网页布局使用的都是块形式，而块出现在网页中的哪个位置，采用的就是定位的方式。

在讲解定位之前，需要先了解两个概念——块级元素和内联元素。在定位中，块级元素和内联元素定位的效果是不同的。

13.1.1　块级元素和内联元素的概念

块级元素生成的是一个矩形框，并且和相邻的块级元素依次垂直排列，不会排在同一行。例如，p、ul、h1、form 等这些元素都是块级元素，它们总是以一个块的形式出现，总是单独占据一行。

内联元素通俗来说就是文本的显示方式，我们常用的 a、img、input 都属于内联元素。内联元素的显示特点就是像文本一样显示，各个元素之间横向排列，到最右端自动换行，不会独自占据一行。当然块级元素也能变成内联元素，这就要用到下面所讲的定位和浮动了。

13.1.2　div 元素和 span 元素

为了更好地理解块级元素和内联元素，这里重点介绍在 CSS 布局中经常使用的 div 元素和 span 元素。利用这两个元素，加上 CSS 对其样式的设计，可以很方便地实现各种效果。

1. div 元素

div 元素简单而言就是一个独立的对象，它是一个标准的块级元素，用它可以容纳各种元素，从而方便排版。在用 CSS 设置样式时，只需要对 div 进行相应的控制，其中包含的各个元素都会随之改变。div 元素的语法如下。

```
<div>
    各种元素或文字
</div>
```

【示例 13-1】div 元素的使用。

```
01  <!DOCTYPE html PUBLIC "-//W3C//DTD XHTML 1.0 Transitional//EN" "http://www.w3.org/
TR/xhtml1/DTD/xhtml1-transitional.dtd">
02  <html xmlns="http://www.w3.org/1999/xhtml">
03  <html>
04  <head>
05  <title>div 标签范例</title>
06  <style type="text/css">
07  div{
08          font-size:18px;                     /* 字号大小 */
09          font-weight:bold;                   /* 字体粗细 */
10          font-family:Arial;                  /* 字体 */
11          color:#FFFF00;                      /* 颜色 */
12          background-color:#0000FF;           /* 背景颜色 */
13          text-align:center;                  /* 对齐方式 */
14          width:300px;                        /* 块宽度 */
15          height:100px;                       /* 块高度 */
16  }
17  </style>
18  </head>
19  <body>
20      <div>
21      这是一个 div 标签
22      </div>
23  </body>
24  </html>
```

第 8 ~ 15 行通过 CSS 控制 div 元素，制作了一个宽 300px、高 100px 的蓝色区块，并设置相应的文字效果，运行效果如图 13.1 所示。

2. span 元素

span 元素与 div 元素一样，作为容器标签被广泛应用在 HTML 中。在<span>和</span>之间同样可以容纳各种 HTML 元素，从而形成独立的对象。span 元素与 div 元素的区别在于，div 元素是一个块级元素，它包围的元素会自动换行，而 span 元素是一个内联元素，它包围的元素不会自动换行。span 元素没有结构上的意义，纯粹是为了应用样式，当其他内联元素都不适合时，就可以使用 span 元素。span 元素的语法如下。

```
<span>
   各种元素或文字
</span>
```

【示例 13-2】div 元素和 span 元素的不同。

```
01  <!DOCTYPE html PUBLIC "-//W3C//DTD XHTML 1.0 Transitional//EN" "http://www.w3.org/
TR/xhtml1/DTD/xhtml1-transitional.dtd">
02  <html xmlns="http://www.w3.org/1999/xhtml">
03  <html>
04  <head>
05  <title>div 与 span 的区别</title>
06  </head>
07  <body>
08      <p>div 元素：</p>
09      <div><img src="pic02.jpg" border="0"></div>
```

```
10          <div><img src="pic02.jpg" border="0"></div>
11          <div><img src="pic02.jpg" border="0"></div>
12          <p>span 元素：</p>
13          <span><img src="pic02.jpg" border="0"></span>
14          <span><img src="pic02.jpg" border="0"></span>
15          <span><img src="pic02.jpg" border="0"></span>
16      </body>
17      </html>
```

第 9 ~ 11 行使用了 3 个 div 元素，第 13 ~ 15 行使用了 3 个 span 元素。示例 13-2 运行效果如图 13.2 所示，可以看出，div 元素中的 3 幅图片被分在了 3 行中，span 元素中的图片则在 1 行中。

图 13.1　div 元素使用效果

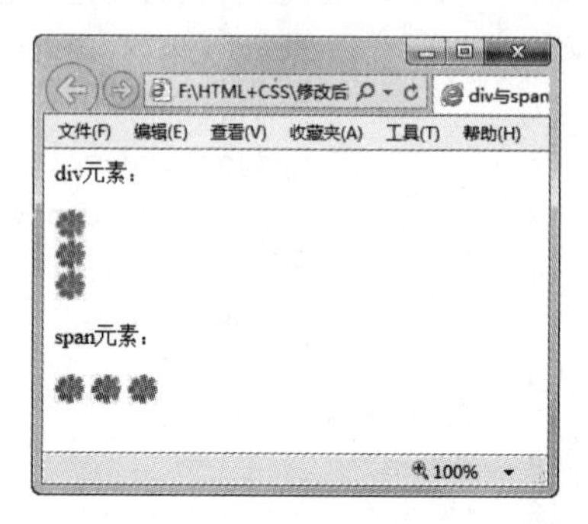

图 13.2　span 元素与 div 元素的区别

13.2　定位

定位（positioning）用于精确定义元素出现的相对位置。这个相对位置可以是相对父级元素、另一个元素或浏览器窗口。

13.2.1　定位方式

在 CSS 中可以使用 position 属性来设置定位的模式，position 属性的语法格式如下。

```
position : static | relative | absolute| inherit;
```

各属性值的含义如下。

- static：静态定位模式，即无特殊定位。块以普通方式生成，块级元素生成的是一个矩形框，是文档流中的一部分。而内联级框是由一个或多个行框的上下文生成。这些行框流动于父级元素中。该值为默认值。
- relative：相对定位模式。使用该模式的块可以偏移一定的距离，块偏移的方向和幅度由 top、left、right 和 bottom 这 4 个偏移属性联合指定。相对定位模式的产生过程是先用 static 方式生成一个块，再移动这个块到指定的相对位置。
- absolute：绝对定位模式，同样也是使用 top、left、right 和 bottom 这 4 个属性来决定块的位置。
- inherit：继承父级样式。

由于定位模式通常与偏移量有关，因此在下一节介绍完偏移量之后再介绍这 4 种定位模式的区别。

13.2.2　偏移

在定位模式中，有 3 种定位模式（relative、absolute 和 fixed）都需要使用偏移属性来指定定位的位置。在 CSS 中，偏移量有 4 个属性：left、right、top 和 bottom，分别代表左偏移量、右偏移量、上偏移量和下偏移量。这 4 个属性的语法格式如下。

```
left : 长度 | 百分比 | auto | inherit
right : 长度 | 百分比 | auto | inherit
top : 长度 | 百分比 | auto | inherit
bottom : 长度 | 百分比 | auto | inherit
```

各属性值的含义如下。

- 长度：可以是绝对单位数值，也可以是相对单位数值，用于指明偏移的幅度。
- 百分比：以百分比的形式指定偏移幅度，这个百分比为父级元素的宽度和高度的百分比。
- auto：无特定的偏移量，由浏览器自己分配，该值为默认值。
- inherit：继承父级样式。

为一个元素设置了偏移之后，这个元素的所有部分都会跟着一起偏移，如边框、边距、填充等。

注意　偏移量不仅可以为正值，还可以为负值。

13.2.3　综合运用

学习了定位和偏移，知道了定位有 4 种模式后，下面结合偏移来分别介绍这几种模式的不同之处。

1. **静态定位**

静态定位模式是默认定位模式。该模式对定位没有任何要求，完全由浏览器自动生成，对块级元素来说，通常是生成一个矩形框，如 div 层等。对内联元素来说，则按正常的文档流生成，如 b 元素等。

注意　块级元素是能引起换行的元素，如 p、div、hr 等，内联元素是不能引起换行的元素，如 b、sup 等。

将元素的 position 属性设为 static 可以设置元素的静态定位。由于静态定位模式没有对元素在定位方面有任何要求，因此所有的偏移属性在该模式下都是不起作用的。

【示例 13-3】为元素设置静态定位和偏移。

```
01    <!DOCTYPE html PUBLIC "-//W3C//DTD XHTML 1.0 Transitional//EN" "http://www.w3.org/
TR/xhtml1/DTD/xhtml1-transitional.dtd">
02    <html xmlns="http://www.w3.org/1999/xhtml">
03        <head>
04            <title>静态模式</title>
05            <style type="text/css">
06                <!--
07                div.a {position:static;left:100px;top:100px;right:100px;bottom:200px}
08                div.b {position:static;background-color:red;color:white;width:200px}
09                -->
```

```
10        </style>
11        </head>
12        <body>
13            <div class="a">
14                <img alt="tupian " src="pic01.jpg"/>
15            </div>
16            <div class="b">
17                玫瑰，别名徘徊花，蔷薇科，属落叶丛生灌木。它可以高达 2 米，茎枝上密生毛刺，叶椭圆形，花单生或数朵丛生，花期 5 ~ 6 个月，单瓣或重瓣。目前全世界的玫瑰品种有资料可查的已达七千种。
18            </div>
19        </body>
20    </html>
```

第 7 行与第 8 行分别对 class 为 a 的 div 与 class 为 b 的 div 设置静态定位。示例 13-3 运行效果如图 13.3 所示。

图 13.3　设置元素静态定位效果

在示例 13-3 中创建了两个 div 层，使用的都是静态定位。从图 13.3 中可以发现，对这两个层是否使用静态定位都没有什么影响，第一个层虽然指定了偏移量，但也没起什么作用。另外在使用静态定位之后，还可以使用 width 属性来指定层的宽度。

2. 绝对定位

绝对定位是相对父级元素的 4 个边框而言的，通常可以把整个网页（或者说是 body 元素）看成一张纸，而绝对定位就是将块放在网页的某个位置。至于具体将块放在网页的哪个位置，就由偏移量决定。将元素的 position 属性设为 absolute，可以设置元素的绝对定位。

【示例 13-4】为元素设置绝对定位。

```
01    <!DOCTYPE html PUBLIC "-//W3C//DTD XHTML 1.0 Transitional//EN" "http://www.w3.org/TR/xhtml1/DTD/xhtml1-transitional.dtd">
02    <html xmlns="http://www.w3.org/1999/xhtml">
03        <head>
04            <title>绝对定位</title>
05            <style type="text/css">
06                <!--
07                div.a {position:absolute;background-color:black;color:white}
08                div.b {position:absolute;background-color:red;color:white;width:300px}
09               div.c {position:absolute;background-color:blue;color:white;left:0px;top:150px;right:100px;}
10                -->
11        </style>
12        </head>
13        <body>
14            <div class="a">        多风的天气，很干燥，我不喜欢，我喜欢淅淅沥沥的小雨轻柔飘洒，轻歌曼舞……
我喜欢欣赏郁郁葱葱、青翠欲滴、茵茵青青芳草坪，枝头繁花缤纷绽放的绚丽花朵，我更喜欢欣赏仰天伸张静默沧桑的老树……
15            </div>
16            <div class="b">
17                我喜欢欣赏翠柳依依朦胧柔情的妙曼空灵，喜欢欣赏随风飞舞的漂亮花瓣雨，我更喜欢观看
```

```
欣赏那一树一树含苞待放的花蕾缀满枝头……我总是喜欢仰视那高远深邃蔚蓝蔚蓝的天空，如同一块无边无际宝蓝色绸缎静美而唯美。
18              </div>
19              <div class="c">
20                  樱花园里，那一树树缤纷绽放的花儿，一串串、一簇簇或洁白素雅、或鲜红如火、或粉色如绸、或粉白参半柔情迷离……绽放的简直如梦如幻，如世外仙境，绝伦绝美！湖畔翠绿依依，绿波荡漾，湖水银光闪闪，熠熠生辉，柔情涟漪层层碧光。满眼青草茵茵，樱花绚烂，游船、欢乐的人群，还有那悠扬美妙好听的歌曲，春天多美好！
21
22              </div>
23          </body>
24      </html>
```

第 7～9 行分别对 3 个层设置绝对定位与偏移。示例 13-4 运行效果如图 13.4 所示。

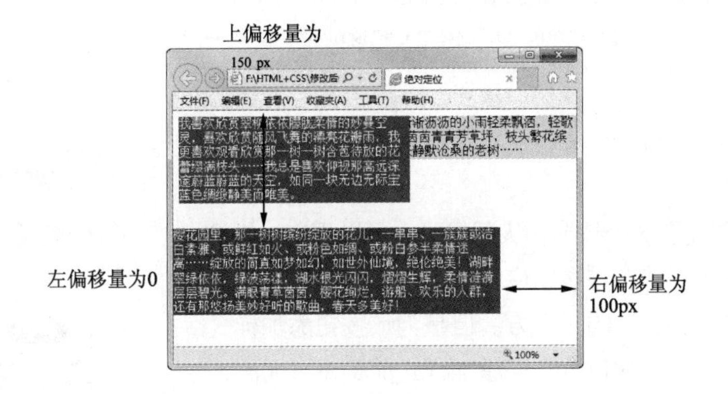

图 13.4　设置绝对定位效果

在示例 13-4 中创建了以下 3 个层。

① 第一个层的背景色为黑色。在该层中，没有指定任何偏移属性，因此，浏览器会以默认的网页左边距、上边距和右边距作为左偏移量、上偏移量和右偏移量来定位该层，如图 13.2 所示。

② 第二个层的背景色为红色。该层同样没有指定任何偏移属性，但指定了层的宽度，因此，浏览器会以默认的网页左边距和上边距作为左偏移量和上偏移量来定位该层。此时即使指定了右偏移量，也会无效，浏览器会优先显示层的宽度而忽略右偏移量。

③ 第三个层的背景色为蓝色，在该层中设置了左偏移量为 0，即层的最左侧与网页的最左侧重合。与背景色为红色的层比较，可以看到偏移量为 0 与没有设置偏移量之间的区别。该层的右偏移量为 100px，即该层的最右侧与网页的最右侧之间的距离为 100px。该层的上偏移量为 150px，说明该层的顶端与网页顶端之间的距离为 100px，注意这个距离是与网页顶端的距离，而不是与浏览器上边框的距离。

3. 相对定位

如果说绝对定位是相对网页的定位，那么相对定位就是相对元素自己的定位，即元素相对没有设置 position 属性之前的位置。将元素的 position 属性设为 relative 可以设置元素的相对定位。

【示例 13-5】设置元素的相对定位。

```
01  <!DOCTYPE html PUBLIC "-//W3C//DTD XHTML 1.0 Transitional//EN" "http://www.w3.org/TR/xhtml1/DTD/xhtml1-transitional.dtd">
02  <html xmlns="http://www.w3.org/1999/xhtml">
03      <head>
```

```
04            <title>相对定位</title>
05            <style type="text/css">
06                <!--
07                .a
{position:relative;background-color:red;color:white;left:100px;top:100px;}
08                .b
{position:absolute;background-color:blue;color:white;left:100px;top:100px;}
09                -->
10        </style>
11        </head>
12        <body>
13            <input type="button" value="按钮一" /> <input type="button" value="按钮二"
/> <br />
14            <input type="button" value="按钮三" /> <input type="button" value="按钮四"
class="a" /> <input type="button" value="按钮五" /> <br />
15            <input type="button" value="按钮六" class="b" />
16        </body>
17    </html>
```

第 7 行使用了相对定位，第 8 行使用了绝对定位。示例 13-5 运行效果如图 13.5 所示。

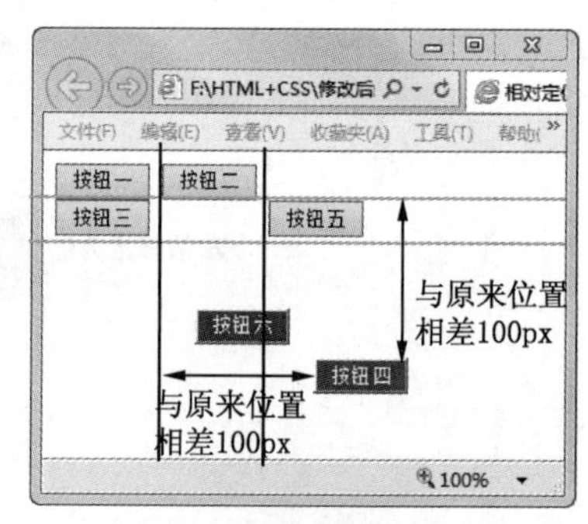

图 13.5　设置相对定位效果

在示例 13-5 中创建了 5 个按钮。从源代码中可以看出，如果没有为“按钮四”添加样式，该按钮应该放在“按钮三”与“按钮五”中间并且在“按钮二”的正下方。但是为该按钮添加样式之后，该按钮在垂直方向上的位置与未添加样式前相差 100px，在水平方向上与未添加样式前也相差 100px。与“按钮六”对比，“按钮六”使用的是绝对定位，该定位是针对网页的顶部与左边框而言的，与其未添加样式前的位置没有关系。

技巧　相对定位的运行方式是：先使用静态定位（static）方式生成一个块，然后再将这个块移动到指定的相对位置，在移动的过程中不会改变块的大小。

13.2.4　定位元素的层叠次序

当一个页面内有多个层时，需要设置这些层的层叠顺序，这样才不会挡住页面中需要显示的内容。一般情况下，越晚添加的层，位置也越靠上。设置层叠顺序的语法格式如下。

```
z-index:顺序号
```

层叠顺序是通过设置其所在的层顺序号来实现的。取值为 1，表示该层位于最上层，也就是没有其他层会覆盖该层。顺序号越大，层越靠下，被覆盖的概率也越大。

【示例 13-6】为不同元素定义不同的层叠顺序。

```
01    <!DOCTYPE html PUBLIC "-//W3C//DTD XHTML 1.0 Transitional//EN" "http://www.w3.org/
TR/xhtml1/DTD/xhtml1-transitional.dtd">
02    <html xmlns="http://www.w3.org/1999/xhtml">
03        <head>
04        <title>使用 CSS 设置层叠顺序</title>
05        <style type="text/css">
06        <!--
```

```
07          H2{font-family:"方正姚体"}
08          .exam1{
09                position:absolute;
10                top:80px;
11                left:40px;
12                background-color:#9FF;
13                z-index:1
14                }
15          .exam2{
16                font-family:"黑体";
17                color:#96C;
18                position:absolute;
19                top:130px;
20                left:70pt;
21                background-color:#F60;
22                z-index:2
23                }
24        -->
25        </style>
26      </head>
27      <body leftmargin="30px">
28        <h2>花朵介绍</h2>
29        <div class=exam1>
30        <p><img src="13.2.jpg" width="100px" align="left">玫瑰，别名徘徊花，蔷薇科，属落叶丛生灌木。它可以高达 2 米，茎枝上密生毛刺，叶椭圆形，花单生或数朵丛生，花期 5 ~ 6 个月，单瓣或重瓣。目前全世界的玫瑰品种有资料可查的已达七千种。</p>
31        </div>
32        <div class=exam2>
33        <p>牡丹为花中之王，有“国色天香”之称。每年 4 ~ 5 月开花，朵大色艳，奇丽无比，有红、黄、白、粉紫、墨、绿、蓝等色。花多重瓣，姿态典雅，花香袭人，被看作富丽繁华的象征，称为“富贵花”。</p>
34        </div>
35    </body>
36    </html>
```

在示例 13-6 中，将介绍玫瑰的层顺序设置为 1，包含一幅图像和一段文字；介绍牡丹的层顺序设置为 2，它将位于玫瑰层的上方，由于这两层的位置有重叠，因此会覆盖顺序为 1 的层。运行效果如图 13.6 所示。

如果更改示例 13-6 中两个层的顺序，即将类选择器样式 exam1 的层叠顺序设置为 2，将类选择器样式 exam2 的层叠顺序设置为 1，覆盖和被覆盖的关系就发生了变化，效果如图 13.7 所示。

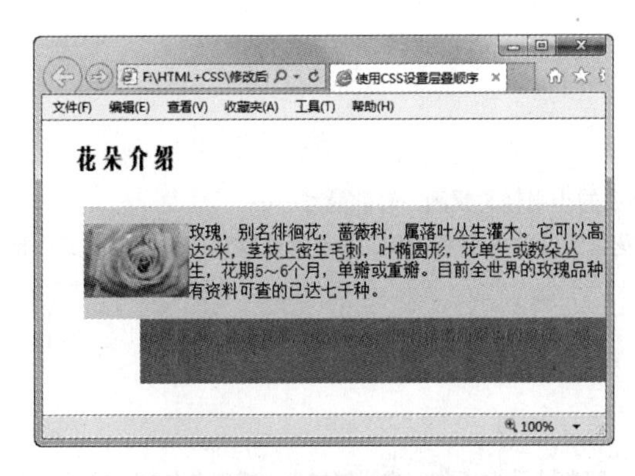

图 13.6　设置元素层叠顺序的效果

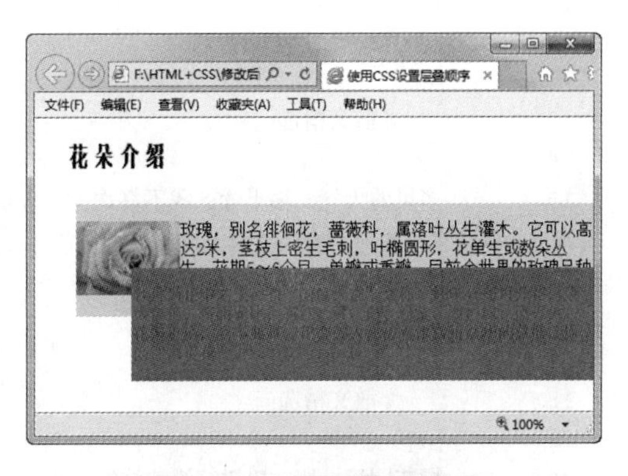

图 13.7　更改层叠顺序的效果

13.3 浮动

通常在一个网页文档中，文档流都是从上到下、由左向右流动的。对内联元素而言，创建一个元素之后，会在其右接着创建其他元素；对块级元素而言，在创建一个元素之后，会在其下方接着创建其他元素。CSS 中的浮动可以让某些元素脱离这种文档流的方式。

13.3.1 浮动的概念

相信读者对浮动的概念不会太陌生，在介绍图片和表格时都曾介绍过图片和表格的对齐方式，这种对齐方式其实就是“浮动”。例如，“<img src="a.jpg" align="right">”会让图片向右方浮动，并且其他元素都会围绕着图片“流动”。在 HTML 中只有图片与表格可以浮动，而使用 CSS 可以让所有元素都浮动起来。

13.3.2 设置浮动

在 CSS 中使元素浮动的属性为 float，其语法格式如下。

```
float : left | right | none
```

各属性值的含义如下。

- left：对象居左浮动，文本流向对象的右侧。
- right：对象居右浮动，文本流向对象的左侧。
- none：对象不浮动，该值为默认值。

【示例 13-7】为元素设置左浮动。

```
01   <!DOCTYPE html PUBLIC "-//W3C//DTD XHTML 1.0 Transitional//EN" "http://www.w3.org/
TR/xhtml1/DTD/xhtml1-transitional.dtd">
02   <html xmlns="http://www.w3.org/1999/xhtml">
03   <head>
04        <title>浮动</title>
05        <style type="text/css">
06             <!--
07             .a {width:100px;float:left;margin:10px;}
08             -->
09   </style>
10   </head>
11   <body>
12        <p>
13             散文精选
14        </p>
15        多风的天气，很干燥，我不喜欢，我喜欢淅淅沥沥的小雨轻柔飘洒，轻歌曼舞……
我喜欢欣赏郁郁葱葱、青翠欲滴、茵茵青青芳草坪，枝头繁花缤纷绽放的绚丽花朵，我更喜欢欣赏仰天伸张静默沧桑的老树……
16        <hr />
17        <p class="a">
18             散文精选
19        </p>
20        樱花园里，那一树树缤纷绽放的花儿，一串串、一簇簇或洁白素雅，或鲜红如火，或粉色如绸，或粉白参半柔情迷离……绽放得简直如梦如幻，如同世外仙境一般！湖畔翠绿依依，绿波荡漾，湖水银光闪闪，熠熠生辉，柔
```

```
情涟漪层层碧光。
21    </body>
22    </html>
```

第 7 行为 class 为 a 的元素设定 float 值为 left，指定对象居左浮动。示例 13-7 运行效果如图 13.8 所示。从图 13.8 中可以看出，水平线之上的内容是按正常的文档流来显示结果。在块元素显示完毕之后，文字另起一行显示。水平线之下的内容是将 p 元素浮动之后的显示结果。由于 p 元素浮动了，剩下的内容将会围绕浮动的元素显示。

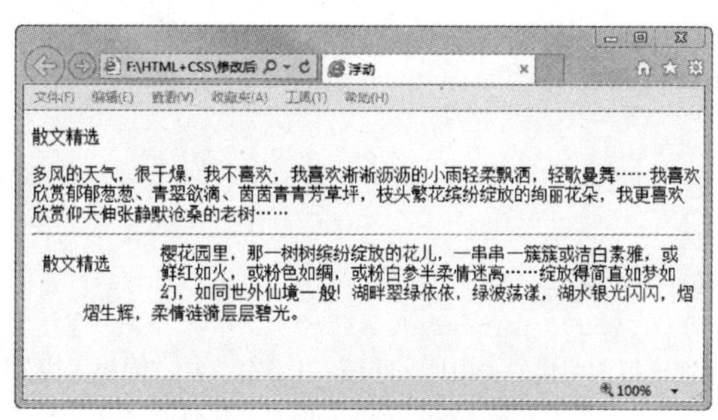

图 13.8　设置元素左浮动的效果

13.3.3　清除浮动

一个元素被设为浮动之后，如果没有特别指示，这个元素之后的所有对象都会围绕该元素浮动。如图 13.9 所示，很明显是两个不同的对象，但是该对象还是围绕着图片显示。

图 13.9　浮动效果

在这种情况下，应该在"《武林外传》游戏"标题处停止围绕图片显示，这就需要清除图片的浮动。在 CSS 中可以使用 clear 属性来清除浮动效果，其语法格式如下。

```
clear : none | left | right | both
```

各属性值的含义如下。

- none：不清除浮动，该值为默认值。
- left：不允许左边有浮动的元素。
- right：不允许右边有浮动的元素。

- both：左右两侧都不允许有浮动的元素。

【示例 13-8】清除元素的浮动效果。

```
01   <!DOCTYPE html PUBLIC "-//W3C//DTD XHTML 1.0 Transitional//EN" "http://www.w3.org/TR/xhtml1/DTD/xhtml1-transitional.dtd">
02   <html xmlns="http://www.w3.org/1999/xhtml">
03   <head>
04       <title>清除浮动</title>
05       <style type="text/css">
06           <!--
07           .a {float:left;margin:10px;}
08           .b {clear:left;}
09           -->
10   </style>
11   </head>
12   <body>
13       <h1>《武林外传》电视剧</h1>
14       <img src="wulin.jpg" class="a" alt="" />
15       故事围绕着一个在虚拟的明代的关中地区小镇“七侠镇”中“同福客栈”里的女掌柜佟湘玉和她的几个伙计展开。这群年轻人在同一屋檐下演绎了一幕幕经典的搞笑场面，在欢笑与眼泪中陪伴观众们一起渐渐成长……
16       <h1 class="b">《武林外传》游戏</h1>
17       在疯狂内测近一个月的时间里，为了将游戏在公测前做到最完善，工作人员不辞辛劳，将一款“真免费，真武林”的《武林外传》奉献给每位玩家。这期间，《武林外传》的忠实玩家们陪同《武林外传》一起走过了这段艰辛路程，无论是对《武林外传》提出的各种最宝贵的意见和建议，还是《武林外传》参与 2017ChinaJoy“金翎奖”评选，你们始终与《武林外传》不离不弃，在此，感谢各位亲爱的玩家，你们是最可爱的人！
18   </body>
19   </html>
```

第 8 行使用 clear 清除左边的浮动元素。示例 13-8 运行效果如图 13.10 所示。从图 13.10 中可以看出，为标题 h1 清除左浮动之后，从该标题开始，不再围绕图片显示了。

图 13.10　清除元素浮动的效果

13.4　溢出与剪切

当一个元素的大小无法容纳其中的内容时，就会产生溢出现象，也就是元素中的内容已经显示在元素外面了。而剪切的作用是只显示元素中的某一部分，把其余部分剪切掉。

13.4.1　溢出内容的设置

在 CSS 中可以通过 overflow 属性来处理溢出情况，overflow 属性的语法格式如下。

```
overflow : visible | hidden | scroll | auto | inherit
```

各属性值的含义如下。

- visible：不剪切溢出的内容，也不添加滚动条。IE 浏览器会自动调整对象大小，以容纳其中内容，其他浏览器会让溢出的内容显示在对象之外。该值为默认值。
- hidden：隐藏溢出的内容，用户将看不到溢出部分的内容。
- scroll：添加横向与纵向滚动条，用户可以拖动滚动条来查看溢出部分的内容。
- auto：由浏览器决定使用什么方法处理溢出的内容，通常是在必要时显示滚动条。

【示例 13–9】对元素设置不同的溢出处理方式。

```
01   <!DOCTYPE html PUBLIC "-//W3C//DTD XHTML 1.0 Transitional//EN" "http://www.w3.org/
TR/xhtml1/DTD/xhtml1-transitional.dtd">
02   <html xmlns="http://www.w3.org/1999/xhtml">
03   <head>
04        <title>溢出</title>
05        <style type="text/css">
06             <!--
07             div.a
08                  {width:200px;height:100px;background-color:#cccccc;
09                       position:absolute;left:10px;top:10px;
10                       overflow:visible;}
11             div.b {width:200px;height:100px;background-color: #cccccc;
12                       position:absolute;left:300px;top:10px;
13                       overflow:hidden;}
14             div.c {width:200px;height:100px;background-color: #cccccc;
15                       position:absolute;left:10px;top:250px;
16                       overflow:scroll;}
17             div.d {width:200px;height:100px;background-color: #cccccc;
18                       position:absolute;left:300px;top:250px;
19                       overflow:auto;}
20             -->
21   </style>
22   </head>
23   <body>
24        <div class="a">
25             多风的天气，很干燥，我不喜欢，我喜欢淅淅沥沥的小雨轻柔飘洒，轻歌曼舞……
我喜欢欣赏郁郁葱葱、青翠欲滴、茵茵青青芳草坪，枝头繁花缤纷绽放的绚丽花朵，我更喜欢欣赏仰天伸张静默沧桑
的老树……樱花园里，那一树树缤纷绽放的花儿，绽放得简直如梦如幻。
26        </div>
27        <div class="b">
28             多风的天气，很干燥，我不喜欢，我喜欢淅淅沥沥的小雨轻柔飘洒，轻歌曼舞……
我喜欢欣赏郁郁葱葱、青翠欲滴、茵茵青青芳草坪，枝头繁花缤纷绽放的绚丽花朵，我更喜欢欣赏仰天伸张静默沧桑
的老树……樱花园里，那一树树缤纷绽放的花儿，绽放得简直如梦如幻。
29        </div>
30        <div class="c">
31             多风的天气，很干燥，我不喜欢，我喜欢淅淅沥沥的小雨轻柔飘洒，轻歌曼舞……
我喜欢欣赏郁郁葱葱、青翠欲滴、茵茵青青芳草坪，枝头繁花缤纷绽放的绚丽花朵，我更喜欢欣赏仰天伸张静默沧桑
的老树……樱花园里，那一树树缤纷绽放的花儿，绽放得简直如梦如幻。
```

```
32        </div>
33        <div class="d">
34              多风的天气，很干燥，我不喜欢，我喜欢淅淅沥沥的小雨轻柔飘洒，轻歌曼舞……
我喜欢欣赏郁郁葱葱、青翠欲滴、茵茵青青芳草坪，枝头繁花缤纷绽放的绚丽花朵，我更喜欢欣赏仰天伸张静默沧桑
的老树……樱花园里，那一树树缤纷绽放的花儿，绽放得简直如梦如幻。
35        </div>
36    </body>
37    </html>
```

第 7～19 行使用 overflow 设定 4 种溢出效果，分别为：可见、隐藏、滚动条、自动。示例 13-9 运行效果如图 13.11 所示，可以看出 overflow 的 4 个不同属性值的不同处理效果。

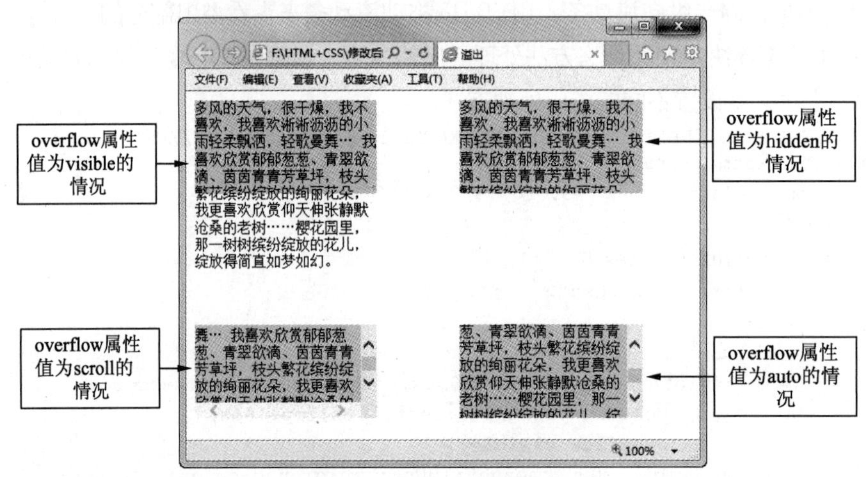

图 13.11　元素溢出设置效果

13.4.2　设置水平方向超出范围的处理方式

使用 overflow 属性可以设置内容超出范围时的处理方式，但是一旦设置了，则对水平方向和垂直方向同时起作用。如果只需要设置其中一个方向，可以单独设置。使用 overflow-x 可以设置水平方向上的处理方式，其语法格式如下。

```
overflow-x: visible / auto / hidden / scroll
```

各属性值的含义如下。

- visible 表示可见，即使内容超出了范围，依然完整显示。
- auto 表示自动根据情况显示滚动条。
- hidden 表示裁切超出范围的内容。
- scroll 表示显示滚动条。

【示例 13-10】设置元素内容水平方向超出范围的处理方式。

```
01  <!DOCTYPE html PUBLIC "-//W3C//DTD XHTML 1.0 Transitional//EN" "http://www.w3.org/
TR/xhtml1/DTD/xhtml1-transitional.dtd">
02  <html xmlns="http://www.w3.org/1999/xhtml">
03    <head>
04   <title>设置超出范围时的处理方式</title>
05      <style type="text/css">
06      <!--
07        h2{font-family:"方正姚体"}
08        .exam{
```

```
09              padding:20px;
10              width:350px;
11              height:220px;
12              overflow-x:scroll;
13              }
14          .exam2{width:450px}
15        -->
16        </style>
17      </head>
18      <body leftmargin="30px">
19        <h2>花朵介绍</h2>
20        <div name="out" class="exam">
21          <div class="exam2">
22          <p>玫瑰，别名徘徊花，蔷薇科，属落叶丛生灌木。它可以高达 2 米，茎枝上密生毛刺，叶椭圆形，花单生或数朵丛生，花期 5 ~ 6 个月，单瓣或重瓣。目前全世界的玫瑰品种有资料可查的已达七千种。</p>
23          <p>牡丹为花中之王，有“国色天香”之称。每年 4 ~ 5 月开花，朵大色艳，奇丽无比，有红、黄、白、粉紫、墨、绿、蓝等色。花多重瓣，姿态典雅，花香袭人，被看作富丽繁华的象征，称为“富贵花”。</p>
24          </div>
25        </div>
26      </body>
27    </html>
```

第 12 行设定 overflow-x（水平溢出）的方式为 scroll，即添加滚动条。在示例 13-10 中，为了说明超出范围的处理方式，将 name 属性值为 out 的层处理为一个整体，即在其中嵌套了一个层。这个嵌套层的宽度是 450 像素，超出了 name 属性值为 out 的层的水平宽度 350px 的范围。这里将其设置为 scroll，表示出现滚动条。运行效果如图 13.12 所示。

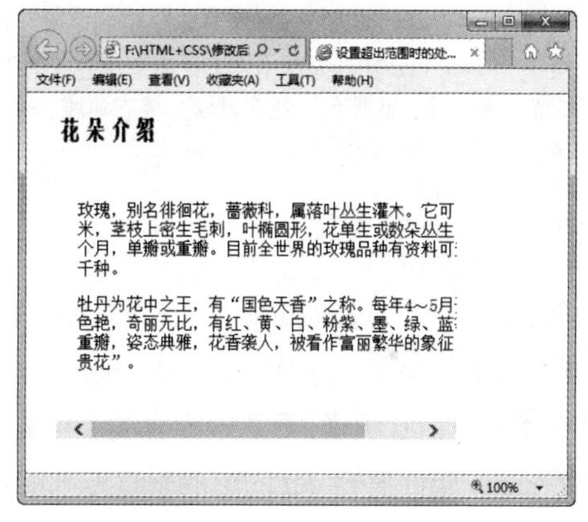

图 13.12　设置元素内容水平方向超出范围的处理方式的效果

可以看到，设置属性值为 scroll 之后，只有水平方向出现了滚动条，垂直方向并没有自动出现滚动条。

13.4.3　设置垂直方向超出范围的处理方式

使用 overflow-y 可以设置当内容超出元素的范围时，在垂直方向上的处理方式，其语法格式如下。

```
overflow-y: visible / auto / hidden / scroll
```

各属性值的含义如下。

- visible 表示可见，即使内容超出了范围，依然完整显示。
- auto 表示自动根据情况显示滚动条。
- hidden 表示裁切超出范围的内容。
- scroll 表示显示滚动条。

【示例 13–11】设置元素内容的垂直方向超出范围的处理方式。

```
01    <!DOCTYPE html PUBLIC "-//W3C//DTD XHTML 1.0 Transitional//EN" "http://www.w3.org/TR/xhtml1/DTD/xhtml1-transitional.dtd">
```

```
02  <html xmlns="http://www.w3.org/1999/xhtml">
03    <head>
04    <title>设置超出范围时的处理方式</title>
05      <style type="text/css">
06      <!--
07        h2{font-family:"方正姚体"}
08       .exam{
09              padding:5px 20px;
10              width:400px;
11              height:200px;
12              overflow-y:scroll;
13              }
14        .exam2{height:240px}
15      -->
16      </style>
17    </head>
18    <body leftmargin="30px">
19      <h2>花朵介绍</h2>
20      <div name=out class=exam>
21        <div class=exam2>
22          <p>玫瑰，别名徘徊花，蔷薇科，属落叶丛生灌木。它可以高达 2 米，茎枝上密生毛刺，叶椭圆形，花单生或数朵丛生，花期 5～6 个月，单瓣或重瓣。目前全世界的玫瑰品种有资料可查的已达七千种。</p>
23          <p>牡丹为花中之王，有“国色天香”之称。每年 4～5 月开花，朵大色艳，奇丽无比，有红、黄、白、粉紫、墨、绿、蓝等色。花多重瓣，姿态典雅，花香袭人，被看作富丽繁华的象征，称为“富贵花”。</p>
24        </div>
25      </div>
26    </body>
27  </html>
```

第 12 行设定 overflow-y 为 scroll，即垂直方向内容溢出时添加滚动条。在示例 13-11 中，name 属性值为 out 的层的高度是 200 像素，而层内内容的高度是 240 像素，超出了 name 属性值为 out 的层的垂直方向的范围。这里将其设置为 scroll，表示出现滚动条。运行效果如图 13.13 所示。

可以看到，设置属性值为 scroll 之后，只有垂直方向出现了滚动条，水平方向并没有自动出现滚动条。

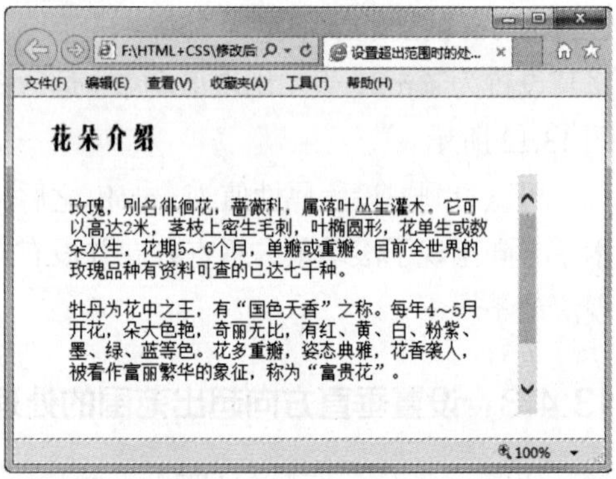

图 13.13　设置垂直方向超出范围的处理方式的效果

13.4.4　内容的剪切

在 CSS 中可以使用 clip 属性来剪切对象，所谓“剪切”，只是在对象上划出一个矩形的区域，属于该区域中的部分显示出来，不属于该区域的部分隐藏。clip 属性的语法格式如下。

```
clip : auto | rect ( 上 右 下 左 ) | inherit
```

各属性值的含义如下。

- auto：不剪切。该值为默认值
- rect：按上、右、下、左的次序划出一个区域，属于该区域内的部分显示，不属于该区域内的部分隐藏。rect 的 4 个参数分别代表上、右、下、左 4 条边距。需要注意的是，这 4 条边距并不是指与上边框、右边框、下边框、左边框之间的距离，而是相对该对象的左上角坐标而言的距离。

注意 clip 属性可以作用在任何对象上，但该对象必须是使用 position 属性定位的对象，并且 position 属性值不能为 static 或 relative。

【示例 13-12】对图片进行剪切显示。

```
01   <!DOCTYPE html PUBLIC "-//W3C//DTD XHTML 1.0 Transitional//EN" "http://www.w3.org/
TR/xhtml1/DTD/xhtml1-transitional.dtd">
02   <html xmlns="http://www.w3.org/1999/xhtml">
03   <head>
04       <title>剪切</title>
05       <style type="text/css">
06           <!--
07           .a {clip:rect(50px 350px 150px 50px);}
08           .b {position:absolute;clip:rect(50px 350px 150px 50px);}
09           -->
10   </style>
11   </head>
12   <body>
13       <img src="wulin.jpg" alt="" class="a" />
14       <img src="wulin.jpg" alt="" class="b" />
15   </body>
16   </html>
```

第 7 行与第 8 行均使用了 clip 属性，但因为只有第 8 行设定的层为绝对定位，所以只有 class 为 b 的对象达到剪切的效果。示例 13-12 运行效果如图 13.14 所示。

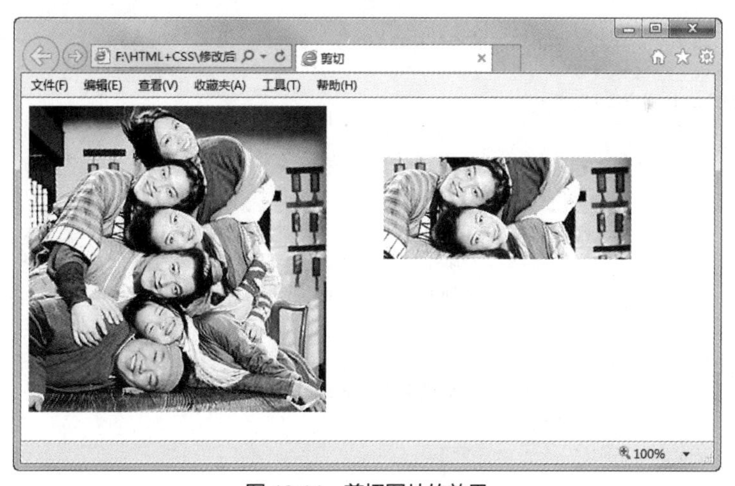

图 13.14 剪切图片的效果

在示例 13-12 中，创建了两个图片，虽然两个图片都设置了 clip 属性，但第一张图片没有设置 position 属性，因此 clip 属性不起作用。

13.5 对象的显示与隐藏

块状对象除了可以设置溢出与剪切之外，还可以对整个块设置显示或隐藏。显示、隐藏与溢出、剪切不同，溢出与剪切影响的只是对象的局部（当然也可以将局部扩大到全部），因而显示与隐藏影响的是整个对象。在 CSS 中可以使用 visibility（可见性）设置对象是否可见。visibility 属性的语法格式如下。

```
visibility : visible | hidden | collapse
```

各属性值的含义如下。

- visible：对象为可见的。
- hidden：对象为不可见的。

【示例 13-13】设置对象的显示方式。

```
01  <!DOCTYPE html PUBLIC "-//W3C//DTD XHTML 1.0 Transitional//EN" "http://www.w3.org/TR/xhtml1/DTD/xhtml1-transitional.dtd">
02  <html xmlns="http://www.w3.org/1999/xhtml">
03  <head>
04      <title>对象的可见性</title>
05      <style type="text/css">
06          <!--
07          p {width:300px;background-color:red; color:#FFFFFF}
08          .a {visibility:visible;}
09          .b {visibility:hidden;}
10          -->
11  </style>
12  </head>
13  <body>
14      <p>
15          这是一个按钮<input type="button" value="提交" class="a" />一个普通的按钮。
16      </p>
17      <p>
18          这是一个按钮<input type="button" value="提交" class="b" />一个普通的按钮。
19      </p>
20      <table border="1">
21          <tr>
22              <td colspan="2">春晓</td>
23          </tr>
24          <tr>
25              <td class="a">春眠不觉晓</td>
26              <td class="b">处处闻啼鸟</td>
27          </tr>
28          <tr>
29              <td class="b">夜来风雨声</td>
30              <td>花落知多少</td>
31          </tr>
32      </table>
33  </body>
34  </html>
```

示例 13-13 运行效果如图 13.15 所示。

在本例中先创建了以下两个按钮。

- 第一个按钮的 visibility 属性值为 visible，该按钮会显示在网页上。
- 第二个按钮的 visibility 属性值为 hidden，该按钮将会隐藏，在网页上不会显示任何部分。虽然按钮被隐藏了，但是

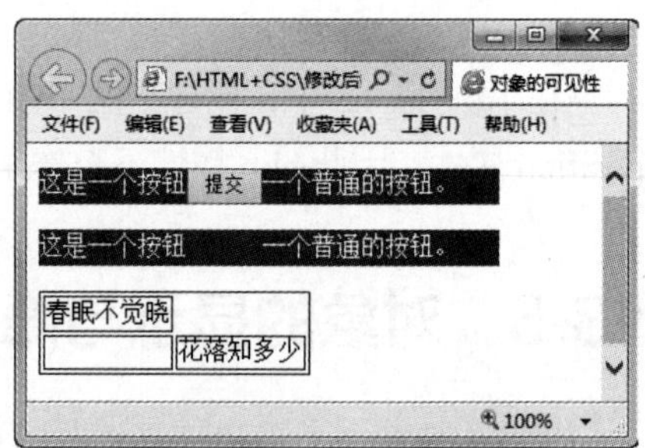

图 13.15 对象不同显示方式的效果

按钮在网页中占据的位置还存在，对整个网页的布局没有什么影响。

然后创建一个表格，并且对表格的不同行和单元格设置了不同的显示方式。效果见图 13.15，class 为 b 的单元格被隐藏了。

13.6　小结

本章主要讲解了如何控制元素的布局，包括元素布局中的定位、浮动、溢出与剪切、对象的显示与隐藏。其中，定位讲解了定位的方式、偏移量，以及定位元素的层叠顺序；浮动讲解了浮动的概念、如何设置浮动以及清除浮动的方法；溢出与剪切讲解了溢出内容的设置、设置水平方向超出范围的处理方式、设置垂直方向超出范围的处理方式和内容的剪切。下一章将讲解网页布局与设计技巧。

本章习题

1. 定位的方式有________、________、________3 种。
2. 偏移属性有________、________、________、________4 种属性值。
3. 为元素设置绝对定位的方法正确的是________。

   A. `div.a {position:static;}`

   B. `div.a {position:absolute;}`

   C. `div.a {position:relative;}`

   D. `div.a {position:inherit;}`
4. 设置隐藏溢出的内容的方法正确的是________。

   A. `div.a {position:absolute;left:10px;top:10px;    overflow:hidden;}`

   B. `div.a {position:absolute;left:10px;top:10px;    overflow:auto;}`

   C. `div.a {position:absolute;left:10px;top:10px;    overflow:scrol;}`

   D. `div.a {position:absolute;left:10px;top:10px;    overflow:visible;}`
5. 比较绝对定位与相对定位的不同。

上机指导

在网页设计中，元素的布局是很重要的。好的布局可以让网页更加美观，更加吸引人。本章介绍了控制元素布局的基本语法，并结合实例介绍了控制元素布局的方法。本节将通过上机操作，巩固本章所学的知识点。

实验一

实验内容

使用 CSS 中的定位属性来设置元素的位置。

实验目的

巩固知识点。

实现思路

在网页中使用 position 属性设置图片和文字为绝对定位，并使用偏移属性设置图片和文字的位置。

在 Dreamweaver 中选择“新建”|“HTML”命令，新建 HTML 文档。在 HTML 文档中输入的关键代码如下。

```
<style type="text/css">
  <!--
      div.a {position:absolute;color:white;left:220px;top:10px;right:100px;}
      div.b {position:absolute;background-color:#FCF;color:block;width:200px;font-family:"幼圆";}
  -->
</style>
```

在菜单栏中选择“文件”|“保存”命令，输入保存路径，单击“保存”按钮，即可完成元素定位的设置。运行页面查看效果如图 13.16 所示。

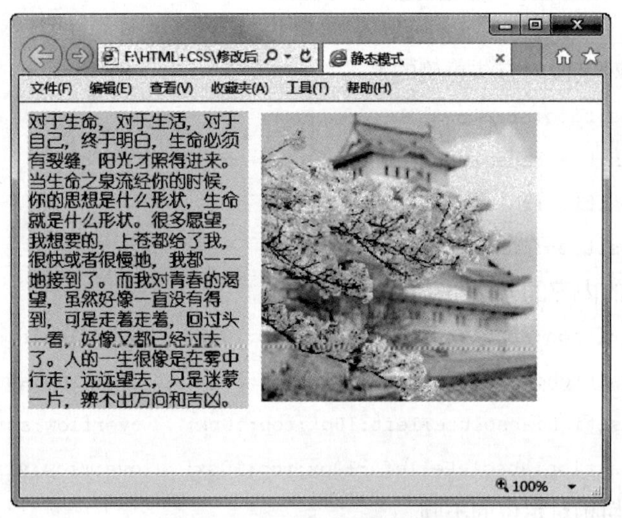

图 13.16　设置元素定位的效果

实验二

实验内容

使用 CSS 中的浮动属性来设置元素的位置。

实验目的

巩固知识点。

实现思路

在网页中使用 float 属性设置图片浮动在文字的右侧。

在 Dreamweaver 中选择“新建”|“HTML”命令，新建 HTML 文档。在 HTML 文档中输入的关

键代码如下。

```
<style type="text/css">
   <!--
     H2{font-family:"方正姚体"}
     IMG{float:right}
   -->
</style>
```

在菜单栏中选择“文件”|“保存”命令，输入保存路径，单击“保存”按钮，即可完成元素浮动的设置。运行页面查看效果如图 13.17 所示。

图 13.17　设置元素浮动的效果

实验三

实验内容

使用 CSS 中的清除浮动属性来清除元素的浮动效果。

实验目的

巩固知识点。

实现思路

在网页中使用 clear 属性来清除浮动在图片左侧的第二段文字。

在 Dreamweaver 中选择“新建”|“HTML”命令，新建 HTML 文档。在 HTML 文档中输入的关键代码如下。

```
<style type="text/css">
   <!--
      .a {float:right;margin:10px;}
      .p1{float:left; width:300px;}
      .b {clear:right;}
   -->
</style>
```

在菜单栏中选择“文件”|“保存”命令，输入保存路径，单击“保存”按钮，即可清除元素的

浮动效果。运行页面查看效果如图 13.18 所示。

图 13.18 清除元素浮动效果图

14

第14章　网页布局与设计技巧

在前面的章节里，介绍了 HTML 与 CSS 的基础知识，这些基础知识大多都是面向网页元素的。这些元素组合起来可以形成一个完整的网页。本章将介绍如何组织这些网页元素来形成一个完整网页以及网页设计中常用的技巧。

14.1　网页布局

网页布局是指网页整体的布局，虽然网页的内容很重要，但是如果网页的布局很乱，用户也会感觉很不舒服。用户打开一个网页时，第一印象就是网页漂不漂亮，然后才会去看网页内容。本节介绍如何布局网页，可以让网页变得更漂亮。

14.1.1　网页大小

设计网页的第一步，需要考虑网页的大小。网页过大，浏览器会出现滚动条，浏览不便；网页过小，显示内容过少，影响美观。

1. **影响网页大小的因素**

直接影响网页大小的因素是浏览者显示器的分辨率。常用的显示器分辨率为 1 440 × 900 和 1 680×1 050 两种。所谓 1 440 × 900 的分辨率，就是在显示器上，横向可以显示 1 440 像素，纵向可以显示 900 像素。而 1 680×1 050 的分辨率代表横向可以显示 1 680 像素，纵向可以显示 1 050 像素。

使用浏览器打开一个网页时，除了显示网页内容之外，还会显示浏览器的框架，因此，网页不能完全按照显示器的分辨率来设计。在浏览器窗口全屏显示的情况下，除去浏览器边框之外，在 1 440 × 900 分辨率的显示器中，网页能显示的区域大约为 1 420 × 975 像素，而在 1 680 × 1 050 分辨率的显示器中，网页能显示的区域大约为 1 660 × 1 035 像素。

2. **如何设计网页大小**

网页究竟要设计多大的尺寸呢？在几年前，笔者都是建议开发者以较小的分辨率来设计网页大小，比如 1 024 × 768。但近年来计算机硬件的更新换代十分迅速，几乎所有市面上的显示器均支持超过 1 024 × 768 的分辨率了，因此笔者建议在设计网页时可以以 1 440 × 900 分辨率为基础来设计。在该分辨率下，网页的宽度可以设计为 1 420 像素，网页的高度可以适量增加，不必局限在 975 像素之内，但也不要太大，最好不要超过三屏，即不要超过 2 800 像素，除非网页的内容十分吸引人。

3. 其他设计网页大小的方法

如果开发者精益求精，也可以设计多个网页，在浏览者打开网页时，先使用 JavaScript 等脚本语言判断用户显示器分辨率的大小，再跳转到相应的网页上。例如，将同一个网页按照不同的分辨率设计成两个不同的页面，一个是 1440.html，另一个是 1680.html。当用户的显示器分辨率为 1 440 × 900 时，显示 1440.html 文件；当用户的显示器分辨率为 1 680 × 1 050 时，显示 1680.html 文件。不过这么做的话，工作量很大。其实还有其他办法让网页适应用户显示器的分辨率，这大多需要结合脚本语言来实现，已经超出了本书范围，有兴趣的读者可以参考其他相关书籍。

14.1.2 网页栏目划分

确定网页大小之后，就可以开始设计网页的布局了。网页布局是设计在网页上放什么内容，以及这些内容放在网页的什么位置。网页设计没有什么定论可言，只要设计得漂亮，想怎么设计都行。一个良好的网页，尤其是网站的首页（即网站的第一个页面），都会包含以下几个区域。

1. 页头

页头也称为网页的页眉，主要作用是定义页面的标题。通过网页的标题，用户可以一目了然地知道该网页甚至是该网站的主题是什么。通常页头都会放置网站的 Logo（网站标志）、Banner 等图片或 Flash 动画。

2. Banner

Banner 是横幅广告的意思，在很多网站最上方都会放置一个 Banner。不过 Banner 的位置不一定在页头上，也有可能出现在网页的其他区域。Banner 也不一定放置的都是广告，也常放置网站的标题或介绍。还有一些网站干脆就没有放置 Banner。

3. 导航区域

不是每个网站都会有 Banner，但几乎所有网站都会有导航区域。导航用于链接网站的各个栏目，通过导航区域也可以看出网站的定位是什么。导航区域通常是以导航条的形式出现的，导航条可以大致分为横向导航条、纵向导航条和菜单导航条三大类。

- 横向导航条将栏目横向平铺。
- 纵向导航条将栏目纵向平铺。
- 菜单导航条通常用于栏目比较多的情况下，尤其是栏目下又有子栏目的情况。

4. 内容

网站按照链接的深度，可以分为多级。

- 一级页面通常是网站的首页，该页面中的内容比较多，如各栏目的介绍、最新动态、最新更新、重要信息等。
- 二级页面通常是在首页里单击栏目链接之后的页面，该页面中的内容是某一个栏目下的所有内容（往往只显示标题）。例如，单击新浪网首页导航条中的“体育”栏目之后看到的就是二级页面，在该页面中看到的是所有与体育相关的新闻标题。
- 三级页面通常是在二级页面中单击标题后出现的页面，该页面通常显示一些具体内容，如某个新闻的具体内容。

注意 并不是所有的网站都只有这 3 个级别的内容。

5. 页脚

页脚通常位于网页的最下方，用于放置公司信息或制作的信息、版权信息等。有时页脚也会放置一些常用的网站导航信息。

图 14.1 所示是一个网页。

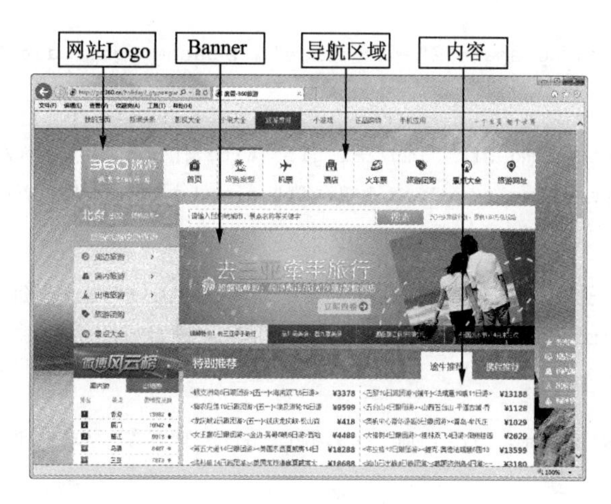

图 14.1 网页效果

14.1.3 表格布局

在 CSS 出现之前，都使用表格来布局网页。在使用表格布局时，利用表格的无边框和间距的特性（将表格的边框与单元格间距都设为 0），将网页元素按版面需要划分之后，插入表格的各个单元格中，从而实现网页排版的工作。

图 14.2 是某博客网站的首页，该页面中的每个栏目都是一个小方块，可以把这些小方块都放在表格的单元格中。图 14.3 将博客网站首页用表格简单划分了一下，表格的每个单元格可以放置网页的一个栏目。

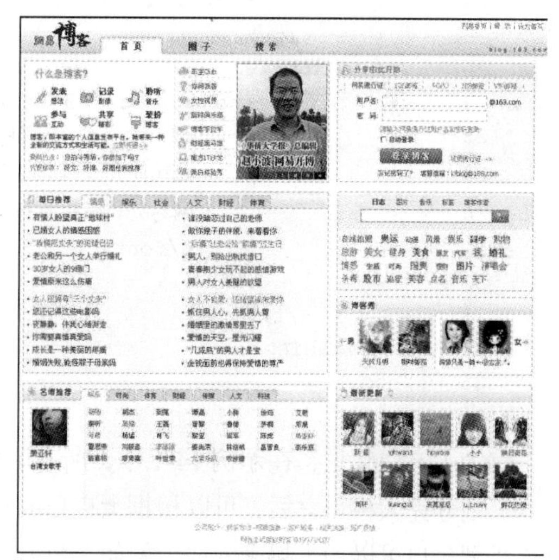

图 14.2 某博客网站首页

<table>
<tr><td colspan="2">页头</td></tr>
<tr><td>栏目：什么是博客</td><td>栏目：分享由此开始</td></tr>
<tr><td rowspan="2">栏目：每日推荐</td><td>栏目：搜索</td></tr>
<tr><td>栏目：博客秀</td></tr>
<tr><td>栏目：名博推荐</td><td>栏目：最新更新</td></tr>
<tr><td colspan="2">页脚</td></tr>
</table>

图 14.3 栏目划分

【示例 14-1】根据图 14.3 所示的栏目划分方式，将网页不同的部分组成一个完整的网页。

代码如下。

```
01  <!DOCTYPE html PUBLIC "-//W3C//DTD XHTML 1.0 Transitional//EN" "http://www.w3.org/
TR/xhtml1/DTD/xhtml1-transitional.dtd">
02  <html xmlns="http://www.w3.org/1999/xhtml">
03  <head>
04      <title>表格布局</title>
05  </head>
06  <body>
07      <table width="100%">
08          <tr>
09              <td colspan="2"><img src="img/banner.gif" alt="banner" /></td>
10          </tr>
11          <tr>
12              <td><img src="img/1-1.gif" alt="什么是博客" /></td>
13              <td><img src="img/1-2.gif" alt="分享由此开始" /></td>
14          </tr>
15          <tr>
16              <td rowspan="2"><img src="img/2-1.gif" alt="每日推荐" /></td>
17              <td><img src="img/2-2.gif" alt="搜索" /></td>
18          </tr>
19          <tr>
20              <td><img src="img/2-3.gif" alt="博客秀" /></td>
21          </tr>
22          <tr>
23              <td><img src="img/3-1.gif" alt="名博推荐" /></td>
24              <td><img src="img/3-2.gif" alt="最新更新" /></td>
25          </tr>
26          <tr>
27              <td colspan="2" align="center">
28                  <font color="#AEAEAE" size="2">
29                  公司简介 - 联系方法 - 招聘信息 - 客户服务 - 相关法律 - 用户反馈<br />
30                  网易公司版权所有 1997-2007
31                  </font>
32              </td>
33          </tr>
34      </table>
35  </body>
36  </html>
```

为了方便起见，在示例 14-1 中，所有的栏目都以图片的形式插入单元格中。

划分完大栏目之后，可以根据大栏目的具体情况，对大栏目的具体显示情况再进行较小的划分，这种划分也可以用表格来完成。例如，图 14.2 中的“最新更新”栏目可以再用一个嵌套的表格细分，如图 14.4 所示。

最新更新（图标）

图片	图片	图片	图片	图片
文字	文字	文字	文字	文字
图片	图片	图片	图片	图片
文字	文字	文字	文字	文字

图 14.4　栏目细分

然后将细分的栏目插入所在单元格中，形成多个表格的嵌套，如图 14.5 所示。

<table>
<tr><td colspan="2">页头</td></tr>
<tr><td>栏目：什么是博客</td><td>栏目：分享由此开始</td></tr>
<tr><td rowspan="2">栏目：每日推荐</td><td>栏目：搜索</td></tr>
<tr><td>栏目：博客秀</td></tr>
<tr><td>栏目：名博推荐</td><td>最新更新（图标）<table><tr><td>图片</td><td>图片</td><td>图片</td><td>图片</td><td>图片</td></tr><tr><td>文字</td><td>文字</td><td>文字</td><td>文字</td><td>文字</td></tr><tr><td>图片</td><td>图片</td><td>图片</td><td>图片</td><td>图片</td></tr><tr><td>文字</td><td>文字</td><td>文字</td><td>文字</td><td>文字</td></tr></table></td></tr>
<tr><td colspan="2">页脚</td></tr>
</table>

图 14.5　栏目部分细分

14.1.4　CSS 布局

使用表格布局，会大量使用到表格的嵌套，并且会在表格中加入大量的如 width、border、cellspacing、cellpadding 等用于控制版面的属性，这些代码大大降低了网页源代码的可读性。如果想弄明白哪些表格用来显示数据，哪些表格用来控制版面，要花费很多时间和精力，维护起来也不方便。

使用 CSS 布局可以从根本上改变这种混乱的局面。在 CSS 中可以结合使用 DIV 与 CSS 来控制版面，而表格仅仅用来显示数据。如此一来，版面控制与内容就可以完全分开，每一个 DIV 层都是一个栏目内容。也可以将 DIV 层看成一个个“块”，每一个块的作用都是显示内容，而至于将块放在哪个位置，就由样式来控制了。例如，图 14.2 可以按图 14.6 所示的方式来划分。

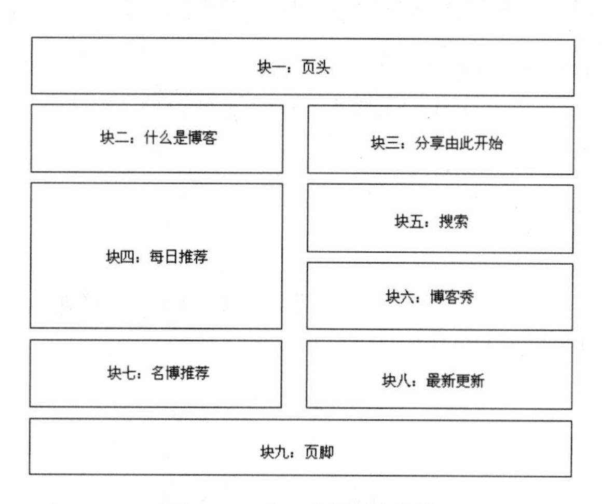

图 14.6　CSS 布局划分方式

【示例 14-2】根据图 14.6 所示的层的划分方式，使用 CSS 创建网页。

代码如下。

```
01   <!DOCTYPE html PUBLIC "-//W3C//DTD XHTML 1.0 Transitional//EN" "http://www.w3.org/
TR/xhtml1/DTD/xhtml1-transitional.dtd">
02   <html xmlns="http://www.w3.org/1999/xhtml">
03        <head>
04             <title>CSS 布局</title>
05             <style type="text/css">
```

```
06                  <!--
07                  #root {width:992px;}
08                  #Blog {float:left;width:595px;}
09                  #Suggest {float:left;width:595px;}
10                  #GoodBlog {float:left;width:595px;}
11                  #Foot {font-size:9pt;color:#AEAEAE;text-align:center; clear:left}
12                  -->
13          </style>
14          </head>
15          <body>
16          <div id="root">
17              <div id="Head">
18                  <img src="img/banner.gif" alt="banner" />
19              </div>
20              <div id="Blog">
21                  <img src="img/1-1.gif" alt="什么是博客" />
22              </div>
23              <div id="Sharing">
24                  <img src="img/1-2.gif" alt="分享由此开始" />
25              </div>
26              <div id="Suggest">
27                  <img src="img/2-1.gif" alt="每日推荐" />
28              </div>
29              <div id="Search">
30                  <img src="img/2-2.gif" alt="搜索" />
31              </div>
32              <div id="BlogShow">
33                  <img src="img/2-3.gif" alt="博客秀" />
34              </div>
35              <div id="GoodBlog">
36                  <img src="img/3-1.gif" alt="名博推荐" />
37              </div>
38              <div id="New">
39                  <img src="img/3-2.gif" alt="最新更新" />
40              </div>
41              <div id="Foot">
42                  公司简介 - 联系方法 - 招聘信息 - 客户服务 - 相关法律 - 用户反馈<br />
43                  网易公司版权所有 1997-2007
44              </div>
45          </div>
46          </body>
47      </html>
```

为了方便起见，在示例 14-2 中，将所有的栏目都以图片的形式放在层中。可以看到，每个层中放置的都是栏目的内容，至于层是如何放置在网页上的，都是通过 CSS 来控制的，真正做到了内容与版面控制分离，代码的可读性也大大增强。

14.2 CSS 布局技巧

使用 CSS 布局，虽然比使用表格布局要简洁、方便，但是 DIV 与表格还是有很大区别的，尤其是对从表格布局转向 CSS 布局的开发者来说，CSS 布局没有表格布局那么容易控制。使用表格布局，只要将表格划分好之后，就可以在单元格中填入内容，而使用 CSS 布局时，很多开发者不知道如何控制 DIV 层，总是无法将其摆放到想要放置的位置上。下面，笔者总结了网站上常用的一些网页布局模式，并介绍如何在 CSS 中处理这样的布局模式。

14.2.1　一栏布局

一栏布局是最简单的布局方式。这种布局方式将网页中的所有内容都显示为一栏，如图 14.7 所示。

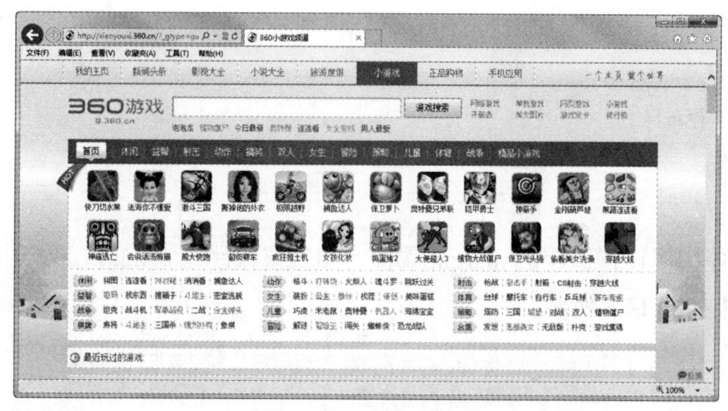

图 14.7　一栏布局网页

一栏布局中的宽度都是一样的，这时只需要使用一个简单的 DIV 层就可以现实整体的网页布局，代码如下。

```
<div id="mydiv">
    网页内容
</div>
```

设置 DIV 层之后，就可以为该层设置样式，如层的大小、背景颜色、边框等，代码如下。

```
#mydiv {width:600px;height:300px;background-color:#AEAEAE;
    border-style:solid;border-width:1px;border-color:blue;}
```

在一栏布局中，经常要考虑以下两个方面。

（1）宽度。宽度是指 DIV 层的宽度，要考虑多大的宽度才能完全显示网页需要显示的内容。除此之外，还有前面说过的分辨率的问题。通常，宽度可以设成比较合适的值，如 960 像素，这个宽度能适应当前的大多数显示器。也可以将宽度设为一个百分数，如 width:80%，这个宽度可以让 DIV 层的大小随着浏览器窗口大小的改变而改变，也能在不同分辨率的显示器上显示所有网页内容。但这种方法也不是绝对完美的，当 DIV 层的宽度改变时，有可能让原本不换行的文字产生换行而引起版面混乱。

（2）水平对齐方式。设置一个层时，默认该层是居左显示，当浏览器窗口大于层的宽度时，在层的右侧会显示一些空白，这种不对称的视觉效果并不是很好，通常都会让层居中显示，但是在 CSS 中，只有设置对象内容居中显示的属性，并没有设置对象居中显示的属性，这又应该怎么处理？请看示例 14-3。

【示例 14-3】设置一栏布局网页结构。

```
01    <!DOCTYPE html PUBLIC "-//W3C//DTD XHTML 1.0 Transitional//EN" "http://www.w3.org/
TR/xhtml1/DTD/xhtml1-transitional.dtd">
```

```
02  <html xmlns="http://www.w3.org/1999/xhtml">
03  <head>
04      <title>一栏布局</title>
05      <style type="text/css">
06          <!--
07          #mydiv
08              {width:600px;height:200px;background-color:#AEAEAE;
09              border-style:solid;border-width:1px;border-color:blue;
10              margin:auto;}
11          -->
12  </style>
13  </head>
14  <body>
15      <div id="mydiv">
16          一栏布局
17      </div>
18  </body>
19  </html>
```

在示例 14-3 中使用了设置边距的 margin 属性，如果该属性设为 auto，就会由浏览器决定对象边距的大小，运行效果如图 14.8 所示。

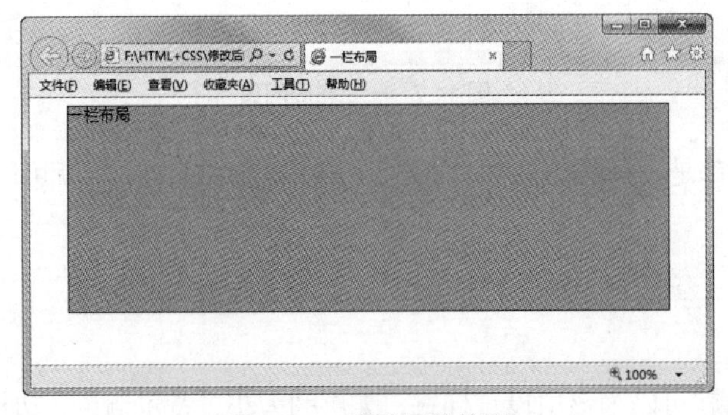

图 14.8　一栏布局的效果

通常，将 margin 属性设为 auto，浏览器会让对象的左边距与右边距保持相同的大小，也就是保证了对象可以居中对齐。而上边距为 8px 左右，下边距忽略。

14.2.2　二栏布局

二栏布局是将网页分为左侧与右侧两列，这也是使用较多的布局方式，如图 14.9 所示。

图 14.9　二栏布局网页

二栏布局其实也很简单，首先是创建两个层，再设置两个层的宽度，然后设置两栏并列显示就可以了。

【示例 14-4】设置二栏布局网页结构。

```
01   <!DOCTYPE html PUBLIC "-//W3C//DTD XHTML 1.0 Transitional//EN" "http://www.w3.org/
TR/xhtml1/DTD/xhtml1-transitional.dtd">
02   <html xmlns="http://www.w3.org/1999/xhtml">
03   <head>
04       <title>二栏布局</title>
05       <style type="text/css">
06           <!--
07           #divleft
08               {width:300px;height:200px;background-color:#AEAEAE;
09               border-style:solid;border-width:1px;border-color:blue;
10               float:left;margin-right:10px;}
11           #divright
12               {width:300px;height:200px;background-color:#AEAEAE;
13               border-style:solid;border-width:1px;border-color:blue;
14               float:left;}
15           -->
16       </style>
17   </head>
18   <body>
19       <div id="divleft">
20           左分栏
21       </div>
22       <div id="divright">
23           右分栏
24       </div>
25   </body>
26   </html>
```

在示例 14-4 中，为左分栏设置了右边距，因此两列之间有了间距，运行效果如图 14.10 所示。当然也可以为右分栏设置左边距来达到同样的效果，这些方面，读者可以灵活应用。

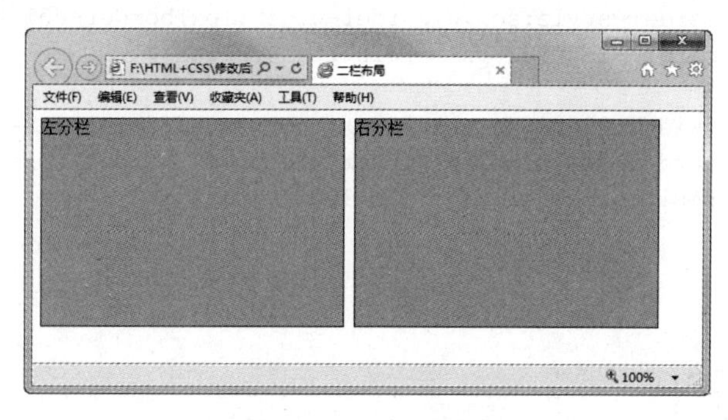

图 14.10　二栏布局效果

14.2.3　多栏布局

多栏布局是将网页的内容分为左、中、右三大部分，这也是网络中常用的布局方式，如图 14.11 所示。

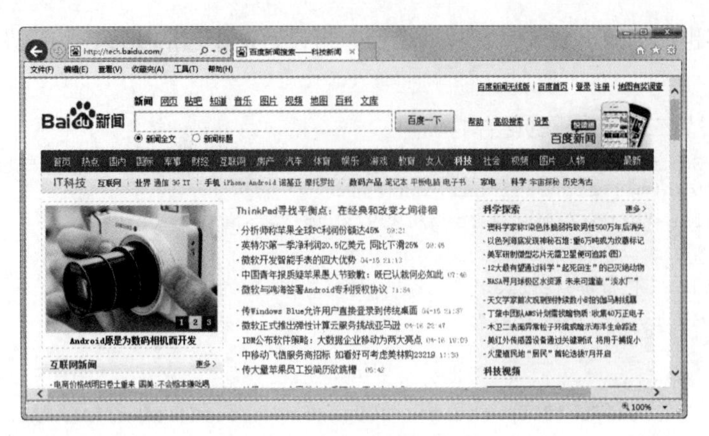

图 14.11　多栏布局网页

通常三栏布局都是固定左栏与右栏的大小，而中间栏的大小是可变的，可以随着浏览器大小的改变而改变。三栏布局与一栏布局和二栏布局有很大的不同。通常都是用 width 属性将左栏与右栏的宽度固定，并且这两栏都使用绝对定位方式固定到浏览器的左侧和右侧，而中间栏还是以静态层的形式出现，但要为中间栏指定边距。边距至少要大于左右栏的宽度。

【示例 14-5】设置多栏布局网页结构。

```
01   <!DOCTYPE html PUBLIC "-//W3C//DTD XHTML 1.0 Transitional//EN" "http://www.w3.org/
TR/xhtml1/DTD/xhtml1-transitional.dtd">
02   <html xmlns="http://www.w3.org/1999/xhtml">
03   <head>
04       <title>三栏布局</title>
05       <style type="text/css">
06           <!--
07           #div1
08               {width:200px;height:200px;background-color:#AEAEAE;
09               border-style:solid;border-width:1px;border-color:blue;
10               position:absolute;left:10px;top:15px;}
11           #div2
12               {height:200px;background-color:#AEAEAE;
13               border-style:solid;border-width:1px;border-color:blue;
14               margin-left:220px;margin-right:220px}
15           #div3
16               {width:200px;height:200px;background-color:#AEAEAE;
17               border-style:solid;border-width:1px;border-color:blue;
18               position:absolute;right:10px;top:15px;}
19           -->
20   </style>
21   </head>
22   <body>
23       <div id="div1">
24           左分栏
25       </div>
26       <div id="div2">
27           中间栏
28       </div>
29       <div id="div3">
30           右分栏
31       </div>
```

```
32    </body>
33    </html>
```

示例 14-5 运行效果如图 14.12 所示。

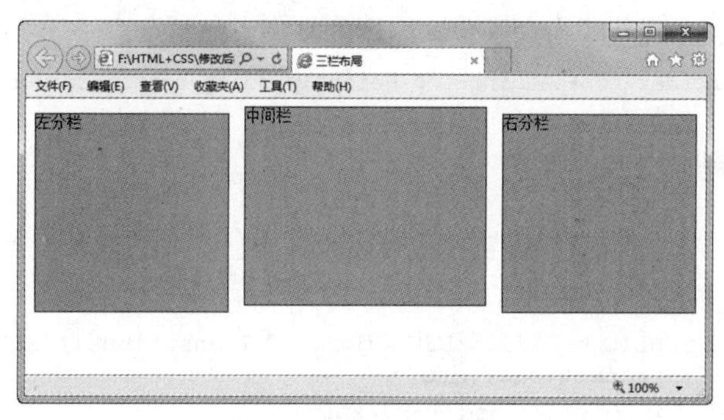

图 14.12　多栏布局效果

提示　对于比较复杂的网页，可以逐步分解网页中的区域，利用层的嵌套来完成布局。

14.3　CSS 盒子模型

本节的内容非常重要，因为盒子模型是 CSS 定位布局的核心内容。在前面章节的学习中，读者了解了网页各种布局的方法，仅仅通过 DIV 元素和列表元素，即可完成页面大部分的布局工作。之前学习的知识点比较注重实践操作，在学习、理解盒子模型的概念后，读者对 CSS 布局定位操作将更加熟练。

14.3.1　盒子模型的定义

XHTML 中大部分的元素（特别是块状元素）都可以看作一个盒子，而网页元素的定位实际就是这些大大小小的盒子在页面中的定位。这些盒子在页面中是“流动”的，当某个块状元素被 CSS 设置了浮动属性，这个盒子就会“流”到上一行。网页布局即关注这些盒子在页面中如何摆放、如何嵌套，而这么多盒子摆在一起，最需要关注的是盒子尺寸的计算、盒子是否流动等方面。

为什么要把 XHTML 元素作为盒模型来研究呢？这是因为 XHTML 元素的特性和盒子非常相似，如图 14.13 所示。

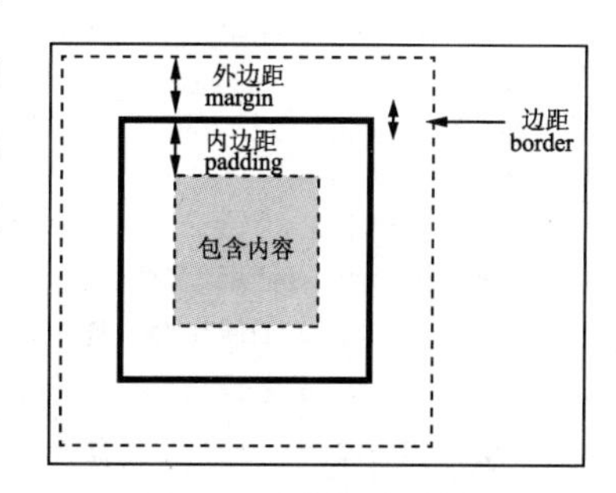

图 14.13　盒模型示意图

大多数 XHTML 元素的结构都类似图 14.13，除了包含的内容（文本或图片）外，还有内边距、边框和外边距一层层地包裹。读者在布局网页、定位 XHTML 元素时只有充分考虑到这些要素，才可以更自如地摆弄这些盒子。

外边距属性即 CSS 的 margin 属性，该属性可拆分为 margin-top（顶部外边距）、margin-bottom（底部外边距）、margin-left（左边外边距）和 margin-right（右边外边距）。CSS 的边框属性（border）和内边距属性（padding）同样可拆分为 4 边。在 Web 标准中，CSS 的 width 属性即为盒子包含内容的宽度，而整个盒子的实际宽度为

盒子宽度=padding-left+border-left+margin-left+width+padding-right+border-right+margin-right

相应地，CSS 的 height 属性即为盒子包含内容的高度，而整个盒子的实际高度为

盒子高度=margin-top+border-top+padding-top+height+padding-bottom+border-bottom+margin-bottom

14.3.2 外边距的控制

在 CSS 中，margin 属性可以统一设置，也可以上、下、左、右分开设置。

【示例 14-6】控制盒子的外边距。

```
01  <!DOCTYPE html PUBLIC "-//W3C//DTD XHTML 1.0 Transitional//EN" "http://www.w3.org/
TR/xhtml1/DTD/xhtml1-transitional.dtd">
02  <html xmlns="http://www.w3.org/1999/xhtml">
03  <head>
04  <meta http-equiv="Content-Type" content="text/html; charset=gb2312" />
05  <title>外边距设置</title>
06  <style type="text/css">
07  *{margin: 0px;}
08  #all{width:400px;
09      height:300px;
10       margin:0px auto;
11       background-color:#ccc;}
12  #a,#b,#c,#d,#e{width:150px;
13              height:50px;
14                 text-align:center;
15                 line-height:50px;
16                 background-color:#fff;}
17  #a{margin-left:5px;
18    margin-bottom:20px;}
19  #b{margin-left:5px;
20    margin-right:5px;
21    margin-top:6px;
22    float:left;}
23  #c{margin-bottom:5px;}
24  #e{margin-left:5px;
25    margin-top:15px;}
26  </style>
27  </head>
28  <body>
29  <div id="all">
30    <div id="a">a 盒子</div>
31    <div id="b">b 盒子</div>
32    <div id="c">c 盒子</div>
33    <div id="d">d 盒子</div>
34    <div id="e">e 盒子</div>
35  </div>
36  </body>
37  </html>
```

为了更方便看到 DIV 的表现，以上代码给外部 DIV 设置了浅灰色背景色，并给内部 DIV 设置了白色背景色。浏览效果如图 14.14 所示。这个示例非常典型，特别是 b 盒子、c 盒子和 d 盒子之间的

关系，这几个盒子之间的关系如图 14.15 所示。

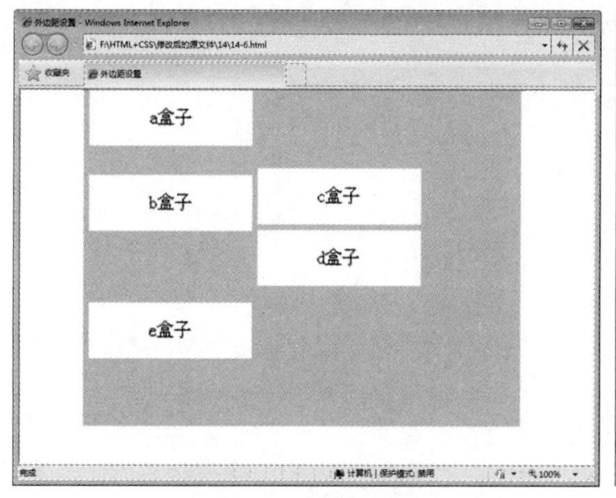

图 14.14　外边距设置

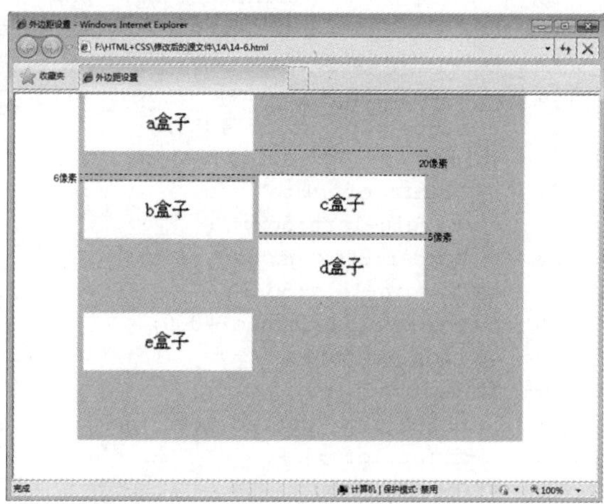

图 14.15　外边距关系图

由于 b 盒子设置了向左浮动，所以紧随其后的 c 盒子自然“流”上来，和 b 盒子在同一行并列。如图 14.15 所示，b 盒子的高度为

height+margin-top=56（像素）

而 c 盒子的高度为

height+margin-bottom=55（像素）

可见，在这一行中，c 盒子下面留有 1 像素的空隙，正是 d 盒子利用这 1 像素的空间“流”上来，所以 b 盒子、c 盒子和 d 盒子位于同一行。

说明　读者可以尝试把 b 盒子的顶部边距设置为 5 像素，这时 b 盒子和 c 盒子高度一致，d 盒子无法“流”上来，d 盒子将自动换行，位于 b 盒子下面。

14.3.3　设置边框的样式

边框作为盒模型的组成部分之一，其样式非常重要。设置边框的 CSS 样式不但影响盒子的尺寸，还影响盒子的外观。边框（border）属性的值有 3 种：边框尺寸（像素）、边框类型和边框颜色（十六进制）。

【示例 14-7】设置盒子边框的样式。

```
01   <!DOCTYPE html PUBLIC "-//W3C//DTD XHTML 1.0 Transitional//EN" "http://www.w3.org/
TR/xhtml1/DTD/xhtml1-transitional.dtd">
02   <html xmlns="http://www.w3.org/1999/xhtml">
03   <head>
04   <meta http-equiv="Content-Type" content="text/html; charset=gb2312" />
05   <title>边框样式设置</title>
06   <style type="text/css">
07   * {margin: 0px;}
08   #all{width:400px;
09       height:270px;
10        margin:0px auto;
11        background-color:#ccc;}
12   #a,#b,#c,#d,#e,#f,#g{width:160px;
13               height:50px;
```

```
14                      text-align:center;
15                      line-height:50px;
16                      background-color:#eee;}
17    #a{width:380px;
18       margin:5px;
19       border:1px solid #333;}
20    #b{border:20px solid #333;
21       float:left;}
22    #c{margin-left:5px;
23       border:20px groove #f00;}
24    #d{margin-left:5px;
25       border:2px dashed #000;
26       float:left;}
27    #e{margin-left:5px;
28       border:2px dotted #000;
29       float:left;}
30    #f{margin:5px;
31       border-left:2px solid #fff;
32       border-top:2px solid #fff;
33       border-right:2px solid #333;
34       border-bottom:2px solid #333;
35       float:left;}
36    #g{margin-top:5px;
37       border-top:2px groove #333;}
38    </style>
39    </head>
40    <body>
41    <div id="all">
42       <div id="a">a 盒子</div>
43       <div id="b">b 盒子（solid 类型）</div>
44       <div id="c">c 盒子（groove 类型）</div>
45       <div id="d">d 盒子（dashed 类型）</div>
46       <div id="e">e 盒子（dotted 类型）</div>
47       <div id="f">f 盒子</div>
48       <div id="g">g 盒子</div>
49    </div>
50    </body>
51    </html>
```

为了方便地看到 DIV 的表现，以上代码给外部 DIV 设置了#ccc 背景色，并给内部 DIV 设置了#eee 背景色。示例 14-7 运行效果如图 14.16 所示。

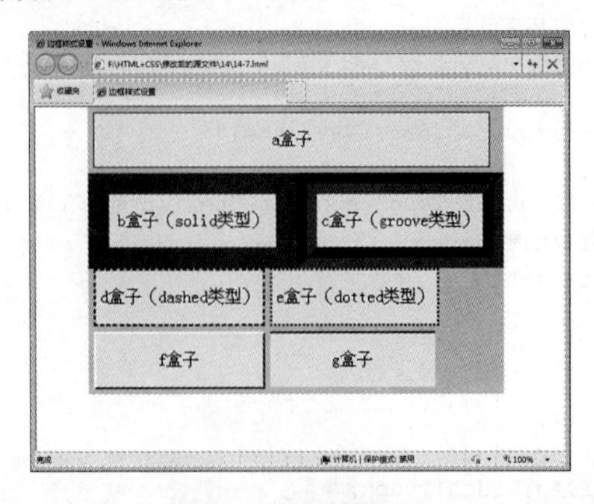

图14.16　设置边框样式

这个例子使 XHTML 对象看起来更像个盒子了，边框只是盒子包装中的一层，最外层的包装是不可见的外边距。计算边框的宽度非常重要，定位元素要充分考虑边框宽度。边框常用的设置方法如下。

```
border:宽度 类型 颜色;
```

这是统一设置 4 条边框的方法，如果要分开设置 4 条边框，将 border 改为 border-top（顶部边框）、border-bottom（底部边框）、border-left（左边框）和 border-right（右边框）。而“类型”可以修改为不同样式的边框线条，常用的有 solid（实线）、dashed（虚线）、dotted（点状线）、groove（立体线）、double（双线）、outset（浮雕线）等，读者可以一一尝试。

14.3.4　内边距的设置

内边距（padding）类似 HTML 中表格单元格的填充属性，即盒子边框和内容之间的距离。内边距和外边距（margin）很相似，都是不可见的盒子组成部分，只不过内边距和外边距之间夹着边框。

【示例 14-8】控制盒子的内边距。

```
01  <!DOCTYPE html PUBLIC "-//W3C//DTD XHTML 1.0 Transitional//EN" "http://www.w3.org/
TR/xhtml1/DTD/xhtml1-transitional.dtd">
02  <html xmlns="http://www.w3.org/1999/xhtml">
03  <head>
04  <meta http-equiv="Content-Type" content="text/html; charset=gb2312" />
05  <title>内边距的设置</title>
06  <style type="text/css">
07  * {margin: 0px;}
08  #all{width:360px;
09      height:300px;
10       margin:0px auto;
11       padding:25px;
12       background-color:#ccc;}
13  #a,#b,#c,#d,#e,#f,#g{width:160px;
14                height:50px;
15                  border:1px solid #000;
16                  background-color:#eee;}
17  p{width:80px;
18    height:30px;
19    padding-top:15px;
20    background-color:#cc9;}
21  #a{padding-left:50px;}
22  #b{padding-top:50px;}
23  #c{padding-right:50px;}
24  #d{padding-bottom:50px;}
25  </style>
26  </head>
27  <body>
28  <div id="all">
29     <div id="a">
30        <p>a 盒子</p>
31     </div>
32     <div id="b">
33        <p>b 盒子</p>
```

```
34      </div>
35      <div id="c">
36          <p>c 盒子</p>
37      </div>
38      <div id="d">
39          <p>d 盒子</p>
40      </div>
41  </div>
42  </body>
43  </html>
```

为了更方便地看到 DIV 的表现，以上代码给外部 DIV 设置了#ccc 背景色，给内部 DIV 设置了#eee 背景色，而 p 元素设置了#cc9 背景色。示例 14-8 运行效果如图 14.17 所示。

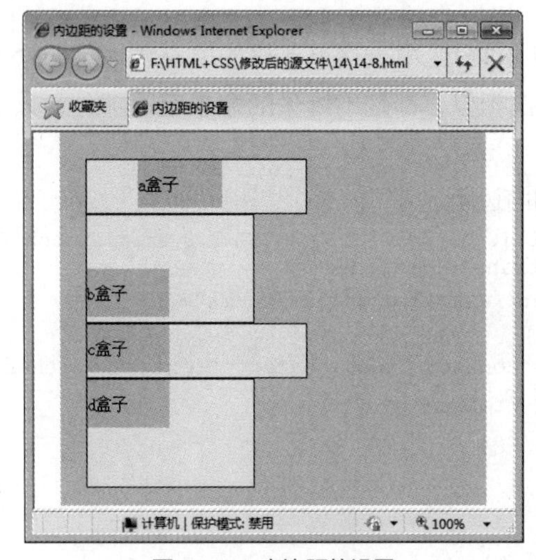

图 14.17　内边距的设置

14.4　小结

本章主要讲解了网页布局与 CSS 布局技巧。其中，网页布局介绍了网页大小的设置、网页栏目划分、表格布局和 CSS 布局的方法；CSS 布局技巧介绍了如何使用 CSS 进行一栏布局、二栏布局和多栏布局。下一章将通过一个完整的示例将前面所学的知识综合起来。

本章习题

1. 网页栏目的首页一般包含________、________、________、________、________5 个区域。
2. 网页一般有________、________、________3 种布局方式。
3. 浏览网页时，浏览者显示器的分辨率一般是________。

   A. 800×600　　B. 1 440×900　　C. 1 152×864　　D. 1 600×900
4. 网页中的页脚通常用来放置________。

   A. 广告　　B. 页面标题　　C. 导航　　D. 页面内容
5. 读者在网络上找找哪些网站是一栏布局？哪些是二栏布局？哪些是多栏布局？

上机指导

网页布局是做好一个网站的基础。要想做出一个成功的网页，就需要掌握网页布局与设计技巧。本章结合实例介绍了网页布局与设计技巧。本节将通过上机操作，巩固本章所学的知识点。

实验一

实验内容

使用表格布局来设计一个网页。

实验目的

巩固知识点。

实现思路

根据图 14.5 的划分，再修改示例 14-1，通过表格来细分“最新更新”栏目。

在 Dreamweaver 中选择“新建”|“HTML”命令，新建 HTML 文档。在 HTML 文档中输入的关键代码如下。

```
<table border="0" bgcolor="#A6BEFF" cellspacing="1" cellpadding="0">
   <tr>
      <td bgcolor="#FFFFFF" height="29">
         <img src="img/new.gif" alt="最新更新" width="100%" />
      </td>
   </tr>
   <tr>
      <td bgcolor="#FFFFFF">
         <table border="0">
            <tr>
               <td><img src="img/new-1.gif" alt="跃蓝" /></td>
               <td><img src="img/new-2.gif" alt="yjhwan1" /></td>
               <td><img src="img/new-3.gif" alt="hpyrose" /></td>
               <td><img src="img/new-4.gif" alt="小小" /></td>
               <td><img src="img/new-5.gif" alt="映日荷花" /></td>
            </tr>
            <tr>
               <td align="center"><font color="blue" size="2">跃蓝</font></td>
               <td align="center"><font color="blue" size="2">yjhwan1</font></td>
               <td align="center"><font color="blue" size="2">hpyrose</font></td>
               <td align="center"><font color="blue" size="2">小小</font></td>
               <td align="center"><font color="blue" size="2">映日荷花</font></td>
            </tr>
         </table>
      </td>
   </tr>
</table>
```

在菜单栏中选择“文件”|“保存”命令，输入保存路径，单击“保存”按钮，即可完成使用表格布局网页。运行页面查看效果如图 14.18 所示。

图 14.18 “最新更新”栏目效果

实验二

实验内容

使用 CSS 布局来设计一个网页。

实验目的

巩固知识点。

实现思路

根据图 14.5 的划分，再修改示例 14-2，通过 CSS 来细分“最新更新”栏目。

在 Dreamweaver 中选择“新建”|“HTML”命令，新建 HTML 文档。在 HTML 文档中输入的关键代码如下。

```
<div id="New">
        <div id="newimg"><img src="img/new.gif" alt="最新更新" /></div>
        <div class="news"><img src="img/new-1.gif" alt="跃蓝" /><br />跃蓝</div>
        <div class="news"><img src="img/new-2.gif" alt="yjhwan1" /><br />yjhwan1</div>
        <div class="news"><img src="img/new-3.gif" alt="hpyrose" /><br />hpyrose</div>
        <div class="news"><img src="img/new-4.gif" alt="小小" /><br />小小</div>
        <div class="news"><img src="img/new-5.gif" alt="映日荷花" /><br />映日荷花</div>
        <div class="news"><img src="img/new-6.gif" alt="雨轩" /><br />雨轩</div>
        <div class="news"><img src="img/new-7.gif" alt="liulangaji" /><br />liulangaji
</div>
        <div class="news"><img src="img/new-8.gif" alt="哀莫延尼" /><br />哀莫延尼</div>
        <div class="news"><img src="img/new-9.gif" alt="u.s.navy" /><br />u.s.navy</div>
        <div class="news"><img src="img/new-10.gif" alt="鲜花烂漫" /><br />鲜花烂漫</div>
    </div>
```

在菜单栏中选择“文件”|“保存”命令，输入保存路径，单击“保存”按钮，即可完成使用 CSS 布局网页。

实验三

实验内容

使用 CSS 布局技巧来布局网页。

实验目的

巩固知识点。

实现思路

在网页中使用 CSS 来布局一个 4 栏的网页结构。

在 Dreamweaver 中选择“新建”|“HTML”命令，新建 HTML 文档。在 HTML 文档中输入的关键代码如下。

```
<style type="text/css">
    <!--
    #div1
      {width:150px;height:200px;background-color:#AEAEAE;
      border-style:solid;border-width:1px;border-color:blue;
      position:absolute;left:10px;top:15px;}
    #div2
      {width:150px;height:200px;background-color:#AEAEAE;
      border-style:solid;border-width:1px;border-color:blue;
      position:absolute;left:200px;top:15px;}
    #div3
      {width:150px;height:200px;background-color:#AEAEAE;
      border-style:solid;border-width:1px;border-color:blue;
      position:absolute;left:380px;top:15px;}
      #div4
      {width:150px;height:200px;background-color:#AEAEAE;
      border-style:solid;border-width:1px;border-color:blue;
      position:absolute;right:20px;top:15px;}
    -->
</style>
```

在菜单栏中选择“文件”|“保存”命令，输入保存路径，单击“保存”按钮，即可使用 CSS 来布局一个 4 栏的网页结构。运行页面查看效果如图 14.19 所示。

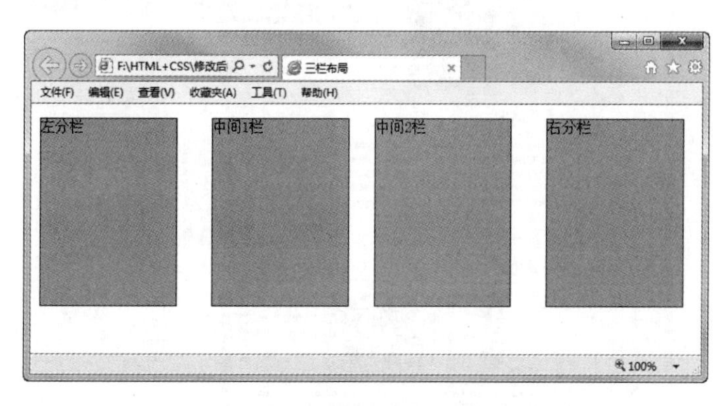

图 14.19　使用 CSS 布局 4 栏网页结构的效果

15 第15章　网页布局综合案例——宝贝屋网上商店

本章将结合前面所学的知识，分析、策划、设计并制作一个完整的案例。这个案例是为 Baby Housing（宝贝屋）儿童用品网上商店制作一个网站，使读者进一步了解前面所学的知识，并掌握一套遵从 Web 标准的网页设计流程。

15.1　案例分析

本章介绍 Baby Housing（宝贝屋）网站首页的制作过程。首页在垂直方向分为上、中、下 3 部分，其中上、下 2 部分的背景会自动延伸，中间的内容区域分为左、右两列，左栏为主要内容，右栏由若干圆角框构成。网站首页效果如图 15.1 所示。

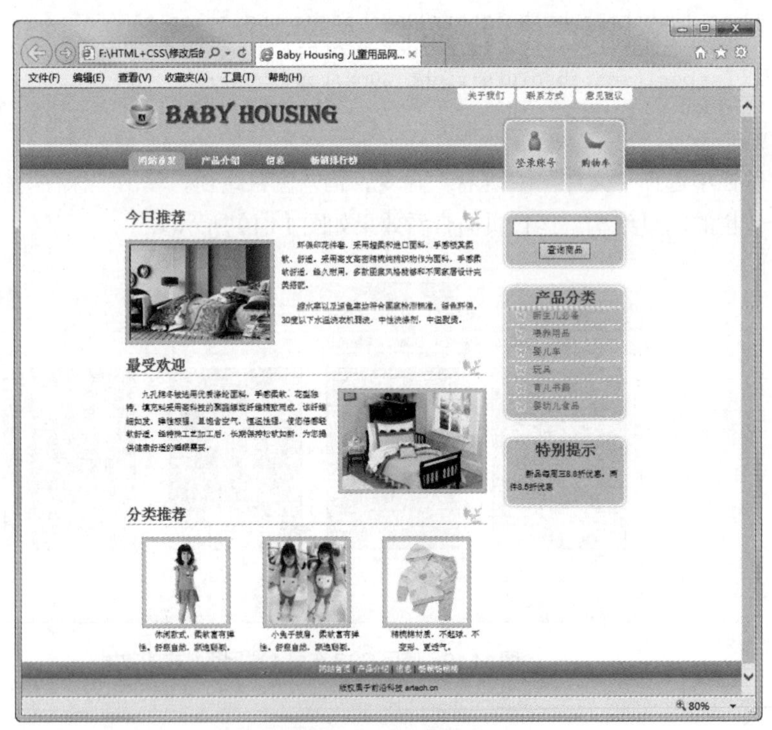

图 15.1　网站首页效果

此外，这个页面具有很好的交互提示功能。例如，页头部分的导航菜单具有鼠标指针经过时发生变化的效果，如图 15.2 所示。

图 15.2　具有鼠标指针经过效果的导航菜单

下面具体分析这个案例的完整开发过程。

15.2　内容分析

在设计网页之前，首先要明确网站的内容，通过网页要传达给访问者什么信息，这些信息中哪些是最重要的，哪些是相对重要的，以及这些信息应该如何组织。现在以“宝贝屋网上商店”的首页为例进行说明。

首页首先要有明确的网站名称和标志。此外，要给访问者方便地了解网站所有者自身信息的途径，包括指向自身介绍、联系方式等内容的链接；接下来，网站的根本目的是销售商品，因此必须有清晰的产品分类，以及合理的导航栏。网上商店的产品通常都是以类别组织的，在首页上通常会展示最受欢迎的和重点推荐的产品，因为首页的访问量明显比其他页面大得多，相当于广告了。

网站首页要展示的内容大致包括以下几种：标题、标志、主导航栏、自身介绍、账号登录与购物车、今日推荐商品、最受欢迎商品、分类推荐商品、搜索框、类别菜单、特别提示信息、版权信息。

15.3　原型设计

分析完网页内容后，还要对网站的完整功能和内容进行全面分析。如果有条件，应该制作出线框图，这个过程专业上称为“原型设计”。例如，在具体制作网页之前，就可以先设计如图 15.3 所示的网页原型。

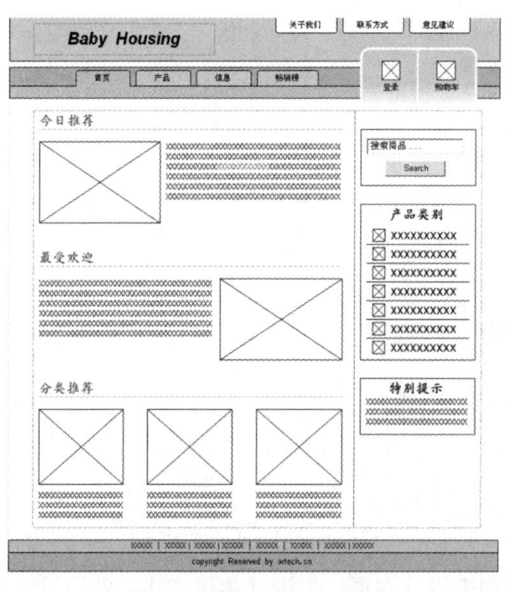

图 15.3　网站首页原型线框图

网页原型设计也是分步骤完成的。例如，首先要考虑把一个页面从上至下依次分为 3 部分，如图 15.4 所示。

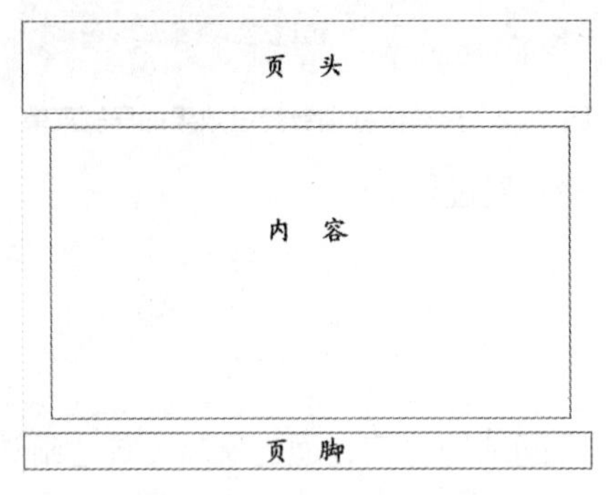

图 15.4　首页分成 3 部分的效果

然后将每个部分逐渐细化，例如，页头部分可以细化为图 15.5 所示的效果。

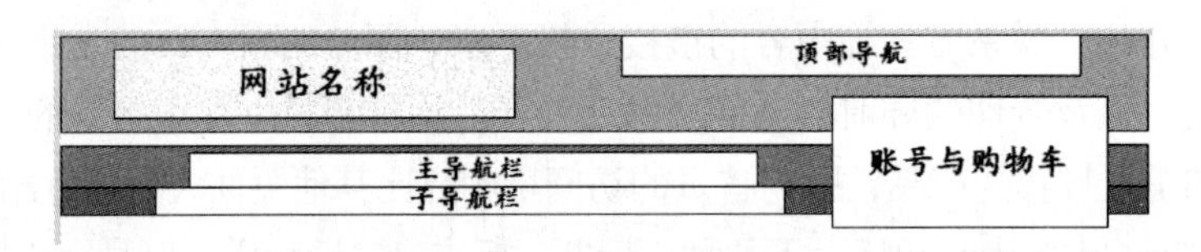

图 15.5　页头部分结构图

中间的内容部分分为左右两栏，如图 15.6 所示，再进一步细化为图 15.7 所示的效果。

图 15.6　内容部分结构图

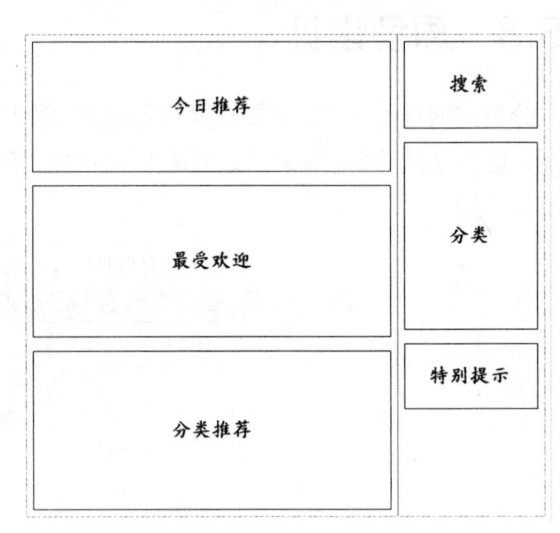

图 15.7　对内容部分进行细化

页脚部分比较简单，这里不再阐述。这时将这 3 部分组合起来，就形成了图 15.3 所示的效果。

15.4　布局设计

下面可以根据原型设计图来设计网页。先设计整体样式，然后设计页头、内容和页脚部分。

15.4.1　整体样式设计

首先对整个页面进行整体设计，下面是根据图 15.3 编写的页面基本结构代码。代码分为 3 部分：页头部分、内容部分和页脚部分，每部分用一个 div 元素划分。

```
<body>
    <div class="header">                          <!—页头部分-->
    页头内容
    </div>

    <div class="content">                         <!—内容部分-->
    详细内容
    </div>

    <div class="footer">                          <!—页脚部分-->
    页脚内容
    </div>
</body>
```

然后使用 CSS 设置整个页面的共有属性，例如，对字体、margin、padding 等属性进行初始设置，这些属性在后面的设计中用来保证这些内容在各个浏览器中有相同表现。CSS 代码如下。

```
body{
    margin:0;
    padding:0;
    background: white url('images/header-background.png') repeat-x;
    font:12px/1.6 arial;
    }
ul{
    margin:0;
    padding:0;
    list-style:none;
}

a{
    text-decoration:none;
    color:#3D81B4;
}

p{
    text-indent:2em;
}
```

CSS 在 body 中设置水平背景图像，并使这个背景图像在水平方向平铺，即可产生宽度自动延伸的背景效果。

15.4.2　页头部分

下面介绍页头部分的设计。根据图 15.5 设定的页头的各个部分来编写 HTML 代码，代码如下。

```
<div class="header">
    <h1><span>Baby Housing</span></h1>                          <!--网站名称-->
    <div class="logo"><img src="images/logo.gif" /></div> <!--网站 Logo-->
    <ul class="mainNavigation">                                 <!--主导航栏-->
```

```
        <li class="current"><a href="#"><strong>网站首页</strong></a></li>
        <li><a href="#"><strong>产品介绍</strong></a></li>
        <li><a href="#"><strong>信息</strong></a></li>
        <li><a href="#"><strong>畅销排行榜</strong></a></li>
    </ul>
    <ul  class="topNavigation">                                   <!--顶部导航-->
        <li><a href="#"><span>关于我们</span></a></li>
        <li><a href="#"><span>联系方式</span></a></li>
        <li><a href="#"><span>意见建议</span></a></li>
    <ul>
    <ul  class="accountBox">                                      <!--账号与购物车-->
        <li ><a href="#" class="login"><span>登录账号</span></a></li>
        <li ><a href="#" class="cart"><span>购物车</span></a></li>
    </ul>
</div>
```

在代码中进行了如下设置。

- 将整个页头部分放入一个 div 元素中，为该 div 设定类别名称为 header。
- 将网站 Logo 图像放在一个嵌套的 div 元素中，为该 div 设定类别名称为 logo。
- 将主导航栏、顶部导航、账号与购物车分别放在不同的 ul 元素中，并在 li 元素中定义主导航栏、顶部导航、账号与购物车的详细内容，这里的内容都设定为超链接。
- 为主导航栏的列表设定类别名称为 mainNavigation。
- 为主导航栏的第一个项目（也就是“网站首页”）设定类别名称为 current。
- 为公司介绍的链接列表（也就是顶部导航）设定类别名称为 topNavigation。
- 为账号和购物车链接列表设定类别名称为 accountBox。

当然仅仅增加这些 div 和设定类别名称还不能真正起到效果，还必须设定相应的 CSS 样式。

1. **设置头部样式**

首先为整个头部设置样式，代码如下。

```
.header{
    position:relative;
    width:760px;
    height:138px;
    margin:0 auto;
    font:15px/1.6 arial;
}
```

在 header 部分的代码中，将 position 属性设置为 relative，目的是使后面的子元素使用绝对定位时，以页头而不是浏览器窗口为定位基准。然后设定宽度、高度、水平居中对齐方式和字体样式。

2. **设置 h1 标题样式**

设置 h1 标题的 HTML 代码如下。

```
<h1><span>Baby Housing</span></h1>
```

本网站的 h1 标题是插入了 title.png 图片，并设置图片不平铺。将 margin 设置为 0，避免干扰其他元素的定位，CSS 代码如下。

```
.header h1{
    background:transparent url('images/title.png') no-repeat bottom left;
    height:63px;
```

```
    margin:0;
    margin-left:40px;
}
```

设置完成后的效果如图 15.8 所示。

图 15.8　h1 标题效果

3. 网站 Logo

设置网站 Logo 的 HTML 代码如下。

```
<div class="logo"><img src="images/logo.gif" /></div>
```

在 CSS 中将 Logo 图片所在的 div 设置为绝对定位，并设置它的位置，代码如下。

```
.header .logo{
    position:absolute;
    top:10px;
    left:0px;
}
```

网站 Logo 设置完成的效果如图 15.9 所示。

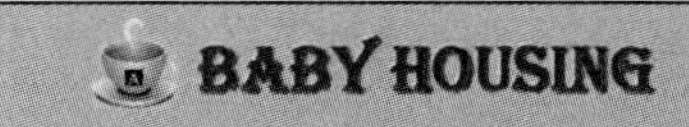

图 15.9　网站 Logo 的效果

4. 顶部导航栏

设置顶部导航栏的 HTML 代码如下。

```
<ul  class="topNavigation">                                <!--顶部导航-->
<li><a href="#"><span>关于我们</span></a></li>
<li><a href="#"><span>联系方式</span></a></li>
<li><a href="#"><span>意见建议</span></a></li>
<ul>
```

（1）在 CSS 中将顶部导航栏的列表设置为绝对定位，右上角对齐到 header 的右上角，代码如下。

```
.header .topNavigation{
    position:absolute;
    top:0;
    right:0;
}
```

（2）将顶部导航栏的列表项目 li 元素设置为左浮动，使它们水平排列，并使项目之间有一定的间隔，代码如下。

```
.header .topNavigation li{
    float:left;
    padding:0 2px;
}
```

（3）设置顶部导航栏中的链接样式 a 元素，代码如下。

```
.header .topNavigation a{
    display:block;
    line-height:25px;
    padding:0 0 0 15px;
```

```
        background:transparent url('images/top-navi-white.gif') no-repeat;
    }
    .header .topNavigation a span{
        display:block;
        padding:0 15px 0 0;
        background:transparent url('images/top-navi-white.gif') no-repeat right;
    }
```

上段代码是将 a 元素由行内元素变为块级元素，设置行高的目的是使文字能在垂直方向居中显示。将已经设置好的图片设置为 a 元素的背景图像，这样链接样式就成了圆角的样式。顶部导航栏设置完成的效果如图 15.10 所示。

图 15.10 顶部导航栏效果

5. 主导航栏样式

设置主导航栏的 HTML 代码如下。

```
<ul class="mainNavigation">                                         <!--主导航栏-->
    <li class="current"><a href="#"><strong>网站首页</strong></a></li>
<li><a href="#"><strong>产品介绍</strong></a></li>
<li><a href="#"><strong>信息</strong></a></li>
<li><a href="#"><strong>畅销排行榜</strong></a></li>
</ul>
```

在 CSS 中使用同样的方法，将主导航栏的列表设置为绝对定位，并定位到适当的位置，代码如下。

```
.header .mainNavigation{
    position:absolute;
    color:white;
    font-weight:bold;
    top:88px;
    left:0;
}
```

将主导航栏的列表项目 li 元素设置为左浮动，使它们水平排列，并使项目之间有一定的间隔。代码如下。

```
.header .mainNavigation li{
    float:left;
    padding:5px;
}
```

对主导航栏中的 a 元素进行设置，设置过程和顶部导航栏的设置方法基本一样，代码如下。

```
.header .mainNavigation a{
    display:block;
    line-height:25px;
    text-decoration:none;
    padding:0 0 0 15px;
    color:white;
}
.header .mainNavigation a strong{
    display:block;
    padding:0 15px 0 0;
}
```

与导航栏不同的是，这里希望只有当前页的菜单项有圆角背景，其他菜单项没有背景图像。因此，可以针对类别名称为 current 的项目进行设置，也就是设置“网站首页”的样式。这里分别设置

current 类别的 li 中的 a 元素和 strong 元素的圆角背景图像，代码如下。

```
.header .mainNavigation .current a{
    color:white;
    background:transparent url('images/main-navi.gif') no-repeat;
}

.header .mainNavigation .current a strong{
    color:white;
    background:transparent url('images/main-navi.gif') no-repeat right;
}
```

至此，主导航栏就设置完成了，效果如图 15.11 所示。

图 15.11　主导航栏效果

6. 账号与购物车

设置账号与购物车的 HTML 代码如下。

```
<ul  class="accountBox">                                   <!--账号与购物车-->
<li><a href="#" class="login"><span>登录账号</span></a></li>
<li><a href="#" class="cart"><span>购物车</span></a></li>
</ul>
```

在 CSS 中将账号与购物车 div 的列表设置为绝对定位，并放到右侧的适当位置，代码如下。

```
.header .accountBox{
    position:absolute;
    top:44px;
    right:10px;
}
```

同样将账号与购物车 div 的列表项目 li 元素设置为左浮动，使它们水平排列，并使项目之间有一定的间隔，代码如下。

```
.header .accountBox li{
    float:left;
    top:0;
    right:0;
    width:93px;
    height:110px;
    text-align:center;
}
```

设置链接 a 元素。设置链接的 display 属性为 block，即将链接由行内元素变为块级元素，以使鼠标指针进入图像范围即可触发链接，代码如下。

```
.header .accountBox a{
    display:block;
    height:110px;
    width:93px;
}
```

最后，分别设置“账号登录”和“购物车”各自的背景图像。代码如下。

```
.header .accountBox .login{
    background:transparent url('images/account-left.jpg') no-repeat;
}
```

```
.header .accountBox .cart{
   background:transparent url('images/account-right.jpg') no-repeat;
}
```

账号与购物车设计的效果如图 15.12 所示。

至此，网页页头部分设计完成，页头部分整体效果如图 15.13 所示。

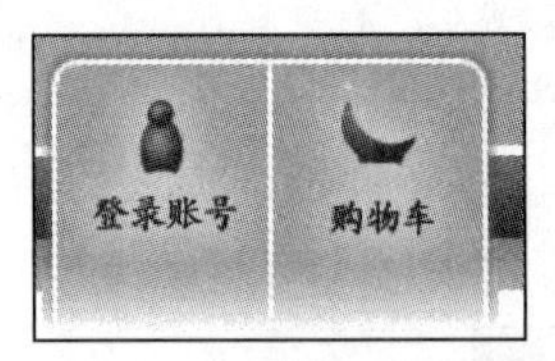

图 15.12　账号与购物车效果

图 15.13　页头部分效果图

15.4.3　内容部分

下面开始设计网页中间的内容区域。根据图 15.6，将内容区域分为“主要内容”和“侧边栏”两部分，每部分用 div 元素进行划分，然后在每个 div 元素中分别设置里面的详细内容。

1. 主要内容

根据图 15.7，使用 div 元素将“主要内容”部分划分为“今日推荐”“最受欢迎”“分类推荐”3 部分。

（1）HTML 设计部分

在“今日推荐”中，首先使用<h2>设置标题，然后插入一张图片链接，最后使用 p 元素来显示“今日推荐”的文字内容。设置“今日推荐”的 HTML 代码如下。

```
<div class="mainContent">
        <div class="recommendation img-left">
              <h2>今日推荐</h2>
              <a href="#"><img src="images/ex4.jpg" width="210" height="150"/></a>
              <p>环保印花件套，采用超柔和进口面料，手感极其柔软、舒适。采用高支高密精梳纯棉织物作为面料，手感柔软舒适，经久耐用，多款图案风格能够和不同家居设计完美搭配。</p>
              <p>缩水率以及退色率均符合国家检测标准，绿色环保。30℃以下水温洗衣机弱洗，中性洗涤剂，中温熨烫。 </p>
        </div>
</div>
```

“最受欢迎”和“分类推荐”的设置方法和“今日推荐”的设置方法一样，设置“最受欢迎”和“分类推荐”的 HTML 代码如下所示。

```
<div class="recommendation">
              <h2>最受欢迎</h2>
              <div class="img-right"><a href="#"><img src="images/ex5.jpg" width="210" height="150"/></a></div>
              <p>九孔棉冬被选用优质涤纶面料，手感柔软、花型独特，填充料采用高科技的聚酯螺旋纤维精制而成，该纤维细如发，弹性极强。且饱含空气，恒温性强，使您倍感轻软舒适。经特殊工艺加工后，长期保持松软如新，为您提供健康舒适的睡眠需要。 </p>
        </div>
<div class="recommendation multiColumn">
              <h2>分类推荐</h2>
              <ul>
```

```
            <li><a href="#"><img src="images/ex1.jpg" width="120" height="120"/></a>
              <p>休闲款式，柔软富有弹性。舒服自然，飘逸聪颖。</p></li>
            <li><a href="#"><img src="images/ex2.jpg" width="120" height="120"/></a>
              <p>小兔子披肩，柔软富有弹性。舒服自然，飘逸聪颖。</p></li>
            <li><a href="#"><img src="images/ex3.jpg" width="120" height="120"/></a>
              <p>精梳棉材质，不起球、不变形、更透气。</p></li>
        </ul>
</div>
```

至此，“主要内容”的 HTML 设置就完成了。

（2）CSS 样式设置

接下来设置“主要部分”的 CSS 样式。首先设置“主要内容”的宽度并设置为左浮动。代码如下。

```
.mainContent{
    float:left;
    width:540px;
}
```

然后，为“主要内容”中展示的图片设置边框样式，这样可以使图像看起来更精致。代码如下。

```
.content a img{
    padding:5px;
    background:#BDD6E8;
    border:1px #DEAF50  solid;
}
```

这时，内容区域中的图像增加了一个边框，如图 15.14 所示。

环保印花件套，采用超柔和进口面料，手感极其柔软、舒适。采用高支高密精梳纯棉织物作为面料，手感柔软舒适，经久耐用，多款图案风格能够和不同家居设计完美搭配。

缩水率以及退色率均符合国家检测标准，绿色环保。30℃以下水温洗衣机弱洗，中性洗涤剂，中温熨烫。

图 15.14　给图像设置边框

接着，设置“今日推荐”的样式，可以看出“今日推荐”中的图片是在文字的左边，要使图片向左浮动，并使图像和文字之间间隔 10 像素，代码如下。

```
.img-left img{
    float:left;
    margin-right:10px;
}
```

对“最受欢迎”的样式，要使图片向右浮动，也使图像和文字间隔 10 像素，代码如下。

```
.img-right{
    float:right;
    margin-left:10px;
}
```

对“分类推荐”的样式，是将“分类推荐”分为 3 列的栏目，要设定每个列表项目的固定高度，然后使用浮动排列方式，代码如下。

```
.multiColumn li{
    float:left;
    width:160px;
    margin:0 10px;
    text-align:center;
}
```

接下来，对“主要内容”中的<h2>标题的样式再做一些设置，使它更精致。本例设置了标题的字体、颜色、下画线，以及在标题的最右端插入一个装饰花的图片，代码如下。

```
.recommendation h2{
    padding-top:20px;
    color:#069;
    border-bottom:1px #DEAF50 solid;
    font:bold 22px/24px 楷体_GB2312;
    background:transparent url('images/rose.png') no-repeat bottom right;
}
```

至此，“主要内容”设计完成，效果如图 15.15 所示。

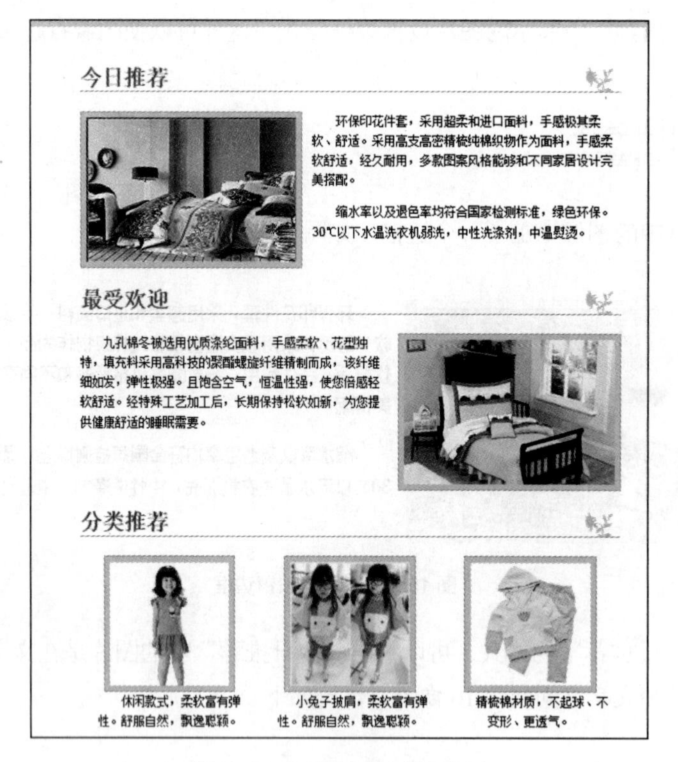

图 15.15 “主要内容”设计效果

2. 侧边栏

设计内容部分的“侧边栏”，仍然使用 div 元素将“侧边栏”部分划分为“搜索”“分类”“特别提示”3 部分。

（1）HTML 设计部分

在“搜索”中，插入一个表单 form 元素，然后在 form 元素中添加一个文本框和一个显示“查询商品”的按钮，用来搜索商品。“搜索”的 HTML 代码如下。

```
<div class="searchBox">
    <span>
        <form><input name="" type="text" /><input name="" type="submit" value="查询商品"
/></form>
    </span>
</div>
```

在“分类”中，插入一个表示标题的 h2 元素和一个显示分类内容的 ul 元素。“分类”的 HTML 代码如下。

```
<div class="menuBox">
    <span>
    <h2>产品分类</h2>
    <ul>
        <li><a href="#">新生儿必备</a></li>
        <li><a href="#">喂养用品</a></li>
        <li><a href="#">婴儿车</a></li>
        <li><a href="#">玩具</a></li>
        <li><a href="#">育儿书籍</a></li>
        <li><a href="#">婴幼儿食品</a></li>
    </ul>
    </span>
</div>
```

在“特别提示”中，插入一个表示标题的 h2 元素和一个显示特别提示内容的 p 元素。“特别提示”的 HTML 代码如下。

```
<div class="extraBox">
    <span>
        <h2>特别提示</h2>
        <p>新品每周三 8.8 折优惠，两件 8.5 折优惠</p>
    </span>
</div>
```

（2）CSS 设计部分

下面设置“侧边栏”的 CSS 样式，首先设置“侧边栏”的整体样式，代码如下。

```
.sideBar{
    float:right;
    width:186px;
    margin-right:10px;
    margin-top:20px;
    display:inline;/*For IE 6 bug*/
}
.sideBar div{
    margin-top:20px;
    background:transparent url('images/sidebox-bottom.png') no-repeat bottom;
    width:100%;
}
.sideBar div span{
    display:block;
    background:transparent url('images/sidebox-top.png') no-repeat;
    padding:10px;
}
```

上面的代码其实很简单，就是为 div 元素和 span 元素分别设置一个背景元素。这里 div 元素使用的是高的背景图像，span 元素使用的是矮的背景图像，因为 span 元素在 div 元素中，所以 span 元素的背景图像在 div 元素的背景图像上，它遮盖住了顶部，从而实现圆角框的效果，如图 15.16 所示。

这时圆角框已经实现了，接下来具体设置圆角框中的样式。首先，对“侧边栏”中的<h2>标题进行统一设置，包括边距、字体、颜色和居中显示，CSS 代码如下。

```
.sideBar h2{
   margin:0px;
   font:bold 22px/24px 楷体_GB2312;
   color:#069;
   text-align:center;
}
```

然后设置搜索框，使文本输入框和按钮都居中对齐，并设置间距，代码如下。

```
.sideBar .searchBox{
   text-align:center;
}
.sideBar input{
   margin:5px 0;
}
```

最后，设置分类目录的列表样式，包括列表的字体、高度、行高和上边框的样式，然后设置列表中链接 a 元素的样式，在每个链接前面插入一张蝴蝶形状的装饰图，代码如下。

```
.sideBar .menuBox li a{
   display:block;
   padding-left:35px;
   background:transparent url('images/menu-bullet.png') no-repeat 10px center;
   height:25px;
}
```

至此，“侧边栏”设计完成，效果如图 15.17 所示。

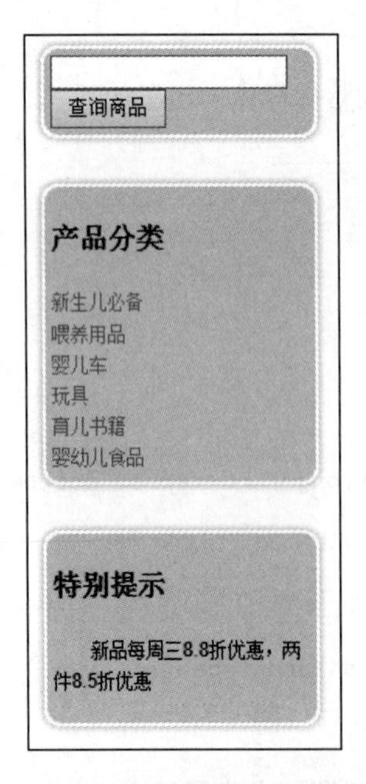

图 15.16　侧边栏设置圆角框后的效果

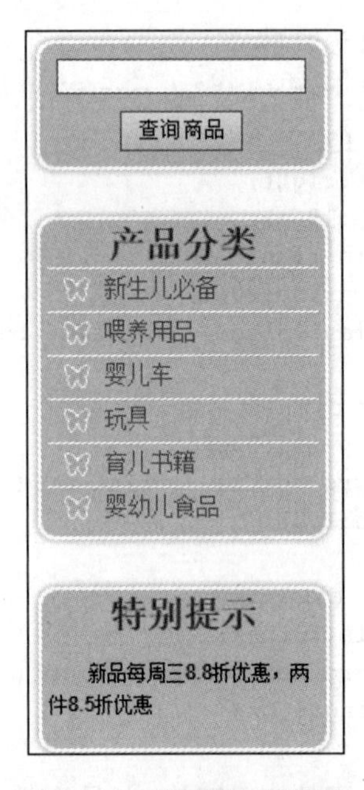

图 15.17　侧边栏设计效果图

15.4.4 页脚部分

页脚部分的设置非常简单，就是在 div 元素中添加两个 p 元素，用来显示链接和版权信息。页脚部分的 HTML 代码如下。

```
<div class="footer">
    <p class="p1"><a href="#">网站首页</a> | <a href="#">产品介绍</a> | <a href="#">信息
</a> | <a href="#">畅销排行榜</a></p>
    <p class="p2">版权属于前沿科技 artech.cn</p>
</div>
```

页脚部分的 CSS 样式设计也非常简单。在页脚部分插入一张背景图像，设置页脚部分的文字颜色为白色，并设置行高和边距。CSS 代码如下。

```
.footer{
    clear:both;
    height:53px;
    margin:0;
    background:transparent url('images/footer-background.png') repeat-x;
    text-indent:0px;
    text-align:center;
}
.footer p{
    margin:0px;
}
.footer a{
    color:white;
}
.footer .p1{
    line-height:23px;
}
.footer .p2{
    line-height:30px;
}
```

上面代码中的 clear 属性用来保证页脚内容在页面的最下端显示。页脚部分的设计效果如图 15.18 所示。

图 15.18 页脚部分设计效果

至此，整个网站首页的视觉设计就完成了，效果如图 15.1 所示。在制作过程中，读者可以发现反复运用了一些元素，如列表、超链接等，只是它们在不同的地方产生了不同的效果。因此，建议读者一定要熟练掌握一些基本的方法，这样才能灵活运用在各个需要的地方。

15.5 交互效果设计

本节进行一些交互性的动态设计，主要是为网页元素增加鼠标指针经过时的效果。当鼠标指针经过主导航栏、顶部导航栏、账号与购物车图像时，会有不同的效果，这是为了提示用户所进行的选择。

15.5.1 顶部导航栏

为顶部导航栏增加鼠标指针经过效果，首先准备一个和原有背景图像的形状相同，但是颜色不同的新图像 top-navi-hover.gif，如图 15.19 所示。

为顶部导航栏中的链接元素增加“:hover”伪类，在其中更换背景图像，同时更换“:hover”包含的 span 元素的背景图像，并适当修改文字的颜色，代码如下。

```
.header .topNavigation a:hover{
   color:white;
   background:transparent url('images/top-navi-hover.gif') no-repeat;
}
.header .topNavigation a:hover span{
   background:transparent url('images/top-navi-hover.gif') no-repeat right;
}
```

设置完成后，鼠标指针经过顶部导航栏时的效果如图 15.20 所示。

图 15.19　顶部导航栏中鼠标指针经过时的背景图像

图 15.20　鼠标指针经过顶部导航栏时的效果

15.5.2 主导航栏

主导航栏的做法和顶部导航栏一样，准备背景图像 main-navi-hover.gif，如图 15.21 所示。

之后为主导航栏中的链接元素增加“:hover”伪类，在其中更换背景图像，同时更换“:hover”包含的 span 元素的背景图像，并适当修改文字的颜色，代码如下。

```
.header .mainNavigation a:hover{
   color:white;
   background:transparent url('images/main-navi-hover.gif') no-repeat;
}

.header .mainNavigation a:hover strong{
   background:transparent url('images/main-navi-hover.gif') no-repeat right;
   color:#3D81B4;
}
```

设置完成后，鼠标指针经过主导航栏时的效果如图 15.22 所示。

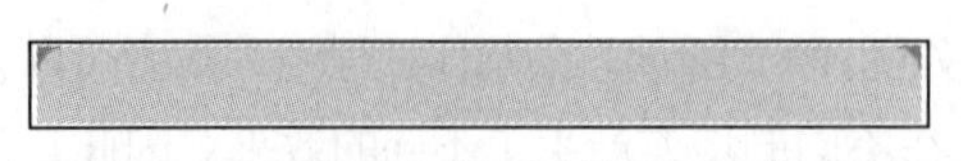

图 15.21　主导航栏中鼠标指针经过时的背景图像

图 15.22　鼠标指针经过主导航栏时的效果

15.5.3 账号区

本小节实现“登录账号”和“购物车”图像的鼠标指针经过效果。实际上，这里同样是更换背景图像，不过这里介绍一种略有变化的方法。这种方法就是把鼠标指针经过前和鼠标指针经过时的两张图片用同一张图片表示。只是在鼠标指针经过时，通过改变背景图像的位置来实现交互效果。

例如，将原来的图片分别修改为图 15.23 所示的样子。每一张图像的上半部分和下半部分完全一样，区别就在于下半部分的颜色比上半部分浅一些。这样在鼠标指针没有经过时，显示的是上半部分，当鼠标指针经过时，更换为显示下半部分。

分别对两个链接元素的“:hover”伪类进行如下设置。

```
.header .accountBox .login:hover{
   background:transparent url('images/account-left.jpg') no-repeat  left bottom ;
}

.header .accountBox .cart:hover{
   background:transparent url('images/account-right.jpg') no-repeat  left bottom ;
}
```

从上面代码可以看到，图像文件名和鼠标指针未经过时的文件名是一样的，而区别是最后的 bottom。bottom 表示从底端开始显示，而在默认情况下是从上端开始显示的。这样就实现了我们所需的效果，如图 15.23 所示。

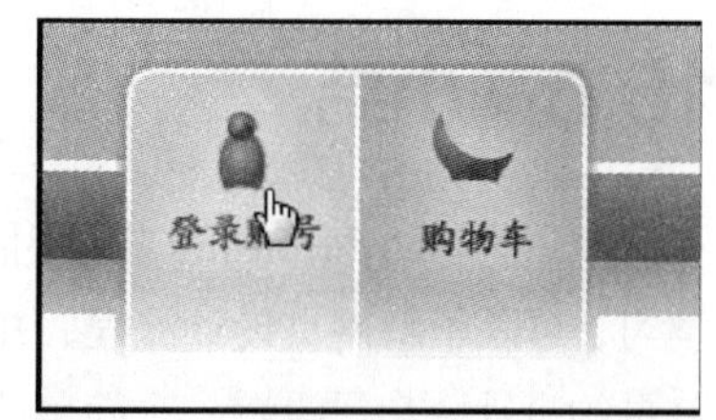

图 15.23　鼠标指针经过账号区时效果

15.5.4　图像边框

接下来实现鼠标指针经过某个展示的图片时，边框发生变化的效果，如图 15.24 所示。

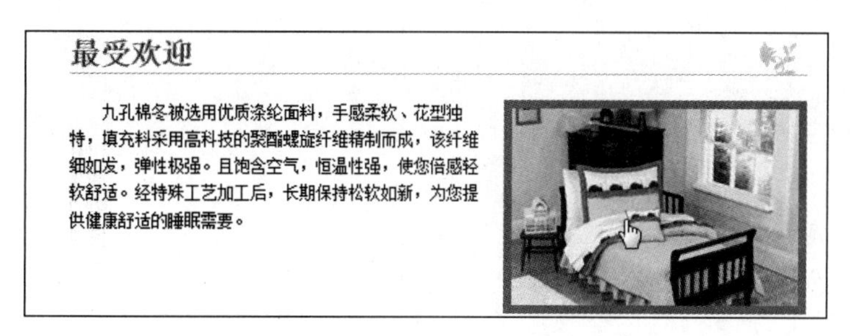

图 15.24　鼠标指针经过图片时的效果

可以看到，鼠标指针经过“最受欢迎”商品图片时，图像的边框颜色发生了变化，由黄色变为蓝色，背景色由浅蓝色变为深蓝色。要实现这种效果，对推荐区域中链接的“:hover”伪类进行如下设置即可。

```
.content a:hover img{
   padding:5px;
   background:#3D81B4;
   border:1px #3D81B4  solid;
}
```

15.5.5　产品分类

本小节实现“侧边栏”中“产品分类”列表的鼠标指针经过效果，如图 15.25 所示。

图 15.25　鼠标指针经过“产品分类”时的效果

实现图 15.25 所示效果的代码如下。

```
.sideBar .menuBox li a{
   display:block;
   padding-left:35px;
   background:transparent
```

```
url('images/menu-bullet.png') no-repeat 10px center;
    height:25px;
}

.sideBar .menuBox li a:hover{
    display:block;
    color:#069;
    background:white url('images/menu-bullet.png') no-repeat 10px center;
}
```

经过前面的反复练习，这里不再详细介绍其中的原理，请读者自己分析并实现自己需要的效果。

15.6 小结

本章为 Baby Housing 儿童用品网上商店的网站制作一个完整的首页。希望读者通过这个案例的学习，可以了解网页设计流程，并能熟练应用前面介绍的 HTML 和 CSS 知识。读者也可以根据网站首页的设计，自己设置一个简单的网站，以巩固所学的知识。